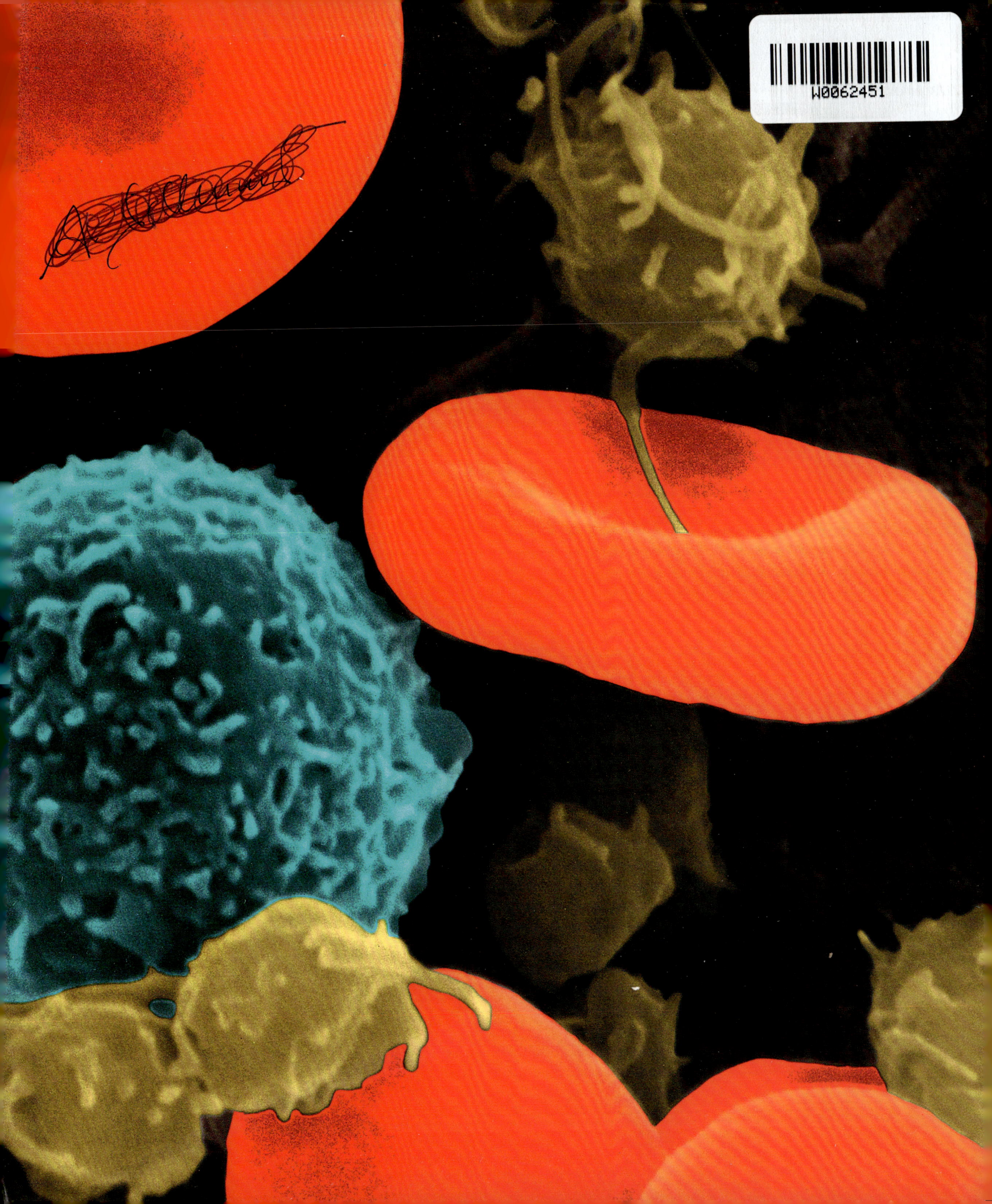

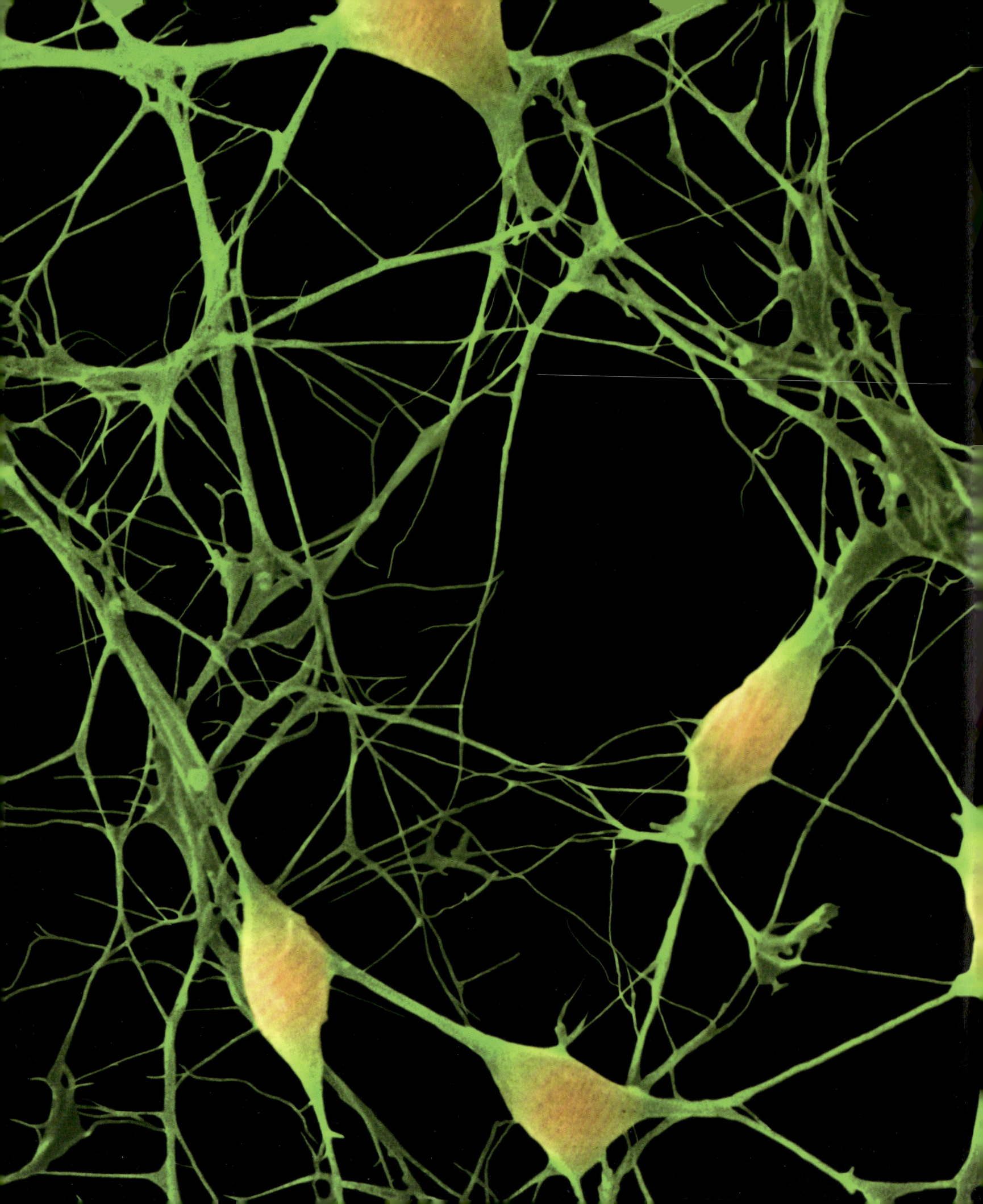

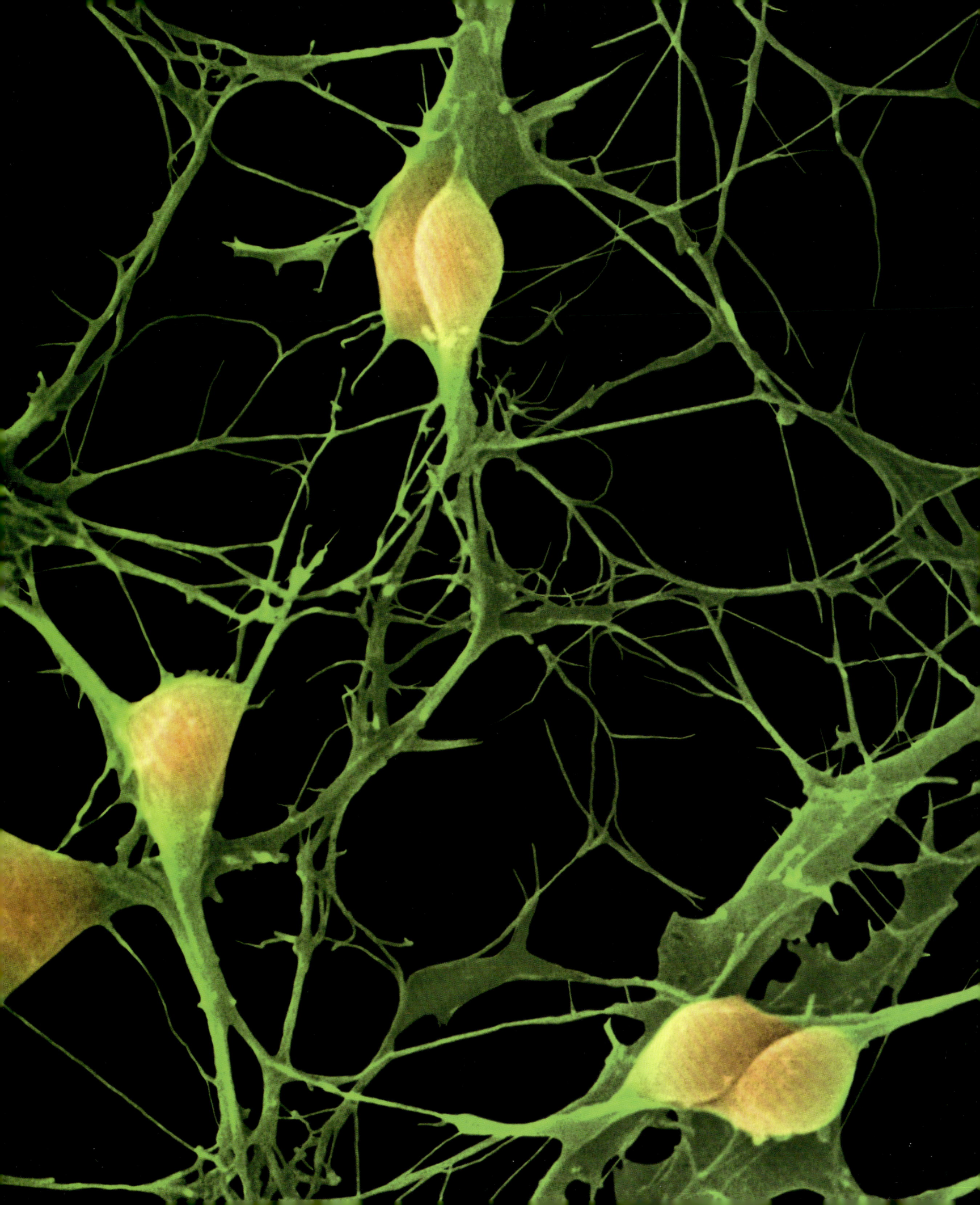

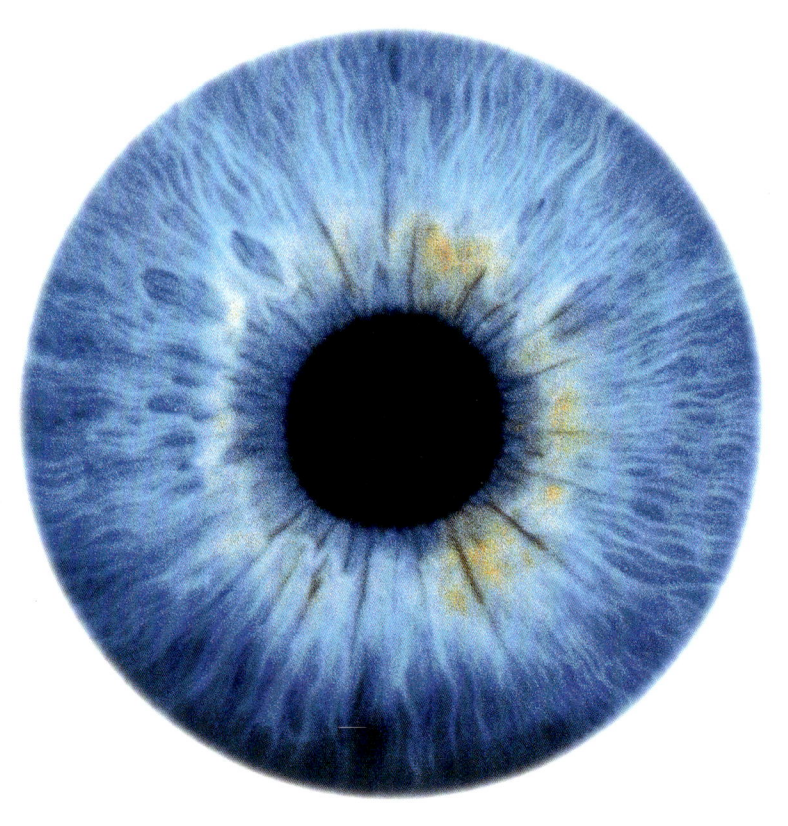DER

MENSCH

© 2014 Fackelträger Verlag GmbH, Köln
Emil-Hoffmann-Straße 1
D-50996 Köln

Autorinnen: Jutta Gay & Inga Menkhoff
Satz und Gestaltung: e.s.n Agentur für Produktion und Werbung GmbH
Gesamtherstellung: Fackelträger Verlag GmbH, Köln

ISBN 978-3-7716-4550-2
Printed in China

www.fackeltraeger-verlag.de

JUTTA GAY & INGA MENKHOFF

DER MENSCH

GRUNDLAGEN UNSERES DASEINS

Edition
Fackelträger

„Ich komme, ich weiß nicht, von wo?
Ich bin, ich weiß nicht, was?
Ich fahre, ich weiß nicht, wohin?
Mich wundert, dass ich so fröhlich bin."

Heinrich von Kleist (1777 – 1811)

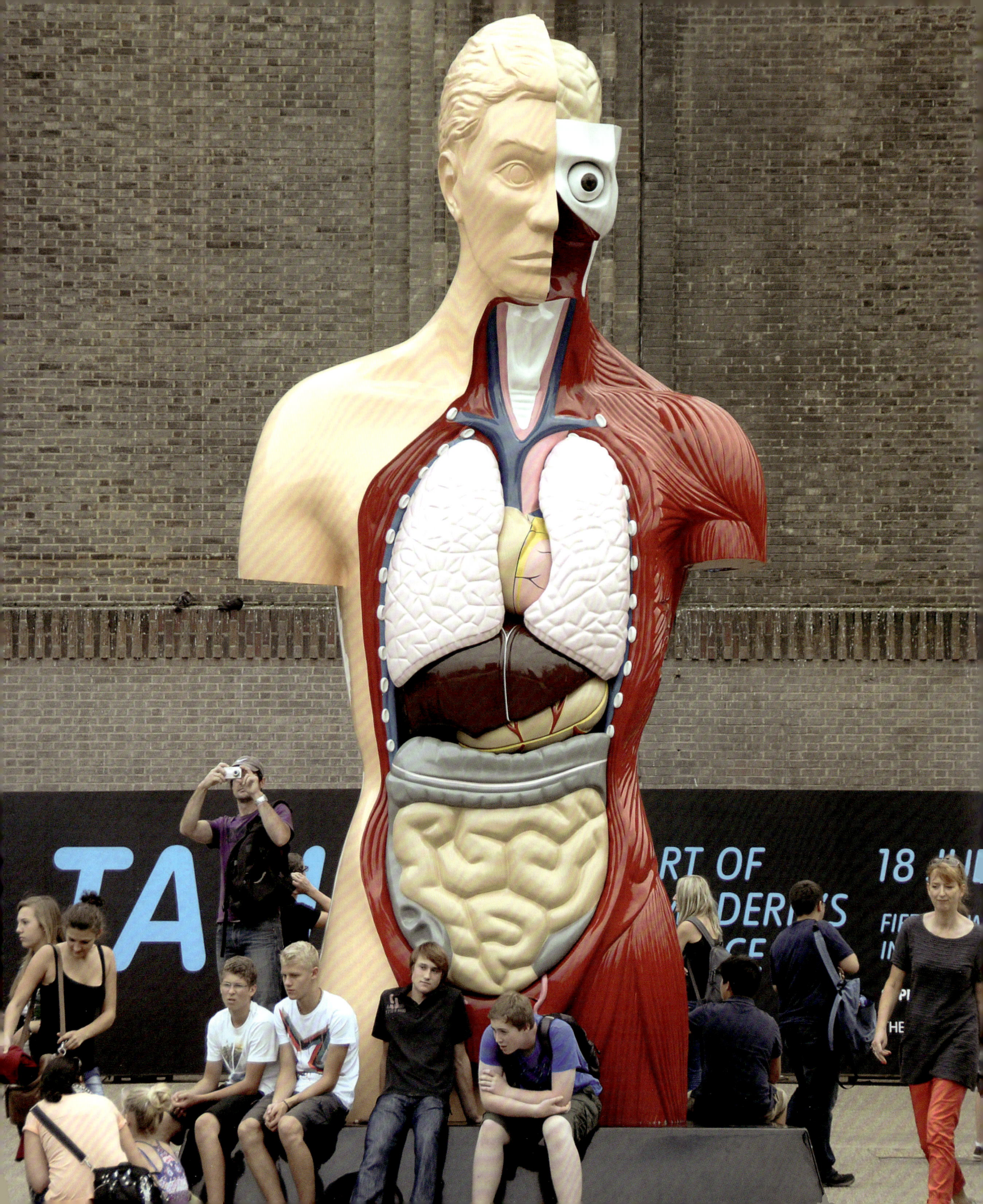

„Besitzt du Vernunft? ,Ja!'
Warum gebrauchst du sie denn nicht?
Denn wenn sie ihre Pflicht tut,
was begehrst du da noch?"

Marc Aurel (121 – 180)

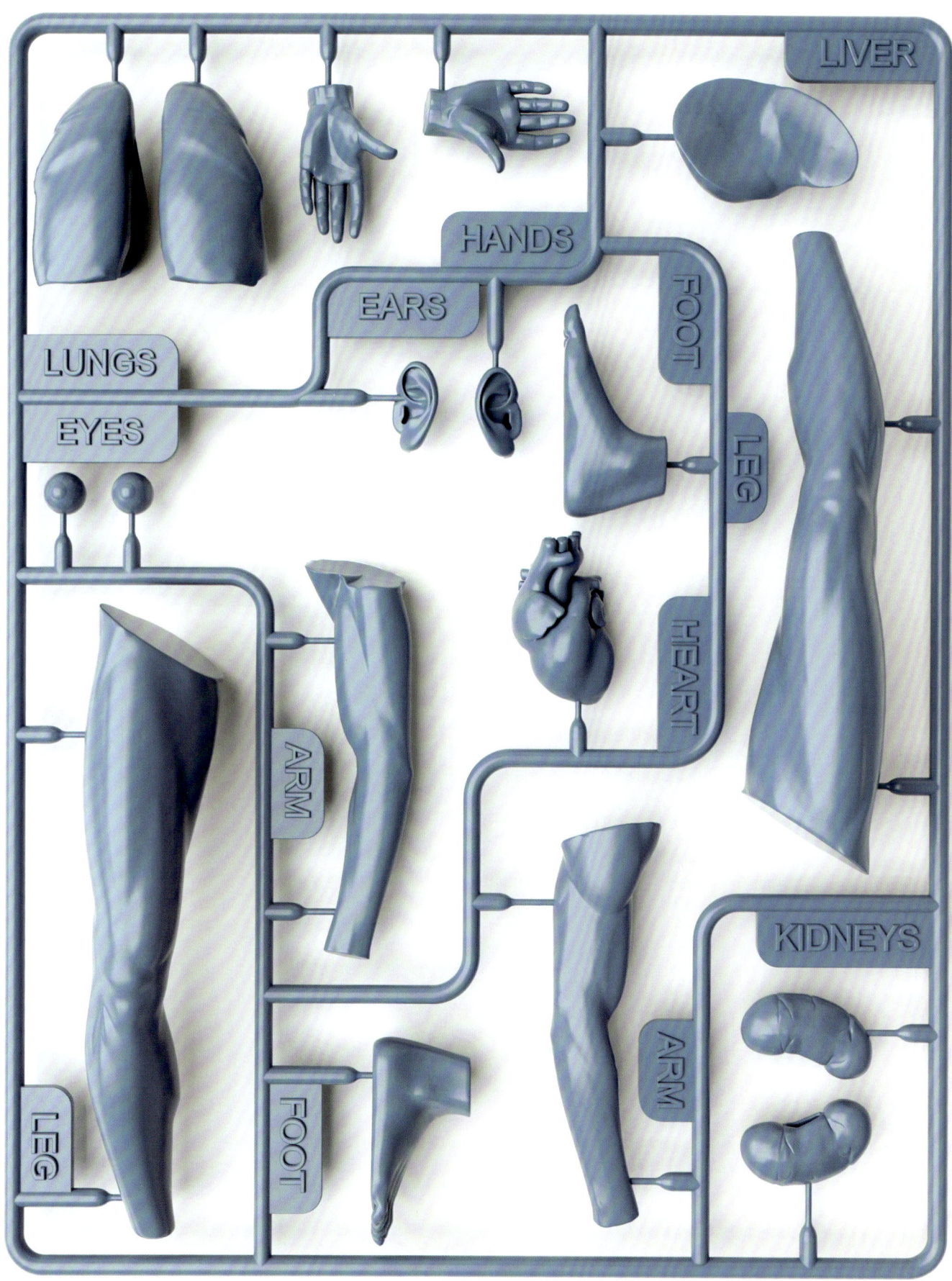

INHALTSVERZEICHNIS

DER LANGE WEG DER MENSCHWERDUNG

„Omne vivum ex vivo." –
„Alles Lebende entsteht aus Lebendem."

Louis Pasteur (1822 – 1895)

Wir stammen zwar nicht vom Affen ab, aber wir sind sehr wohl mit ihm verwandt. Der Mensch als vermeintliche „Krone der Schöpfung" ist tatsächlich lediglich ein kleiner, wenngleich auch faszinierender Zweig im evolutionären Stammbaum.

Vorangehende Doppelseite: Als „Wiege der Menschheit" wird das Great Rift Valley, das sich von Ostafrika bis nach Südwestasien erstreckt, auch heute noch aufgrund der zahlreichen paläoanthropologischen Entdeckungen, die hier gemacht wurden, genannt.

Mitte des 19. Jahrhunderts beweist der französische Chemiker und Mikrobiologe Louis Pasteur anhand seiner Experimente zur Gärung, dass der bis dato existierende Glaube an eine mögliche Spontanzeugung von Leben ein Irrglaube ist. Aristoteles hatte den Begriff der *génesis autómatos*, der Spontanzeugung, in die Naturforschung eingeführt und sah darin – neben der sexuellen und der vegetativen Fortpflanzung – eine dritte Möglichkeit, wie Leben entsteht: Tote, unbelebte flüssige Materie sei unter Einwirkung von Hitze in der Lage, spontan Lebewesen zu erzeugen, so die Auffassung des antiken Philosophen und Naturforschers. Auf diese Weise würde niederes Leben wie Würmer, Insektenlarven, Schnecken bis hin zu Aalen entstehen.

Pasteur kann diese Idee, die nicht nur das antike, sondern auch das mittelalterliche und noch weitgehend neuzeitliche Bild der Entstehung von „niederem" Leben prägte, mit seinen Versuchen entkräften. Seitdem wissen wir: Unter den heutigen auf der Erde herrschenden Bedingungen kann Leben nicht aus unbelebter Materie hervorgehen. Wie aber bildete sich dann das erste Leben auf Erden? Zwei Theorien dazu liegen im Widerstreit miteinander: die eines Schöpfergottes, der das erste Leben auf der Erde erschaffen haben soll, und die der chemischen Evolution, welche die Entstehung der ersten organischen Moleküle aus anorganischen Molekülen und Energie nach dem Entstehen unseres Planeten vor rund 4,5 Milliarden Jahren – also unter noch völlig anderen chemischen Voraussetzungen – zu erklären versucht.

Unsere wissenschaftlichen Methoden erlauben bislang weder den eindeutigen Beweis für einen Schöpfergott noch für die chemische Evolution – auch wenn zahlreiche Experimente in Labors letztere Hypothese nahelegen. Anders sieht es mit der weiteren Entwicklung von Lebewesen auf der Erde aus: Einen Schöpfergott anzunehmen, der die einzelnen Pflanzen- und Tierarten und damit den Menschen erschaffen haben soll, ist heute undenkbar. Das beweisen wissenschaftliche Erkenntnisse aus Biologie, Paläontologie und Archäologie, Paläoanthropologie und einer Vielzahl anderer Wissenschaften.

Bis in die Neuzeit hinein hatte jedoch vor allem die jüdisch-christliche Tradition, aber auch die zahlreicher anderer Religionen, Kulturen und Mythologien, auf einem Schöpfungsmythos bestanden. So heißt es im Alten Testament zur Entstehung der Erde, der Lebewesen und des Menschen:

„Am Anfang schuf Gott Himmel und Erde. Und die Erde war wüst und leer (...) Und Gott sprach: Die Erde bringe hervor lebendige Tiere, ein jegliches nach seiner Art (...) Und Gott der HERR machte den Menschen aus einem Erdenkloß, und blies ihm ein den lebendigen Odem in seine Nase. Und also ward der Mensch eine lebendige Seele (...) Da ließ Gott der HERR einen tiefen Schlaf fallen auf den Menschen, und er schlief ein. Und er nahm seiner Rippen eine und schloss die Stätte zu mit Fleisch. Und Gott der HERR baute ein Weib aus der Rippe, die er vom Menschen nahm, und brachte sie zu ihm (...)" Gen 1 u. 2

So entstand das Bild fertiger, in sich abgeschlossener Tier- und Pflanzenarten, die keinerlei Entwicklung durchmachen mussten und an deren Spitze der Mensch als das „Abbild Gottes" steht – das sich jahrhundertelang gehalten hat und das sogar noch heute Anhänger findet.

Inzwischen aber belegen ungezählte Expeditionen, Ausgrabungen und neue wissenschaftliche Erkenntnisse das, was ausführlich erstmals der britische Naturforscher Charles Darwin in seinem Hauptwerk „Über die Entstehung der Arten" formulierte – etwa zur selben Zeit übrigens, zu der Louis Pasteur die Spontanzeugung von Leben widerlegte. Dass nämlich die heute existierenden Lebewesen der Erde und damit der Mensch nicht das Ergebnis einer unvermittelten, übergangslosen Schöpfung mittels eines Gottes sind. Sie sind

„Adam und Eva unter dem Baum der Erkenntnis". Das Frühwerk Peter Paul Rubens (1577–1640) zeigt das „erste" Menschenpaar ganz im Sinne der christlichen Tradition und der tradierten Formen seiner Zeit.

nicht als fertiges Produkt erschaffen worden, sondern vielmehr das Ergebnis einer Jahrmillionen andauernden Evolution, einer Entwicklung, die zwischen allen Lebewesen der Erde eine verwandtschaftliche Verbindung schafft und in der sich jede Art an seine eigene „Nische" angepasst hat, um zu überleben. Alles Leben, pflanzlicher und tierischer Art und also auch das des Menschen, geht letztendlich auf die vor knapp 4 Milliarden Jahren auf dem Planeten entstandenen ersten Lebensformen zurück.

FRÜHE VORFAHREN

In der Gesellschaft des 19. Jahrhunderts löste Charles Darwin mit seiner Schrift „Die Abstammung des Menschen und die geschlechtliche Zuchtwahl" im Jahr 1871 allgemeine Empörung aus. In ihr verglich er Physiognomie und Verhalten der Menschen mit denen von Affen (insbesondere Menschenaffen) und kam zu dem Schluss, dass nur gemeinsame Vorfahren im Verlauf der Evolution die großen Ähn-

„Darwin und der Affe." Karikatur auf Darwins Lehre über die Abstammung des Menschen. Der Affe soll sich im Spiegel erkennen. Farblithographie. Aus: „The London Sketch Book", 1874.

lichkeiten zwischen den verschiedenen Menschenaffenarten und dem Menschen erklären könnten. (Auch die Menschen werden biologisch den Primaten und Menschenaffen zugeordnet. Wenn im weiteren Verlauf des Buches von Menschenaffen oder Primaten die Rede ist, sind jedoch nur noch die nichtmenschlichen damit gemeint.) Der Brite hatte vorausgesehen, dass seine Folgerungen „für viele Personen äußerst widerwärtig sein" würden und wäre wohl auch nicht weiter verwundert, dass sich dies mancherorts bis heute nicht geändert hat.

Dieser Ablehnung der Evolutionstheorie liegen allerdings zwei grobe Denkfehler zugrunde: Sie geht nämlich einerseits von einem hierarchischen Stammbaum innerhalb der Tier- und Pflanzenwelt aus, an dessen Spitze der Mensch als vollkommenes Lebewesen steht, dem alle anderen untergeordnet, weil weniger entwickelt sind. Andererseits betrachtet sie die heutigen lebenden großen Menschenaffen – Schimpanse, Bonobo, Gorilla und Orang-Utan – als die Vorfahren des heutigen Menschen. Beide Betrachtungsweisen sind schlicht und ergreifend falsch. Wenn landläufig die Theorien Charles Darwins auf den Satz „Der Mensch stammt vom Affen ab" heruntergebrochen werden, dürfen damit nicht die heute lebenden Arten verstanden werden. Zwar sind die

DIE TRIEBKRAFT DER EVOLUTION

Begonnen hat das Leben auf unserem Planeten vor rund 4 Milliarden Jahren mit „einfachen" organischen Molekülen, aus denen sich von zellkernlosen Prokaryoten wie Bakterien bis hin zu den vielzelligen, äußerst komplexen Säugetieren eine ungeheure Fülle an Lebewesen entwickelt hat. Seitdem ist eine Vielzahl an Kreaturen wieder ausgestorben, andere Lebensformen entwickeln sich weiter, sodass in Jahrmillionen neue Arten von Lebewesen, möglicherweise Gattungen und Familien entstanden sein werden.

Zielgerichtet ist diese Entwicklung, die biologische Evolution, jedoch nicht, kein Geist steht dahinter, der ein bestimmtes Lebewesen ersinnt und Veränderungen so herbeiführt, dass sich eben jenes ersonnene Geschöpf bildet. Zufällige genetische Veränderungen sind es, die in der Folge Veränderungen an einzelnen Wesen, Populationen und schließlich Arten bedingen. Sollen sich diese Veränderungen gegenüber dem Bisherigen durchsetzen, müssen sie einen Vorteil für das Lebewesen besitzen, seinen biologischen Erfolg erhöhen.

Erfolg ist die Triebkraft der biologischen Evolution und der liegt – anders als in der menschlichen Gesellschaft, die Erfolg beispielsweise im persönlichen finanziellen oder künstlerischen Vorwärtskommen sieht – in der Erzeugung gesunder Nachkommen, in der Weitergabe der Gene und der damit verbundenen „Ausschaltung" der Konkurrenz. Das bedeutet im Umkehrschluss, dass Mutationen, die sich in einer Art durchgesetzt haben, einen echten Vorteil gegenüber dem Bewährten bieten mussten, dass hier ein echter Fortschritt im Sinne der Nutzung des Lebensraums, der Verwertung von Nahrung, der Besetzung der ökologischen Nische etc. gewonnen wurde.

Als äußerst beständig hat sich der Gingkobaum (Ginkgo biloba) erwiesen, der als einzig noch lebender Vertreter der Ordnung Ginkgoales auch als „Lebendes Fossil" bezeichnet wird. Das versteinerte Blatt stammt aus dem Eozän und ist zwischen 34 und 56 Millionen Jahre alt.

„Nichts in der Geschichte des Lebens ist beständiger als der Wandel."

Charles Darwin (1809 – 1882)

Der Gecko (Gekkonidae) bevölkert seit ca. 50 Millionen Jahren die Erde. Im Laufe der Evolution hat er sich die unterschiedlichsten Lebensräume zu Eigen gemacht: Wüsten, Tropen oder gemäßigte Zonen haben dabei eine große Artenvielfalt hervorgebracht, mit jeweils ganz spezifischen Anpassungen an die Umwelt, wie diese Zusammenstellung von ganz unterschiedlich ausgebildeten Geckofüßen veranschaulicht.

modernen Menschenaffen die nächsten lebenden Verwandten des modernen Menschen – vom Schimpansen trennen uns gerade einmal 1,2 Prozent der Gene, vom Gorilla 1,4 Prozent –, doch ist der Mensch keine Weiterentwicklung dieser Menschenaffen und damit ein „höheres", also besser entwickeltes Wesen. Vielmehr hatten Mensch und Menschenaffen vor Jahrmillionen gemeinsame Vorfahren, entwickelten sich daraus aber parallel zueinander und unabhängig voneinander weiter – und das gilt für alle Tier- und Pflanzenarten gleichermaßen. Insofern ist jede heute existierende Art von Lebewesen innerhalb der Evolution für sich gesehen die beste, hat sie sich doch an ihren Lebensraum und ihre Lebensweise perfekt angepasst. Und doch ist kein Lebewesen in sich vollkommen und fertig. Noch immer findet Evolution statt, müssen sich die verschiedenen Arten den sich verändernden Lebensbedingungen anpassen beziehungsweise reagieren die Lebewesen auf Veränderungen ihrer Umwelt, um weiterhin bestehen zu können. Nur nehmen wir – weil Veränderungen oft Tausende und Millionen von Jahren benötigen, um sich durchzusetzen – diese Veränderungen und Anpassungen als solche nicht oder kaum wahr, sondern betrachten die Arten und damit den Menschen immer noch als vollendetes Wesen.

Die Beweise für die nahe Verwandtschaft zwischen Menschenaffen und Menschen sind heute vielzählig. Da sind zum Beispiel die anatomischen: Die Zahl und die Anordnung der Knochen gehört etwa dazu, der Aufbau des Gehirns gleichermaßen. Noch im 20. Jahrhundert glaubte man allerdings aufgrund der stärkeren körperlichen Parallelen zwischen Schimpanse, Gorilla und Orang-Utan, dass diese näher miteinander verwandt seien als die Menschenaffen mit dem Menschen. Erst in den 1990er-Jahren konnte durch genetische Vergleiche bewiesen werden, dass Mensch und Schimpanse (und in dieser Gattung der Bonobo mehr als der Gemeine Schimpanse) näher miteinander verwandt sind als die Gattung Mensch (wissenschaftlich: *Homo*) und die Gattung Schimpanse (wissenschaftlich: *Pan*) mit den Gorillas oder gar den Orang-Utans. Die körperlich größere Nähe zwischen den drei großen Menschenaffengattungen – beispielsweise die langen Arme, die das freie Schwingen, das Greifen und Hangeln am Baum, also das Leben im Wald ermöglichen – ist nicht auf eine nähere Verwandtschaft, sondern auf den ähnlichen Lebensraum und damit die analoge Lebensweise zurückzuführen. Ergänzt und bestätigt werden die anatomischen und genetischen Beweise nach wie vor durch paläontologische Entdeckungen: Fossile Funde von Affen, Vormenschen und frühen Formen der Gattung *Homo* geben noch kein gänzlich geschlossenes Bild von der Entstehung des Menschen, doch birgt jeder neue fossile Fund neue Erkenntnisse und Beweise, sodass sich zunehmend ein Gesamtbild von der Evolution des Menschen ergibt.

Dazu gehört auch, dass der Mensch in Ostafrika entstanden ist. Darauf weisen zum einen alle fossilen Funde hin, zum anderen ist dies mittlerweile genetisch bestätigt.

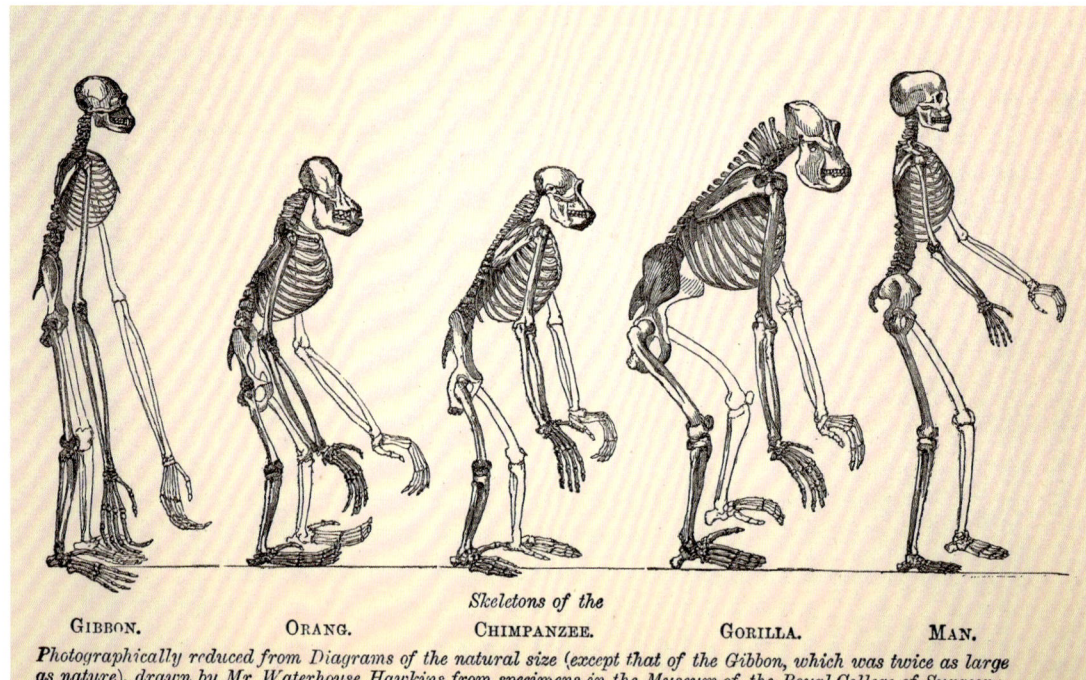

Die Illustration aus Thomas Henry Huxleys 1863 erschienenem Buch „Evidences as to Man's Place in Nature" zeigt die Skelette verschiedener Affenarten und das eines Menschen.

Thomas Henry Huxley (1825–1895). Der britische Biologe Huxley war Anhänger von Darwins Evolutionstheorie und hatte mit seinen zahlreichen Schriften großen Einfluss auf die Entwicklung der Naturwissenschaften im 19. Jahrhundert. Er ist Mitbegründer der noch heute erscheinenden englischsprachigen Fachzeitschrift „Nature".

VOM WALD IN DIE GRASSAVANNE

Betrachtet man die Evolution des Menschen, stellt sich nicht nur die Frage, wo und wann die Entwicklung zum Menschen vonstattenging, sondern auch die nach dem Warum. Dass sich der Mensch in Ostafrika entwickelt hat, gilt als gesichert. Beim Wann, zu welcher Zeit sich die sogenannten *Hominini*, also die Gattungen des Menschen inklusive der ausgestorbenen Vormenschen, und die *Panini*, die Gattung der Schimpansen, aufgespalten haben, wird es schon schwieriger. Nicht zuletzt dadurch, dass sich die Wissenschaft hinsichtlich der Gattungen, welche bereits als menschenartig gelten, uneins ist. Unumstritten menschenartig sind gleichwohl die Australopithecinen, was übersetzt Südaffen bedeutet, die vor etwa 4,2 bis

Schädelreplik eines Australopithecus africanus. *Diese Urmenschenart lebte vor 3 bis 2 Millionen Jahren und konnte bereits aufrecht gehen.*

ca. 1,4 Millionen Jahren die Erde bevölkerten. Verschiedene Zwischenformen zwischen dem letzten Vorfahren aller Menschenaffenarten (inklusive dem Menschen) und den verschiedenen Arten von *Australopithecus*, die bereits menschenartige Merkmale tragen, sind vorhanden – ob man erstere bereits dem Tribus der *Hominini* zuordnet oder noch immer den Affen, ist umstritten. Der genaue Zeitpunkt, wann sich *Hominini* und *Panini* voneinander trennten, ist ebenso unbekannt wie dieser letzte gemeinsame Urahn selbst und sein Aussehen. Sicher aber ist, dass mit dem Auftreten der verschiedenen *Australopithecus*-Arten die Entwicklung zum Menschen in vollem Gange ist.

Was aber unterscheidet die Vormenschen von ihren Affenahnen und warum kann sich diese Veränderung durchsetzen?

Es ist eine wesentliche strukturelle Veränderung, die den Menschen vom Affen trennt: der aufrechte Gang. Die Vorfahren des Menschen einerseits und der Menschenaffen andererseits darf man sich nicht wie die heutigen Menschenaffen vorstellen. Sie müssen weniger spezialisiert gewesen sein: Weder waren die Arme zum typischen Schwinghangeln der Menschenaffen geeignet noch besaßen sie entsprechend geformte Wirbelsäulen, Becken und Füße, die ein längeres Aufrechtgehen ermöglichten. Der Urahn von Mensch und Menschenaffe war ein waldbewohnendes Säugetier, das wahrscheinlich hauptsächlich am Boden, teils aber auch in den Bäumen lebte, ohne auf eines gänzlich spezialisiert zu sein, das seine Arme zum Laufen nutzte, sich aber auch für kurze Zeit aufrichten konnte. Seine Nahrung war pflanzlicher Art, Früchte, Blätter, Pflanzenmark, eventuell Wurzeln, und gegebenenfalls durchmischt mit wenig proteinreicher tierischer Nahrung wie Insekten und deren Larven.

Diese Primaten waren gut an das Leben in den Urwäldern Ostafrikas angepasst und sie hätten sich vermutlich eher in die Richtung der großen Menschenaffen weiterentwickelt, hätte sich ihr Lebensraum nicht drastisch verändert.

Die Erdkruste unseres Planeten ist seit ihrer Entstehung in ständiger Bewegung, auch heute noch. Durch diese Bewegung zerbrach der einstige Superkontinent Pangäa im Verlauf von Jahrmillionen und es formte sich durch Verdriftung der Landmassen nach und nach das heutige Bild der Erde. (In weiteren 150 Millionen Jahren wird vermutlich die Antarktis am Äquator liegen.) Vor 20 Millionen Jahren aber, im sogenannten Miozän, einer Periode der Erdneuzeit (Känozoikum), verursachte diese sogenannte Kontinentaldrift, dass Ostafrika zwischen dem Golf von Aden und

„Lucy" ist ein zu gut 40 Prozent erhaltenes Skelett eines Australopithecus afarensis. Mit rund 3,2 Millionen Jahren zählt sie zu den ältesten gefundenen Ahnen des Menschen.

dem heutigen Mosambik in zwei breite Äste auseinanderbrach. Heißes Magma drang aus dem Erdinneren an die Oberfläche, zerriss die Erdkruste zu einem weiten Graben und erstarrte an dessen Grund. So bildete sich der sogenannte Große Afrikanische Grabenbruch (Great Rift Valley), dessen Ränder nun von gewaltigen Gebirgen flankiert wurden. Noch heute driften die beiden Teile jenseits des Grabens jährlich um ungefähr 1 Zentimeter auseinander, sodass sich in weiteren rund 20 Millionen Jahren Ostafrika vom übrigen afrikanischen Kontinent getrennt haben wird.

Im Zuge der Entstehung des Ostafrikanischen Grabenbruchs verändert sich das Klima dieses Gebietes maßgeblich. Östlich der neu entstandenen Gebirge wird es trockener mit deutlich weniger Regen. Die einst weiten Regenwälder dieses Gebietes weichen zu großen Teilen einer ausgedehnten, aber durch den vulkanischen Boden nährstoffreichen und mit vereinzelten Bäumen durchsetzten Grassavanne, deren Flüsse von Galeriewäldern gesäumt sind. Sie bietet einer Vielzahl von Großwild und damit auch Raubtieren Nahrung und einen hervorragenden Lebensraum.

Auch für die Primaten des Waldes bricht eine neue Zeit an: Westlich des Grabenbruchs entwickeln sich in den verbleibenden Regenwäldern die Menschenaffen zu spezialisierten Waldbewohnern, deren markantestes Zeichen die zum Schwingen und Hangeln in den Bäumen idealen Arme sind, die aber auch den Knöchelgang und teils ein Aufrichten des Körpers erlauben.

Die Primaten innerhalb und östlich der Gabelung des Grabenbruchs, wo der Wald immer weiter zurückgeht, müssen sich neuen Herausforderungen stellen. Sie sind zunehmend gezwungen, zur Nahrungssuche den Wald zu verlassen und in einer offenen Landschaft zu überleben. Im Vorteil sind nun solche Primaten, deren Augen einerseits auf Fernsicht eingestellt sind (wie noch beim heutigen Menschen) und die sich andererseits – aufgrund genetischer Mutationen – für längere Zeit aufrichten können: Sie sind befähigt, sich im hohen Savannengras einen Überblick über das Terrain zu verschaffen, Feinde schneller zu sehen, aber auch leichter Nahrung zu finden – insbesondere jene, die die bald folgende Evolution des Menschen maßgeblich vorantreiben wird: Fleisch.

Für die Australopithecinen, die Nachfahren dieser aus dem Wald herausgetretenen Primaten und eindeutige Ahnen im Stammbaum des Menschen, ist der aufrechte Gang bereits nachgewiesen – auch wenn gerade die frühen Arten vielleicht noch auf etwas wackeligen Beinen liefen und aufgrund ihrer Arme gut zum Klettern befähigt waren.

Die Zweifüßigkeit prägte ihre gesamte Anatomie: Das beweisen zahlreiche fossile ostafrikanische Funde. Zu deren spektakulärsten zählen die vor rund 3,6 Millionen Jahren in der vulkanischen Asche Ostafrikas hinterlassenen und später versteinerten Fußabdrücke einer Gruppe der frühen Vormenschenart *Australopithecus afarensis*. Drei Spuren, vermutlich die eines männlichen, eines weiblichen und eines noch nicht ausgewachsenen *Australopithecus*, zeigen anhand der Eindrücke von Ferse, Ballen und Zehen, dass sie nur von aufrecht gehenden Individuen hinterlassen worden sein können. Diese Spuren aus Laetoli, inmitten des Ostafrikanischen Grabens nahe der Olduvai-Schlucht gelegen, stimmen mit Funden fossiler Skelette überein – allen voran mit dem der berühmten, 1974 entdeckten „Lucy", die ebenfalls in Ostafrika, in der Region Afar in Äthiopien, gefunden wurde. 52 Knochen bzw. Knochenfragmente des Rumpfes, der Gliedmaßen und in Teilen des Schädels zeigen das Bild eines *Australopithecus afarensis*, der eindeutig einem bipeden Lebewesen zuzuordnen ist. „Lucy" ist rund 3,2 Millionen Jahre alt, genauso alt wie ein vollständig erhaltener Mittelfußknochen eines weiteren *Australopithecus afarensis*, ebenfalls in der Region Afar gefunden. Er weist schon beide Fußgewölbe auf, wie sie auch beim modernen Menschen noch als Stoßdämpfer fungieren.

Bei später lebenden Australopithecinen ist der aufrechte Gang vollständig ausgebildet: *Australopithecus africanus* (lebte vornehmlich vor 3 bis 2 Millionen Jahren) und *Australopithecus robustus* (vor 2 bis 1,5 Millionen Jahren) sind beide eindeutige Zweibeiner, die ihre allmählich kürzer werdenden Arme nicht mehr zum Laufen benötigen und deren Hände daher zu anderen Zwecken bereitstehen.

Die Australopithecinen sind – das belegen die Funde ihrer Zähne – Allesfresser. Sie ernähren sich hauptsächlich von pflanzlicher Nahrung – Knollen, Blättern, Samen etc. –, aber auch von tierischer in Form von Insekten und Insektenlarven sowie kleinen Säugern, falls sie derer habhaft werden können. Und sie werden, als Bewohner von Steppen, in denen Großwild in großer Zahl lebt, auch die durch Raubtiere getöteten oder verendeten Kadaver dieses Savannenwildes nicht verschmäht haben – zumal Fleisch essentielle Nährstoffe enthält, die in pflanzlicher Nahrung weit weniger vorkommen. Solche Nahrung – nährstoffreiche pflanzliche wie tierische – lässt sich in der Savanne nicht wie im Wald auf engstem Raum finden. Um ausreichend Nahrung zu erbeuten, müssen die Australopithecinen daher weite Strecken zurückgelegt haben. Und eben hierin liegt der eigentliche, der wesentliche Vorteil des aufrechten Gangs, viel bedeutender noch als die Übersicht über die Landschaft und der Schutz vor Feinden: Er ermöglicht bei der Suche nach Nahrung ein stundenlanges, ausdauerndes Laufen – insbesondere wenn, wie mit der Evolution des Menschen und dem aufrechten Gang einhergehend, der allmähliche Verlust der Körperbehaarung und die Ausprägung von Schweißdrüsen eine zweckmäßige Regulation der Körpertemperatur gestatten.

Dass die Australopithecinen bei ihrer Nahrungssuche völlig planlos durch die Savanne irrten, ist wenig logisch. Hoch über dem Savannengras aufgerichtet, ließen ihre guten, auch zur Fernsicht geeigneten Augen sie die Großwildherden schon von weitem erkennen. Doch so vorteilhaft ihre Zweifüßigkeit in mancher Hinsicht auch sein mag – zur Großwildjagd sind sie nicht geeignet. Für Hetzjagden sind sie zu langsam und es fehlt nicht nur an Stärke, um beispielsweise ein Gnu oder Zebra zu überwältigen, es mangelt darüber hinaus an Reißzähnen oder scharfen Krallen, mit denen sich Haut und Fell des Wildes zerreißen ließen, sodass man an das wertvolle Fleisch gelangt.

Die Artgenossen der Urfrau „Lucy" gingen vor 3,2 Millionen Jahren mit Sicherheit schon aufrecht. Darauf lässt der Fund eines Mittelfußknochens in Äthiopien schließen (die Illustration zeigt die Position des Fundes an einem menschlichen Fuß).

Was also nutzte ihnen ein aufrechter Gang, ausdauerndes Laufen und gute Augen in Bezug auf tierische Beute? Eine logische Erklärung, die von einer Vielzahl an Forschern vertreten wird: Die Australopithecinen beobachteten die kreisenden Geier am Himmel, ein untrügliches Zeichen für ein frisch erlegtes oder verendetes Tier.

Als ausdauernde Läufer konnten die Vormenschen rasch zum Kadaver gelangen. Solange sie allerdings keine Möglichkeit hatten, die Haut aufzutrennen, mussten sie Hyänen und Raubkatzen das Fleisch überlassen oder auf die beginnende Verwesung warten und darauf hoffen, dass das Tier so lange von Feinden unentdeckt bliebe. Letzteres ist ein gefährliches Vorgehen, denn die Verwesungsgifte, die für regelrechte Aasfresser wie Geier durch ihre starke Magensäure ungefährlich sind, können bei Primaten lebensbedrohende Vergiftungen hervorrufen. Immerhin aber legen neueste Funde in der Afar-Region im heutigen Äthiopien die Vermutung nahe, dass selbst *Australopithecus afarensis* vor 3,4 Millionen Jahren herumliegende scharfkantige Steine benutzte, um Fleisch von Knochen zu schälen und Knochen so aufzubrechen, dass das nahrhafte Knochenmark zugänglich wurde.

Doch das vielleicht erste Wesen, das für das Problem der Kadaververwertung eine endgültige Lösung fand, war *Homo habilis*. Der „geschickte Mensch" wurde zunächst als erster Vertreter der Gattung *Homo* angesehen, gilt mittlerweile aber eher als später, hochentwickelter *Australopithecus*. Welcher Gattung man ihn auch immer zuordnen mag – *Homo habilis* benutzte eindeutig Werkzeuge, einfach behauene Steine, sogenannte Chopper, die aufgrund ihrer scharfen Kante schon recht gut zum Zerlegen von Fleisch geeignet waren. Mit ihnen war der Weg zur Entstehung des *Homo sapiens* geebnet.

Bedeutende Funde dieser frühen Steinwerkzeuge liegen aus der Olduvai-Schlucht inmitten des fruchtbaren Ngorongoro-Kraters, also unmittelbar im Great Rift Valley, vor. Sie datieren in die Zeit vor 2,6 und 1,5 Millionen Jahren und sind Namensgeber für die erste frühmenschliche Kultur, das Oldowan (auch Olduway). Mit ihr beginnt das afrikanische Altpaläolithikum, die früheste Zeit der Altsteinzeit, die in erster Linie ostafrikanische Funde aus dem heutigen Tansania sowie aus dem Afar-Dreieck in Äthiopien und aus dem östlichen Südafrika umfasst. Aber auch aus Marokko sind Oldowan-Werkzeuge bekannt. Sie alle werden *Homo habilis* ebenso zugeschrieben wie den höher entwickelten offenkundigen Frühmenschen.

Einige der bedeutendsten Vormen-schenfunde in der Olduvai-Schlucht im Rift Valley wurden von den beiden britischen Paläoanthropologen Mary und Louis Leakey gemacht (hier bei einer Ausgrabung im Jahr 1961).

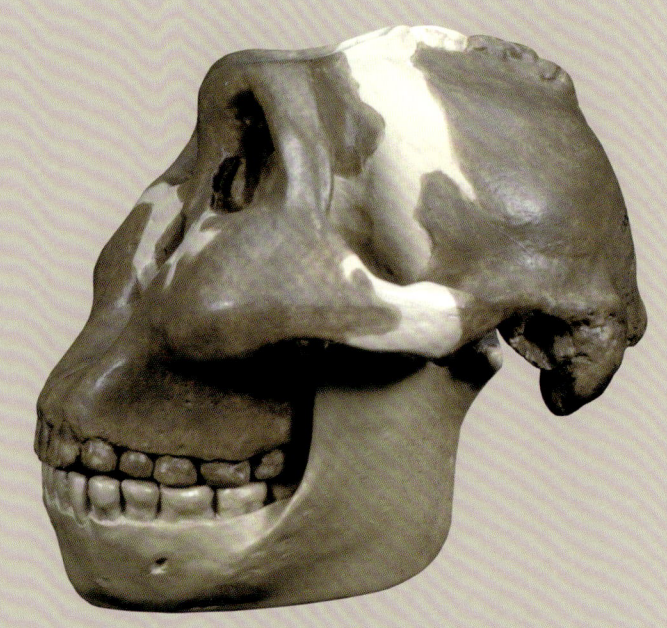

DIE SCHWIERIGKEITEN
DER EVOLUTIONSFORSCHUNG

Es ist kein Leichtes für die Wissenschaft, aus den unzähligen ostafrikanischen Funden, die die allmähliche Entwicklung vom Affen zum Menschen mit ihren zahllosen Seitenlinien ausgestorbener Vorfahren und Vettern dokumentieren, eine stringente, logische Theorie zu entwickeln, wie die Evolution des Menschen vonstattenging. Trotz aller Funde, wissenschaftlicher Erkenntnisse und Beweise liegen die Geschehnisse in so grauer Vorzeit, dass eine eindeutige, in jeder Hinsicht gesicherte Abfolge der Jahrmillionen andauernden Evolution (noch) nicht erreicht ist.

Dass die Wissenschaft immer wieder auch Detailkorrekturen am Bild der Abläufe vornehmen muss, zeigt sich anhand des sogenannten Nussknackermenschen. Mit dem reißerischen Namen betitelte man die fossilen Funde des *Australopithecus boisei* (auch *Paranthropus boisei* genannt, wobei das *Paranthropus*, Nebenmensch, verwirrend ist, denn die *Paranthropus*-Arten waren noch keine Menschen im eigentlichen Sinn, sondern gehören zu den Australopithecinen und damit zu den Vormenschen aus Nordkenia), der etwa vor 2,4 bis 1,1 Millionen Jahren in dem Gebiet des Turkana-Sees lebte. Sein Schädel zeichnet sich durch große, ausladende Jochbögen und einen ausgeprägten Scheitelkamm aus, beides Stützen für starke Kau- beziehungsweise Schläfenmuskeln. Insbesondere die Backenzähne waren im Vergleich zu denen anderer Australopithecinen riesig und von hartem Schmelz überzogen – weshalb Forscher davon ausgingen, dass er sich in erster Linie von Nüssen und harten Samen ernährte.

Im Jahr 2011 bewiesen US-amerikanische Forscher durch die Isolation und Untersuchung winziger Kohlenstoffisotope des Zahnschmelzes, dass die Hauptnahrung dieser Vormenschenart eindeutig Savannengras war.

Doch was bedeutet diese Erkenntnis eigentlich? Für den interessierten Laien und vermutlich auch für den Großteil der Fachleute nichts. Wegen dieser Erkenntnis muss die Evolutionsgeschichte nicht neu geschrieben werden – zurzeit geht es noch darum, plausible, logische Theorien aufzustellen, wie die Evolution ablief und aus welchen Gründen.

Nichtsdestotrotz sind auch solche Detailerkenntnisse wesentlich, nicht nur im Hinblick auf spätere Zeiten, in denen sie das Bild der Menschheitsgeschichte möglicherweise abrunden; sie sind häufig auch bedeutend, um Theorien zu stützen und glaubhaft zu machen oder können sie gegebenenfalls sogar entkräften.

Schädel eines Australopithecus boisei, *der vor etwa 2,4 bis 1,1 Millionen Jahren am Turkana-See (Kenia) lebte.*

Nachfolgende Doppelseite: Der Nabuyatom-Krater am Turkana-See im Great Rift Valley. Das Gebiet um den weltgrößten Wüstensee ist weitestgehend vulkanischen Ursprungs. Ganz in der Nähe befindet sich auch die erste Fundstelle eines Homo rudolfensis.

DIE ERSTEN MENSCHEN

Der erste verbürgte Vertreter der Gattung *Homo*, der gleichzeitig als direkter Vorfahre des modernen Menschen gilt, ist *Homo erectus*, der „aufrechte Mensch". Andere, wie *Homo rudolfensis*, gehören der Gattung an, sind aber ausgestorben, ohne im Stammbaum des Menschen Spuren zu hinterlassen.

Was zeichnet *Homo erectus*, diesen frühen Menschen, gegenüber *Homo habilis* aus, mit dem er immerhin etwa 400 000 Jahre gemeinsam Ostafrika bevölkerte, bevor letzterer ausstarb?

Äußerlich sichtbar und an den fossilen Funden nachweisbar ist bei *Homo erectus* das zweite für den Menschen so wesentliche Merkmal: der große Schädel, der das im Verhältnis zum Körpergewicht übergroße und besonders schwere Gehirn schützt. Vergleicht man die Gehirne der Wirbeltiere untereinander, so wird schnell deutlich, dass der Mensch weder absolut noch relativ das größte Gehirn besitzt. Ersteres können Wale, dicht gefolgt von Elefanten, letzteres Mäuse für sich verbuchen. Setzt man jedoch das Gehirngewicht ins Verhältnis zum Körpergewicht, so zeigt sich, dass das in diesem Fall beim Menschen zu erwartende Gehirngewicht deutlich höher ist als das anderer Wirbeltiere. Dieses Verhältnis wird mit dem sogenannten Enzephalisationsquotienten (EQ) gemessen, der beim modernen, heutigen Menschen bei 7,4 bis 7,8 liegt. Das bedeutet, dass der moderne Mensch ein im Verhältnis zu seinem Körpergewicht knapp acht Mal größeres Gehirngewicht hat als zu erwarten wäre. Bei Großen Tümmlern liegt dieser EQ bei etwa 5,3, beim Gemeinen Schimpansen bei 2,5 und beim Hund bei 1,2. Das Pferd kommt dagegen nur auf einen EQ von 0,9, das Kaninchen gar auf 0,4. Die Katze gilt mit einem EQ von 1 als die Standardspezies, an der der EQ gemessen wird.

Im Verlauf der menschlichen Evolution nahm das absolute wie das relative Gehirnvolumen stetig zu und so zeigte *Homo erectus* im Verhältnis zu seinem Körpergewicht und im Vergleich zu den Australopithecinen bereits ein deutlich vergrößertes Gehirn. Fasste der Schädel der meisten Australopithecinen zwischen 410 und 515 Kubikzentimetern Gehirnmasse (zum Vergleich: Ein Schimpanse hat im Durchschnitt ein Gehirn von etwa 410 Kubikzentimetern Volumen), so gab der Schädel von *Homo habilis* bereits etwa 550 bis 630 Kubikzentimetern Hirnmasse Raum.

Das Gehirnvolumen von *Homo erectus* hat sich nun deutlich vergrößert, beinahe verdoppelt. Über 1000 Kubikzentimeter Gehirnmasse fasst der Schädel dieses Frühmenschentypus. Wie konnte es zu diesem enormen Wachstum kommen?

Es ist der besseren Nahrung geschuldet, die bereits die Australopithecinen und als deren Nachfolger die frühen Menschen nutzen konnten, nämlich dem Fleisch. Ein Gehirn benötigt viel Stoffwechselenergie, ebenso die inneren Organe sowie der Verdauungstrakt. Eine überwiegend oder gar ausschließlich pflanzliche Nahrung könnte weder die Energie, die für das Wachstum benötigt wird, noch die zusätzliche Stoffwechselenergie, die das große Gehirn braucht, in ausreichendem Umfang liefern. Wohl aber das eiweißreiche Fleisch, Knochenmark und auch tierisches Gehirn, zumal das in hohem Maße das für Aufbau und Funktion der DNA und für die innerzelluläre Energieversorgung unentbehrliche Phosphor enthält.

Das bedeutet natürlich nicht, dass die Nahrung selbst das Gehirn des Frühmenschen anwachsen ließ. Fleischliche Nahrung allein reicht nicht aus, die Gehirngröße und damit die Intelligenz zu steigern. Das lässt sich leicht dadurch beweisen, dass Karnivoren wie Wolf und Bär kleinere Gehirne haben als viele reine Pflanzenfresser. Ursache der Entwicklung sind auch hier genetische Mutationen sowie epigenetische Veränderungen des Erbguts (wobei allerdings letztere durchaus mit einem verbesserten Nahrungsangebot in Zusammenhang stehen können, siehe S. 110). Aber ein großes Gehirn brachte deutliche Vorteile: Der Klimawandel innerhalb des Afrikanischen Grabenbruchs stellte bereits die Vormenschen vor neue Herausforderungen, ihre Umwelt wurde komplexer, die Nahrung war

Die bei Ileret am Turkana-See in Kenia entdeckten 1,5 Millionen Jahre alten Fußabdrücke weisen alle Merkmale der heutigen Fortbewegung auf. Das schreibt eine internationale Forschergruppe um Matthew Bennett von der Universität Bournemouth im Fachmagazin „Science". Der Abdruck ist vermutlich von einem Homo erectus *hinterlassen worden.*

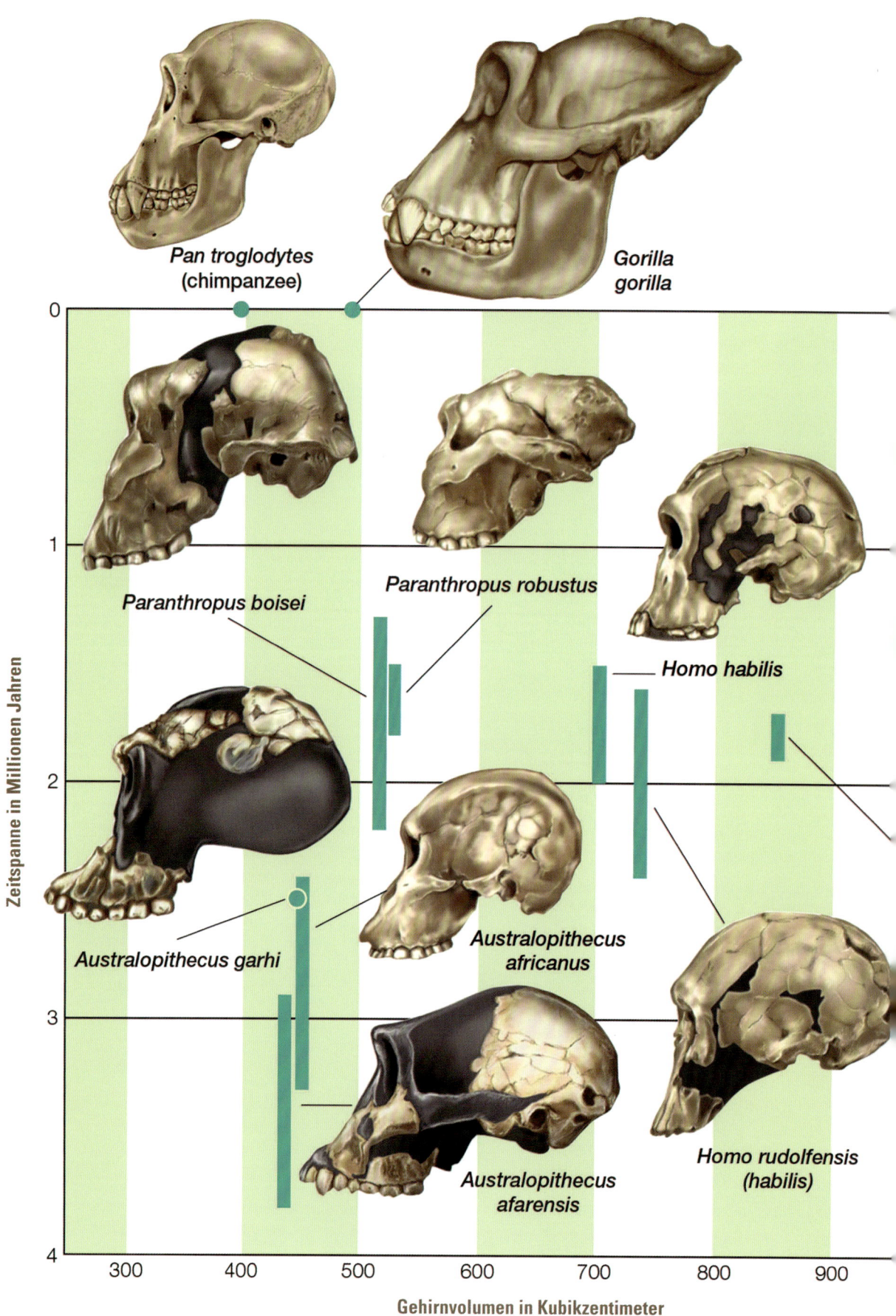

Pan troglodytes
(chimpanzee)

Gorilla
gorilla

Paranthropus robustus

Paranthropus boisei

Homo habilis

Australopithecus garhi

Australopithecus
africanus

Homo rudolfensis
(habilis)

Australopithecus
afarensis

Zeitspanne in Millionen Jahren

Gehirnvolumen in Kubikzentimeter

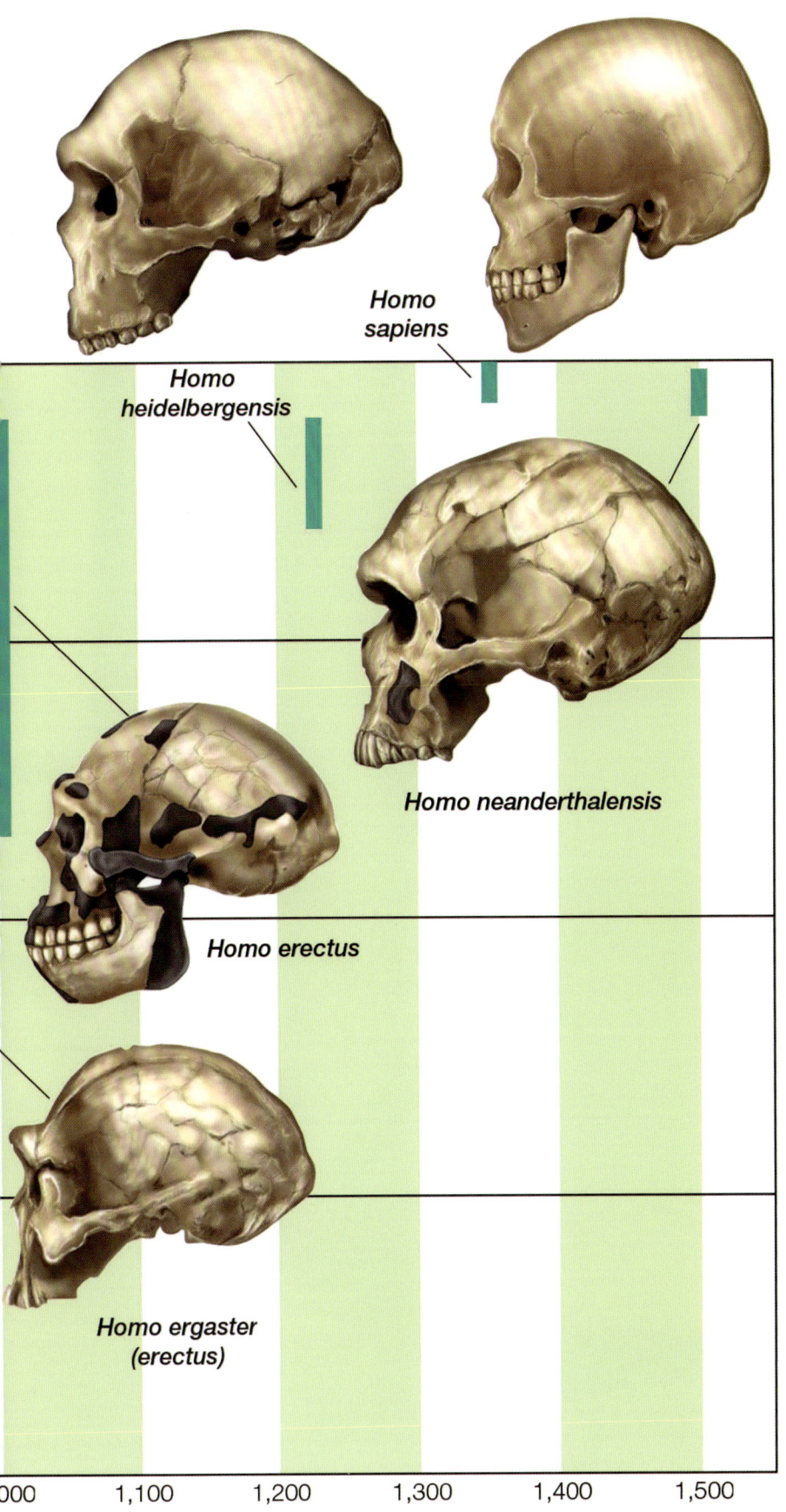

Homo sapiens

Homo heidelbergensis

Homo neanderthalensis

Homo erectus

Homo ergaster (erectus)

| 000 | 1,100 | 1,200 | 1,300 | 1,400 | 1,500 |

Sowohl das absolute als auch das relative Gehirnvolumen nahm im Verlauf der Evolution stetig zu, was sich sehr gut an den wachsenden Schädeln vom Frühmenschen bis zum Homo sapiens verfolgen lässt.

schwerer zu erreichen. Diese Probleme zu lösen erforderte eine höhere Intelligenz. Es entstand also ein Selektionsdruck zugunsten einer höheren Intelligenz, begünstigt durch genetische und epigenetische Veränderungen. Energetisch konnte das Problem des für die höhere Intelligenz erforderlichen Hirnwachstums durch die Erschließung der neuen Nahrungsquelle Fleisch gelöst werden. Möglicherweise mag auch die Kontrolle des Feuers ihren Anteil daran haben, denn gegartes Fleisch ist besser verdaulich als ungegartes. In diesem Zusammenhang könnte ebenso die allmähliche Verkürzung des Verdauungsapparats im Verlauf der (früh-) menschlichen Evolution stehen, zumal damit wiederum etwas Stoffwechselenergie eingespart werden konnte. Archäologische Belege aber, dass der Mensch kontrolliert Feuer nutzte, sind bislang erst aus der Zeit von 800 000 vor heute zu finden.

Im Verlauf der Menschwerdung kam es zu anatomischen Veränderungen des Gehirns, allerdings weniger in Bezug auf den allgemeinen Aufbau als auf die Ausdehnung bestimmter Hirnareale. Während sich das Stammhirn im Verlauf der Evolution kaum veränderte und sich das Kleinhirn im Vergleich zu dem der Australopithecinen nur in Maßen vergrößerte, zeigt das Vorderhirn und insbesondere die das Vorderhirn umschließende Schicht, die Großhirnrinde, bereits beim *Homo erectus* einen enormen Größenzuwachs – im Verlauf der weiteren menschlichen Evolution wird sich gerade dieser Teil weiterhin entwickeln.

Die Großhirnrinde ist zwar nur wenige Millimeter dick (etwa 0,5 Millimeter bei Mäusen und 3 bis 5 Millimeter beim heutigen Menschen), sie ist jedoch besonders reich an Nervenzellen. Und sie ist stark gefaltet und gefurcht (je höher der EQ des Lebewesens, desto stärker), damit ihre große Oberfläche in einem verhältnismäßig kleinen Schädel Platz findet. Vergleicht man die Großhirnrindenfältelungen vom heutigen Haushund, Schimpansen und Menschen miteinander, so weist das Hundehirn nur einige wenige Falten auf. Das Schimpansenhirn ist zwar deutlich stärker gefältelt, würde man jedoch die Großhirnrinde von modernem Menschen und Schimpansen glätten, so ergäbe die des Schimpansenhirns eine Fläche von etwa einem DIN-A4-Blatt, während die menschliche Großhirnrinde etwa ein DIN-A2-Blatt bedecken würde. Sie ist also vier Mal so groß wie die des Schimpansen.

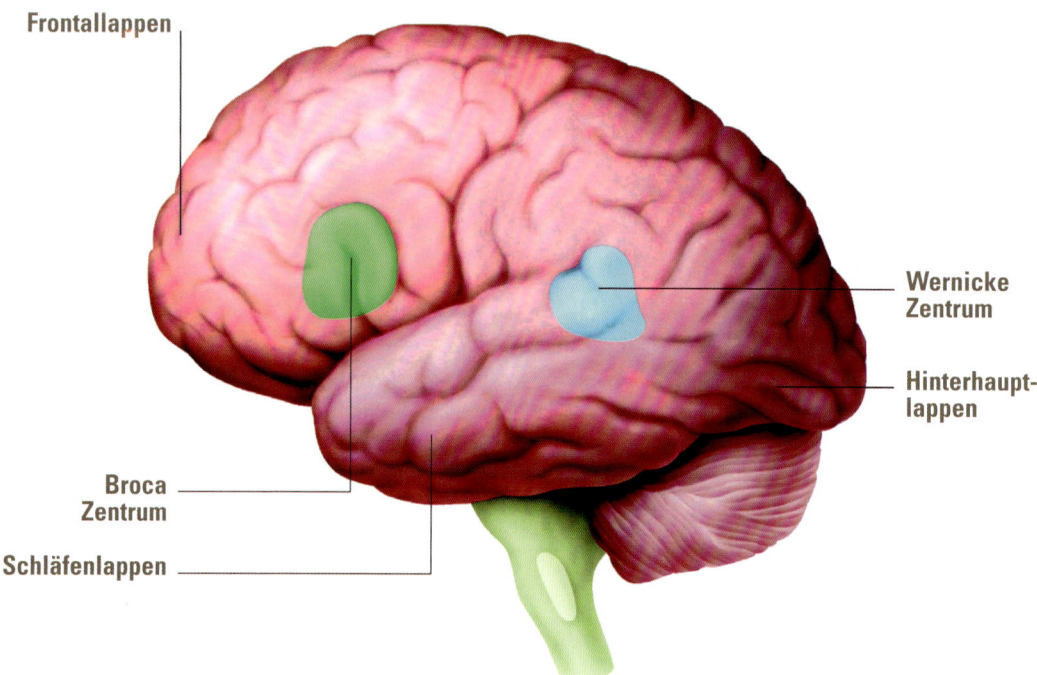

Das menschliche Gehirn ist das entscheidende Organ, das uns von anderen Lebensformen unterscheidet. Will man den Menschen im evolutionären Kontext begreifen, muss man verstehen, wie sich sein Gehirn entwickelt hat.

Frontallappen

Wernicke Zentrum

Hinterhauptlappen

Broca Zentrum

Schläfenlappen

DIE KOSTEN DER INTELLIGENZ

Selten gibt es im Leben – oder im Verlauf der Evolution – etwas umsonst: Die guten Kletterfähigkeiten musste der Mensch zugunsten des aufrechten Gangs einbüßen, der wärmende Pelz ging uns verloren, damit wir ausdauernd laufen können, und unsere feine Nase und ein gutes Witterungsvermögen verloren wir möglicherweise um den Preis besserer Augen oder anderer Fähigkeiten. Und so ist auch das übergroße Gehirn in seinem großen Schädel und die damit einhergehende Intelligenz mit hohen Kosten für den Menschen verbunden, und zwar in vielerlei Hinsicht.

Bereits beim erwachsenen Menschen benötigt das Gehirn im Ruhezustand – obwohl es nur etwa 2 Prozent des Körpervolumens einnimmt – etwa 20 Prozent der Stoffwechselenergie. Bei anstrengender geistiger Tätigkeit steigt dieser Verbrauch noch einmal an.

Der Energieverbrauch eines Kindes in Bezug auf sein Ge-hirn ist noch wesentlich höher. Nicht nur, dass das Hirn eines neugeborenen Kindes mehr als zwei Drittel der gesamten Ener-gie seines Stoffwechsels benötigt, bereits im vorgeburtlichen Stadium verbraucht es 60 Prozent der zugeführten Energie, da-mit das Hirn wachsen kann. Die Mutter muss zu diesem Zweck beinahe ständig energiereiche Nahrung zu sich nehmen, wodurch ihr Stoffwechsel erheblich belastet wird. Nach der Geburt steigt der Energieverbrauch bis zum siebten Lebensjahr weiter an, wenn nämlich all jene Regionen wachsen, die uns von unseren Primatenverwandten unterscheiden: insbesondere die Regionen nämlich, die für Sprache und logisches Denken zuständig sind. Ausgewachsen ist das Gehirn erst mit dem 22. Lebensjahr.

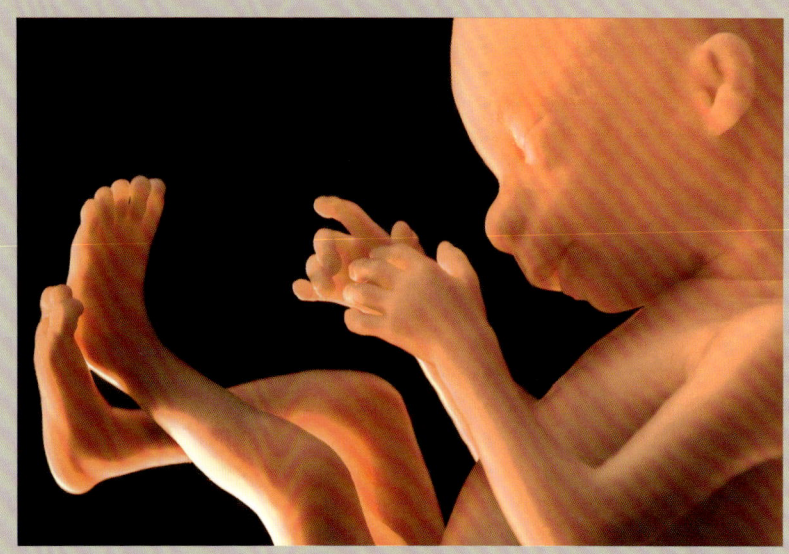

Im vorgeburtlichen Stadium werden ca. 60 Prozent der durch die Mutter zugeführten Energie dazu benötigt, das Gehirn wachsen zu lassen.

Doch damit nicht genug: Weil das Gehirn so lange Zeit zum Wachsen benötigt, ist ein menschliches Kind lange Zeit von elterlicher bzw. anderer menschlicher Betreuung abhängig, benötigt im Vergleich zu anderen Lebewesen sehr viel länger der Fürsorge – was insbesondere die Mütter im Verlauf der Geschichte eine große Menge an Zeit und Energie (was im wörtlichen Sinn gemeint ist) kostete. Die aufwändige, zeitintensive Betreuung des Nachwuch-ses bedingt zudem, dass der Mensch weniger Nachkommen hervorbringen kann – auch dies eine Schattenseite des großen Gehirns.

Für die Mütter ergibt sich aus dem großen Kindsschädel, der das Gehirn birgt, ein weiterer Nachteil: Sie müs-sen, wie das Alte Testament der Bibel sagt, „unter Schmerzen gebären", denn das für den aufrechten Gang nötige relativ schmale Becken begrenzt den Geburtskanal der Mutter stark. Wie knapp dieser Geburtskanal bemessen ist, zeigt sich in den westlichen Ländern, in denen durch die gute vorgeburtliche Versorgung und Ernährung die Kinder immer größer werden, zunehmend. Immer häufiger müssen Kinder daher hierzulande per Kaiserschnitt geboren wer-den. Und auch wenn vielleicht nicht alle Kaiserschnitte medizinisch notwendig sind, ist es doch auffallend, dass sich allein in Deutschland die Rate der Kaiserschnittgeburten in den vergangenen 20 Jahren von 15 auf 32 Prozent mehr als verdoppelt hat.

Es ist demnach nicht nur der generelle Größenzuwachs, der die Intelligenz des Menschen und seine kognitiven Fähigkeiten ausmachen, es sind der Zuwachs und die Veränderung bestimmter Bereiche, die bereits die Gehirne der frühen Menschen von dem der Vormenschen unterscheiden.

Da sich Hirnstrukturen in den Hirnschädelknochen einprägen, lässt sich die Hirnoberfläche fossiler Schädel rekonstruieren. So zeigt sich, dass beispielsweise das Broca-Areal, das beim heutigen Menschen für die Sprachproduktion verantwortlich zeichnet, und das Wernicke-Areal, welches das Sprachverständnis ermöglicht, beim *Homo erectus* deutlich vorhanden war, während die Australopithecinen und auch heutigen Menschenaffen kleinere Ansätze dieser Areale zeigen. Sie haben zudem bei den heutigen Menschenaffen eine andere Funktion, kontrolliert doch beispielsweise das Broca-Areal beim Menschenaffen nicht die Lautäußerungen, sondern die Handbewegungen.

Daraus lässt sich allerdings nicht ableiten, dass *Homo erectus* bereits sprechen konnte. Echte Sprache im für den heutigen Menschen typischen Sinne konnte er nicht entwickeln, denn sein Kehlkopf saß zu hoch, der Schlund war noch gestaucht. Das Sprechorgan entwickelte sich wesentlich später. Es ist jedoch möglich, dass *Homo erectus* Gesten in Verbindung mit Lautäußerungen benutzte. Und dass er natürlich über Mimik und Körperhaltung mit anderen seiner Art kommunizierte.

Neue Ausmaße nahm auch der Frontallappen des Gehirns beim *Homo erectus* im Vergleich zum *Australopithecus* an. Er ist unter anderem für die Planung von Handlungen zuständig, in ihm sitzt aber auch das assoziative Zentrum für auditives Denken und er gilt als Zentrum der Persönlichkeit. Auch dieses Gehirnareal wird bis zum modernen Menschen *Homo sapiens sapiens* in den folgenden Jahrmillionen noch weiter wachsen und an Komplexität gewinnen.

Überdies verändert sich der *Homo erectus* äußerlich: Neben dem größeren Schädel wird der Körper größer und robuster. Die Stirn ist noch fliehend und zeigt starke Überaugenwülste, aber das Gesicht wird flacher, springt weniger hervor. Das Gebiss ist kräftig, doch die Kiefer sind weniger mächtig als bei den Australopithecinen oder bei *Homo habilis*. Die ganze Statur des Frühmenschen, sein längst sicherer aufrechter Gang, die freien Hände und ein langer Daumen, der einen festen Griff für Präzisionsarbeiten bietet, lassen in Kombination mit der Weiterentwicklung des Gehirns, der damit verbundenen höheren Intelligenz sowie einem hohen Lern- und Entwicklungsvermögen, darauf schließen, dass *Homo erectus* ein recht spezialisiertes Wesen war. Er kann die Strukturen der realen Welt begreifen, ist in der Lage, eine Theorie von ihr zu bilden und kann dieses abstrakte, logische Denken in praktische Handlungen umsetzen. Wesentliche Zeugnisse dieses komplexen Denkvermögens und der aufkeimenden Kultur des Frühmenschen sind die nun mannigfaltig auftretenden Werkzeuge. Sie werden zunehmend diffiziler und sind präzise auf ihre Funktion, in ihrer Form auf die Art ihrer Verwendung gearbeitet. Es sind in der Regel zweiseitig bearbeitete

Rekonstruktionsversuch von Hominiden. Wer von wem abstammt, ist nach wie vor eine der großen Fragen bei der Erforschung der Menschwerdung.

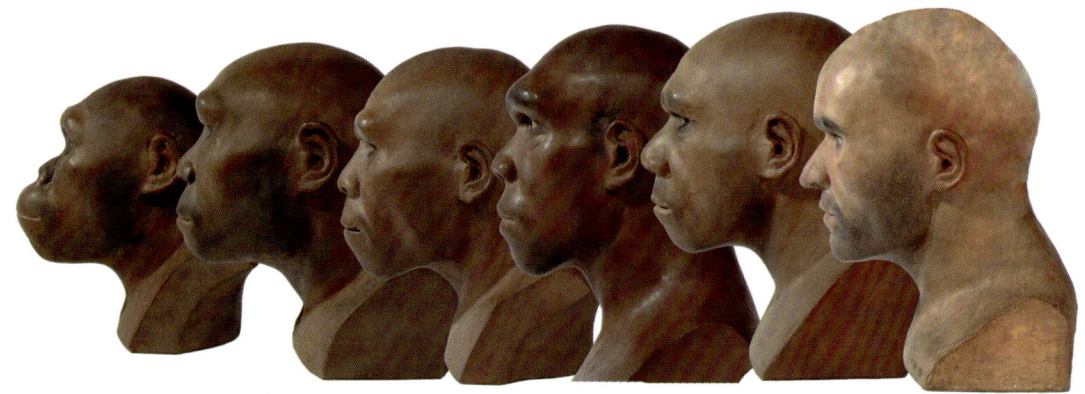

Vier Ansichten eines Faustkeils, den Archäologen im Turkana-Becken in Kenia entdeckt haben. Der Faustkeil gilt als das charakteristische Werkzeug des Homo erectus.

Faustkeile, aus harten Gesteinen wie Obsidian und Feuerstein gefertigt, welche die für den Frühmenschen charakteristischen, idealen scharfen Schneidwerkzeuge ergeben. Sie werden nach einem französischen Fundort der sogenannten Acheuléen-Kultur zugeordnet, doch stammen die ältesten Funde aus Äthiopien und sind etwa 1,5 Millionen Jahre alt.

Für die Ausbreitung des Frühmenschen ist wiederum eine Veränderung des Klimas und damit des Lebensraums der ostafrikanischen Homininen maßgeblich verantwortlich. Während auf der Nordhalbkugel die Temperaturen über Jahrtausende hinweg immer weiter sinken und in der sogenannten Eiszeit (wie das verhältnismäßig kurze Quartäre Eiszeitalter, das vor 2,5 Millionen Jahren begann und bis heute andauert, umgangssprachlich genannt wird) die nördlichen Gebiete der Erde sowie Hochgebirgsregionen und ihre Ausläufer vergletschern, wird das Klima Ostafrikas noch einmal trockener. Die Grassavanne breitet sich weiter aus, Regen wird seltener und die großen Wildherden sind aufgrund der verringerten, nur saisonal auftretenden Regenfälle gezwungen, dem fruchtbaren Gras hinterher-zuwandern – die Wildpopulationen sind dadurch in ständiger Bewegung.

Nun kommt dem frühen Menschen seine Statur, die Verringerung seines Haarkleides, seine körperliche Ausdauer einmal mehr zugute. Anders als Raubtiere, wie die großen Raubkatzen mit ihrem Ruhebedürfnis, können Menschen dem wandernden Wild folgen, wenn dieses von Regengebiet zu Regengebiet, zu fruchtbarem Gras und nächster Wasserquelle zieht. Man vermutet, dass der Mensch zu dieser Zeit bereits Tierhäute nutzte, um beispielsweise den Nachwuchs tragen zu können, vielleicht Vorräte oder Wasser, und sie möglicherweise bereits als Körperschutz vor Nässe und Kälte verwendete.

Relativ gesichert ist auch, dass das Klima der Nordhalbkugel mit ihren auf die Kaltzeiten der Eiszeit folgen-den Warmzeiten das Wetter Afrikas maßgeblich veränderte: Passatwinde beeinflussten den Fluss des Golfstroms, der wiederum ergiebigen Regen in die Sahara-Region brachte: Die lebensfeindliche Wüste wurde für einige Jahrtausende begrünt. So konnte *Homo erectus* auch den nordafrikanischen Kontinent besiedeln. Und ihm gelang etwas, das bis dahin keinem seiner Vorfahren glückte: Er verließ den afrikanischen Kontinent und breitete sich bis nach Asien und Europa aus.

Eva, wie sie Albrecht Dürer (1471–1528) sah. Tatsächlich wird die Stammmutter des Menschengeschlechts unter der heißen Sonne Afrikas gelebt und ihre Haut folgerichtig einen sehr hohen Melaninanteil gehabt haben, was zur Folge hatte, dass sie dunkelhäutig war.

VON AFRIKA IN DIE WELT

Die Wiege des Menschen steht in Afrika, von dort besiedelte er die ganze Erde. Was Paläontologen und Paläoanthropologen anhand der fossilen Funde seit den 1980er-Jahren vermuteten und in schlüssigen Theorien zusammenfassten, bewiesen ein Jahrzehnt später genetische Untersuchungen. Und zwar solche Analysen der mitochondrialen DNS (mt-DNS).

Die Mitochondrien sind kapselförmige Gebilde innerhalb der menschlichen Zellen, die für die Umwandlung von Energie in eine verwertbare Form zuständig, aber kein Bestandteil der Zelle sind. Sie sind eigenständig und besitzen eine eigene DNS, vom eigentlichen Erbgut des Menschen völlig unabhängig. Das Besondere an dieser DNS ist: Sie wird nur von den Müttern weitervererbt, die mitochondriale DNS des Vaters wird bei der Befruchtung nicht über die Samenzelle weitergegeben. Dadurch vermischt sie sich nicht wie die Zellkern-DNS mit dem Erbgut des Vaters, sondern bleibt über Jahrmillionen hinweg nahezu konstant, verändert nur von gelegentlichen Mutationen.

Mit der Analyse der mt-DNS wollten Genetiker der Universität Oxford erforschen, ob der moderne Mensch einen einzigen Entstehungsort habe oder sich die Menschen parallel zueinander auf verschiedenen Kontinenten aus einem Vorläufer entwickelt hätten. Die Wissenschaftler sammelten DNS von Personen aus der ganzen Welt, verglichen sie auf ihre Ähnlichkeit, sortierten sie und errichteten daraus einen Stammbaum, bestehend aus vier Ästen. Drei dieser Äste, die auch die Wurzel (bestimmt mithilfe der mt-DNS eines Schimpansen) bargen, führten ausschließlich nach Afrika. Auf dem vierten Ast sammelte sich die mt-DNS aller Nichtafrikaner und einiger Afrikaner. Die Verästelungen zeigten: Alle mitochondriale DNS des modernen Menschen stammt von einer Frau aus Afrika, die seitdem mitochondriale Eva genannt wird. Das bedeutet nicht, dass diese mitochondriale Eva die erste und einzige Frau in unserem Stammbaum gewesen ist, aber es ist allein ihre mt-DNS, die sich an alle modernen Menschen weitervererbte. Die verschiedenen Gene von Zellkern-DNS würden auf andere „Evas" verweisen, so wie die mitochondriale Eva aller modernen Menschen eine andere ist als jene beispielsweise aller Nichtafrikaner.

Das Pendant der mitochondrialen Eva ist der sogenannte Adam des Y-Chromosoms. Dass diese Frau und dieser Mann existierten, war in den 1990er-Jahren keine Überraschung mehr; wohl aber, dass ihre Spuren nach Afrika führten und damit deutlich wurde, dass der moderne Mensch aller Wahrscheinlichkeit nach seinen Ursprung auf dem afrikanischen Kontinent nahm.

Und eine weitere Erkenntnis aus der Analyse der mt-DNS kam hinzu: der ungefähre Zeitpunkt, wann die mitochondriale Eva gelebt hat. Die Mutationen der mt-DNS erfolgen nämlich in relativ regelmäßigen Zeiträumen, sodass man von der Menge der Mutationen auf die Zeitspanne schließen kann, die zwischen dem Dasein der jeweils untersuchten Lebewesen vergangen ist. Die mt-DNS gleicht einer Uhr, auf der man vergangene Zeit anhand von Mutationen ablesen kann.

Daraus ergaben sich folgende Zeitspannen für die Entstehung des modernen Menschen: Die mitochondriale Eva aller modernen Menschen lebte vor 225 000 bis 125 000 Jahren, die mitochondriale Eva aller Nichtafrikaner vor 80 000 bis 24 000 Jahren. Der wahrscheinlichste Zeitpunkt liegt etwa in der Mitte dieser Zeitspannen und deckt sich recht exakt mit den Ergebnissen fossiler Funde.

Diese Erkenntnisse bestätigen, dass der moderne Mensch in Afrika entstanden und von dort aus die Welt eroberte. Fossile Funde belegen aber auch, dass schon Frühmenschen der Art *Homo erectus* den afrikanischen Kontinent verlassen haben: Ostasien bevölkerten sie diesem zufolge bereits vor etwas mehr als 1,2 Millionen Jahren, andere Funde beweisen ihre Existenz in Europa vor 1 Millionen Jahren. Paläoanthropologen gehen davon aus, dass es insgesamt mindestens drei Auswanderungswellen aus Afrika gegeben hat, in denen Hominine die Welt eroberten. Der Prozess dieser Verbreitung der Art *Homo erectus* und seiner Kultur wird als „Out of Africa I" bezeichnet.

Bereits in den 1990er-Jahren verunsicherte ein Fund in Dmanissi, Georgien, die Vertreter der Out-of-Africa-Theorie: Der Fund eines Homininen wurde auf ein Alter von rund 1,7 Millionen Jahren geschätzt und zudem einer neuen Art von Frühmenschen zugeordnet, genannt *Homo georgicus*. Hatte man damit einen Gegenbeweis für die Entstehung des *Homo erectus* und gar des Menschen in Afrika gefunden und entwickelte sich der Mensch stattdessen doch an verschiedenen Orten der Welt parallel? Überzeugend war diese letzte Annahme nicht, allein deshalb, weil die ältesten Funde von Homininen (älter als 2 Millionen Jahre) ausschließlich aus Afrika stammen. Darüber hinaus sprachen früh die bereits beschriebenen genetischen Analysen zum *Homo sapiens* dagegen.

Seit dem Jahr 2013 ist die Theorie endgültig widerlegt, ließ sich der Fund doch nun eindeutig der Art *Homo erectus* zuordnen. Und dennoch ist er interessant, verlegt er doch die erste Auswanderungswelle von menschlichen Wesen aus Afrika weiter nach vorn.

So ergiebige Fundstätten wie das thüringische Bilzingsleben, das zu den frühesten Fundorten der Gattung Homo *in Mitteleuropa gehört, helfen dabei, immer neue Erkenntnisse über das Leben der Frühzeit zu gewinnen. Auf der archäologischen Grabungsfläche sind originale Hirschgeweihe, Elefantenzähne oder Nashornknochen im Boden konserviert. Es wird unter anderem vermutet, dass diese Fläche vor rund 400 000 bis 370 000 Jahren von* Homo erectus *künstlich angelegt und für kultische Zwecke genutzt wurde. Links und rechts sind jeweils die versteinerten Überreste des Schulterblattes eines Waldelefanten (l.) und der Rippenbogen eines Nashorns (r.) zu sehen, in der Mitte die Rekonstruktion einer Schädelkalotte eines* Homo erectus.

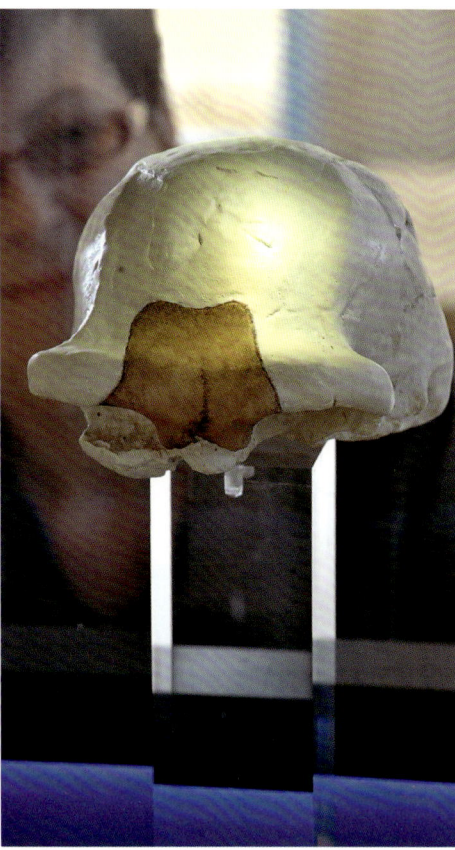

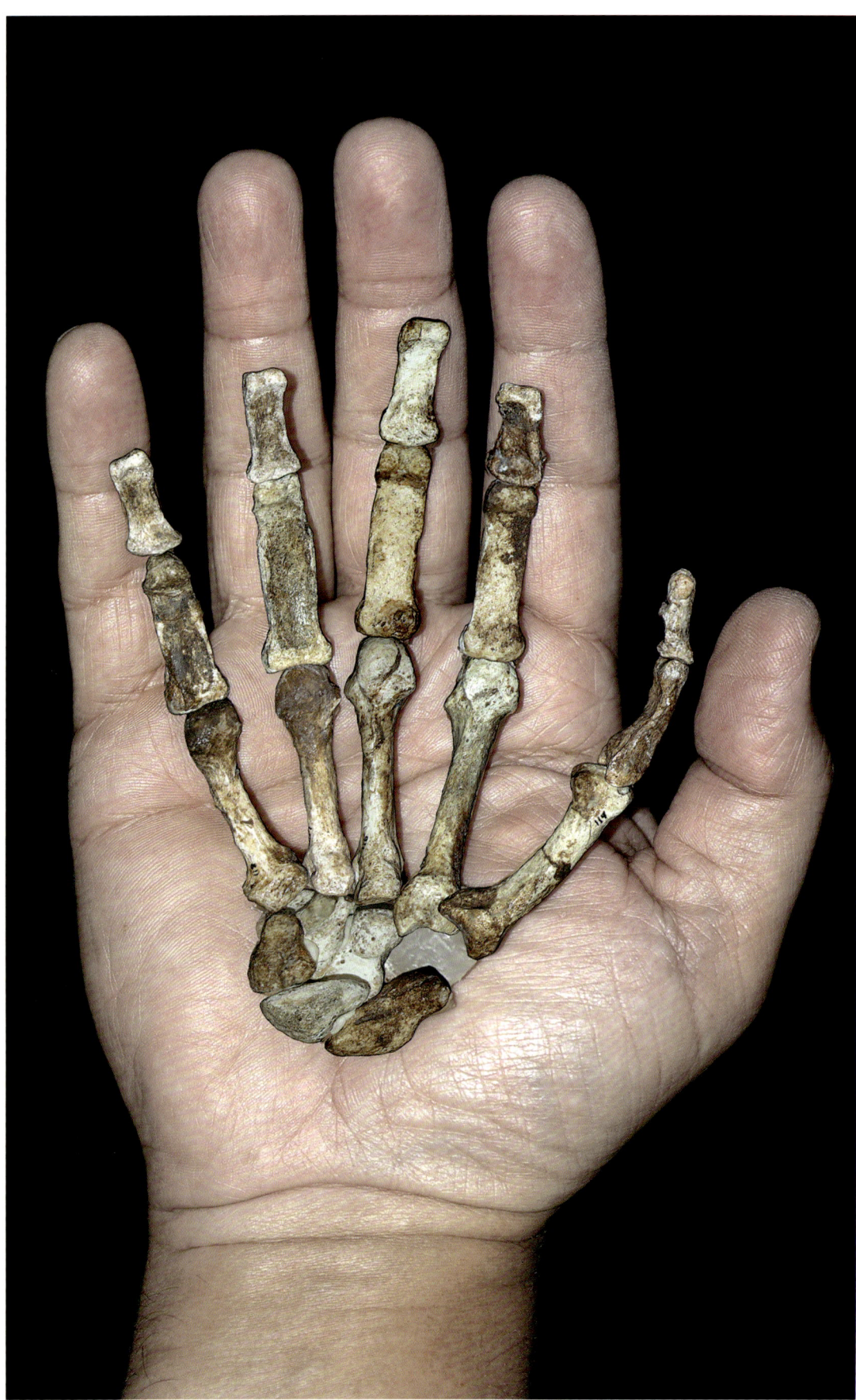

*Das Skelett der rechten Hand
eines weiblichen* Australopithecus
sediba *liegt auf einer „modernen"*
Homo-sapiens-*Hand. Die älteste
vollständig erhaltene „Hand" weist
ihren Besitzer als möglichen Urahnen
des Menschen aus. Wie ein Team um
Tracy Kivell vom Max-Planck-Institut
für evolutionäre Anthropologie aus
Leipzig im US-Fachjournal „Science"
2011 berichtete, gehörte sie einem
erst kürzlich entdeckten Vormenschen*
Australopithecus sediba, *der vor rund
zwei Millionen Jahren das südliche
Afrika durchstreifte.*

Schädel des Homo georgicus, *der vor
ca. 1,7 Millionen Jahren lebte und in
den 1990er-Jahren im georgischen
Dmanissi entdeckt wurde.*

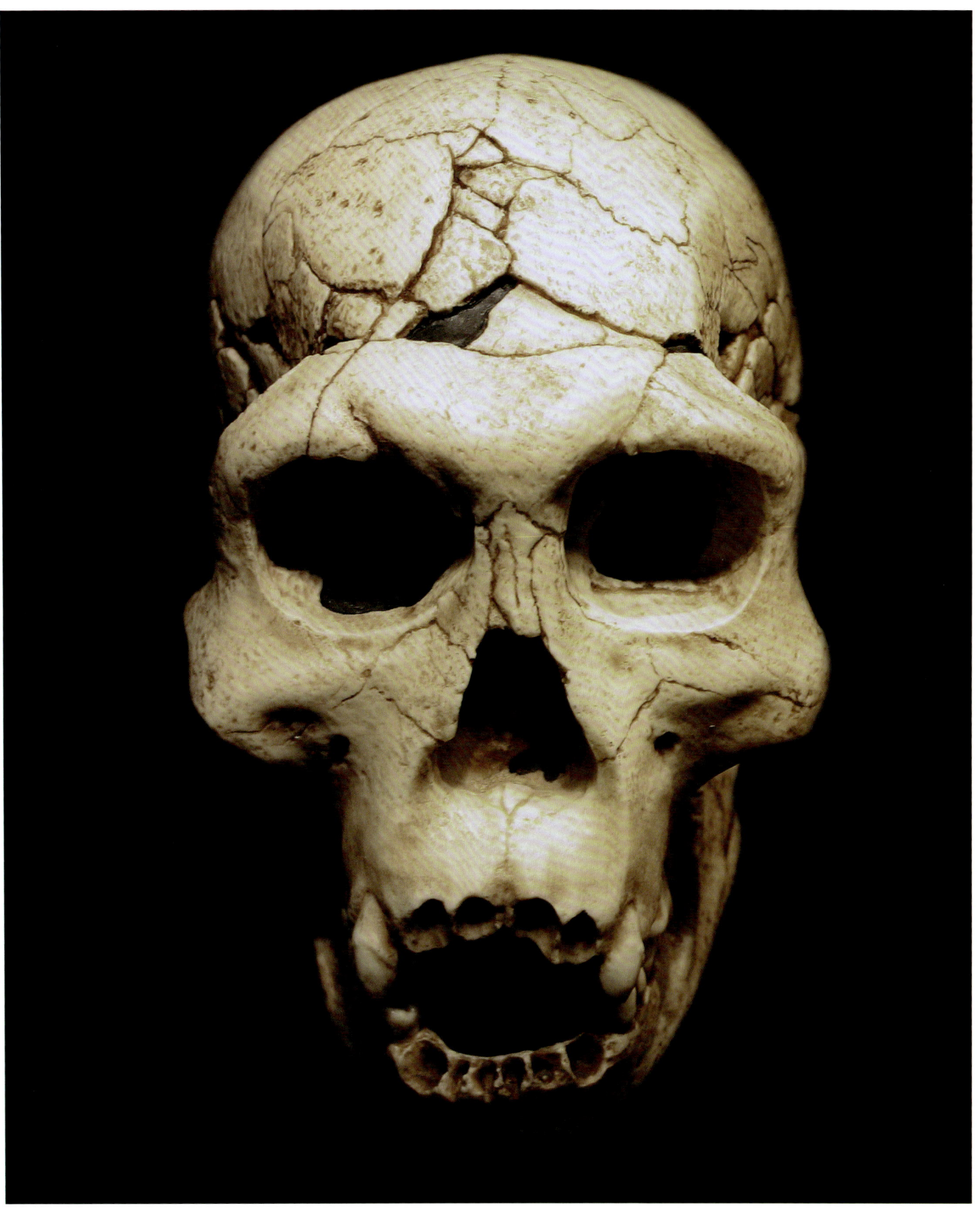

VOM LEBEN IN DER URGESCHICHTE

Es ist natürlich, dass sich der Mensch ein Bild seiner Geschichte machen möchte – gerade von jener Zeit, die noch keinerlei oder nur sehr spärliche bildliche Darstellungen vom Menschen liefert und aus der keine schriftlichen Zeugnisse existieren.

Und so gibt es in Museen zur Frühgeschichte, in Büchern und Zeitschriften eine Vielzahl von bildlichen Rekonstruktionen zum urgeschichtlichen Leben: Familien und Sippen, die in Felle gehüllt in einer Höhle sitzen, Frühmenschen, die mit archaischen Stöcken und Steinen ein Zebra töten und es anschließend ausweiden, Szenen, in denen Männer jagen und Frauen das Essen bereiten und die Kinder betreuen. Von Jägern, Sammlerinnen und primitiven Muskelprotzen ist gern die Rede.

Doch wie viel Wahrheit steckt in diesen Darstellungen? Wir wissen es nicht. Diese Darstellungen sind Bilder davon, wie wir uns die Welt der Steinzeit vorstellen – aus heutiger Sicht, mit unseren Begriffen von Familie und der geschlechtlichen Rollenverteilung der vergangenen Jahrtausende. Nichts davon muss wahr sein, denn als Beweise liegen uns wenige Knochenfunde und lediglich solche kulturellen Artefakte vor, die sehr witterungs-beständig sind – in erster Linie Steine.

Natürlich kann das Leben indigener Völker bei der Beurteilung des urgeschichtlichen Lebens zum Vergleich herangezogen werden. Etwa das des Volkes der San, das im Süden Afrikas noch immer ohne Waffen Springböcke und Zebras jagt, indem es die Herden über lange Strecken hinweg verfolgt, bis einzelne Tiere erschöpft überwältigt werden können. Ein plausible Möglichkeit, wie wir uns die Jagd bei *Homo erectus* vorstellen können – gesichert ist diese jedoch nicht.

Auch anatomische Verhältnisse des heutigen Menschen können Beachtung finden: Beliebtes Beispiel ist das stärkere Unterhautfettgewebe moderner Frauen gegenüber dem moderner Männer. Daraus würde resultieren, so gängige Forschermeinungen, dass Männer die körperlich anstrengende Arbeit hätten verrichten müssen, während die Frauen sich um Lager und Kinder kümmerten und daher über wärmende Fettpolster hätten verfügen müssen. Dass dieses Fettpolster auch als Energiespeicher für Zeiten von Schwangerschaft, Geburt und Milchproduktion dienen kann, wird deutlich seltener erwähnt. Letztlich könnte das weibliche Unterfettgewebe sogar eine relativ neue Entwicklung gewesen sein, die bei den frühen Menschen nicht vorhanden war. Mangels des Erhalts dieses Gewebes lässt sich diese Frage nicht mehr klären.

In der Ur- und Frühgeschichte können mittlerweile viele Abläufe und Theorien bewiesen werden, andere werden derart logisch erklärt, dass man sie als sehr wahrscheinlich annehmen darf. Dazu gehören der Ursprung des Menschen in Afrika, das Aussehen der verschiedenen Australopithecinen, von *Homo habilis*, *Homo erectus* und Neandertaler (obwohl bereits hier nicht mehr gesagt werden kann, wie dicht beispielsweise noch das Haarkleid der einzelnen Arten war), die Nahrung der frühen Menschen, ihre nomadische Lebensweise und die Zeiträume, in der die einzelnen Arten die verschiedenen Kontinente und Regionen der Welt bevölkerten.

Die Lebensweise unserer Vorfahren aber, ob sie in Familien oder in losen Gruppen gelebt haben, ob es eine Rollenverteilung gab und wie diese aussah, ob sie sich einer ersten Zeichensprache bedienten oder nur über Mimik und Laute kommunizierten – das alles bleibt im Dunkeln der Geschichte. Die Rekonstruktionen der Welt aus der Zeit, bevor klare bildliche und vor allem schriftliche Zeugnisse existieren, werden daher immer ein Bild der eigenen Zeit und Sichtweise sein, entstanden aus dem Wunsch heraus, die eigene Welt, ihre Gesellschaftsformen und Lebens-weisen aus der Geschichte heraus zu erklären und zu rechtfertigen.

Der Mensch neigt dazu, sich ein Bild zu machen – sei es ein Abbild der ihn umgebenden Realität, ein mögliches Szenario seiner Zukunft oder eben ein rückblickendes Bild in die eigene Vergangenheit. Die Höhlen-bärenjagd auf diesem Schulwandbild aus den 1930er-Jahren zeigt den Urmenschen ganz im Sinne der Zeit als heroischen Wilden.

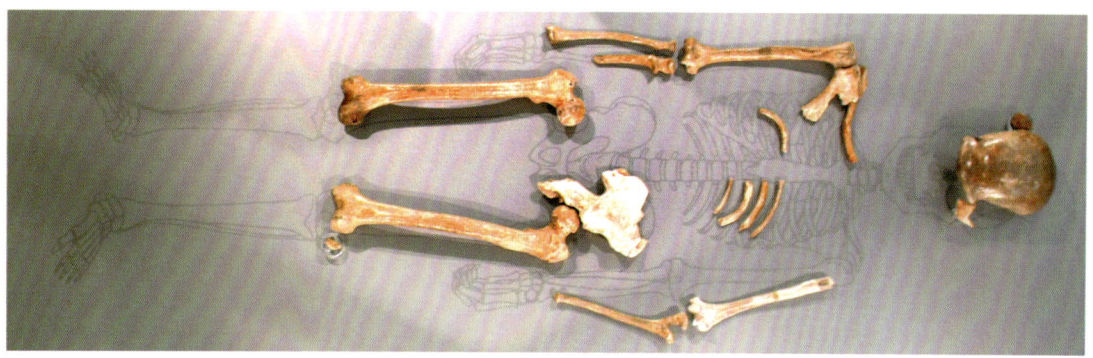

40 000 Jahre alt sind die Überreste des 1856 im Neandertal bei Düsseldorf gefundenen und nach ihm benannten Neandertalers.

Homo erectus gelangte in Asien bis Peking (fossile Funde des „Pekingmenschen" in der Höhle von Zhoukoudian nahe Peking) und bevölkerte die indonesischen Inseln. Der sogenannte Java-Mensch wurde auf der gleichnamigen Insel am Solo-Fluss gefunden. Eine Unterart des *Homo erectus* ist auch von der indonesischen Insel Flores bekannt: Der besonders kleinwüchsige *Homo erectus* wird auch „Hobbit" genannt – seine Kleinwüchsigkeit wird auf die lange Isolationszeit auf der Insel zurückgeführt. Die war beispielsweise auch Heimat des ausgestorbenen Zwergelefanten *Stegodon*. Wie weit entwickelt dieser *Homo-erectus*-Typus jedoch war, zeigen seine Steinwerkzeuge: Speer- und Pfeilspitzen sowie Faustkeile, gearbeitet in bester Acheuléen-Technik.

In Europa besiedelte *Homo erectus* ganz Süd- und Mitteleuropa: Nördlichste Fundstätten sind Bilzingsleben im heutigen Thüringen, sie datieren auf ein Alter von 400 000 Jahren, und Swanscombe in der südenglischen Grafschaft Kent ungefähr gleichen Alters.

OUT OF AFRICA II

Während *Homo erectus* andere Kontinente erobert, entwickelt sich aus seinen afrikanischen Artgenossen vor etwa 600 000 Jahren eine neue Menschenart, die nach einem frühen Fundort benannte *Homo heidelbergensis*. Auch hier ist das wahrscheinlichste Szenario der menschlichen Evolutionsgeschichte, dass *Homo heidelbergensis* über Generationen hinweg Afrika verließ und nach Europa und Asien gelangte. Diese Auswanderungswelle wird mit „Out of Africa II" bezeichnet.

In Europa, das schon vor rund 450 000 Jahren allmählich von *Homo heidelbergensis* bevölkert wurde, ging aus diesem rund 250 000 Jahre später der sogenannte Neandertaler (benannt nach der ersten Fundstelle im Neandertal bei Mettmann) hervor, der bis nach England vordrang und überall in Europa und vereinzelt auch in Asien Zeugnisse einer recht weit entwickelten Kultur hinterließ.

Die Kultur der europäischen Neandertaler wird als Moustérien (benannt nach dem südwestfranzösischen Fundort Le Moustier) bezeichnet; sie umfasst den Zeitraum zwischen etwa 200 000 bis 40 000 Jahren vor heute, bildet damit das europäische Mittelpaläolithikum, die mittlere Altsteinzeit.

Die Acheuléen-Technik wurde zusehends verfeinert, die gröberen Acheuléen-Faustkeile durch diffizile Werkzeuge ersetzt. Deren kennzeichnende Steinbearbeitungstechnik ist die aus Afrika eingeführte Levalloistechnik, auch Schildkern-Technik genannt. Sie zeichnet sich dadurch aus, dass ein Stein zunächst mit vielen Schlägen so bearbeitet wird, dass sich schließlich mit einem einzigen präzisen Schlag das Werkzeug auslösen lässt. Die neue Technik hat viele Vorteile: Zum einen sind die Werkzeuge dünner und besitzen rundum scharfe Kanten, zum anderen lassen sich aus einem Stein mehrere Werkzeuge fertigen. Sie sparte also Ressourcen.

Berühmt wurden insbesondere die Levalloisspitzen, feine, sehr scharfe und harte Steinspitzen, die nachweislich als Speerspitzen, möglicherweise sogar als Pfeilspitzen verwendet wurden. Reste eines natürlichen Klebstoffs weisen darauf hin, dass die Spitzen einst in einem Holzschaft befestigt wurden. Als solche natürlichen Klebstoffe lassen sich in Deutschland beispielsweise Birkenpech nachweisen, in der Levante das dort natürlich vorkommende Bitumen.

Körperlich unterscheidet sich der Neandertaler sehr deutlich vom *Homo erectus:* Er ist größer, in Knochenbau und Muskulatur kräftiger und er verfügt über eine Schädel- und damit Gehirngröße, die dem des heutigen Menschen entspricht und sie teilweise sogar übertrifft. Bis zu 1800 Kubikzentimeter Gehirnvolumen wurde bei fossilen Neandertalern gemessen, das Durchschnittsvolumen lag bei gut 1400 Kubikzentimetern, 100 bis 200 Kubikzentimeter mehr als das Durchschnitts-Gehirnvolumen des heutigen Menschen.

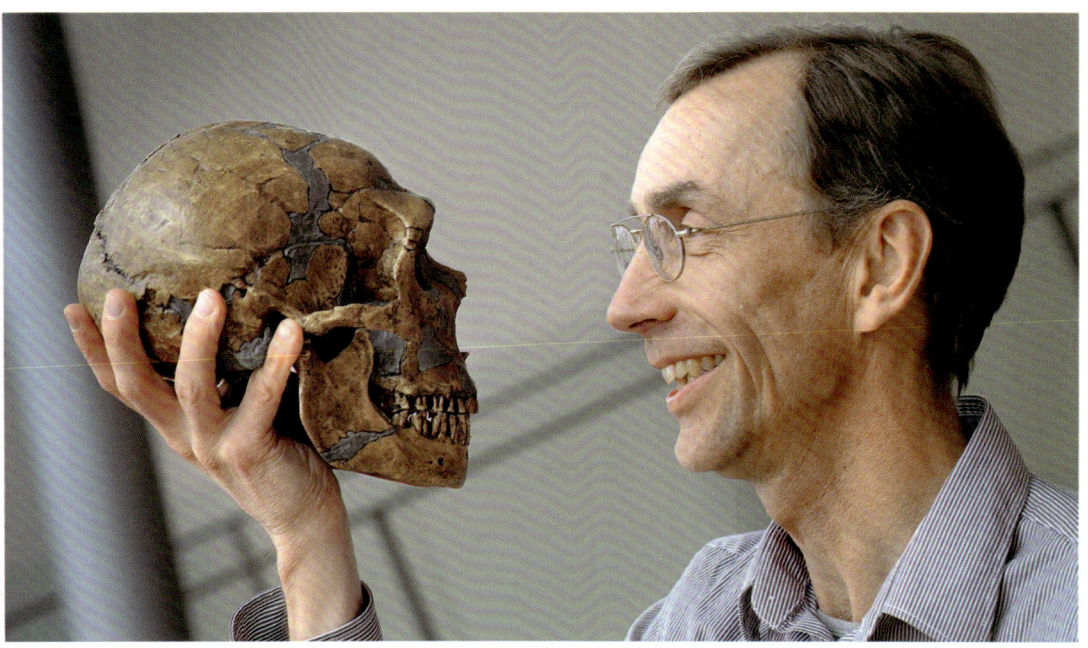

Svante Pääbo, Direktor am Max-Planck-Institut für evolutionäre Anthropologie in Leipzig, zeigt die Rekonstruktion eines Neandertalerschädels.

Nachfolgende Doppelseite: „Mr. 4 Prozent" nennt das Neanderthal Museum in Mettmann die lebensechte Neandertaler-Figur. Die Nachbildung des Urzeitmenschen trägt moderne Kleidung und beruht auf der Erkenntnis der Wissenschaft, dass alle Menschen Neandertaler-DNS in sich tragen. Heute weiß man, dass es zwischen 1,5 und 2,1 Prozent der DNS sind.

Vom frühen modernen Menschen unterschied sich der Neandertaler weniger deutlich: eine fliehende Stirn mit prägnanten Überaugenwülsten, überhaupt kräftigere Knochen, zeichneten ihn aus, dagegen wird er sein Haarkleid bereits gänzlich verloren haben, um als geschickter Jäger ausdauernd seine Nahrung beschaffen zu können, ohne zu überhitzen. Denn ein solcher muss er gewesen sein, ernährte er sich in der eiszeitlichen europäischen und asiatischen Tundra doch in erster Linie von Fleisch, und zwar von dem der damals lebenden Megafauna.

Kann man darüber hinaus etwas über seine Lebensweise sagen? Fossile Funde in Höhlen – wie beispielsweise in der Lazaret-Höhle im heutigen Nizza, in der Spuren von *Homo erectus* und Neandertaler gefunden wurden – beweisen, dass dort Neandertaler Unterschlupf suchten. Doch sind geeignete natürliche Unterschlupfe in der eiszeitlichen Tundra Mitteleuropas rar. Wärmende Tierfelle werden eher als Schutz vor der kalten Witterung gedient haben. Auch das Feuer haben die Neandertaler höchstwahrscheinlich nicht für sich als Wärmequelle genutzt: Zu feucht war in den Warmzeiten das Wetter Europas, zu wenig Holz ließ sich in der holzfreien Tundra der Kaltzeiten finden.

Der Neandertaler war eine äußerst erfolgreiche Menschenart: Außerhalb Afrikas, wo er sich bis nach Südafrika und Marokko ausbreitete, wanderte er über die Levante bis nach Süd-, Mittel- und Osteuropa, wo er erst an der Eisgrenze im Norden des Kontinents Halt machte, besiedelte die Gegenden ums Schwarze Meer und gelangte bis

Handäxte der Moustérien-Kultur
(um 120 000 bis 40 000 v. Chr.).

nach Ostasien zu den Ausläufern des Himalaya im heutigen Afghanistan und Kirgisistan und bis ins Altai-Gebirge in der heutigen westlichen Mongolei. Insgesamt lebte er allein in den Regionen außerhalb Afrikas mindestens 160 000 Jahre; damit existierte er länger als der moderne Mensch bislang.

Warum diese erfolgreiche Art letztendlich ausgestorben ist, lässt sich bis heute nicht ganz schlüssig nachvollziehen. Die Wissenschaft vermutet eine Kombination mehrerer Faktoren, die das Aussterben dieser Menschenspezies begünstigte: beispielsweise Klimaveränderungen im Zuge der bis heute andauernden Warmzeit und das damit verbundene Aussterben der eiszeitlichen Megafauna bzw. ihre Ausrottung durch den Neandertaler; der höhere Kulturstand des mittlerweile teils in den Neandertalergebieten siedelnden modernen Menschen; eine zu niedrige Fortpflanzungsrate der Neandertaler.

Im westlichen Altai-Gebirge ließ sich in den letzten Jahren eine neue Menschenart nachweisen, die sich anscheinend parallel zum Neandertaler entwickelte und ausschließlich nach Ostasien auswanderte: der „Denissova-Mensch". Von ihm wurden bislang – zusammen mit Steinwerkzeugen im Stil der Moustérien – lediglich zwei Backenzähne und ein Fingerknöchelchen in der russischen Denissowa-Höhle gefunden, doch zeigen genetische Untersuchungen, dass er sich mit etwa 4,8 Prozent seiner Gene im Erbgut einiger südostasiatischer Völker – beispielsweise den Papua, den Aborigines sowie den philippinischen Mamanwas – verewigt hat.

DER WEISE MENSCH

Während sich in Europa und Asien der Neandertaler etablierte, bildete sich im Ostafrikanischen Grabenbruch aus den daheimgebliebenen *Homo-heidelbergensis*-Populationen allmählich eine neue Menschenspezies, der *Homo sapiens*, der weise Mensch. 120 000 bis 200 000 Jahre ist er alt, und auch er tritt bald seinen Weg Richtung Asien und Europa an. Dieser frühe *Homo sapiens*, in der Ur- und Frühgeschichte auch nach einer Halbhöhle in der französischen Dordogne Cro-Magnon-Mensch genannt, ist nun mit allen anatomischen Besonderheiten des modernen Menschen ausgestattet. Er verfügt über den charakteristisch gewölbten Schädel, einen aufrechten, relativ zierlichen Knochenbau, einen tief in den Hals abgesenkten Kehlkopf, der zusammen mit der Anatomie des Mund- und Rachenraums perfekt zur Ausbildung der Sprache geeignet ist. Und er trägt in sich die Fähigkeiten seines nun äußerst komplexen Gehirns: hoch entwickelte kognitive Anlagen – wie beispielsweise Lernen, Selbstbeobachtung und -wahrnehmung und Erinnern –, welche die eigentlichen Errungenschaften des Menschen, seine hoch entwickelte Kultur, erst möglich machen.

So ausgestattet erobert der moderne Mensch die Welt: Während der letzten Kaltzeit gelangt er über den Nahen Osten nach Ostasien (vor ~60 000 Jahren), Australien (vor ~50 000 Jahren) – wozu er immerhin schon den Bau von Flößen beherrscht haben muss –, nach Europa (vor ~45 000 Jahren) und schließlich über die damals noch vorhandene Landbrücke im Beringmeer zwischen Sibirien und Alaska nach Nord- und Südamerika (vor ~15 000 Jahren). Rund 15 000 Jahre bevölkerten Neandertaler und Cro-Magnon gemeinsam Europa, allerdings nicht unbedingt die gleichen Regionen. *Homo sapiens* verbleibt im Mittelmeerraum und dringt nur am Atlantik bis in die Bretagne vor. Er bewohnt nicht die Tundra, sondern Waldgebiete und nutzt allen fossilen Funden zufolge Höhlen als Unterschlupf. Mit dem Beginn der Warmzeit verschwindet der Neandertaler relativ abrupt, der moderne Mensch breitet sich aus und belebt nun auch die Lebensräume des Neandertalers, in denen allmählich der Wald die Tundra ablöst.

KLASSIFIZIERUNG VON *HOMO SAPIENS* INNERHALB DER ORDNUNG DER PRIMATEN

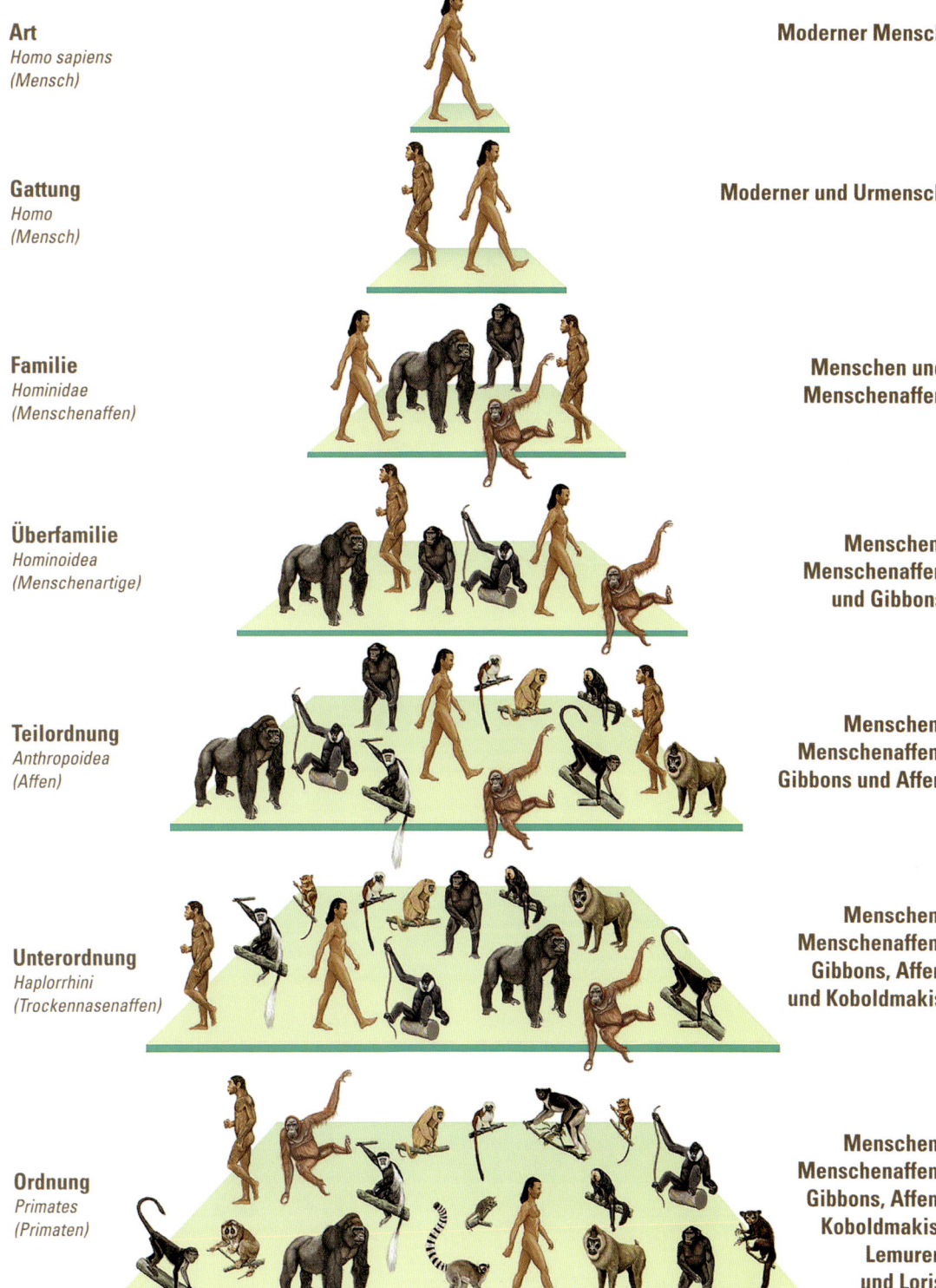

Art
Homo sapiens
(Mensch)

Moderner Mensch

Gattung
Homo
(Mensch)

Moderner und Urmensch

Familie
Hominidae
(Menschenaffen)

**Menschen und
Menschenaffen**

Überfamilie
Hominoidea
(Menschenartige)

**Menschen,
Menschenaffen
und Gibbons**

Teilordnung
Anthropoidea
(Affen)

**Menschen,
Menschenaffen,
Gibbons und Affen**

Unterordnung
Haplorrhini
(Trockennasenaffen)

**Menschen,
Menschenaffen,
Gibbons, Affen
und Koboldmakis**

Ordnung
Primates
(Primaten)

**Menschen,
Menschenaffen,
Gibbons, Affen,
Koboldmakis,
Lemuren
und Loris**

NEANDERTALER VERSUS HOMO SAPIENS

Seit der erste Schädel eines Neandertalers im Jahr 1856 in einem Steinbruch in besagtem Tal gefunden wurde, streitet sich die Wissenschaft darüber, ob der Neandertaler ein Vorfahre des modernen Menschen sei, ob es kulturelle oder gar genetische Einflüsse zwischen den beiden Menschenspezies gab, oder ob man dem Neandertaler generell eine fein entwickelte Kultur absprechen dürfe und man ihn nicht als Primitivling ohne Kultur ansehen müsse.

Im Verlauf der Jahrhunderte hat sich das Bild vom Neandertaler stark gewandelt: Wurde er zunächst als schwarz-behaarter, affenähnlicher Mensch rekonstruiert, so gleicht sein Bild heute zunehmend dem eines kräftig gebauten modernen Menschen. Und auch seine Kultur erschließt sich uns mit jedem neuen Fund besser: Bestattungsriten lassen sich erahnen, sind aber nicht bewiesen, wohl aber, dass sie geschickte Jäger und Handwerker waren. Knochenwerkzeuge der klassischen Neandertalerfundstätte Pech-de-l'Azé I belegen, dass der Neandertaler handwerkliche Technologien entwickelte, die man bislang nur dem modernen Menschen zuordnete. Dort fand man ein Knochenwerkzeug, das in seiner Form exakt einem modernen Lissoir entspricht und ganz offensichtlich wie dieses zum Glätten von Tierhäuten verwendet wurde – gefertigt rund 10 000 Jahre, bevor der moderne Mensch bisherigen Erkenntnissen zufolge einen Fuß nach Europa setzte.

Ob *Homo neanderthalensis* allerdings sprechen konnte, darüber scheiden sich die Geister nach wie vor: Zwar wurde in Israel das Zungenbein eines Neandertalers geborgen, welches haargenau dem eines modernen Menschen entspricht und auch das „Sprach-Gen" FOXP2 (siehe S. 55) konnte bei ihm nachgewiesen werden, dennoch ist seine Fähigkeit zur Sprache zweifelhaft. Nicht, weil dem Neandertaler die kognitiven Fähigkeiten abgesprochen werden müssen, sondern weil sein Kehlkopf noch nicht tief genug im Rachen saß. Gewiss ist lediglich, dass er E- und O-Laute von sich geben konnte. Möglich ist aber eine anders geartete Sprache, nicht unwahrscheinlich ist eine durch Laute verstärkte Zeichensprache.

Gesichert wiederum ist seit dem Jahr 2012, dass es einen genetischen Austausch zwischen modernem Menschen und Neandertaler gab, sprich, dass es sexuelle Kontakte gab. Die Untersuchungen der mitochondrialen DNS von Neandertaler und modernem Menschen hatte diese Annahme noch entkräftet, doch gelang es Wissenschaftlern des Max-Planck-Instituts Leipzig, Kern-DNS der beiden Menschenarten zu sequenzieren. Sie stellten fest: 1,5 bis 2,1 Prozent des Genoms von Menschen, die heute außerhalb Afrikas leben, stammen vom Neandertaler. Mitnichten bedeutet dies allerdings, dass der Neandertaler ein direkter Vorfahre des Menschen ist. Es gab vielmehr einen letzten gemeinsamen Ahnen, bevor sich der Neandertaler in Europa und später der moderne Mensch in Afrika entwickelten.

1983 wird in der Kebara-Höhle im Karmelgebirge in Nordpalästina das Skelett eines vor rund 60 000 Jahren bestatteten Neandertalers entdeckt. Der schädellose Kiefer besitzt bereits ein Zungenbein, was zumindest theoretisch auf Sprachfähigkeit schließen lässt.

Nachbildung eines Neandertalers im Neanderthal Museum in Mettmann.

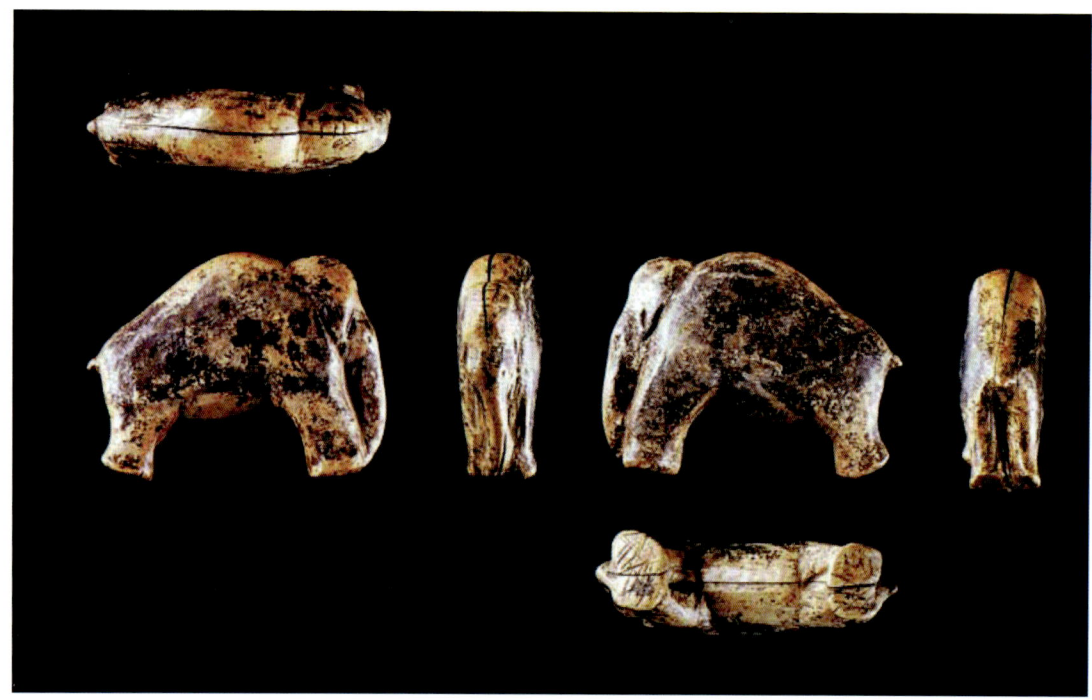

*Die bei Ausgrabungen in der Vogel-
herdhöhle bei Niederstotzingen
(Kreis Heidenheim) gefundene
Mammutskulptur aus Mammutelfenbein (hier in verschiedenen
Ansichten) wurde vor gut
35 000 Jahren gefertigt und
gilt als ältestes vollständig
erhaltenes plastisches Kunstwerk
der Menschheit.*

WAS MACHT DEN MENSCHEN ZUM MENSCHEN?

Seit Darwins Schrift „Von der Entstehung der Arten" und dem damit verbundenen Wissen um die nahe Verwandtschaft des Menschen zu den Menschenaffen und generell zu allen anderen Tierarten ist der Mensch bestrebt, seine
Überlegenheit über alle anderen Lebewesen der Erde inklusive seiner ausgestorbenen Artgenossen, z. B. die Neandertaler, zu dokumentieren und zu begründen. Und so ist er auf der Suche nach einem Alleinstellungsmerkmal, einer
kulturellen oder biologischen Fähigkeit, über die nur er allein verfügt.

Bis zur zweiten Hälfte des 19. Jahrhunderts galt als Alleinstellungsmerkmal des Menschen sein Geschick,
Werkzeuge zu verwenden. Dann entdeckte man, dass Schimpansen Steine benutzen, um die harte Schale einer
Frucht zu knacken. Fortan hieß es, der Mensch zeichne sich durch die Herstellung von Werkzeugen aus. Als die
Verhaltensforscherin Jane Goodall schließlich einen Schimpansen dabei beobachtete, wie er einen Zweig zurecht-
stutzte, um ein Termitennest auszuräubern, musste auch diese Definition aufgegeben werden. Schließlich kam das
vorausschauende Moment hinzu, der Mensch könne als einziges Wesen Werkzeuge herstellen, um sie in der Zukunft
zu verwenden. Selbst diese Theorie wurde entkräftet, heben Schimpansen doch beispielsweise einen für sie generell praktischen Ast vom Urwaldboden auf, tragen ihn zum Schlafplatz, um ihn erst Tage später als Angel in einem
Termitenbau zu verwenden.

Der Katalog solch vermeintlich menschlicher Besonderheiten ist mittlerweile dick und doch lassen sich die
meisten davon entkräften. Die komplexe Sprache zählt dazu: Wenn Charles Darwin in „Die Abstammung des
Menschen" noch meint: „Die Tatsache, dass die höheren Affen ihre Stimmorgane nicht zur Sprache benutzen,
erklärt sich ohne Zweifel dadurch, dass ihre Intelligenz nicht hinreichend entwickelt worden ist." müssen wir dem
heute entgegensetzen, dass Schimpansen mangels entsprechender Stimmwerkzeuge zwar nicht auf dieselbe
Weise wie Menschen kommunizieren, Versuche aber zeigten, dass sie menschliche Sprache verstehen und korrekt
darauf reagieren können.

Forschungen der letzten Jahre haben verdeutlicht, dass noch sehr viel evolutionäre Natur in uns steckt – sowohl genetisch als auch anatomisch. Doch was macht den Mensch zum Menschen, was hebt uns von anderen Lebewesen ab? Dazu muss man die besonderen Eigenschaften des Menschen identifizieren, aber vor allem verstehen, wie sie im Zuge der Evolution entstehen konnten.

Auch eine Bildung von Kultur und die soziale Weitergabe von kulturellem Verhalten durch Imitation und Lehren wird Tieren nach wie vor abgesprochen, obwohl längst bewiesen ist, dass Tiere zu Kultur befähigt sind. Berühmt sind die Japanmakaken, die gelernt haben, dass gewaschenes Obst und Gemüse weniger sandig ist als ungewaschenes und dieses Wissen von Generation zu Generation weitergeben.

Seeotter bringen ihren Nachkommen bei, Steine zu benutzen, um Muscheln zu knacken – und zwar auf regional und von Population zu Population unterschiedliche Weise.

Die Individuen mancher Schimpansengruppen wiederum verabreichen sich gegen zahlreiche Beschwerden verschiedene Pflanzen und Blätterarten, das Wissen um die Heilkraft wird sozial seit Generationen weitergegeben. Allein dieses Beispiel zeigt, dass bei Schimpansen Kommunikation über das lediglich emotionale Maß – wie Aggression, Angst, Freude – hinausgehen muss: Die Tiere müssen sich gegenseitig die Art ihrer Beschwerden mitteilen können, damit der Artgenosse ihnen das Heilmittel zeigen kann.

Als weiteres Beispiel des Menschseins wird die Kooperation, die ausschließlich beim Menschen vorhanden sei, angesehen. Dabei kooperieren Schimpansen gerade bei der Jagd sehr wohl miteinander und nicht ausschließlich dann, wenn sie einen Großteil der Beute zu erlangen hoffen. Sie helfen einander selbst in solchen Fällen, in denen sie nicht einmal einen kleinen Teil der Beute erwarten dürfen.

Ohne Zweifel ist der Mensch eine ausgesprochen erfolgreiche Art, ohne Zweifel hat er auch beachtliche Leistungen vollbracht – nicht immer zum eigenen Wohl, zu dem der Menschheit oder der ihn umgebenden Welt. Seine Fähigkeiten sind teilweise außerordentlich – aber sie sind nur quantitativ verschieden von denen anderer Lebewesen, unterscheiden sich nur graduell von denen seiner Umwelt, seiner nächsten Verwandten, nicht grundsätzlich und qualitativ.

SPRACHE UND DIE BESCHLEUNIGUNG DER KULTURELLEN EVOLUTION

Im Jahr 1998 entdeckten britische Wissenschaftler bei einer Familie, die seit drei Generationen an Sprachstörungen litt, eine Mutation des Gens FOXP2, das für die Codierung des Forkhead-Box-Protein P2 zuständig ist. Die Familie hatte massive Schwierigkeiten bei der Artikulation von Wörtern. Jahre der Forschung folgten, doch obwohl die

Wissenschaftler selbst das Gen nur als einen von vielen Faktoren ausmachten, die zur menschlichen Sprachbildung notwendig sind, wurde in den Medien populistisch von der Entdeckung des „Sprachgens" berichtet. Eine Bestätigung für diejenigen unter den Sprachwissenschaftlern, die ohnehin die menschliche Sprache als eine biologisch vererbte Fähigkeit ansahen? Mitnichten, meinen die Gegner dieser Theorie und es entbrannte erstmals seit Jahrzehnten wieder ein massiver Streit um Entstehung und Erwerb von Sprache. Eine Diskussion zwischen den beiden linguistischen Hauptlagern, den sogenannten Nativisten rund um die Koryphäe unter den Linguisten, Noam Chomsky, die behaupten, alle menschliche Sprache folge bestimmten gleichen grammatischen Prinzipien (der Urgrammatik) und diese Prinzipien wären dem Menschen angeboren, und den Behavioristen, die den Spracherwerb des Menschen in der Imitation begründet sehen, die durch die positiven und negativen Reaktionen der Umwelt verstärkt würde.

Die Oberhand in dem Diskurs erlangt zunehmend eine neuere, dritte Strömung, die den Spracherwerb unter einem evolutionären Gesichtspunkt betrachtet. Denn das FOXP2-Gen lässt sich auch bei anderen Primatenarten feststellen und ist für den Neandertaler belegt (mit je einer Variation in zwei Aminosäuren). Auch bestimmte, für die menschliche Sprache notwendige Areale, wie Broca- und Wernicke-Areal, sind bei Vor- und Frühmenschen ebenso nachweisbar wie beim Schimpansen – auch wenn sie bei letzteren eine scheinbar andere Funktion haben. Und schließlich lässt sich Kommunikation in der einen oder anderen Form bei allen Lebewesen – vom Einzeller bis zum Säugetier – nachweisen und selbst die einzelnen Zellen jedes Körpers kommunizieren miteinander. Daher rückt die Evolution beim Nachdenken über Entstehung der Sprache mehr und mehr in den Mittelpunkt der Diskussion.

Wie alle anderen Fähigkeiten des Menschen wird Sprache nun nicht mehr als ein Alleinstellungsmerkmal unserer Spezies, sondern als eine Weiterentwicklung bereits vorhandener Leistungen angesehen. Und es setzt sich die Annahme durch, dass Sprache weder ein rein genetischer Instinkt ist noch die einzigartige reine Erfindung durch den Menschen.

Doch welche Vorläufer hatte die Sprache, woraus hat sie sich entwickelt? Einige Forscher vermuten darin eine neue Form des sozialen Allogroomings – also der gegenseitigen Fell- und Gefiederpflege, die bei nichtmenschlichen Primaten, aber auch anderen Tieren beobachtet wird –, die sich für die großen Sozialgruppen des Menschen besser eignen würde als gegenseitiges Lausen. Durch Sprache könne der Sozialkontakt zu vielen Gruppenmitgliedern gleichzeitig gewährleistet werden. In der Tat ist Allogrooming ein typisches Sozialverhalten, das den Zusammenhalt der Gruppe und von Paaren, dem Abbau von Aggressionen dient, aber auch die Rangordnung bestätigt. Dennoch ist diese Theorie nicht wirklich stichhaltig: Zum einen wären noch heute typische soziale Verhaltensweisen wie Feste mit Tanz und Gesang/Musik sicherlich ein besserer Groomingersatz. Zum anderen wird es auch für das Überleben des frühen Menschen wichtiger gewesen sein, statt sich zu groomen mittels einer verständlichen Kommunikation (überlebens-)notwendige Informationen über Feinde, Nahrungsquellen und Wasserlöcher, über Krankheit und über die mögliche Paarungsbereitschaft eines Artgenossen zu erhalten.

Beispiele für derlei Kommunikation gibt es vielartige im Tierreich: Die chemische Duftspur von Ameisen und die Tänze der Bienen gehören ebenso dazu wie mimische und gestische Signale, Laute aller Art oder so besondere Fähigkeiten wie die Kommunikation mittels Infraschallwellen beim Elefanten oder Gesängen bei Gibbons und Walen. All diese Kommunikation verfolgt den Zweck, Artgenossen der eigenen sozialen Gruppe, einer fremden Gruppe oder sogar artfremden Lebewesen etwas mitzuteilen, zum gegenseitigen Nutzen oder um diese abzuschrecken, zu täuschen, zu manipulieren. Dabei ging man lange Zeit davon aus, dass die meisten nichtmenschlichen Tiere lediglich eine einfache Kommunikation verfolgen können: Sie warnen beispielsweise bei allgemeiner Gefahr. Doch Tiere können durchaus differenzierter kommunizieren: Meerkatzen warnen mit verschiedenen Lauten vor unterschiedlicher Gefahr und unterschiedlich gearteten Feinden wie Raubkatzen, Schlangen oder Greifvögeln. So können die Artge-

Die Bibel hat ihre eigene Vorstellung von der „Entstehung" der Sprachen. Eine ihrer bekanntesten Erzählungen, der „Turmbau zu Babel" (Gen 11, 1–9), weiß zu berichten, dass die Menschen einst nur eine gemeinsame Sprache besaßen. Dann forderten sie mit eben jenem Großprojekt Gott heraus, der daraufhin strafend ihre Sprache „verwirrte" und sie über die ganze Erde zerstreute.
Pieter Bruegel der Ältere (um 1525–1569) malte wohl mindestens drei Versionen des Turmbaus von Babylon, von denen zwei erhalten sind. Diese hier (Detail) ist im Kunsthistorischen Museum in Wien zu bewundern.

*„Der Mensch hat mehr von einem Affen
als so mancher Affe."*

Friedrich Nietzsche (1844 – 1900)

nossen entsprechende nutzbringende Fluchtwege ergreifen. Und die Kommunikation im nichtmenschlichen Tierreich geht so weit, dass sich Große Tümmler, diese intelligenteste Delfinart mit einem EQ von 5,3, anscheinend durch spezielle Pfeiftöne identifizieren und rufen können, wie wir dies mit Namen tun. Jeder dieser Meeressäuger entwickelt kurz nach der Geburt einen für ihn spezifischen Pfeifton, den, allem Anschein nach, die anderen Individuen der Gruppe imitieren, wenn sie mit ihm kommunizieren möchten – und das selbst dann, wenn sie voneinander getrennt sind. Dagegen werden Gruppenmitglieder fremder Gruppen nicht imitiert.

Kommunikation ist im gesamten Tierreich verbreitet – anzunehmen, es hätte bei den Australopithecinen und bei den frühen Menschen keine Kommunikation gegeben, wäre also völlig unlogisch. Aber wie sah diese frühmenschliche Sprache aus, wurde sie vererbt oder erlernt und wie unterscheidet sich unsere heutige Sprache von der anderer Tiere und der unserer Vorfahren?

Bei jedem Lebewesen ist die generelle Fähigkeit zur Kommunikation genetisch bedingt: Die Anatomie muss die Lautbildung und das Hören, Mimik und Gestik oder andere Kommunikationsformen ermöglichen. Die menschliche Sprache ist in ihren Lauten äußerst variantenreich, das ermöglicht die Anatomie des Kopfes mit dem stark gewölbten Schädel, dem tief im Rachen liegenden Kehlkopf und dem dadurch großen Mund- und Rachenraum. Während Kehlkopf und Gaumensegel bei den anderen Primaten nah beieinander im oberen Teil des Mundraums liegen, hat sich der Kehlkopf des Menschen in den Rachen hinab gesenkt: Das ermöglicht ihm zum Beispiel die Artikulation der Vokale. Der Neandertaler zeigte eine Mischform dieser Anatomie: Der Kehlkopf war abgesenkt, aber nicht in dem Maße wie beim modernen Menschen. Die Folge war unter anderem ein geringerer Lautschatz, insbesondere der Vokale.

Betrachtet man die Kommunikation unserer nächsten lebenden Verwandten, der Schimpansen, so wird deutlich, dass sie mithilfe von Gestik, Mimik und Lauten kommunizieren. Bedenkt man außerdem, dass beispielsweise Broca- und Wernicke-Areal beim Schimpansen die Gesten kontrollierten, bei uns aber die Sprachverständigung, so ist es nicht unwahrscheinlich, dass sich unsere lautliche Sprachfähigkeit aus der gestischen entwickelte, dass uns zuerst eine mit Lauten untermalte, sogenannte ikonische Zeichensprache zu eigen war. Mithilfe von Gesten kommunizierten die Vor- und Frühmenschen vermutlich – so wie wir heute noch in fremden Ländern, deren Sprache wir nicht sprechen, unsere Wünsche mit Gesten zu umschreiben versuchen. Viele Gesten sind auch heute noch in unserem Unterbewusstsein verankert: Wir drücken – wenn wir uns nicht selbst kontrollieren – Wut, Angst oder Freude noch immer in unserer Mimik und Gestik aus. Unbewusst treten wir einen Schritt zurück, wenn uns ein uns unangenehmer Mensch zu nahe kommt; wir drücken Freude durch Lachen aus; Frauen streichen sich durchs Haar, wenn sie Interesse an ihrem männlichen Gegenüber haben; Männer machen sich größer und breiter, wenn sie drohen oder beeindrucken möchten. Unsere Vokalsprache untermalen wir fast durchweg durch verstärkende Gesten.

Der Schimpanse (Pan) *ist eine Gattung aus der Familie der Menschenaffen* (Hominidae) *und ist der nächste lebende Verwandte des Menschen.*

Die Höhle von Lascaux (Frankreich) beherbergt einige der ältesten Kunstwerke der Menschheitsgeschichte. Neben zahlreichen archäologischen Funden, darunter Knochenwerkzeuge und Schmuck, wurde in der Höhle von Lascaux auch diese prähistorische Öllampe aus rotem Sandstein gefunden.

Doch solch instinktive wie auch bildhafte, die Umwelt umschreibende Gesten sind nur bedingt für größere soziale Gruppen und vor allem für komplexere Probleme nutzbar. Zum einen nämlich benötigt diese Kommunikation Sichtkontakt, zum anderen lassen sich komplizierte Sachlagen nur unter erheblichem Zeitaufwand erklären. Zumal dann, wenn sie die Vergangenheit oder Zukunft betreffen. Der Weg zu einer Jagdbeute lässt sich vielleicht noch weisen, bei der Herstellung und Verwendung von Jagdwaffen wird dies schon schwieriger, gelingt dann nur über Nachahmung und grenzt damit die Menge der Lernenden deutlich ein bzw. verlängert den Prozess des Lernens und Herstellens.

Im Verlauf der Sprachentwicklung des Menschen erhielten also diejenigen Individuen oder Gruppen einen deutlichen Selektionsvorteil, die auf die Idee kamen (und dazu auch die kognitiven Fähigkeiten besaßen), Dinge mit symbolischen Lauten zu benennen, diese in einen Sinnzusammenhang zu setzen und diese Laute den Artgenossen verständlich zu machen – ähnlich der Meerkatzen, die einen Greifvogel mit einem anderen Laut benennen als eine Raubkatze. Im Gegensatz zur Meerkatze entwickelte der Mensch im Laufe der Jahrtausende die kognitiven Fähigkeiten, ein Vielfaches an symbolischen Lauten und Lautkombinationen (Wörtern) zu erfinden, diese zu komplexen Sinnzusammenhängen zu vereinen und sie zudem mit Gesten und Minen zu untermalen und zu verdeutlichen. Diese Fähigkeiten zur Sprache müssen genetisch angelegt sein, etwa in einem Gen FOXP2, das die Artikulation ermöglicht, und in einer Vielzahl von anderen Genen, die andere sprachliche Möglichkeiten eröffnen. Darüber hinaus muss die individuelle Sprache – das lässt sich an Babys und Kleinkindern, aber auch an Schimpansen verdeutlichen – erlernt und geübt werden.

Versuche zeigen beispielsweise, dass Schimpansen die von Forschern erfundene Kunstsprache „Yerkish" nicht nur verstehen lernen, sondern damit eigene Sätze bilden, auf neue Sätze korrekt reagieren und sogar ein Gespür für Syntax und Semantik entwickeln können. Sie erreichen damit den Sprachstand eines etwa 3-jährigen Kindes. Allein dies spricht gegen ein allzu starres genetisch bedingtes menschliches Sprachprogramm, könnte ein Schimpanse dieses doch kaum erlernen, da es in seinem Erbgut nicht vorhanden ist.

Durch die Erforschung indigener Sprachen wird die Idee einer Universalgrammatik allem Anschein nach hinfällig: David Everett, einst Missionar in Südamerika und heute Linguistik-Professor, untersuchte unter anderem die Sprache des Volkes der Pirahã in Amazonien und kam zu dem Schluss, dass dort die für alle bisher untersuchten Sprachen übliche und für die von Chomsky postulierte Universalgrammatik vorausgesetzte Rekursion von Sprache (grob vereinfacht: die Einbindung von Sätzen in andere Sätze) in der Sprache der Pirahã nicht existiert.

Es wird immer wahrscheinlicher, dass die menschliche Sprache sich – wie alle Entwicklungen zuvor – als eine Wechselwirkung aus Erbgut und Umwelt darstellt, aus genetischen Mutationen und sich daraus ergebendem Selektionsdruck, aus Genen und aktivem Lernen bzw. Lehren statt Nachahmen. Denn die Sprache hat für den Menschen einen enormen Vorteil: Durch sie kann sich alle Kultur wesentlich schneller ausbreiten; sprachfähige Menschen müssen demnach gegenüber nicht oder nur ungenügend zur Sprache tauglichen Menschen deutlich im Vorteil gewesen sein. Indem die Umwelt über lautliche Symbole wahrgenommen und erklärt wird, fördert das nicht nur die Kommunikation, sondern auch das Denken. Sie begünstigt die Verbreitung von Kultur, indem Erfahrungen zwischen Individuen und zwischen Gruppen/Familien/Clans ausgetauscht werden können. Und so beginnt die eigentliche Blüte der menschlichen Kultur mit der Bildung des modernen Menschen in Ostafrika vor rund 200 000 Jahren, seiner Sprachfähigkeit und seiner Besiedlung der Welt. Während der Mensch die Kontinente erobert, entwickeln sich nach und nach regionale Kulturen, für die nicht nur eine verfeinerte Herstellung von Werkzeugen und anderer Gebrauchsgegenstände belegt ist, sondern für die auch die ersten Kunstwerke in Form von Höhlenzeichnungen, Statuetten, Schnitzwerk, Schmuck und Musikinstrumenten verbrieft sind. Seit 100 000 Jahren ist gesichert, dass sich Menschen mit farbigen Mineralien bemalten, seit 80 000, dass sie sich mit Ketten schmückten. In der Biologie setzen sich solche Fähigkeiten und Dinge nur durch, wenn sie sich als nützlich erweisen: Die Fähigkeit des Sich-Schmückens, des Musizierens, des Zeichnens muss dem Künstler einen sexuellen Vorteil eingebracht haben, so wie dem Pfau sein prachtvolles Gefieder oder dem Grauen Laubenvogel die kunstvoll dekorierten und geschmückten Balzlauben. Derartige Talente verdeutlichen Überlegenheit, wirken darüber hinaus auf die menschlichen Gruppen durch gemeinsamen Tanz und Musik, durch gleichen Schmuck und Bemalung, durch die Abbildung der gemeinsamen Realität (wie der Jagd) in Zeichnungen identitätsstiftend, denn die gemeinsame Fantasie unterstützt die gemeinsame Kultur. Und so konnte den Menschen im Neolithikum, in der Jungsteinzeit, etwas gelingen, was letztendlich den enormen Erfolg unserer Art ausmacht: Der Mensch begann, sich von seiner Umwelt relativ unabhängig zu machen, indem er sich – in weiten Teilen der Welt – an einem Ort niederließ und seine Nahrung nicht mehr suchte oder jagte, sondern anbaute und züchtete.

Bereits vor gut 35 000 Jahren scheinen die eiszeitlichen Jäger Spaß an der Musik gefunden zu haben, darauf lässt zumindest diese Schwanenflügelknochen-Flöte schließen, die bei Grabungen im Geißenklösterle, einer Höhle bei Blaubeuren auf der Schwäbischen Alb, gefunden wurde. Die Knochenflöte gilt als das älteste Musikinstrument der Menschheit.

*Nachfolgende Doppelseiten:
In den Höhlen von Lascaux (links) und Niaux (rechts) können steinzeitliche Höhlenzeichnungen von Tieren und Jägern bewundert werden; in Lascaux seit 1963 allerdings nicht mehr die Originale, sondern Nachbildungen, weil die Atemluft der Besucherströme die ursprünglichen Malereien zu zerstören drohte.*

Ausschnitt der Höhlenmalereien an Felsen im Canyon „Rio Pinturas" in Patagonien, Argentinien, die vor etwa 10 000 Jahren auf den Fels gebracht wurden.

DIE NEOLITHISCHE REVOLUTION –
DIE ERFINDUNG VON ACKERBAU UND VIEHZUCHT

Anders als die direkten Vorfahren des Menschen, vom Schimpansen bis zu den waldbewohnenden Australopithecinen, lebten die frühen Menschen von der Jagd auf Fleisch und Fisch. Ergänzt wurde die Nahrung – je nach Lebensraum und Jahreszeit – durch Eier, Wildobst und Beeren, Pilze und Samen, Nüsse, Knollen und Wurzeln, die recht mühsam gesammelt werden mussten, den Menschen aber wichtige Mineralien und Spurenelemente gaben und so den Sammelaufwand lohnten. Dennoch kann man anhand der archäologischen und botanischen Funde heute errechnen, dass die gesammelte pflanzliche Nahrung im mesolithischen Mitteleuropa aufs Jahr gerechnet kaum mehr als 3 Prozent der benötigten Gesamtkalorienmenge ausmachte.

Warum ließen sich also die Menschen, die als Gattung bereits seit rund 2 Millionen Jahren und als moderne Art *Homo sapiens* seit mindestens 150 000 Jahren die Erde sehr erfolgreich besiedelten, auf das äußerst beschwerliche Werk von Ackerbau und Viehzucht ein? Warum bestellten die durch Fleisch recht wohlgenährten Jäger- und Sammlergesellschaften mühsam den Acker und nahmen die durch die Sesshaftigkeit, die schwere Arbeit und die zunächst schlechtere Ernährung aufkommenden Krankheiten in Kauf, statt weiterhin ihr Nomadenleben zu leben?

Als einhellige Erklärung galt bis vor wenigen Jahren, dass Mangel an Nahrung diesen Wandel hervorgerufen habe; das Wild wäre rar geworden, die tierische Jagdbeute damit erheblich seltener und die Menschen hätten sich nach dem Motto „Not macht erfinderisch" neue Nahrungsquellen erschließen müssen.

Diese Theorie ist mittlerweile widerlegt, stammen doch die ältesten Zeugnisse des Ackerbaus aus dem Gebiet des Fruchtbaren Halbmondes, einer Region in Vorderasien, die sich nahezu halbmondförmig vom östlichen Mittelmeerraum, vom Nildelta über das heutige Jordanien, Israel und Syrien in die Türkei und weiter nach Osten über den Irak bis in den Iran hinein und zum Persischen Golf erstreckt. Wildverknappung aufgrund von Nahrungsmangel ist in dieser grasreichen, sehr fruchtbaren Landschaft völlig undenkbar.

Darüber hinaus ist mittlerweile erwiesen, dass die Landwirtschaft unabhängig voneinander in unterschiedlichen Erdteilen und zu unterschiedlichen Zeiten „erfunden" wurde: Zwar gilt die Region des Fruchtbaren Halbmondes

als die Wiege der Landwirtschaft, in der bereits vor rund 12 000 Jahren erstmals Getreide kultiviert wurde. In Ostasien gelang jedoch nur wenig später die Kultivierung von Reis (vor ca. 9000 Jahren), und der Anbau von Mais und Kartoffeln glückte kurz darauf in Mittelamerika und der Andenregion.

Die ganz unterschiedlichen klimatischen Bedingungen all dieser Gebiete widersprechen der Idee, die Landwirtschaft sei ein Resultat ungünstiger klimatischer Bedingungen und dadurch von Wildknappheit, zumal ein reicher Wildbestand für die Region des Fruchtbaren Halbmondes auch archäologisch belegt ist. Darüber hinaus muss man sich die Frage stellen, inwieweit Ackerbau überhaupt einen Ausweg aus der Nahrungsmittelknappheit darstellen könnte, wenn die Wachstumsbedingungen für Pflanzen ungünstig sind.

Wenn das Modell der Wildverknappung nicht mehr greift, was kann den Menschen dann dazu bewogen haben, sich vor 12 000 bis 10 000 Jahren an einem Ort anzusiedeln und Landwirtschaft zu betreiben? Überschuss, Wohlstand und eine zunehmende Kultur, meint eine verhältnismäßig neue Theorie, der sich immer mehr Wissenschaftler anschließen, zumal archäologische Funde diese Theorie stützen.

Die Theorie des Überschusses ist plausibel. Es ist ein langwieriger Prozess und erfordert viel Erfahrung, aus wild wachsenden Pflanzen und wilden Tieren Samen und Individuen mit den Eigenschaften, wie sie dem Menschen nützlich sind, zu kultivieren und zu domestizieren. Es ist ein Prozess, der für einen hungernden Menschen zu langwierig und schwierig ist. Der Mensch musste die Eigenschaften, die ihm vorteilhaft erscheinen und Nutzen bringen, erkennen und durch Auslese herauszüchten.

Es ist recht logisch, dass diese generationenübergreifenden Verfahren nicht kurzfristige Lösung akuter Nahrungsknappheit bedeuten kann. Der frühe Mensch muss eher Zeit für Experimente gehabt haben, die unabhängig von der Nahrungssuche abliefen. Als Grund, warum er dies tat, hält Josef H. Reichholf, Evolutionsbiologe und Professor für Ökologie und Naturschutz an der TU München, eine ebenso berauschende wie einleuchtende Theorie bereit: das Verlangen nach dem Rauschmittel Alkohol – auf dem Ge-

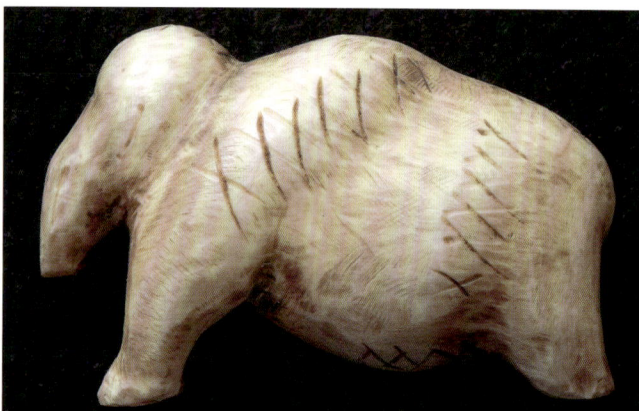
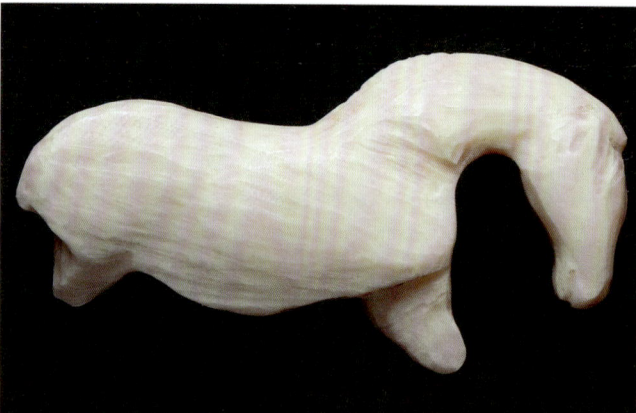

Die aus Knochen geschnitzten Tierfiguren einer Hyäne, eines Wildpferdes und eines Mammuts zeugen von der Kunstfertigkeit der Jäger vor gut 15 000 Jahren.

biet des Fruchtbaren Halbmondes und in Europa in Form von Bier. Es ist eine Theorie, die davon ausgeht, dass Kultur neue Kultur befördert, Kultur vor allem in der Gemeinschaft blüht und – in prähistorischen Zeiten wie heute – Rauschmittel (zunächst in Form von Pilzen, später von Alkohol) dabei stimulierend wirken.

Für den Bier- bzw. Alkoholkonsum gibt es natürlich keine steinzeitlichen archäologischen Beweise, für die hochentwickelte Kultur inklusive einer Festkultur sehr wohl: Die weit fortgeschrittene Kultur ist in Funden wie der „Venus von Willendorf", jener berühmten rund 25 000 Jahre alten nackten Frauenfigur aus der jüngeren Altsteinzeit, ebenso wie durch das älteste bekannte monumentale Bauwerk der Erde auf dem Göbekli Tepe in Südanatolien belegt. In dem 12 000 Jahre alten Bauwerk aus übermenschengroßen, behauenen und mit eingemeißelten, grazilen Tierfiguren verzierten Steinquadern vermuten manche Forscher eine erste religiöse Pilgerstätte, einen neolithischen Tempel. Eine Versammlungsstätte für verhältnismäßig große Menschenmengen war dieser Platz aber sicher, auch wenn ihm keine religiös-mythologische Bedeutung zukommen sollte.

Die Belege für eine ausgereifte menschliche (Fest-)Kultur sind mannigfaltig: Bereits der Neandertaler schmückte sich mit Ketten aus ocker gefärbten, durchbohrten Häusern von Meeresschnecken; stilisierte Frauenkörper, die am Mittelrhein auf eine Schieferplatte graviert wurden, lassen tanzende Frauen vermuten; in

Die nach ihrem Fundort in Niederösterreich benannte Venus von Willendorf ist eine ca. 10,5 cm große Statuette aus Kalkstein aus der jüngeren Altsteinzeit. Sie wurde um 25 000 v. Chr. geschaffen und hatte vermutlich eine religiöse Bedeutung. Wien, Naturhistorisches Museum

Die Besiedlung des prähistorischen Fundorts Göbekli Tepe (deutsch: bauchiger Hügel) geht bis in das 12. Jahrtausend v. Chr. zurück. Aus dieser Zeit stammen mehrere Steinkreisanlagen, die zum Teil aus reliefierten Pfeilern bestehen und vermutlich als religiöse Pilgerstätte dienten.

Eine menschliche Kalksteinfigur (links) und die Darstellung eines Ebers (rechts) kamen bei den Grabungen in Göbelie Tepe zu Tage.

schwäbischen Höhlen wurden neben zahlreichen Tierskulpturen und dem berühmten Löwenmenschen (siehe Abbildung rechts) auch steinzeitliche Flöten aus Elfenbein und Knochen entdeckt, deren Alter etwa 43 000 Jahre beträgt. All dies verweist auf eine Ritus-, Versammlungs- und Festkultur in der frühen Steinzeit.

Spätestens aber seit der Entdeckung eines Leichenschmauses in der nordisraelischen Höhle Hilazon Tachtit ist man sich des Festefeierns im Neolithikum sicher. Dort wurde neben dem Grab einer Frau, in der die Archäologen eine Schamanin vermuten, ein ganzes Festmahl, bestehend aus drei Auerochsen, einem Wildschwein, über 70 Schildkröten und einigen anderen Tieren, entdeckt. Und wenn man bedenkt, dass für China Reiswein bereits für 5000 v. Chr. wahrscheinlich und für das Volk der Sumerer das Bier auch schriftlich belegt ist, ist es nicht unlogisch, davon auszugehen, dass der frühe Mensch, der dem heutigen Menschen bereits in so vielen Bereichen seines wirtschaftlichen und kulturellen Lebens vorausging, auch Alkohol kannte und herstellte. Allemal ist es eine denkenswerte These, dass der Mensch um seinetwillen mit dem Ackerbau begann. Und in jedem Fall gilt es heute als gesichert, dass sich der Mensch nicht aus Gründen der Nahrungsverknappung, sondern aus kulturellen Gründen und Nahrungsüberschuss sesshaft machte.

Welche Gründe der Mensch auch immer hatte, Ackerbau zu betreiben, die für die Viehzucht sind wesentlich leichter nachzuvollziehen. Es ist relativ einfach, ein Jungtier bei der Jagd einzufangen, es großzuziehen und an den Menschen zu gewöhnen – zumal dann, wenn das Muttertier getötet wurde. Die gezähmten und durch Zuchtwahl allmählich domestizierten Tiere waren ein praktischer lebender Fleischvorrat, wodurch man nicht ständig auf die Jagd gehen musste. Die frühen Viehzüchter lebten zunächst als nomadische Hirten ihrer gezähmten Wildtiere;

Der sogenannte Löwenmensch aus dem Lonetal (hier aus drei unterschiedlichen Perspektiven) zählt zu den ältesten Kleinkunstwerken der Menschheit. Die rund 40 000 Jahre alte und gut 31 cm hohe Skulptur aus Mammutelfenbein wurde 2013 restauriert und neu zusammengesetzt.

erst mit der Sesshaftwerdung der Ackerbauern hörte allmählich auch das nomadische Hirtenleben auf und beide Tätigkeiten verschmolzen mehr und mehr miteinander.

Die Sesshaftwerdung des Menschen war der letzte große Schritt, der den Weg für die heute in weiten Teilen der Welt übliche menschliche Lebensweise ebnete, der unsere ungeheuren Veränderungen der Welt ermöglichte, den weiteren Verlauf unserer Geschichte bedingte und für den Fortschritt der Menschheit, aber auch ihre zahlreichen Krankheiten, für Kriege und für Not mitverantwortlich zeichnet.

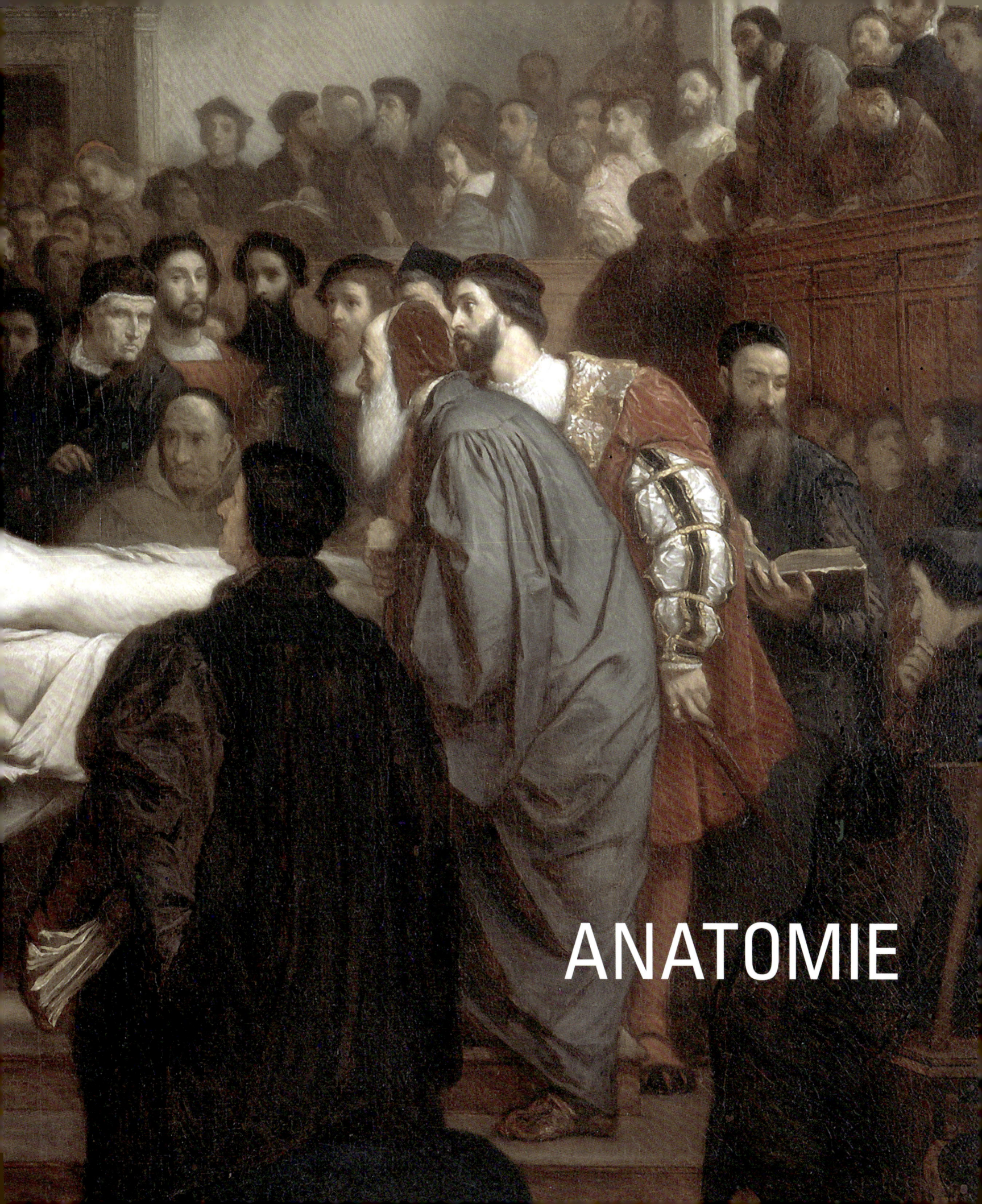

ANATOMIE

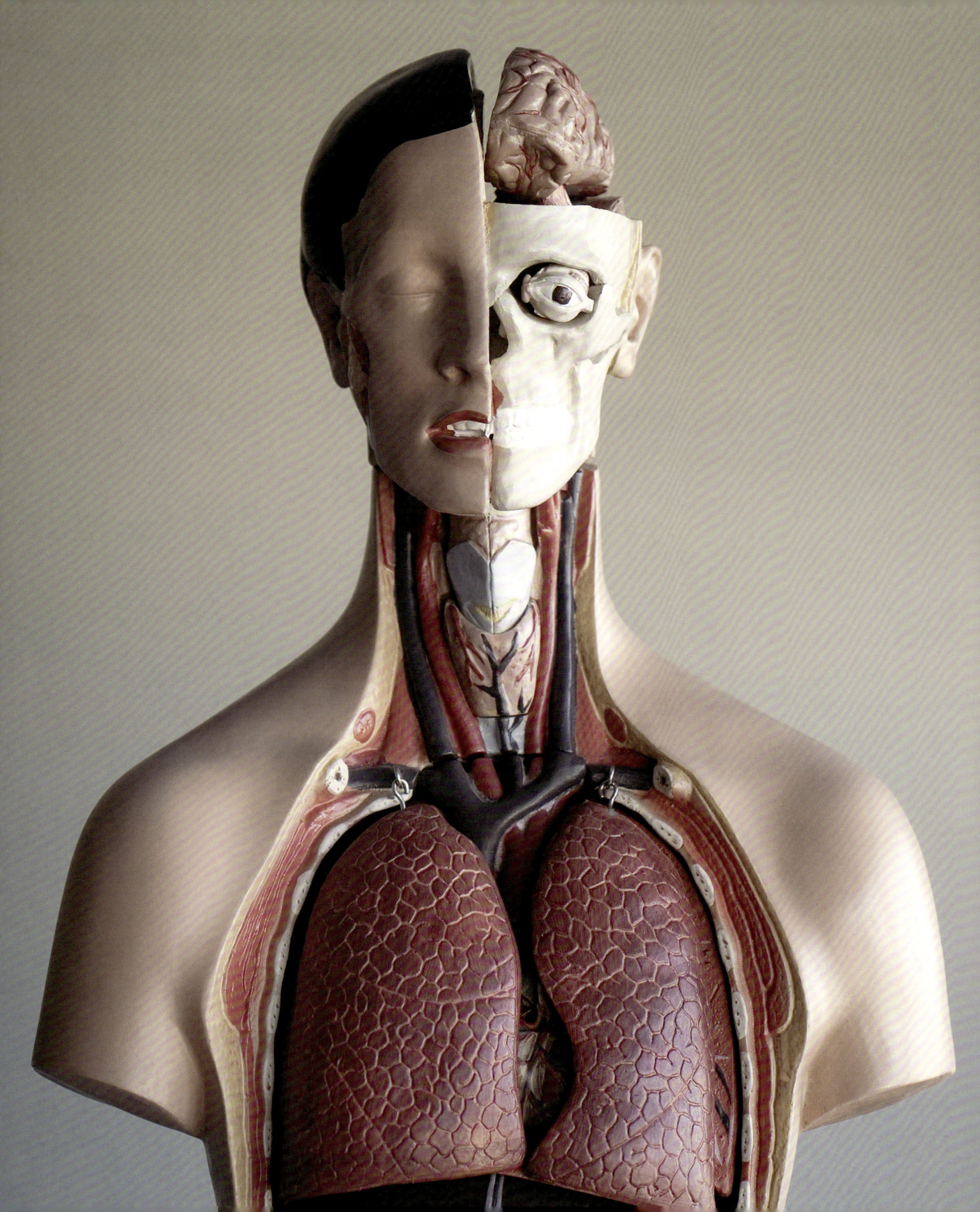

> *„Ärzte ohne Anatomie sind Maulwürfen gleich: Sie arbeiten im Dunkeln, und ihrer Hände Tagewerk sind Erdhügel."*
>
> *Friedrich Tiedemann (1781–1861), Professor für Anatomie*

Vorangehende Doppelseite:
Er gilt als Begründer der
neuzeitlichen Anatomie:
Andreas Vesalius (1514–1564).
„Anatomische Theater", wie
in diesem Gemälde von Edouard
Jean Conrad Hamman (1751–1801),
wurden im 16. Jahrhundert zur
festen Instanz an den Universitäten.

Anatomisch-medizinisches Modell
mit Darstellung der inneren Organe
im Bereich des Kopf-, Hals- und
Brustbereichs.

Unser Wissen über die Gestalt des menschlichen Körpers, die Anordnung und Funktionsweisen von Knochen und Organen, Skelett- und Nervensystemen, Blut- und Lymphbahnen oder unsere Kenntnisse über den Aufbau der Gewebe sind das Ergebnis jahrhundertewährender Forschung in einem Teilbereich der Medizin, der sich bis heute eines etwas zweifelhaften Rufs nicht gänzlich entledigen konnte: die Anatomie.

Bis in das späte 19. Jahrhundert hinein kamen im Bereich der Anatomie Methoden zur Anwendung, die mit dem Begriff „fragwürdig" nur annähernd beschrieben sind. Erstmals im 3. Jahrhundert v. Chr. wurde im ägyptischen Alexandria das Tabu der Leichensektion gebrochen: Herophilos von Chalkedon und Erasistratos von Keos öffneten Leichen und schreckten zur Vertiefung ihrer zweifelsohne beachtlichen anatomischen Einsichten auch nicht davor zurück, Sektionen an einigen verurteilten Verbrechern vorzunehmen, noch bevor diese ihr Leben ausgehaucht hatten. Moralischen Einwänden gegen dieses Vorgehen wurde mit dem Argument begegnet, dass die Aufopferung einiger Verbrecher immerhin die Möglichkeit berge, für „rechtschaffende Menschen aller Jahrhunderte" Heilmittel zu entwickeln.

Ein Großteil der Mediziner konnte diesen Pragmatismus freilich nicht teilen, und so besiegelte der Tod der beiden Anatomie-Pioniere zugleich den weitgehenden Untergang des medizinischen Zweigs für Jahrhunderte, bis sich im 2. Jahrhundert n. Chr. mit Claudius Galenus ein ehrgeiziger Mediziner in diesem Bereich einen Namen machte. Es war die Zeit, in der die Unantastbarkeit der menschlichen Leiche nicht in Frage gestellt wurde, und so stützte sich Galenus einerseits auf seine Beobachtungen, die er im Rahmen seiner Tätigkeit als Gladiatorenarzt gewann, andererseits sezierte er Tiere und übertrug seine Erkenntnisse auf den Menschen. Galenus' Forschungsdrang war ebenso beträchtlich wie seine Ausdauer im Anlegen eines systematischen Werks, das seine präzisen Beobachtungen und Theorien in mehreren hundert Schriften zusammenfasst. Sie enthalten viel Aufschlussreiches und Richtiges, aber ebenso viele Irrtümer, und dennoch prägte Galenus' umfassendes Werk für weit mehr als 1000 Jahre die medizinische Lehrmeinung.

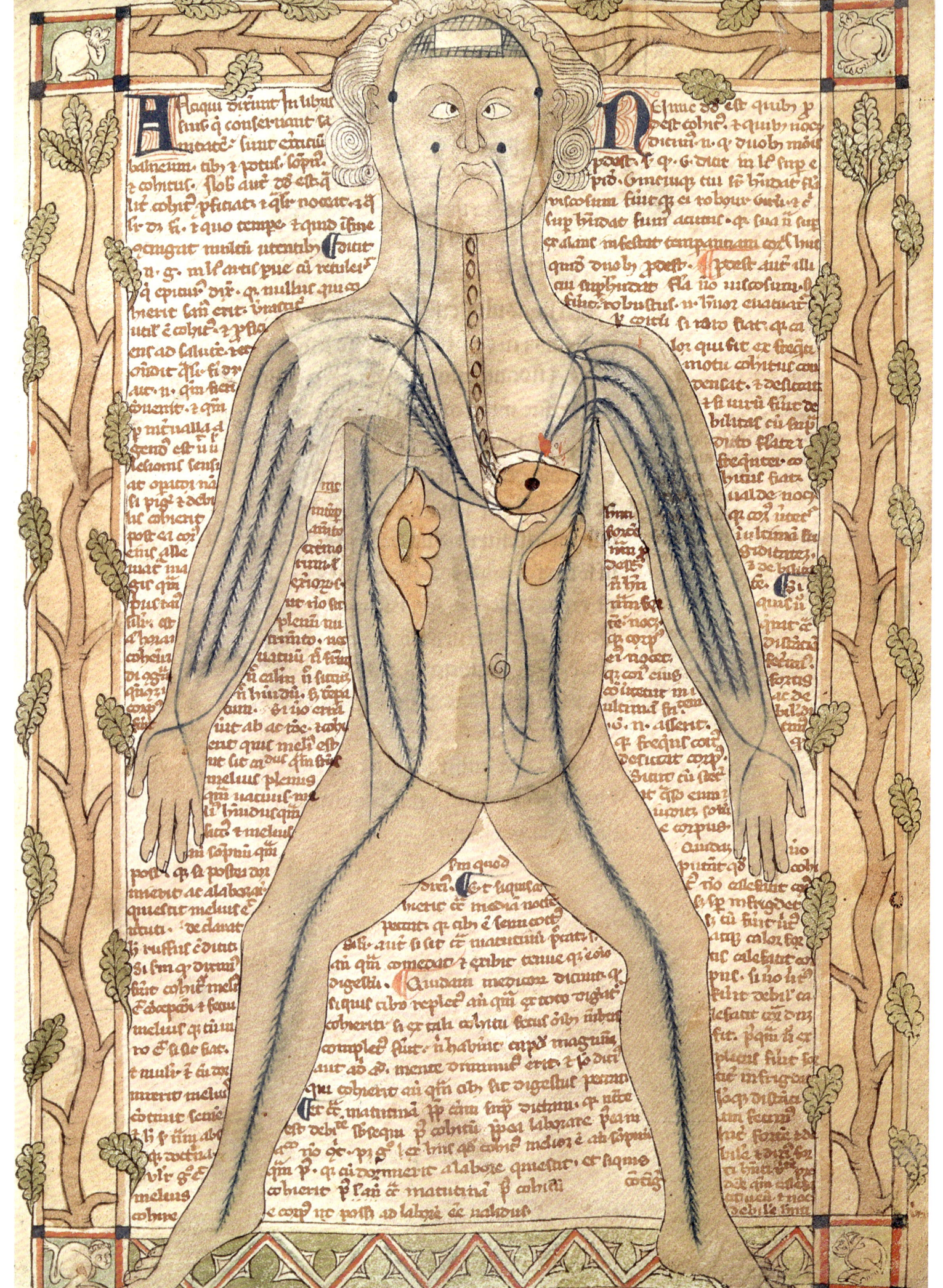

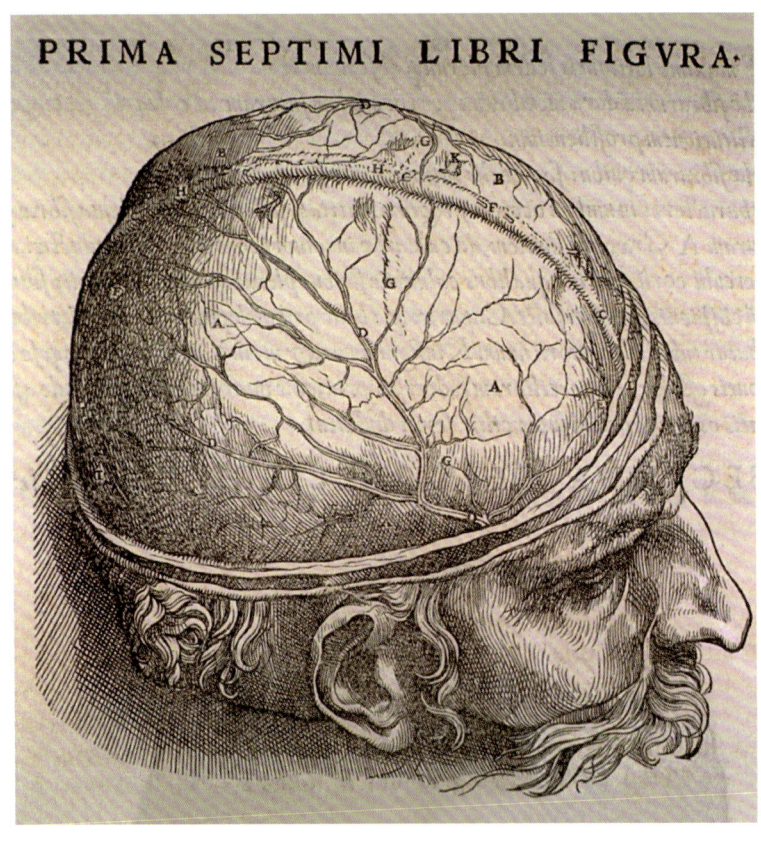

PRIMA SEPTIMI LIBRI FIGVRA.

Die italienische Universitätsstadt Bologna sorgte Anfang des 14. Jahrhunderts für neue Impulse im Bereich des Forschungsgebietes Anatomie, indem die Autopsie in den Lehrkanon aufgenommen und Lehrsektionen – die öffentliche, medizinische Untersuchung eines Leichnams – eingeführt wurden. Wie bereits in vorchristlicher Zeit dienten als Studienobjekte in erster Linie die Körper von „Abtrünnigen" der Gesellschaft: gehenkte oder enthauptete Verbrecher oder Selbstmörder, denen nach Auffassung der Kirche kein ehrenvolles Begräbnis zustand. Erst die Aufklärung konnte diesbezüglich einen Sinneswandel einläuten.

Im 16. Jahrhundert dann erlebte die Anatomie einen ungeahnten Aufschwung. Wesentlichen Anteil daran trug der Flame Andreas Vesalius, der in seiner Tätigkeit als Professor praktischen und theoretischen Anatomieunterricht vereinte, die antiken Schriften von Galenus stichhaltig widerlegte und damit zum Begründer der neuzeitlichen Anatomie wurde. In der Folgezeit entstanden an Amphitheater erinnernde „Anatomische Theater", die nicht nur der medizinischen Zunft, sondern auch Besuchern gegen Abgabe eines Eintrittsgeldes die Teilnahme an einer Sektion ermöglichten – ein Spektakel, das großen Anklang fand. Die Anatomie differenzierte sich weiter aus und wurde im 17. Jahrhundert eine eigenständige Disziplin der Medizin.

Zeichnung einer Schädeldecke aus Andreas Vesalius' (1514–1564) Werk „De Corporis Humani Fabrica" (1543).

Anatomische Zeichnung aus einer medizinischen Schrift des 13. Jahrhunderts. Oxfort, Bodleian Library

Lehrmodell eines weiblichen Körpers mit geöffneter Bauchdecke aus Elfenbein (um 1740). Kestner-Museum, Hannover

Der Wissenszuwachs, der seitdem stattgefunden hat, ist beträchtlich. Anatomiebücher umfassen heute zuweilen mehr als 1000 Seiten. Die strukturellen, funktionellen und topografischen Zusammenhänge im menschlichen Körper lassen sich in ihrer Gesamtheit kaum mehr erfassen und erfüllen Laien wie Mediziner angesichts der Komplexität des Wunderwerks Mensch mit Ehrfurcht. Und auch die Einstellung gegenüber der Anatomie ist im Wandel begriffen: Weniger die umstrittenen „Körperwelten"-Ausstellungen eines Gunther von Hagens belegen dies als vielmehr die Tatsache, dass sich medizinische Fakultäten heute nicht mehr mit einem Mangel, sondern mit einem Überfluss an Körperspenden auseinandersetzen und teilweise mit der Zurückweisung entsprechender Anträge reagieren müssen.

HAUT UND HAUTANHANGSGEBILDE

DIE HAUT – MEHR ALS EINE HÜLLE

Die Haut bildet die sichtbare Hülle des Menschen. Etwa 17 Prozent des Körpergewichts entfallen auf die robuste Grenzschicht zwischen Innen und Außen, die bei einem erwachsenen Menschen immerhin bis zu 2 Quadratmetern Fläche umfasst. Mit derart beeindruckenden Dimensionen stellt die Haut (Derma) eines unserer größten Organe dar: Allein die Muskulatur und der Darm übertreffen sie im Hinblick auf Gewicht beziehungsweise Fläche.

Die Haut als unser „Aushängeschild" steht auf einem besonderen Prüfstand. Gesunde Haut wird meist unweigerlich mit glatter, reiner Haut gleichgesetzt. Insbesondere in der Pubertät, wenn Pickel zum Ärgernis werden, oder jenseits des 40. Lebensjahres, wenn Falten oder Äderchen den Lebensstil oder das Alter verraten, gerät die Haut bei nicht wenigen Menschen zum persönlichen Feind, der immer neue Kampfplätze zu eröffnen scheint. Diese überwiegend kosmetischen Gesichtspunkte lassen vergessen, welch mannigfachen Aufgaben die Haut für die Aufrechterhaltung und das Funktionieren unseres Organismus leistet.

FELDER, SCHLEIFEN, WIRBEL – DIE STRUKTUR UNSERER HAUT

Ein Blick auf die Handinnenfläche im Vergleich zum Handrücken offenbart eine strukturelle Eigenschaft der Haut, die bei allen Menschen gleichermaßen zu finden ist. Bei näherer Betrachtung zeigt sich, dass die Haut des Handrückens durch Furchen in polygonale Felder unterschiedlicher Größe eingeteilt ist. Diese sogenannte Felderhaut bedeckt rund 96 Prozent unserer Körperoberfläche.

Der geringe Rest wird von der Leistenhaut bedeckt, die sich an den Handinnenflächen und an den Fußsohlen befindet. Sie ist grundsätzlich frei von Haaren und Talgdrüsen, besitzt dafür jedoch eine erhöhte Anzahl an Schweißdrüsen. Ihr Name geht auf die feinen Papillarleisten zurück, die der Haut ein aus Linien, Schleifen, Bögen und Wirbeln bestehendes Muster verleihen, das bei jedem Menschen einzigartig ist. Diesen Umstand nutzend, setzte sich vor 100 Jahren in der Kriminalistik die Daktyloskopie durch, die Identifizierung von Personen anhand ihrer Fingerabdrücke.

Trotz der Möglichkeiten moderner Forensik, über DNS-Analysen Identitätsnachweise zu erbringen, ist der klassische Fingerabdruck in der Kriminalistik noch immer unverzichtbar, auch wenn er sich – im Gegensatz zum genetischen Fingerabdruck – im Verlauf des Lebens durchaus geringfügig verändert. Der Abstand zwischen den Papillarleisten wird größer, und um eine Verringerung des Tastsinns zu verhindern, wachsen Zwischenleisten, die die Landschaft unserer Haut etwas umgestalten. Doch trotz dieser Veränderungen halten nicht allein Kriminologen den Fingerabdruck für untrüglich und sicher: Kreditinstitute, Supermärkte und Warenketten arbeiten fieberhaft an der Durchsetzung des Fingerabdrucks als Authentifizierungsmittel im Zahlungsverkehr, um Kunden zukünftig ein vollkommen bargeld- und bankkartenloses Einkaufen bieten zu können.

Haut- und Haarfarbe eines Menschen werden hauptsächlich vom Melaningehalt bestimmt.

HAUTSCHICHTEN

Die menschliche Haut setzt sich aus drei Schichten zusammen: Oberhaut *(Epidermis)* und Lederhaut *(Corium bzw. Dermis)*, die zusammen die „eigentliche" Haut bilden *(Cutis)*, sowie die darunter liegende Unterhaut *(Subcutis)*, die an Knochen und Muskeln anschließt. Um eine entsprechende Beweglichkeit zu gewährleisten, bildet die Haut an Gelenken – insbesondere Ellenbogen oder Knie – Falten, während mechanisch stärker beanspruchte Körperregionen wie die Fußsohlen mit einer dickeren, stark verhornten Haut ausgestattet sind.

Oberhaut: Obgleich die Oberhaut über keinerlei Gefäße verfügt und in Bereichen wie den Augenlidern lediglich eine Dicke von etwa 0,03 mm aufweist, übernimmt sie zahlreiche wichtige Funktionen: Hornzellen verhindern das Eindringen von Wasser und bilden dort, wo es nötig ist, eine robuste, relativ unempfindliche Hornschicht, Pigmente liefern UV-Schutz, Immunzellen regeln die Abwehr von Keimen und Erregern und Sinneszellen lassen uns Berührungen spüren. 90 Prozent der Epidermis besteht aus Keratinozyten – Keratin beziehungsweise Horn produzierende Zellen, die in der Basalzellschicht *(Stratum basale)* durch Zellteilung ständig erneuert werden und Richtung Hautoberfläche verdrängt werden. In der Körnerschicht *(Stratum granulosum)* verlieren sie ihren Zellkern, lagern stattdessen wasserabweisende Hornsubstanzen (Keratin) und Melanin ein und verbinden sich zu kompakten, flachen Platten, die die Hornschicht zu einer robusten Schutzschicht gegenüber thermischen, chemischen und mechanischen Einwirkungen machen. 30 Tage dauert es, bis die Zellen ihren Weg von der Basalzellschicht zur Hornschicht zurückgelegt haben, wo sie schließlich als winzige Hornschuppen abgerieben werden.

Neben den dominierenden Keratinozyten enthält die Epidermis drei weitere Zellarten: Melanozyten sind für die Pigmentierung der Haut verantwortlich (siehe Kasten S. 82), während rund 60 Milliarden im menschlichen Körper

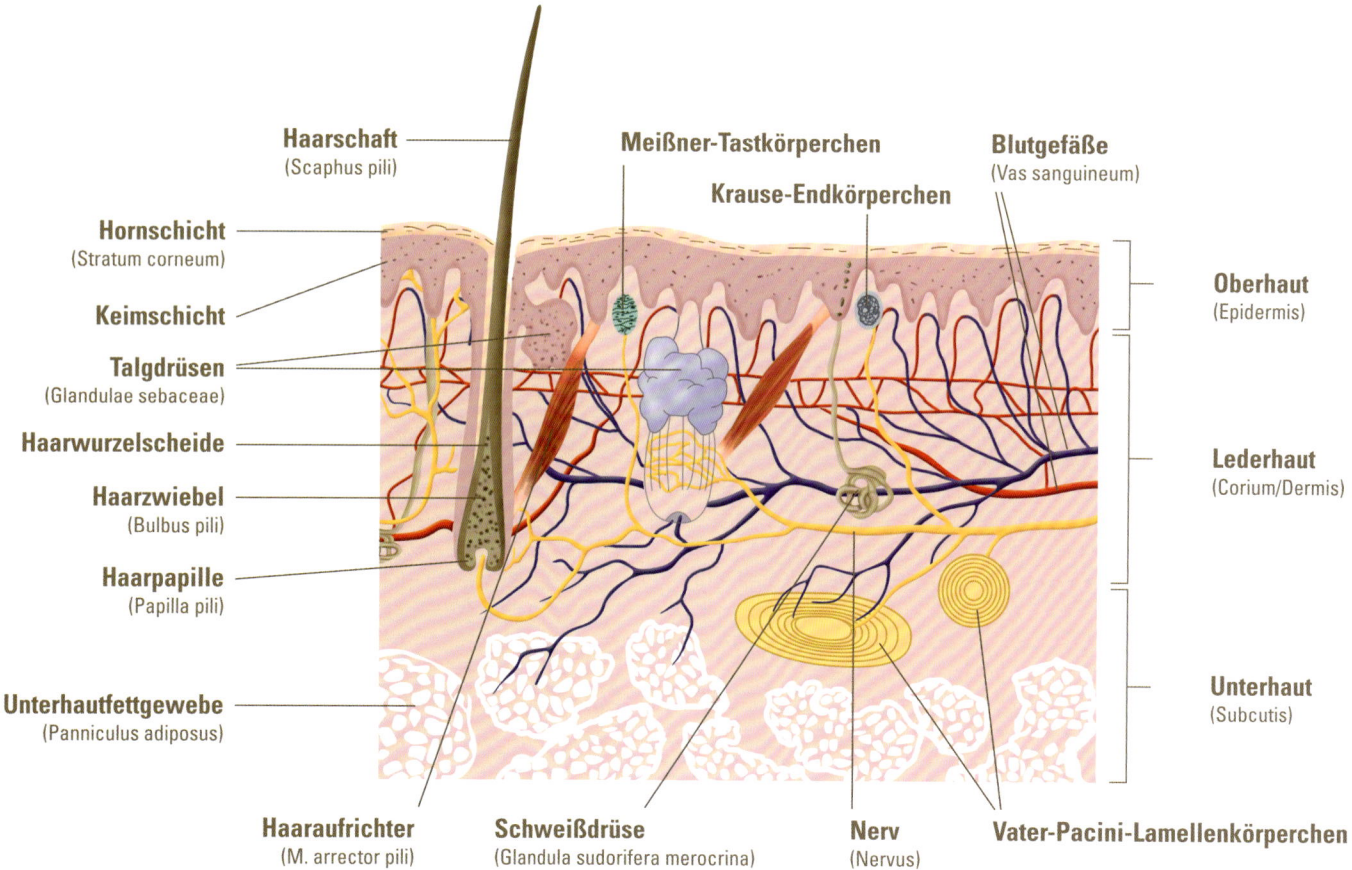

Haarschaft (Scaphus pili)

Meißner-Tastkörperchen

Krause-Endkörperchen

Blutgefäße (Vas sanguineum)

Hornschicht (Stratum corneum)

Keimschicht

Talgdrüsen (Glandulae sebaceae)

Haarwurzelscheide

Haarzwiebel (Bulbus pili)

Haarpapille (Papilla pili)

Unterhautfettgewebe (Panniculus adiposus)

Oberhaut (Epidermis)

Lederhaut (Corium/Dermis)

Unterhaut (Subcutis)

Haaraufrichter (M. arrector pili)

Schweißdrüse (Glandula sudorifera merocrina)

Nerv (Nervus)

Vater-Pacini-Lamellenkörperchen

verteilte Merkel-Zellen als Druckrezeptoren fungieren. Sie senden Informationen über Berührungen und Vibrationen in Form von elektrischen Impulsen an das zentrale Nervensystem. Vor allem im Bereich der Stachelzellenschicht *(Stratum spinosum)* finden sich darüber hinaus Langerhans-Zellen, die die äußersten „Streitposten" unseres Immunsystems bilden. Langerhans-Zellen wandern vom Knochenmark in die epidermalen Schichten der Haut, wo sie ein gleichmäßiges Netz aus Wächter- beziehungsweise Abwehrzellen bilden.

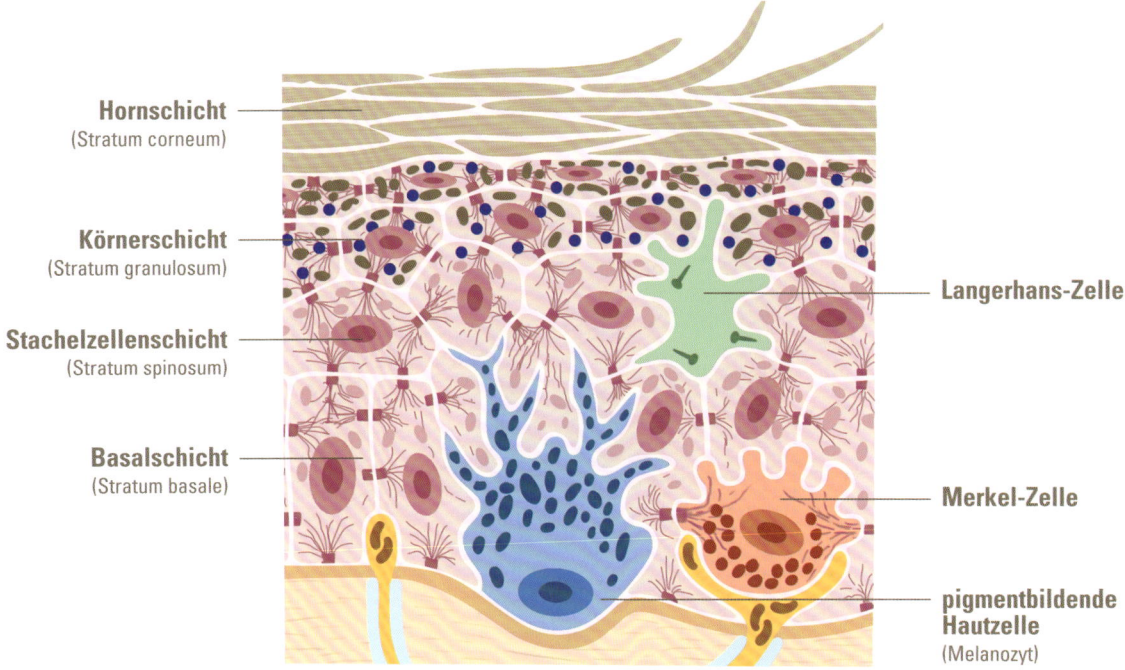

Hornschicht (Stratum corneum)

Körnerschicht (Stratum granulosum)

Stachelzellenschicht (Stratum spinosum)

Basalschicht (Stratum basale)

Langerhans-Zelle

Merkel-Zelle

pigmentbildende Hautzelle (Melanozyt)

ERSTICKUNGSTOD DURCH GOLDLACK?
„GOLDFINGER" UND DIE VERBREITUNG EINES IRRGLAUBENS

Wenige Tötungsdelikte der Kinogeschichte haben einen derart nachhaltigen Eindruck hinterlassen wie der Mord an Shirley Eaton alias Jill Masterson in dem berühmten James-Bond-Film „Goldfinger". Als Antwort auf ihren Verrat wird ihr gesamter Körper mit Goldlack überzogen – und sie stirbt. Der Tod, so die Erklärung, tritt dadurch ein, dass die Haut nicht mehr atmen kann.

So perfide dieser Mordplan klingt: Er gehört in das Reich der Legenden. Medizinisch-wissenschaftlich nachvollziehbar wäre diese Form der Tötung nur dann, wenn es sich bei dem Opfer um einen Regenwurm, einen Lungenlosen Salamander *(Plethodontidae)* oder ein anderes hautatmendes Tier handelte. Beim Menschen hingegen hat die Hautatmung lediglich einen Anteil von weniger als 1 Prozent. Ein unmittelbarer Tod durch die Versiegelung der Hautoberfläche mit Goldlack ist damit ausgeschlossen.

Shirley Eaton und Sean Connery in „Goldfinger", 1964.

Der natürliche Hautalterungs-
prozess – der Verlust von Kollagenfasern und Elastin und eine
verminderte Zellteilung – beginnt
etwa mit dem 25. Lebensjahr, wird
jedoch meist erst Jahre später
deutlich wahrgenommen.
Der Vorgang der Hautalterung ist
genetisch programmiert, hängt jedoch
auch maßgeblich von unseren Lebens-
umständen, der Ernährung oder der
Anzahl unserer Sonnenbäder ab.

Lederhaut: Getrennt durch die Basalmembran, schließt sich an die Epidermis die darunterliegende Lederhaut an. Sie ist deutlich dicker als die Oberhaut und Trägerschicht für Druck-, Tast- und Thermorezeptoren, Blut- und Lymphgefäße, Haarwurzeln sowie Talg- und Schweißdrüsen, die dort in ein lockeres Bindegewebe eingebettet sind. Papillenartige Ausstülpungen, die der oberen Schicht der Lederhaut ihren Namen, *Stratum papillare*, geben, reichen weit bis in die Oberhaut hinein. Diese Ausstülpungen garantieren nicht nur eine starke mechanische Verbindung der beiden Schichten, sondern gewährleisten auch die Versorgung der gefäßlosen Oberhaut mit Nährstoffen und Sauerstoff. Und sie tragen zum spezifischen Aussehen unserer Haut bei: In Längsreihen angeordnete Papillen verleihen der Leistenhaut ihr im wahrsten Sinne des Wortes unverwechselbares Profil, wie es beispielsweise beim Fingerabdruck deutlich in Erscheinung tritt.

Das Geheimnis unserer zähen und zugleich elastischen Haut liegt in erster Linie im *Stratum reticulare* verborgen, der zweiten Schicht der Lederhaut, die sich als faserreiche Bindegewebsschicht darstellt. Kräftige, miteinander verflochtene Kollagenfaser machen die Haut (reiß)fest, dazwischenliegende, ebenso vernetzte elastische Fasern gewährleisten hingegen ihre Dehnbarkeit. Die Anordnung der kollagenen und elastischen Fasern, die sich in den sogenannten Hautspaltlinien niederschlägt, ist für den klinischen Bereich von großer Bedeutung. Chirurgen setzen Schnitte parallel zu den Hautspaltlinien, da dies eine bessere Wundheilung gewährleistet.

DIE HAUTFARBE DES MENSCHEN

In der Oberhaut liegen unter anderem Pigmentzellen – sogenannte Melanozyten – verstreut. Sie produzieren das Hautpigment Melanin, das auch dem Schutz der DNS vor UV-Strahlung dient. Die unterschiedlichen Hautfarben der Menschen kommen nicht durch eine erhöhte Anzahl an Melanozyten pro Quadratzentimeter Haut zustande, sondern durch die unterschiedlich hohe Produktion von Melanin. Über die Hautfarbe entscheiden darüber hinaus auch die Durchblutung der Hautkapillaren, der Sauerstoffgehalt des Blutes und die Dicke der Epidermis.

Der erblich bedingte Albinismus geht auf ein defektes Enzym in den Melanozyten zurück. Das Pigment Melanin wird in der Haut überhaupt nicht ausgebildet und fehlt auch in den Haaren und der Regenbogenhaut des Auges, was zu Beeinträchtigung des Sehvermögens führt.

Helle Haut ist gegenüber Sonnenbrand anfälliger als dunkle Haut, da die Eigenschutzzeit gering ist.

Unterhaut: Wenn unsere Ernährungsgewohnheiten nicht im Einklang mit dem Energiebedarf unseres Körpers stehen und zu einer täglichen Überversorgung an Kalorien führen, macht sich dies in der untersten Hautschicht, der Unterhaut (*Subcutis*), bemerkbar. Hier lagern sich Fettzellen ein, die – je nach Körperregion und Ernährungszustand – ein mehrere Zentimeter dickes Fettgewebe bilden, das nicht nur als Energiedepot dient. Es bietet darüber hinaus Schutz vor übermäßigem Wärmeverlust und polstert Knochen, Sehnen und Muskeln, an die es direkt angrenzt, gegenüber stumpfen mechanischen Einwirkungen wie Schlägen und Stößen ab.

Bindegewebsfasern, die das Netz aus Fettzellen durchziehen, sorgen dort, wo es vonnöten ist, für eine ausreichende Elastizität und Verschiebbarkeit der Haut. Die Anordnung dieser Kollagenfasern ist hormonell bedingt und hier liegt eines der „Problemfelder", das der Kosmetikindustrie jedes Jahr hohe Umsätze beschert: die Cellulite. Während die Bindegewebsfasern bei Männern kreuzförmig miteinander verbunden sind und damit ein relativ stabiles Netz bilden, verlaufen sie bei Frauen parallel. Die damit verbundene Elastizität ist bei Schwangerschaften mit der entsprechenden Beanspruchung der Haut von großem Vorteil, wirkt sich unter ästhetischen Gesichtspunkten allerdings oft negativ aus, bewirkt sie doch, dass sich die Fettzellen zu größeren Fettkammern verbinden können, die dann sichtbar werden.

Die Ausrichtung der kollagenen Fasern – der sogenannten Hautspaltlinien – ist für den chirurgischen Bereich von großer Bedeutung. Schnitte werden entlang dieser Linien vorgenommen, um eine möglichst spannungsfreie und damit schnellere Wundheilung zu gewährleisten.

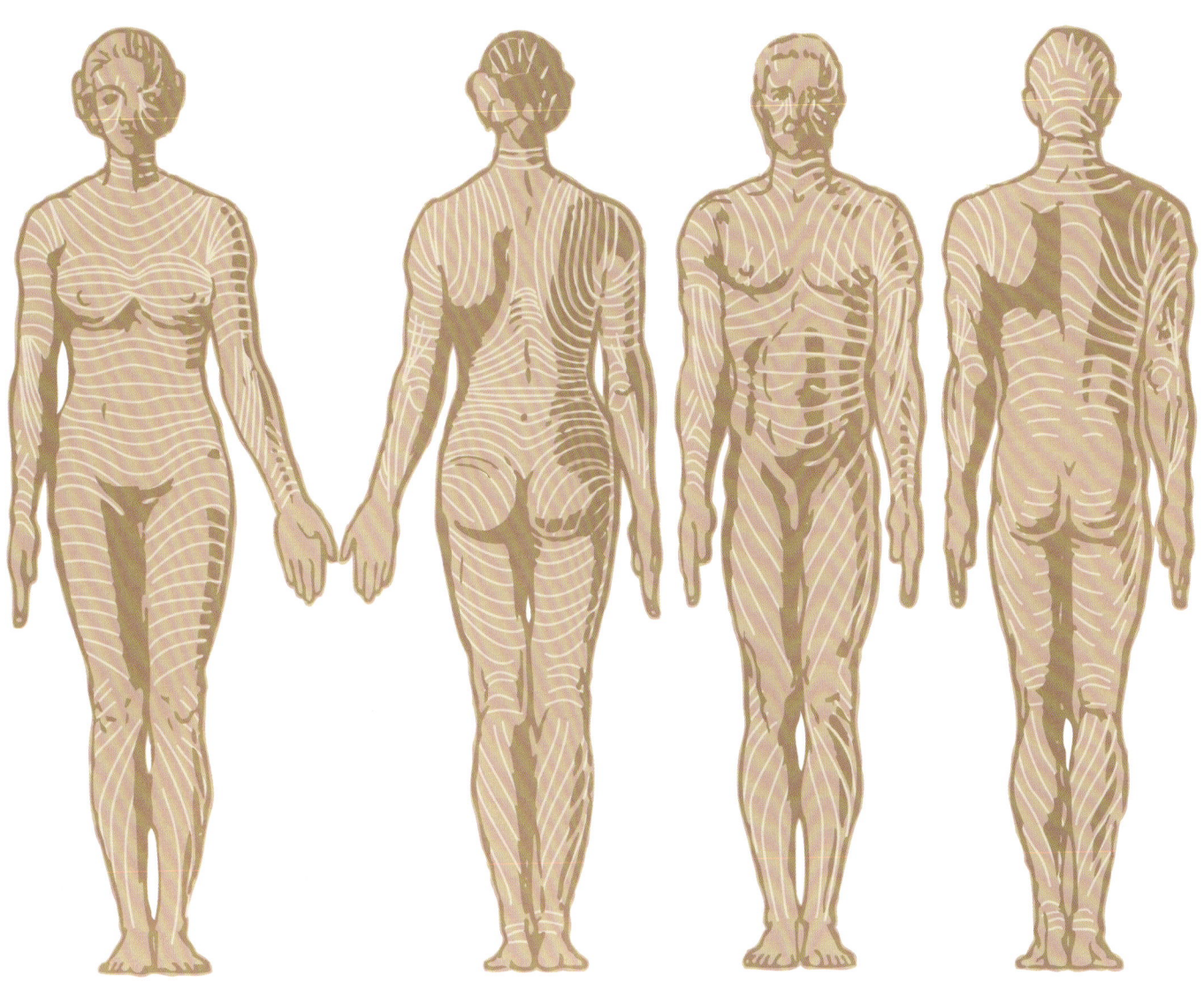

HAUTANHANGSGEBILDE

Wenn Haare und Nägel zusammen mit Schweiß-, Talg- und Duftdrüsen unter dem Begriff Hautanhangsgebilde zusammengefasst werden, scheint die Medizin einen wenig poetischen Begriff für jene „Gebilde" des Körpers gefunden zu haben, die seit jeher und in fast allen Kulturkreisen unweigerlich mit dem Schönheitsideal verbunden sind und Auskunft geben können über Identität, Status und Selbstverständnis seines Trägers. Und dabei ist das, was unsere Aufmerksamkeit und Pflege derart in Anspruch nimmt, wissenschaftlich betrachtet nichts anderes als totes Material in Gestalt von mit Keratin gefüllten Zellen.

Haare: Rund 5 Millionen Haare verteilen sich auf dem menschlichen Körper. Einzig die Leistenhaut an den Händen und Füßen ist bei jedem Menschen absolut frei von Haaren. Jedes Haar liegt in einem Kanal, der als Haarfollikel bezeichnet wird und bis tief in die Schichten der Lederhaut, zuweilen auch die Unterhaut reicht. Am unteren Ende weitet sich das Haar zu einer sogenannten Haarzwiebel aus, die ihrerseits eine von Kapillaren und Nerven durchsetzte Papille umschließt, die das Haar mit Nährstoffen versorgt. Dies ist die eigentliche Wachstumszentrale des Haares: Zellteilung an der Haarmatrix sorgt für beständigen Nachschub von Haarzellen, und Melanozyten erzeugen zweierlei Arten von Melanin – schwarzbraunes Eumelanin und rötliches Phäomelanin –, die in das Haar eingelagert werden und ihm je nach Mischungsverhältnis seine individuelle Farbe verleihen. Mit zunehmendem Alter nimmt diese Pigmentproduktion häufig ab und das Haar ergraut.

Auf dem Weg Richtung Hautoberfläche schließt sich an den Haarfollikel ein dünnes Muskelband an, das bei Reizen wie Kälte oder Angst kontrahiert und infolgedessen sich das Haar senkrecht aufrichtet – die „Gänsehaut" entsteht. Dieser Mechanismus ist ein Relikt der Evolution, der bei allen felltragenden Tieren noch heute Sinn ergibt: Durch die Gänsehaut verdichtet sich das Fell, wodurch eine höhere Wärmeisolierung gewährleistet ist oder Feinde eingeschüchtert werden können.

Kurz bevor das Haar die Hautoberfläche erreicht, sorgen Talgdrüsen für einen nötigen Schutzmantel. Das ölige Sekret legt sich auf das Haar und dringt durch den Follikelausgang an die Oberfläche der Haut, macht sie geschmeidig und schafft ein Klima, das die Vermehrung schädlicher Bakterien hemmt.

Nägel kommen in dieser Form nur bei Primaten vor. Sie dienen vorwiegend als effizientes Kratz- und Zupfwerkzeug.

Nägel: Unsere Finger- und Fußnägel bestehen aus zahlreichen Lagen verhornter Zellen, die sich zu einer festen Platte verbinden. Diese liegt auf dem Nagelbett und schiebt sich pro Woche rund 1 Millimeter nach vorne. Nagelplatte und Nagelbett sind farblos. Für die rosa Färbung eines Großteils des Nagels sind die Blutkapillaren der Lederhaut verantwortlich, die durchschimmern. In der Rettungsmedizin wird dieser Umstand genutzt, um eine Schnelldiagnose der peripheren Durchblutung vorzunehmen: Dauert die Wiedereinfärbung des Fingernagels, der kurz ins Nagelbrett gedrückt wurde, länger als 2 Sekunden, liegt eine Mangeldurchblutung vor, die auch auf einen Schock hinweisen kann. Eine halbrunde Weißfärbung im unteren Teil des Nagels hingegen ist üblich. Dort befindet sich die *Lunula* (lat. „kleiner Mond"), jener Bereich, in dem die Blutkapillaren der *Dermis* durch die sogenannte Nagelmatrix, dem eigentlichen Wachstumszentrum, verdeckt sind.

Veränderungen der Nägel im Hinblick auf Farbe, Form oder Struktur sind im Bereich der Diagnostik von Bedeutung, können sie doch auf unterschied-

„Der weise Urheber der Natur hat auch nicht ein einziges Härchen ohne eine gewisse Absicht hervorgebracht."

Christian Konrad Sprengel (1750–1816)

lichste Erkrankungen hinweisen. Konkav geformte Nägel, Löffelnägel genannt, zeigen oftmals einen Eisenmangel an, Querrillen sind meist das Resultat eines verlangsamtes Wachstums bei fiebrigen Erkrankungen und Infekten, während eine Gelbfärbung der Nägel bei vielen Patienten mit chronischen Infekten der oberen Atemwege zu finden ist. Längsrillen hingegen sind kein Grund zur Sorge. Sie sind Ausdruck des Lebensalters und vermehren sich ab dem 40. Lebensjahr ganz natürlich.

Schweißdrüsen: Wenn wir bei körperlicher Anstrengung oder psychischem Stress ins Schwitzen geraten, liegt das an den 2 bis 4 Millionen Schweißdrüsen, die sich beinahe über die gesamte Körperoberfläche verteilen. Merokrine Schweißdrüsen produzieren das *Perspiratio invisibilis*, ein mit Harnstoff, Ammoniak, Aminosäuren, Milchzucker und Elektrolyten durchsetztes, wässriges Sekret, das wir als Schweiß kennen und das insbesondere durch das enthaltene Natriumchlorid seinen salziges Geschmack erhält. Bei starker körperlicher Belastung oder hohen Umgebungstemperaturen verliert der Mensch pro Tag mehrere Liter Flüssigkeit über die Schweißdrüsen; entsprechend wichtig ist das Trinken, um einer Dehydrierung entgegenzuwirken.

Die Produktion von Schweiß ist in zweierlei Hinsicht existentiell: Bei schweißnasser Haut entwickelt sich Verdunstungskälte, die wiederum zu einer Absenkung der Körpertemperatur führt und einem Zusammenbruch des Organismus durch Überhitzung vorbeugt. Mit einem pH-Wert von 4,5 wirkt Schweiß zudem antibakteriell und unterstützt die Bildung eines Säureschutzmantels auf der Hautoberfläche.

Über die Bedeutung der apokrinen Schweißdrüsen, die in unserem Körper weit spärlicher verteilt sind als merokrine Schweißdrüsen und die ihr Sekret über den Kanal der Haarfollikel an die Hautoberfläche transportieren, herrscht geteilte Meinung. Sie finden sich in den Achselhöhlen, in der Leistengegend, im Genital- und Analbereich und an den Brustwarzen und tragen nicht umsonst die Bezeichnung Duftdrüsen. Das von ihnen produzierte Sekret ist zunächst geruchslos, entwickelt jedoch durch bakterielle Zersetzungsprozesse an der Hautoberfläche einen wahrnehmbaren Geruch. Ganz unzweifelhaft spielen die Duftdrüsen im Tierreich eine maßgebliche Rolle – als Sexuallockstoff, zur Kommunikation, Reviermarkierung oder zur Rangordnung. Viele Studien zeigen, dass auch beim Menschen die Duftdrüsen weit mehr als ein evolutionäres Relikt ohne eigentliche Bedeutung sind. Dafür sprechen beispielsweise die Synchronisation von Menstruationszyklen bei Frauen oder Schweißextrakte von Männern, die bei Frauen jene Hormone aktivieren, die bei der Steuerung des monatlichen Zyklus von Bedeutung sind. Auslöser sind im Schweiß gebundene Pheromone, die als chemische Botenstoffe Signale an das Gehirn senden und dort physiologische Prozesse auslösen.

Nachfolgende Doppelseiten: Haut- und Haarfarbe werden maßgeblich von der Melaninkonzentration bestimmt, was zur Folge hat, dass auf unserem Planeten ein buntes Spektrum unterschiedlichster Haut- und Haartypen vorkommt.

SINNESORGANE

Seit der Antike gelten das Sehen, Hören und Riechen sowie der Geschmack und Tastsinn als die fünf klassischen Sinne, denen Augen, Ohren, Nase, Zunge und Haut als entsprechende Sinnesorgane zugeordnet werden. Erst im 19. Jahrhundert erfuhr diese klassische Sinneslehre eine Erweiterung: Lange nachdem Schwindel als Krankheitssymptom bekannt war, identifizierte man das Innenohr als entscheidendes Zentrum des Gleichgewichtssinns (vestibulärer Sinn). Dass unsere Fähigkeit, den Körper in Position zu halten und uns räumlich zu orientieren, als zusätzlicher Sinn erkannt wurde, lenkte den Blick auf andere Aspekte der Körperwahrnehmung: Wenn wir Berührungen oder Druck, ein Kitzeln oder Jucken auf unserer Haut bemerken oder Temperaturunterschiede empfinden, so sind dies Resultate einer Oberflächensensibilität, an der verschiedenartige, in der Haut gelagerte Rezeptoren mitwirken.

Hinzu kommt eine Sensibilität gegenüber Signalen und Reizen aus dem Inneren unseres Körpers, die sich auf mehreren Ebenen erstreckt: Empfindungen wie Hunger, Durst, Unterzuckerung oder Blasendruck sind nur möglich, weil wir über Rezeptoren verfügen, die beispielsweise Dehnungen der Harnblase oder Kontraktionen des Magens ebenso registrieren wie den Wasser-, Zucker- oder Sauerstoffgehalt im Körper. Diese Eingeweide- beziehungsweise Viszerosensibilität findet ihre Ergänzung durch die Tiefensensibilität, die auch als Propriozeption bezeichnet wird. Wie können wir wissen, mit welcher Kraft wir ein gefülltes Glas vom Tisch anheben oder wie hoch wir den Fuß bei unterschiedlich hohen Stufen heben müssen? Wieso können wir selbst bei geschlossenen Augen unsere Nasenspitze berühren oder beide Handflächen zusammenführen? Dieses Bewusstsein für unseren Körper – für Bewegungen, Kraftaufwand oder Positionen – fußt auf entsprechenden Sinnesrezeptoren, die auf Impulse spezialisiert sind, die der Muskulatur, den Knochen und Knorpeln und dem Bindegewebe entspringen.

Ergänzung findet die Sinneslehre darüber hinaus in der Temperaturwahrnehmung durch Thermorezeptoren und mit dem Empfinden von Schmerzen, das nicht auf einer übermäßigen Stimulierung beispielsweise von Druckrezeptoren beruht, sondern durch spezielle Schmerzrezeptoren erfolgt, die sich überall in unserem Körper verteilen und die auf innere wie äußere Schädigungen oder Störungen reagieren.

Unser Eindruck der Außen- und Innenwelt ist demnach das Ergebnis der Wahrnehmung und Verarbeitung vielfältiger Sinnesreize, die weit über die klassische Interpretation der fünf Sinne hinausgehen. Immer sind es Rezeptoren, die auf Reize jedweder Art reagieren und elektrische Impulse an das Rückenmark oder das Gehirn senden, wo die eigentliche Interpretation und Beantwortung der Informationen stattfindet.

Für das Riechen, Hören, Schmecken, Sehen und den Gleichgewichtssinn liegen indes besondere Bedingungen vor: Hier sind komplexe Sinnesorgane wie Augen, Ohren oder Zunge vorgeschaltet, bei denen spezialisierte Sinneszellen wie Zapfen und Stäbchen der Netzhaut die Reize aus der Umwelt aufnehmen. In Abgrenzung zu diesen sogenannten höheren Sinnesorganen werden die im gesamten Körper verteilten Rezeptoren als einfache Sinnesorgane bezeichnet.

„Von den fünf Sinnen des Menschen": Das Sehen (1), das Gehör (2) der Geruch (3), der Geschmack (4), das Gefühl (5). Aus: „Die Welt in Bildern. Band 5". Wallishauser. Wien, 1793.

DAS AUGE

In der Wahrnehmung der Außenwelt spielt das Sehen eine übergeordnete Rolle: Normales Sehvermögen und entsprechende Lichtverhältnisse vorausgesetzt, ist mehr als die Hälfte aller Informationen über die Außenwelt auf visuelle Reize zurückzuführen. Dieser Umstand schlägt sich auch in dem Aufbau der Großhirnrinde nieder: 60 Prozent der gesamten Areale sind an der Aufnahme und Interpretation visueller Reize beteiligt.

Das eigentliche Sehorgan setzt sich aus dem Augapfel samt Sehnerv sowie den Augenlidern und äußeren Augenmuskeln, dem Tränenapparat und der Bindehaut zusammen. Der nahezu kugelförmige Augapfel mit einem Durchmesser von rund 24 Millimetern liegt, geschützt durch Fett- und Bindegewebe, in der knöchernen Augenhöhle. Insgesamt sechs äußere Augenmuskeln – vier gerade und zwei schräg verlaufende – lassen wie bei einem Kugelgelenk Bewegungen des Augapfels in alle Richtungen zu.

Im Querschnitt ist zu sehen, dass die Wand des Augapfels aus drei Schichten besteht:

Äußere Augenhaut: Sie umfasst die von Nerven und feinen Blutgefäßen durchsetzte weiße Lederhaut, die wir als das „Augenweiß" wahrnehmen. Im vorderen Bereich des Auges geht diese sogenannte *Sclera* in die lichtdurchlässige Hornhaut (*Cornea*) über, hinter der Iris und Pupille sichtbar werden.

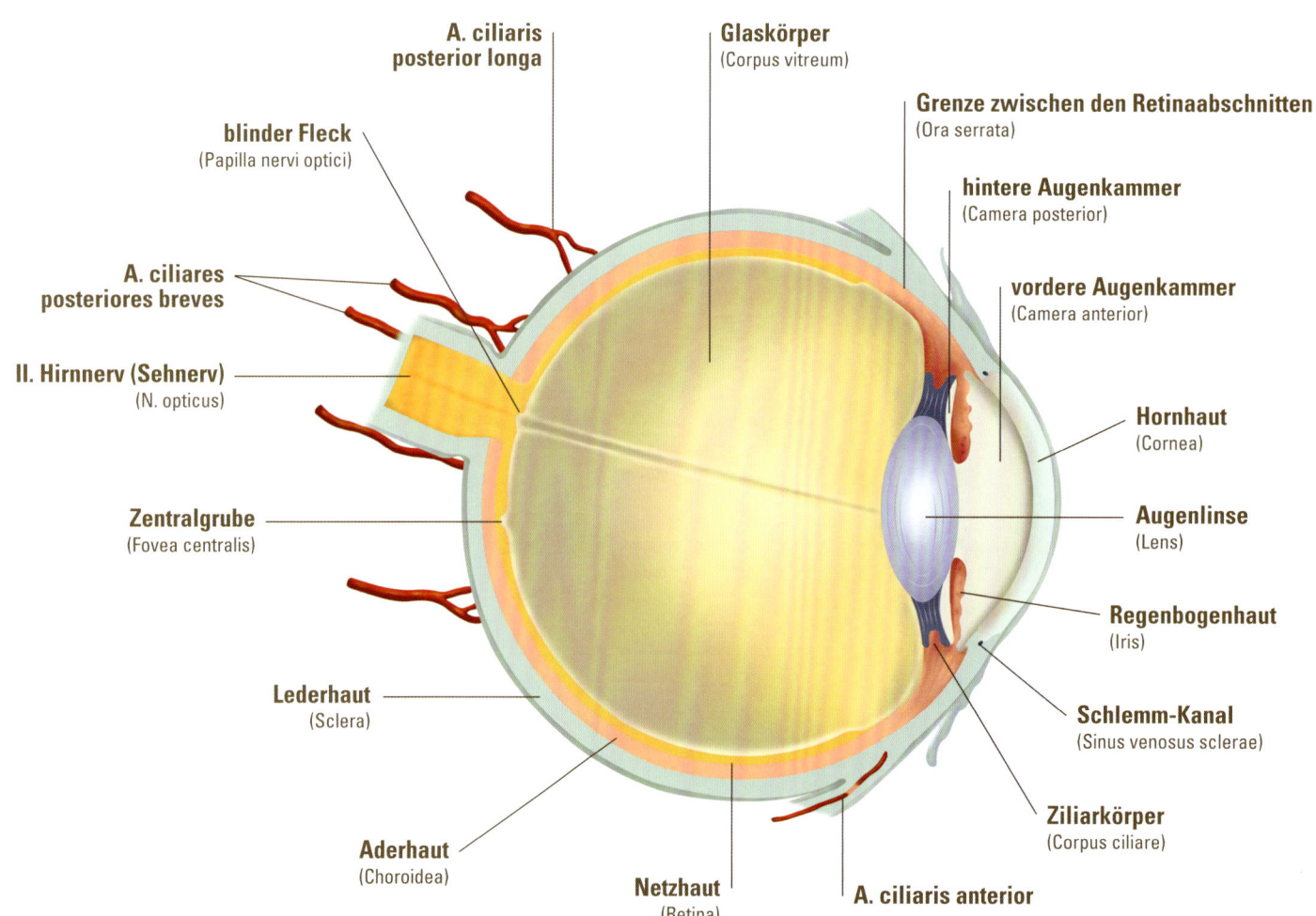

Mittlere Augenhaut: Während die zur mittleren Augenhaut zählende Aderhaut ganz im Verborgenen wirkt, indem sie die umliegenden Schichten und Sinneszellen ernährt und darüber hinaus für eine konstante Temperatur der Netzhaut sorgt, ist es der Regenbogenhaut zu verdanken, wenn sich Betrachter im „tiefen Blau der Augen" verlieren oder von grünen oder braunen Augen in den Bann gezogen werden. Die unterschiedliche Färbung der Regenbogenhaut beziehungsweise Iris geht auf den Melaningehalt und die Anordnung von Pigmentzellen auf der vorderen Schicht der Iris, dem *Stroma*, zurück. Während sich bei dunklen Augen eine hohe Konzentration findet, weisen blaue Augen eine schwache Pigmentierung auf. Dadurch fällt das Licht auf das dahinterliegende, dunkel beschichtete Pigmentepithel und wird von dort reflektiert. Da die blauen, kurzwelligen Lichtanteile am besten reflektiert werden, erscheinen die Augen blau.

Die Iris funktioniert wie die Blende einer Kamera, die den Lichteinfall ins Innere des Auges und damit auch die Schärfentiefe reguliert. Die Blendenöffnung entspricht dem im Zentrum der Iris befindlichen Sehloch, der Pupille, die nur deshalb tiefschwarz für uns erscheint, da kein Licht aus dem Inneren reflektiert wird. Eine Ausnahme können Fotoaufnahmen mit Blitzlicht sein: Der unerwünschte „Rote-Augen-Effekt" ist nichts anderes als die Sichtbarmachung der stark durchbluteten Netzhaut, die unsere Pupillen in leuchtendem Rot erscheinen lässt.

Nachfolgende Doppelseite:
Der Scan der Iris des menschlichen Auges gilt neben dem Fingerabdruck als das fälschungssicherste Identifikationsmerkmal eines Menschen. Wie sich Geheimdienste diese Technik zunutze machen, zeigt das Spionagemuseum in Oberhausen.

Innere Augenhaut: Eingebettet zwischen der gefäßreichen Aderhaut und dem nahezu runden Glaskörper liegt die innere Augenhaut, auch Netzhaut oder Retina genannt. Während sich im vorderen Teil des Auges, im Bereich der Iris, ein lichtunempfindlicher Abschnitt befindet, schließt sich zu beiden Seiten der lichtempfindliche Teil der Netzhaut an, der – vergleicht man das Auge mit einer Kamera – gewissermaßen die Funktion des Kamerafilms übernimmt. Obgleich nur etwa 0,2 Millimeter dünn, erweist sich die Netzhaut als hochkomplexe Empfangsstation für einfallende Lichtreize. Damit die Aufnahme und Verarbeitung unaufhörlich auf uns einwirkender optischer Impulse überhaupt

BLAUE AUGEN – DAS ERGEBNIS EINER GENMUTATION

Es liegt zwischen 6000 und 10 000 Jahren zurück, dass das Farbspektrum der Regenbogenhaut um die Farbe Blau erweitert wurde. Bis dahin kannte man nur dunkle Augen, die von einer Generation an die nächste vererbt wurden. Doch im nordwestlichen Gebiet des Schwarzen Meeres wurde vor Jahrtausenden ein Mensch mit blauen Augen geboren, ausgelöst durch einen Defekt des Gens OCA2, der die Produktion von Melanin in der Iris nicht gänzlich verhinderte, aber doch zumindest einschränkte. Einer weitreichenden Untersuchung dänischer Forscher zufolge tragen alle blauäugigen Menschen dieselbe Genmutation in sich, was wiederum darauf schließen lässt, dass sie alle von diesem einen Menschen abstammen, dessen Genmutation sich als äußerst durchsetzungsfähig erwiesen hat.

Die Farbe der Iris ist abhängig von der Menge des Melanins eines braunen Farbstoffes: Je mehr Melanin in der Iris, umso dunkler die Augen.

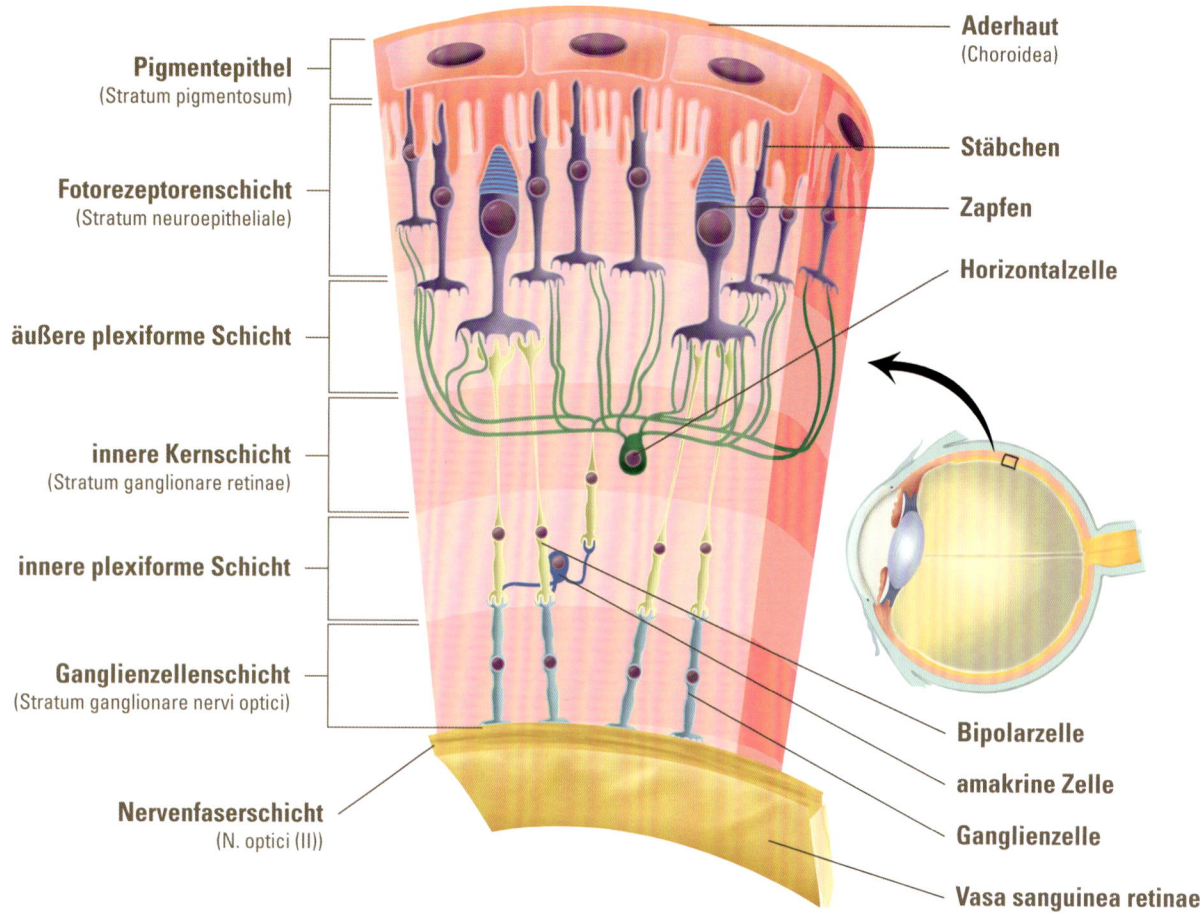

Pigmentepithel
(Stratum pigmentosum)

Fotorezeptorenschicht
(Stratum neuroepitheliale)

äußere plexiforme Schicht

innere Kernschicht
(Stratum ganglionare retinae)

innere plexiforme Schicht

Ganglienzellenschicht
(Stratum ganglionare nervi optici)

Nervenfaserschicht
(N. optici (II))

Aderhaut
(Choroidea)

Stäbchen

Zapfen

Horizontalzelle

Bipolarzelle

amakrine Zelle

Ganglienzelle

Vasa sanguinea retinae

gelingt, bedarf es eines perfekten Zusammenspiels von Millionen in der Netzhaut eingelagerten Fotorezeptoren – den Stäbchen und Zapfen – sowie bipolaren und multipolaren Nervenzellen. In einem in Millisekunden ablaufenden Prozess werden Lichtreize in elektrische Impulse umgewandelt, die an das Gehirn weitergeleitet und dort zu einem zusammenhängenden, interpretierbaren Bild verarbeitet werden (s. S. 218 f.).

DIE NASE

Dass die Nase als das Zentrum des Geruchssinns bezeichnet wird, liegt an der *Regio olfactoria*, einer rund 5 Quadratzentimeter großen Hautfläche, die sich im oberen Bereich der Nasenhöhle befindet. Hier verteilen sich Millionen Riechzellen, die es uns Menschen ermöglichen, 5000 bis 10 000 verschiedene Gerüche zu differenzieren – eine Fähigkeit, die uns nicht nur vor dem Verzehr verdorbener Lebensmittel bewahren kann oder uns bei Rauchentwicklung aufschrecken lässt, sondern insgesamt unsere Wahrnehmung der Außenwelt immens bereichert.

Bevor ein Geruch von uns identifiziert und eingeordnet werden kann und gute oder schlechte Assoziationen auslöst, ist eine Reihe von Abläufen nötig. Zunächst gelangen Duftmoleküle über die Atemluft in die Nase, werden dort in den oberen Bereich und damit zum Geruchszentrum geleitet. An der mit einer Schleimschicht überzogenen *Regio olfactoria* bleiben die Duftmoleküle haften und lösen sich auf. Dies ist der Moment, in dem die Riechzellen aktiviert werden. Jede Riechzelle verfügt über ein spezialisiertes Rezeptorprotein, das mit einem elektrischen Impuls

OLFAKTORISCHER RETTUNGSANKER – DER TRIGEMINUS-NERV

Eine Beschädigung der *Regio olfactoria* mit einhergehendem Verlust des Geruchssinns bedeutet weit mehr als die Einschränkung von Lebensqualität. Alle Warnhinweise, die uns das olfaktorische Zentrum liefern kann, gehen damit verloren. Um den Ausfall dieses Warnsystems kompensieren zu können, verfügt der menschliche Körper über ein weiteres Geruchszentrum, das aus dem Trigeminus-Nerv gebildet wird, dessen einer Ast die gesamte Nasenschleimhaut durchzieht. Auch wenn das trigeminalnasale System weitaus weniger differenziert ist als das olfaktorische, ist es dennoch in der Lage, hoch konzentrierte Duftstoffe wie Rauch, Gase oder Ammoniak wahrzunehmen und entsprechende Warnsignale an das Gehirn zu senden.

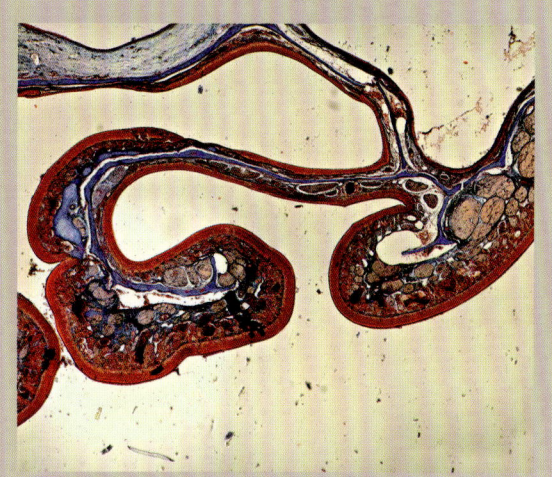

Querschnitt des olfaktorischen Epithels in der Nasenhöhle.

auf das gelöste Duftmolekül reagiert: Ein ursprünglich chemisches Signal wird damit in ein elektrisches umgewandelt, über Nervenbahnen an das Gehirn geleitet und zu verwertbaren Informationen verarbeitet.

Der anatomische Aufbau der Nase bringt es mit sich, dass bei ruhiger Atmung nur ein Teil der Atemluft die *Regio olfactoria* als das sensorische Zentrum der Nase erreicht. Ein weitaus größerer Teil passiert unser Geruchszentrum ohne direkte Stimulation jener Nervenzellen, die für die Wahrnehmung von Duftmolekülen verantwortlich sind. Dieser Umstand zeigt, dass die anatomische Einordnung der Nase als Bestandteil des Atmungssystems durchaus Berechtigung hat. Sie ist der wichtigste Durchgang der Atemluft auf dem Weg zu den Lungen: Zwischen 10 000 und 15 000 Liter Luft werden täglich durch die beiden Nasenlöcher eingesogen und in der Nasenhöhle gefiltert und aufbereitet.

DIE ZUNGE

Die Zunge ist ein von Schleimhaut überzogener Muskelkörper, der vielfältige Funktionen übernimmt. Bereits der lateinische Begriff *lingua* (Sprache) deutet darauf hin, dass die Zunge einen wesentlichen Anteil an der Lautbildung hat. Viele Buchstaben wie die Zungenlaute L und R oder die Zahn-Zungenlaute N, D und T können nur mit ihrer Hilfe ausgesprochen werden. Auch die Verteilung von Nahrung während des Kauvorgangs und die Zuführung des Nahrungsbreis Richtung Rachen wäre ohne Zunge nicht denkbar.

Doch trotz dieses komplexen Muskelspiels ist die Zunge vor allem für ihre sensorische Leistung bekannt. Die eigentliche Aufnahme von Geschmacksstoffen findet in erster Linie auf der Zungenoberfläche statt: Hier zeigt die Schleimhaut Ausstülpungen, sogenannte Papillen, die Sinneszellen unterschiedlicher Art beherbergen. Im vorderen Bereich der Zunge zum Beispiel drängen sich mehr Tastrezeptoren als in den Fingerspitzen. Form und Festigkeit von

Die Zunge ist weit mehr als ein Organ zur Geschmackserkennung. Sie ist sowohl an der Artikulation von Lauten als auch an Kau- und Schluckvorgängen entscheidend beteiligt.

Nahrung werden ebenso wahrgenommen wie deren Temperatur. Für die gustatorische Fähigkeit der Zunge sind jedoch jene Papillen maßgeblich, die Träger von Geschmacksknospen sind.

Bis zu 10 000 dieser Geschmacksknospen verteilen sich vor allem in den Außenbereichen der Zungenoberfläche; weitere befinden sich am Gaumen und im Rachenbereich. Jede Geschmacksknospe enthält neben Stütz- und Stammzellen rund 40 Geschmackszellen. Bei der Nahrungsaufnahme gelangen Geschmacksstoffe auf die Zunge, werden dort im Speichel gelöst und an die Mikrovilli — fadenförmige Fortsätze der Geschmackszellen — gebunden, was einen Impuls in der Sinneszelle auslöst, der wiederum von angeschlossenen Nervenfasern an das Gehirn weitergeleitet wird.

Dass wir über einen derart differenzierten Geschmackssinn verfügen, überrascht angesichts der Tatsache, dass unsere Geschmacksrezeptoren lediglich auf fünf primäre Geschmacksqualitäten ansprechen: sauer, bitter, salzig, süß und umami. Letzteres bezeichnet die Sensibilität gegenüber dem Natriumsalz der Glutaminsäure (Glutatmat) und lässt sich am besten mit herzhaft oder würzig übersetzen. Vergleichbar mit einem Parfum, dessen unverwechselbarer Duft durch die Vermischung mehrerer Duftnoten in unterschiedlicher Konzentration zustande kommt, ist unser jeweiliger Geschmackseindruck das Resultat einer Kombination der fünf Geschmacksqualitäten in verschiedenen Konzentrationen.

Die ganze weite Welt der Aromen mit ihren feinen und feinsten Nuancen lässt uns diese Kombinatorik allerdings nicht ergründen. Spätestens bei einem Schnupfen, der das Riechvermögen vorübergehend ausbremst, wird deutlich: An der Wahrnehmung von Geschmäckern hat auch die Nase ihren Anteil – und zwar den entscheidenden. Wer glaubt, über eine „feine Zunge" zu verfügen, kann sich viel eher einer guten Nase rühmen. Anatomisch möglich wird dies, indem Aromen aus dem Mundraum aufsteigen, das olfaktorische Zentrum im oberen Nasengang erreichen und die dortigen Rezeptorzellen aktivieren.

Und es gibt weitere Bausteine, die uns die ganze Vielfalt an Speisen und Aromen erleben lassen: Tastrezeptoren liefern Informationen über die Konsistenz von Speisen, Schmerzrezeptoren reagieren auf Schärfe, und unser visuelles System erfasst Farbe und Form von Lebensmitteln. Wenn es also heißt, „das Auge isst mit", geht es um weitaus mehr als ästhetische Komponenten des Essens. Wer je den Versuch unternommen hat, mit verbundenen Augen Lebensmittel beziehungsweise Aromen herauszuschmecken, weiß um die Bedeutung des Auges als Instrument zur Differenzierung von Geschmäckern.

DAS OHR

Das Ohr leistet als Hörorgan unschätzbare Dienste in der akustischen Erfassung der Außenwelt und in der Entwicklung des Assoziationsvermögens. Es ist darüber hinaus der Sitz des Gleichgewichtsorgans, das uns befähigt, im Ruhezustand ebenso wie bei Bewegungen eine ausbalancierte Körperhaltung einzunehmen und uns im Raum zu orientieren. Das Ohr selbst besteht aus drei Abschnitten:

Außenohr: Die aus elastischem Knorpel geformte Ohrmuschel mitsamt einem fettreichen Ohrläppchen, der 30 bis 40 Millimeter lange, S-förmige äußere Gehörgang und das Trommelfell bilden gemeinsam das äußere Ohr. Die Haut des Gehörgangs weist zahlreiche feine Härchen auf, die ebenso dem Schutz des Trommelfells vor Fremdkörpern dienen wie die in der Haut eingelagerten Zeruminaldrüsen. Sie produzieren mit dem Zerumen – besser bekannt als Ohrenschmalz – ein Sekret, das Insekten vertreibt, Fremdstoffe bindet und nach außen transportiert und zudem die Vermehrung von Mikroorganismen hemmt.

KLEBRIG ODER TROCKEN – OHRENSCHMALZ

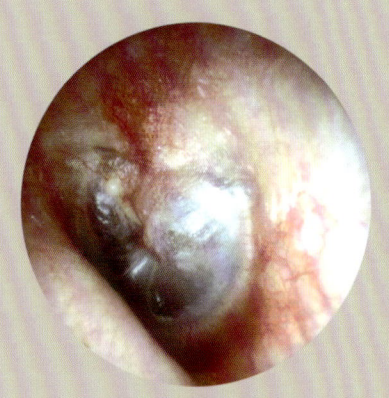

Von gelbbrauner Farbe, klebrig und bitter – das sind die allgemeingültigen Merkmale, die wir mit Ohrenschmalz in Verbindung bringen. Asiaten reagieren auf diese Assoziationen mit Verwunderung. Wo Europäern ein klebriges Sekret am Ohr haftet, rieselt bei den meisten Menschen des asiatischen Raums und den Ureinwohnern Nordamerikas ein weißer Staub aus den Ohren. Für den Unterschied sorgt ein Gen, das auf dem Chromosom 16 liegt. Warum sich zwei Varianten so erfolgreich durchsetzen konnten, ist allerdings bis heute unklar, denn es ist erwiesen, dass die trockene ebenso wie die klebrig-feuchte Variante denselben Zweck erfüllen: Sie schützen das Trommelfell vor Fremdkörpern und beugen Infektionen vor.

Blick ins Ohr, auf das Trommelfell.

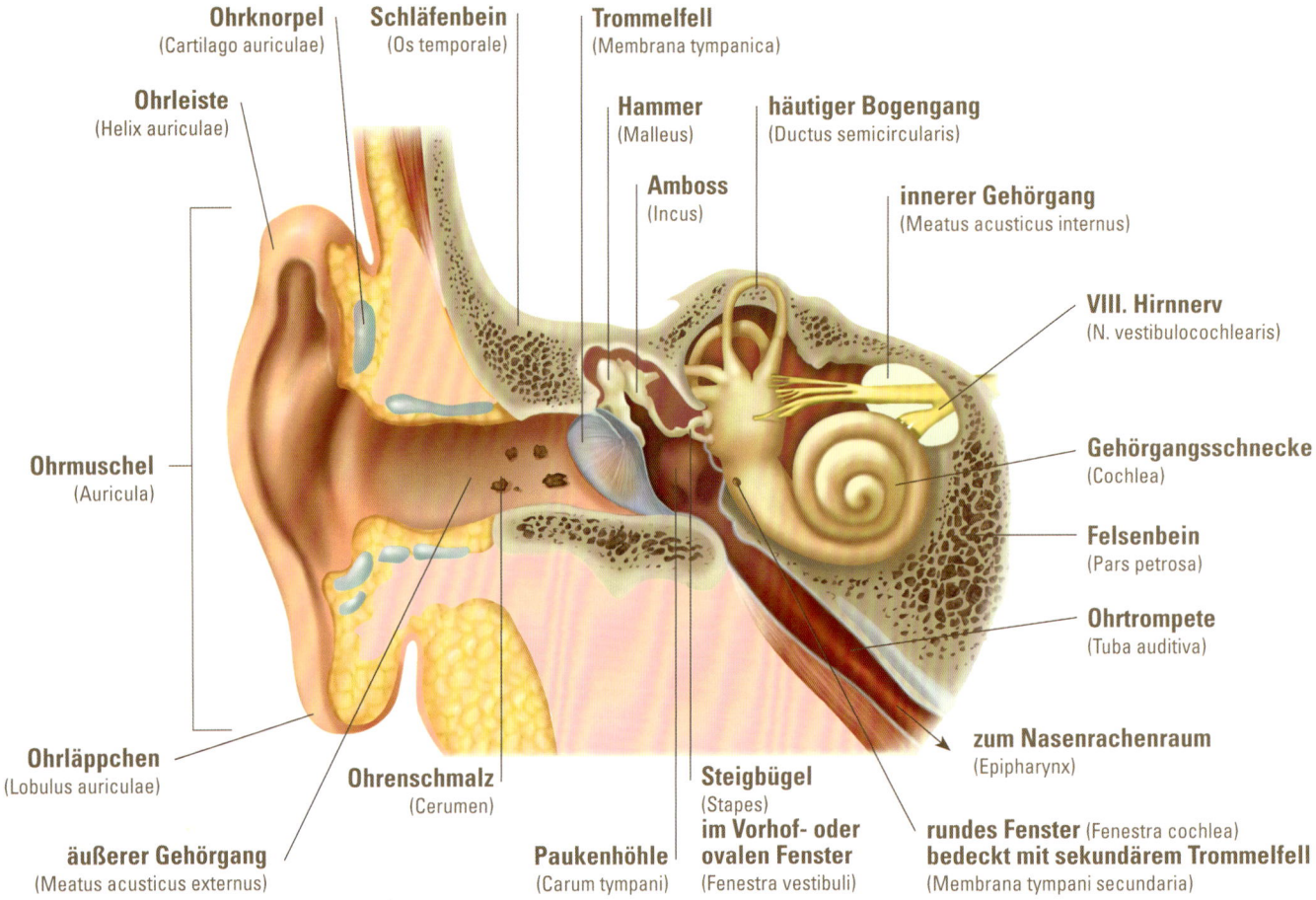

Ohrknorpel
(Cartilago auriculae)

Schläfenbein
(Os temporale)

Trommelfell
(Membrana tympanica)

Ohrleiste
(Helix auriculae)

Hammer
(Malleus)

häutiger Bogengang
(Ductus semicircularis)

Amboss
(Incus)

innerer Gehörgang
(Meatus acusticus internus)

VIII. Hirnnerv
(N. vestibulocochlearis)

Ohrmuschel
(Auricula)

Gehörgangsschnecke
(Cochlea)

Felsenbein
(Pars petrosa)

Ohrtrompete
(Tuba auditiva)

zum Nasenrachenraum
(Epipharynx)

Ohrläppchen
(Lobulus auriculae)

Ohrenschmalz
(Cerumen)

Steigbügel
(Stapes)
**im Vorhof- oder
ovalen Fenster**
(Fenestra vestibuli)

rundes Fenster (Fenestra cochlea)
bedeckt mit sekundärem Trommelfell
(Membrana tympani secundaria)

äußerer Gehörgang
(Meatus acusticus externus)

Paukenhöhle
(Carum tympani)

Mittelohr: Das Mittelohr stellt sich im Wesentlichen als luftgefülltes Hohlraumsystem dar, bestehend aus der sogenannten Paukenhöhle und der Ohrtrompete, die eine Verbindung zum Nasen-Rachen-Raum herstellt. Drei winzige Knochen – Hammer, Amboss und Steigbügel – liegen im oberen Bereich der Paukenhöhle. Sie übernehmen eine Brückenfunktion, indem sie Schallwellen vom Trommelfell zum Innenohr übertragen. Damit das Trommelfell optimal schwingen kann, ist es wichtig, dass auf beiden Seiten des Trommelfells – also in der Atmosphäre und dem Mittelohr – ähnliche Druckverhältnisse herrschen. Andernfalls kommt es zu schmerzhaften Verformungen des Trommelfells, ein Zustand, den jeder vom Fliegen her kennt. Indem bei jedem Schluckvorgang die Gaumenmuskulator dafür sorgt, dass sich ein Spalt zwischen Ohrtrompete und Mittelohr öffnet, kann dieser wichtige Druckausgleich erfolgen.

Dieser Spalt birgt jedoch auch eine Quelle für Erkrankungen: Bakterien und Viren können über den Rachenraum in das Mittelohr gelangen und dort für schmerzhafte Entzündung sorgen, von der besonders häufig Kinder betroffen sind. Im Fall einer nicht behandelten Mittelohrentzündung kann sich so viel Eiter in der Paukenhöhle sammeln, dass das Trommelfell reißt und die Gehörknöchelchen mit Narbengewebe überzogen werden. Bei chronischer Erkrankung dieser Art besteht die Gefahr der Schwerhörigkeit oder gar Taubheit.

Innenohr: Im Querschnitt betrachtet fällt das Innenohr durch seine eigenwillige Architektur auf. Da ist zum einen die spiralförmige, an ein Schneckenhaus erinnernde *Cochlea* (Schnecke), die mit dem Corti-Organ das eigentliche Hörorgan beherbergt. Dieses ist mit zahlreichen Sinneszellen, Haarzellen genannt, bestückt. Zum anderen gibt es den Vorhof, an den sich drei gewundene Bogengänge anschließen, die wiederum für unseren Gleichgewichtssinn verantwortlich sind. Zusammen bilden sie ein komplexes Gangsystem, das in das Felsenbein – einen besonders festen Schädelknochen – eingelassen ist.

DER VORGANG DES HÖRENS

Wie bei allen Sinneswahrnehmungen des Körpers ist auch das Hören ein hochkomplexer Vorgang, der auf dem Zusammenspiel mechanischer, chemischer und elektrischer Prozesse basiert. Vereinfacht ausgedrückt gelangen Töne in Form von Schallwellen über den äußeren Gehörgang an das Trommelfell, das daraufhin in Vibration gerät. Die Gehörknöchelchen des Mittelohrs übertragen diese Schwingungen an das mit Flüssigkeit gefüllte Innenohr, wodurch eine Druckwelle entsteht, auf die die Haarzellen des Corti-Organs mit einem Aktionspotential reagieren, das von den Fasern des Hörnervs zum Gehirn geleitet wird. Die Wahrnehmung von Tonfrequenzen wird deshalb möglich, weil die Druck- oder Wanderwellen der Flüssigkeit an unterschiedlichen Stellen des Schneckengangs ihr Schwingungsmaximum erreichen und dort die Aktivierung der Sinneszellen in Gang setzen. Bei hohen Tönen liegt dieser Bereich eher am Anfang der Hörschnecke, bei tiefen Tönen an deren Spitze. Im Gehirn können die Signale der Haarzellen dahingehend interpretiert werden, dass ihre Lage zugleich Aufschluss über die Frequenz beziehungsweise Tonhöhe gibt.

Das sogenannte Bechertelefon funktioniert nach einem vergleichbaren Prinzip: Durch das Sprechen in den einen Becher wird die Luft zum Schwingen gebracht, die wiederum den Becherboden vibrieren lässt. Der schwingende Becherboden überträgt die Schwingungen über eine straff gespannte Kordel zum zweiten Becher, wo der Boden ebenfalls in Schwingungen versetzt wird, die dann im Trommelfell des Hörers wieder in Wörter umgesetzt werden.

33 *Homo erectus*

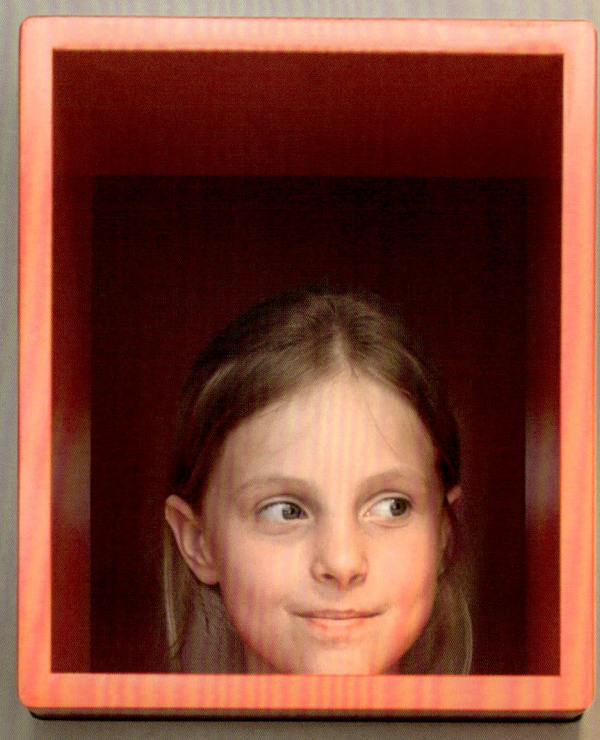

Homo heidelbergensis

DNS – BAUPLAN DES LEBENS

„Today, we are learning the language in which God created life." – „Heute lernen wir die Sprache, in der Gott das Leben erschaffen hat", verkündete der damalige US-Präsident Bill Clinton am 26. Juni 2000 im Weißen Haus voller Stolz und Pathos, als nach jahrelangem Forschen zum ersten Mal ein Großteil eines menschlichen Genoms entschlüsselt war. Seitdem bemüht man den Vergleich von der Sprache des Lebens oder vom Buch des Lebens gern, wenn man von der DNS, der Desoxyribonukleinsäure, international auch DNA (englisch für desoxyribonucleic acid), spricht. Ein Buch, geschrieben aus nur vier Buchstaben: A, T, C und G.

Doch es geht bei der DNS nicht um Buchstaben, sondern um die Nukleinbasen Adenin, Thymin, Cytosin und Guanin, die sich zu Paaren zusammenschließen und mithilfe von Phosphat und dem Zucker Desoxyribose zu einem langen Doppelstrang verknüpfen, der in sich gedreht unsere Erbinformation, unsere Gene, trägt. Und es geht nicht um Bücher, Geschichten und Dichtung, sondern um Lebewesen, ihren Körper und ihre Fähigkeiten – was natürlich in sich durchaus etwas Poetisches hat.

DNS UND GENE

„Ich glaube, nur wenige Entdeckungen waren von so perfekter Schönheit." Pathos scheint dazuzugehören, sobald man über die DNS spricht. James Watson aber hatte wohl allen Grund, seine Entdeckung und die seines Partners Francis Crick zum Aufbau der DNS-Doppelhelix im Jahr 1953 überschwänglich zu feiern, brachte sie den beiden Forschern – zusammen mit Maurice Wilkins – 1962 doch den Nobelpreis für Medizin ein.

Zuvor hatte Rosalind Franklin, führende Röntgenkristallografin in Wilkins' Labor am King's College in Oxford, Röntgenbeugungsdiagramme der DNS gemacht, die die beiden Forscher – ohne Wissen und Einverständnis Franklins – auswerteten und ein erstes DNS-Modell aus Draht und Blech bauten. Ein Modell, das die bereits im Jahr 1896 von Albrecht Kossel identifizierten vier Basen, die 1919 von Phoebus Levene entdeckten weiteren DNS-Bestandteile Zucker und Phosphat und die Erkenntnisse zur Paarbildung der Basen von Erwin Chargaff (1944) mit den Bildern Franklins kombinierte. Die Forschungsgeschichte zu DNS und Genen ist also lang, reicht weit ins 19. Jahrhundert zurück und ist – trotz aller Erkenntnisse und Entschlüsselungen – noch lange nicht abgeschlossen.

Doch was sind DNS und Gene, die wir in der Alltagssprache fast immer synonym verwenden, eigentlich? Zunächst einmal: Sie sind nicht ein und dasselbe!

Die liebe Verwandtschaft – Familienbild mit Frühmenschen. Da die Evolution nicht abgeschlossen, sondern vielmehr nach wie vor in vollem Gange ist, wäre es sicher spannend zu sehen, wer sich in den nächsten Jahrtausenden noch zu uns hinzugesellt.

103

DNS UND CHROMOSOMEN

Die DNS ist eine chemische Substanz, bestehend aus den vier genannten Nukleinbasen, Phosphat und Zucker. Jeweils eine Base, ein Phosphatrest und ein Monosaccharid (Zucker) verbinden sich zu einem Nukleotid. Diese einzelnen Nukleotide vereinen sich nun wiederum, indem sich die Basen Adenin und Thymin einerseits und Guanin und Cytosin andererseits über Wasserstoffbrücken zu einander gegenüberliegenden Paaren aneinanderlagern. Es handelt sich also um komplementäre Basen, die alle anderen Verbindungen, etwa die von Adenin und Guanin, ausschließen.

Stabilität erhält das Ganze durch Phosphat und Zucker, die sich fest verbinden und so das sogenannte Phosphatrückgrad bilden. Indem sich ein solches Nukleotidpaar eins ans nächste reiht, ergibt sich ein bis zu mehrere Zentimeter langer Doppelstrang, der zwar eigentlich aus zwei DNS-Einzelmolekülen gebildet wird, aber häufig zum DNS-Molekül zusammengefasst wird. Mit dem bloßen Auge nicht sichtbar, gleicht das Molekül rein äußerlich einer Strickleiter, auf der die Basenpaare die Sprossen, Zucker und Phosphat die beiden stabilisierenden Holme bilden und die sich wie eine Schraube um eine Achse windet, sodass sie als eine Doppelhelix erscheint.

Weil ein DNS-Strang mehrere Zentimeter lang sein kann, sich unser Erbgut auf mehrere DNS-Stränge verteilt und in beinahe jeder Zelle unseres Körpers im Zellkern die gesamte DNS vorhanden ist, ergibt sich daraus ein Größenproblem: Wie passt all die DNS in die winzigen Zellkerne?

Das geschieht, indem sich mehrere Proteine, unter anderem Histone, an jeden Doppelstrang anlagern und die DNS auf den Histonen aufgespult wird wie auf Garnrollen (das sogenannte Chromatin). Der daraus entstehende stark verkürzte, verdickte und verzwirbelte Faden wird Chromatid genannt und ist nur noch 0,2 bis 20 Nanometer (milliardstel Meter) lang. Aus ihm bilden sich die 46 Chromosomen jedes menschlichen Zellkerns: Jedes Chromatid liegt im Zellkern in doppelter Ausführung vor und bildet mit seinem identischen Schwesterchromatid ein Chromosom, das je nach Zellvorgang in einer stark verdrillten, x-förmigen durch das Zentromer zusammengehaltenen Strutur vorkommt, die auch unter dem Mikroskop erkennbar ist, oder als relativ lockeres entspiralisiertes Chromatid. Kommt es zur Zellteilung und damit auch Zellkernteilung (Mitose), werden die doppelten Chromatiden voneinander getrennt, sodass auch die neu entstehende Zelle die komplette Erbinformation erhält. Ist die Teilung abgeschlossen, so verdoppelt sich jedes einzelne Chromatid erneut – bis zur nächsten Zellteilung.

Von den 46 Chromosomen des menschlichen Erbguts stammen übrigens je 23 von der Mutter und 23 vom Vater. In ihrer verdrillten Form erscheinen sie x-förmig. Ausnahme: Beim Mann erscheint das zweite 23. Chromosom, das geschlechtsbestimmende Chromosom, wie ein Y, weshalb bei Frauen die Geschlechtschromosomen mit XX, die des Mannes mit XY bezeichnet werden.

Vereinfachtes Modell eines DNS-Strangs.

Rechts unten: Illustration eines Chromosoms.

DIE ZELLE

Der menschliche Körper besteht aus 50 bis 100 Billionen einzelnen Zellen, das sind die kleinsten selbstständig lebens- und vermehrungsfähigen Einheiten des Körpers. Davon sterben pro Sekunde etwa 50 Millionen ab und werden zum Großteil durch neue ersetzt. Mit Ausnahme weniger Zelltypen wie den Erythrozyten und Thrombozythen des Bluts enthält jede unserer Zellen – also Leber- ebenso wie Muskel- oder Haut- und Haarwurzelzellen – in ihrem Zellkern, dem *Nukleus*, auf den Chromosomen die gesamte Erbinformation des Menschen. Dem Zellkern obliegt die Leitung aller Funktionen der Zelle. Meist kugelrund, befindet er sich im Zentrum der Zelle, die von der Zellmembran umgeben ist und von Zytoplasma, einer zähflüssigen Lösung, und dem Zytoskelett, fädigen Stütz- und Transportproteinen, ausgefüllt wird. In diesem Zytoplasma schwimmen außer dem Nukleus auch die anderen, teils von einer eigenen Membran umgebenen Zellorganellen. Zu diesen gehören die Mitochondrien, unabhängige kapselförmige Gebilde, die über eine eigene DNS verfügen und für die Wärmeerzeugung und Energiegewinnung zuständig sind. Die kleinen kugeligen Ribosomen produzieren Proteine: Schwimmen die Ribosomen frei im Zytoplasma, so stellen sie zelleigene Proteine her, sind sie an das raue endoplasmatische Retikulum gebunden, so sind die synthetisierten Proteine zum Export in andere Zellen bestimmt und werden durch dessen Röhrensystem abtransportiert. Das glatte endoplasmatische Retikulum synthetisiert dagegen je nach Zelle Hormone oder Fette. Die Proteine aus dem endoplasmatischen Retikulum werden im Golgi-Apparat nicht nur auf ihre Qualität hin geprüft (und im Zweifel ausgesondert), die aus scheibenförmigen Membranstapeln bestehende Organelle modifiziert und verpackt die Proteine und sorgt für den Transport an ihren Bestimmungsort. Daneben finden sich in der Zelle noch einige weitere Funktionseinheiten wie die Zentriolen, die bei der Zellteilung eine Rolle spielen, die Lysosomen, die mittels Enzymen für die Verdauung von Abfallprodukten zuständig sind sowie verschiedene Stützfasern, sogenannte Fibrillen, mit unterschiedlichen Funktionen.

Die Zelle gleicht einer Fabrik: Arbeitsteilig wird produziert, transportiert, Abfallstoffe entsorgt. Von außen werden Rohstoffe angenommen, Exportgüter abtransportiert, über Botenstoffe findet Kommunikation mit anderen Zellen wie mit den großen Körpersystemen statt. In Form und Größe – die größte Zelle ist mit 0,12 Millimetern Größe die weibliche Eizelle – unterscheiden sich unsere Körperzellen ebenso wie in ihren intrazellulären Fähigkeiten bzw. deren Ausprägung. Stoffwechsel, Proteinbiosynthese, die Kommunikation untereinander sowie der Stofftransport innerhalb des Körpers sind nur einige ihrer Möglichkeiten, die je nach Funktion der Zelle unterschiedlich stark ausgebildet sind.

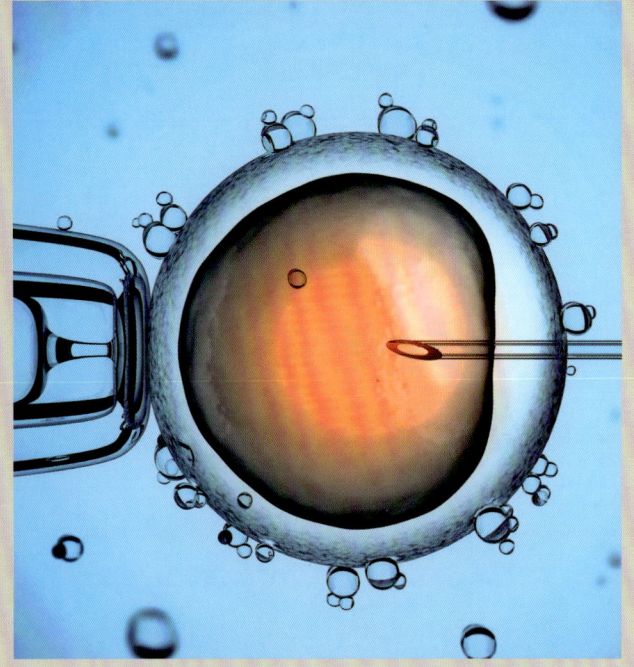

Digitale Simulation der künstlichen Befruchtung einer Eizelle.

James Watson (*1928) entdeckte
zusammen mit Francis Crick die
Molekularstruktur der DNS,
wofür sie zusammen mit Maurice
Wilkins 1962 den Nobelpreis
für Medizin erhielten.

Rechts: Chromosomen.

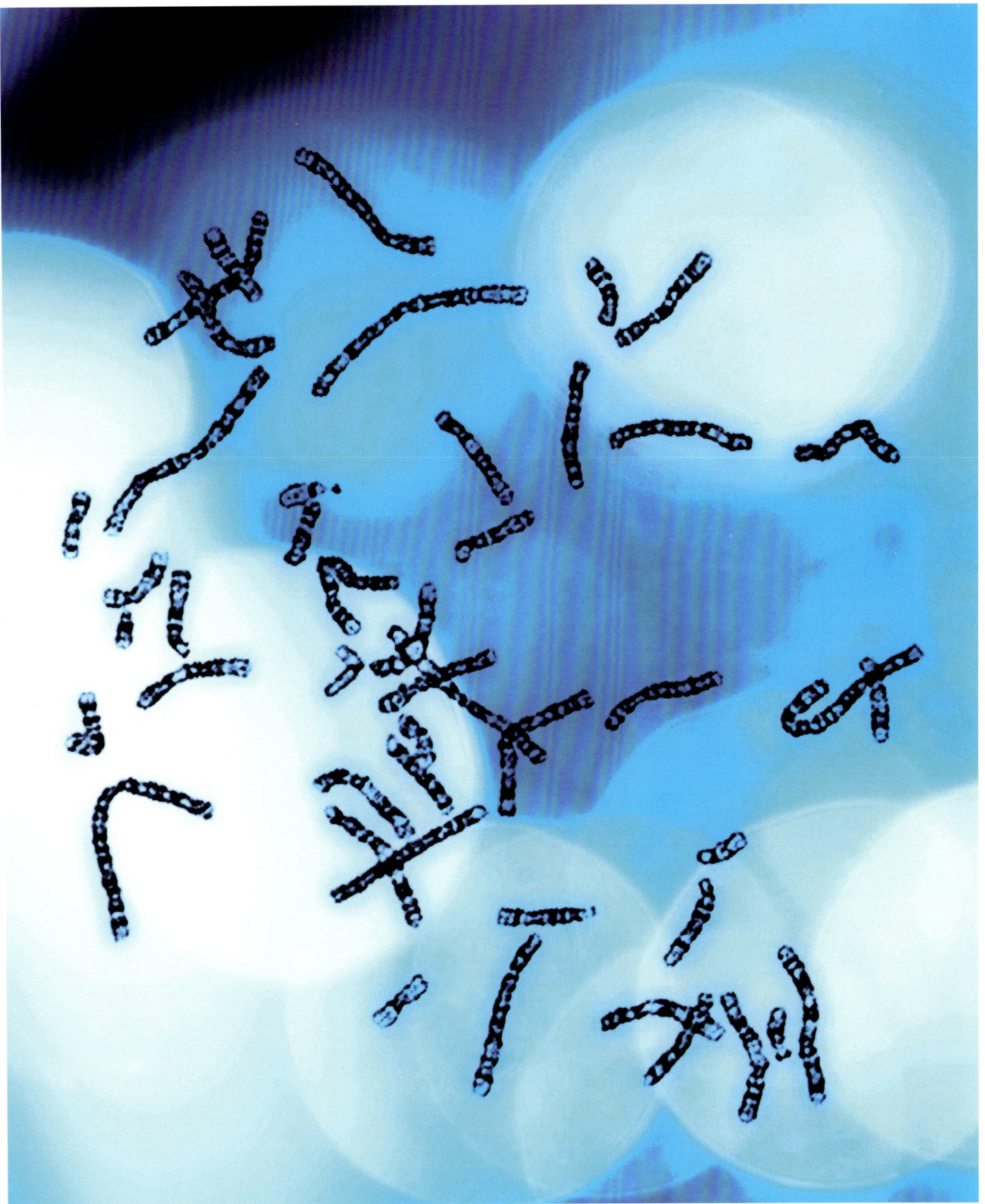

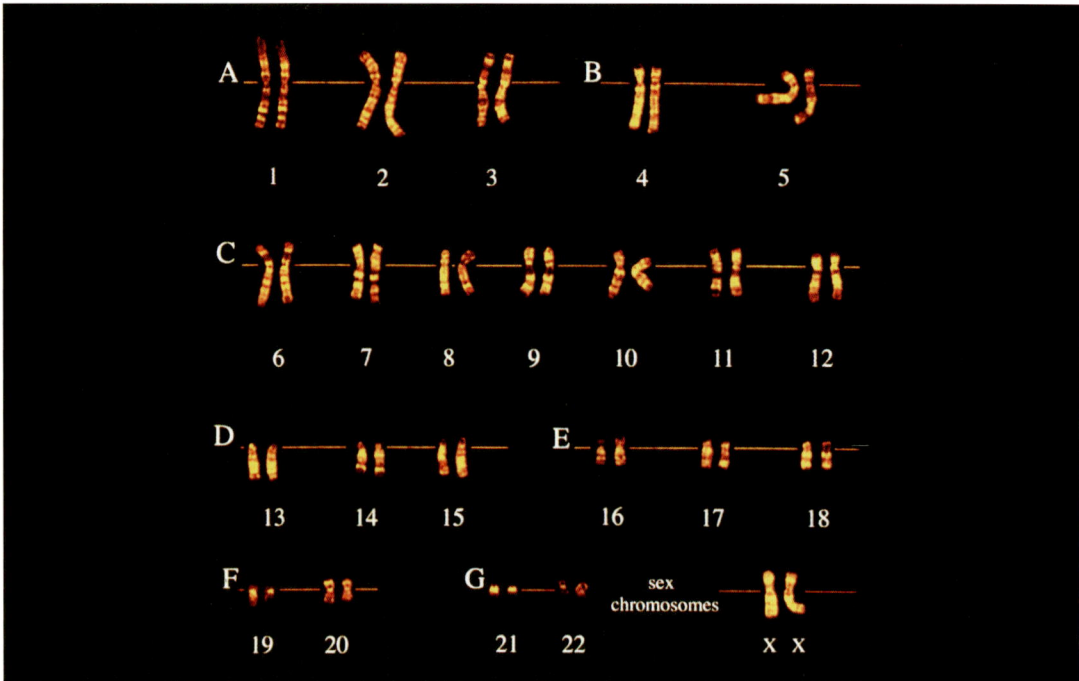

Das Karyogramm einer Frau.
Die Chromosomen sind von 1 bis 23
durchnummeriert, das letzte gibt hier
Auskunft über das Geschlecht.

DNS, GENE UND DIE CODIERUNG

Die DNS ist zunächst also einmal eine chemische Substanz, bestehend aus einem bzw. korrekter zwei Einzelmolekü-len, die in ihrer Gesamtlänge pro Zelle, also alle Doppelstränge der Zelle aneinandergereiht, etwa 2 Meter lang sind. Das ist eine Basenpaarmenge von rund 3,3 Milliarden pro Zelle.

Doch die DNS ist mehr als eine Kette von Basen, Zuckern und Phosphat: In der spezifischen Anordnung der Basenpaare hintereinander birgt sie Informationen zum Aufbau, zur Funktion und gegebenenfalls zu Krankheiten unseres Körpers, zur Entwicklung unseres individuellen, persönlichen Seins, aber auch Informationen über Genera-tionen von Ahnen, ja unserer ganzen Art.

Die Informationen unseres gesamten Erbguts tragen die Gene. Das sind längere Abschnitte von DNS, die den Bauplan zur Herstellung bestimmter Proteine oder proteinähnlicher Stoffe liefern und durch deren Herstellung wiederum andere Körperaktivitäten in Gang gesetzt oder aufrechterhalten werden. Die Gene sind unterschiedlich lang, verfügen aber im Durchschnitt über 3000 Basenpaare; das längste Gen ist das sogenannte Dystrophin-Gen, das Dystrophin synthetisiert, ein Protein, das in der Muskelfasermembran vorkommt. Es umfasst 2,4 Millionen Basen-paare.

Wird ein bestimmtes Protein im Körper benötigt, so muss zunächst eine Kopie des Gens, das seine Bauanlei-tung enthält, hergestellt werden. Die doppelsträngige Original-DNS kann den Zellkern nicht verlassen und sollte es auch nicht, schließlich wird sie immer wieder benötigt. Andererseits werden Proteine nicht im Zellkern, sondern in den Ribosomen der Zelle synthetisiert. Mithilfe eines Enzyms, der RNA-Polymerase, wird daher der Doppelstrang an dem bestimmten Gen wie ein Reißverschluss zwischen den Basenpaaren geöffnet und von einem Strang eine Kopie angefertigt. Wo die RNA-Polymerase ansetzen muss (und wo sie später enden soll), koordiniert eine bestimmte Basenabfolge auf der DNS, der sogenannte Promotor. Dann erstellt das Enzym im Verlauf der sogenannten Transkrip-tion eine DNS-Kopie des Gens, indem es einem der getrennten DNS-Stränge die komplementären Basen zuordnet

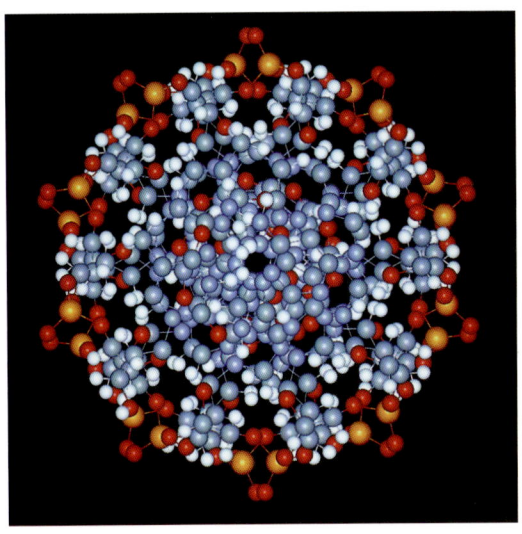

Modell der Molekülstruktur der DNS.

und mittels Zucker und Phosphat zu einer einsträngigen Kette verknüpft. Einziger Unterschied zum DNS-Strang: Statt des Thymins wird dem Adenin nun als komplementäre Base Uracil, ebenfalls eine Nukleinbase, zugeordnet. Ist die Kopie fertig, trennen Enzyme den Strang von der DNS ab. Diese DNS-Kopie, die nun aus dem Zellkern durch eine Zellkernpore in die Zelle wandert, nennt sich mRNA, Messenger-Ribonukleinsäure, oder auch Boten-RNA.

Die gespiegelte Kopie des Gens dient nun den Ribosomen als Matrize zur Synthese des Proteins. Die Boten-RNA schiebt sich in das Ribosom ein und wird dort Schritt für Schritt abgelesen: Je drei Basen der mRNA, das sogenannte Codon oder Basentriplett, codieren dabei eine Aminosäure, aus welchen die Makromoleküle von Proteinen aufgebaut sind. Die Reihenfolge dieser Aminosäuren, die Aminosäuresequenz, in der ein Protein aufgebaut ist, wird also von der Abfolge der Basen bzw. der Basentripletts bestimmt. Während das Ribosom diesen genetischen Code liest, sammelt es gleichzeitig die Aminosäuren, koppelt sie an die vorherige bzw. nächste an und produziert auf diese Weise das Protein. Dieser Prozess nennt sich Translation. Im Übrigen kann ein Gen durchaus für die Synthetisierung mehrerer verschiedener Proteine zuständig sein – das hängt von der Gewebeart ab, von der Zelle, in der das Gen liegt und das Protein hergestellt wird. Ein gleiches Gen würde also beispielsweise in einer Nierenzelle ein anderes Protein synthetisieren als in einer Hautzelle.

Mithilfe der anderen Zellorganellen kann nun das Protein seinem Bestimmungsort und seiner Aufgabe zugeführt werden.

VERMEINTLICHER DNS-SCHROTT

Bis vor wenigen Jahren nahm man an, dass allein die Gene die Informationen tragen, die die Funktionen unseres Körpers, sein Aussehen, unsere Persönlichkeit regulieren.

Bei der Komplexität unseres Körpers vermutete man daher, der Mensch müsse über mindestens 140 000 Gene verfügen. Doch seit im Jahr 2003 das erste menschliche Genom, also die Gesamtheit des Erbguts eines Menschen, vollständig sequenziert, also entschlüsselt wurde – die Vollendung des von Clinton bereits drei Jahre zuvor gefeierten Entschlüsselungsprojekts, das damals 3 Milliarden Euro kostete –, stellte sich heraus, dass der Mensch wie ein Fadenwurm über nur etwa 23 000 Gene verfügt, also deutlich weniger als zum Beispiel ein Gemeiner Wasserfloh, der 31 000 Gene besitzt, oder die Banane mit 36 500 Genen. Alle DNS-Abschnitte zwischen diesen Genen galten zudem als Schrott: 53 Prozent der Basenabfolge seien völlig sinnlos, 45 Prozent wären Wiederholungen, blieben also 2 Prozent der DNS, die Gene und demnach Informationen enthalten, folgerten die Forscher. Eine ungewöhnliche und völlig unübliche Verschwendung der Natur, mutmaßte man, und war auch ein wenig enttäuscht darüber, dass der Mensch hinsichtlich der Fülle der Gene wieder einmal nicht als einzigartig anzusehen ist.

Doch die Natur ist selten ein solcher Verschwender und das konnten mehrere Forschungsprojekte unlängst beweisen.

Ein Teil des vermeintlichen Schrotts sind sogenannte springende Gene, in der Fachsprache Transposonen. Ihre Existenz wurde bereits im Jahr 1948 von der Botanikerin und Genetikerin Barbara McClintock beim Mais entdeckt – wofür die Amerikanerin im Jahr 1983 mit dem Nobelpreis für Medizin ausgezeichnet wurde –, sie sind mittlerweile aber auch für den Menschen nachgewiesen. Bei diesen springenden Genen handelt es sich um mobile DNS-Stücke, die keine Proteine codieren, sondern stattdessen in der Lage sind, sich an beliebigen Stellen autonom ins Erbgut einzufügen und dadurch die Zellprozesse zu verändern. Sie zeichnen – neben Umweltbedingungen – beispielsweise dafür verantwortlich, dass sich eineiige Zwillinge voneinander unterscheiden – oft sogar von Geburt an. Die springenden Gene verändern aber auch unsere kognitiven Fähigkeiten und befähigen unser Gehirn dazu, rascher auf sich verändernde Umweltbedingungen zu reagieren. Umgekehrt tragen sie vermutlich maßgeblich dazu bei, dass ein Mensch eine genetisch bedingte Krankheiten entwickelt. So konnten Forscher etwa nachweisen, dass in den Neuronen von Schizophreniekranken ein beim Menschen recht häufig vorkommendes Transposon besonders oft den Standort wechselt.

Neben den springenden Genen sind aber auch jene Basen, die keine Gene besetzen, nicht unnütz. Das bewies im Jahr 2012 das ENCODE-Project – ein US-amerikanisches Forschungsprojekt zur Identifizierung aller Funktionseinheiten des menschlichen Genoms und Nachfolgeprojekt des Human Genome Project, das maßgeblich an der Entschlüsselung des Genoms beteiligt war: Es stellte sich heraus, dass die gesamte DNS, die nicht Teil eines Gens ist, die Verwaltung unseres Erbgut übernimmt, indem sie bestimmt, ob Gene aktiv oder inaktiv sind.

Alles anderes als Schrott: Springende Gene konnten erstmals in Mais nachgewiesen werden und gelten nun auch beim Menschen als gesichert.

EPIGENETIK – ES KOMMT NICHT NUR AUF DIE GENE AN

Dass es unserer Gesundheit schadet, wenn wir rauchen, zu wenig Sport treiben, zu viel Zucker, Fett, Alkohol zu uns nehmen, ist den meisten Menschen bewusst. Dass es auch unseren Nachkommen schaden kann – nicht, weil wir sie zu einem falschen Essverhalten anhalten, sondern weil es in unseren Genen festgeschrieben wird –, war lange unbekannt. Auch dass persönliche Erfahrungen von Eltern und sogar Großeltern an ihre Kinder und Kindeskinder weitergegeben werden, war bislang jenseits all unserer Vorstellungskraft. Wir wussten, dass beispielsweise die Kinder und Enkel von traumatisierten Überlebenden von Konzentrationslagern ebenfalls unter den Erlebnissen ihrer Eltern und Großeltern litten. Allerdings nahmen Forscher an, dies sei auf Verhaltensweisen der Eltern und Großeltern, also auf die Erziehung und auf die Lebensbedingungen innerhalb der Familie, beispielsweise auf die Erzählungen oder das Verschweigen der Erlebnisse, zurückzuführen. Niemand vermutete noch vor wenigen Jahrzehnten, dass das Trauma an die Kinder und Kindeskinder vererbt worden sein könnte.

„Wir sind Überlebensmaschinen – Roboter, blind programmiert
zur Erhaltung der selbstsüchtigen Moleküle, die Gene genannt werden."

*Richard Dawkins (*1941)*

Bis vor wenigen Jahren glaubten wir, der Mensch würde bei seiner Geburt – abgesehen von Mutationen, ausgelöst durch Gifte oder Strahlung – völlig unbeeinflusst von seiner Umwelt geboren und weder positive noch negative Erfahrungen und Taten seiner Ahnen hätten einen Einfluss auf seinen Körper, Geist oder seine Persönlichkeit. Wir nahmen an, bestimmte Eigenschaften seien entweder genetisch angeboren oder durch Erfahrung erworben, ein Einfluss der Umwelt auf die Gene unserer Ahnen und damit auf uns selber erschien völlig undenkbar. Inzwischen ist offensichtlich, dass es umweltbedingte Modifikationen im Erbgut gibt, die vererbbar sind – und zwar häufig über viele Generationen hinweg –, die aber nicht die DNS-Sequenz selbst verändern. Es geht uns nicht mehr allein darum, ob Eigenschaften, Fähigkeiten etc. angeboren oder anerzogen sind, sondern um tiefgreifende Wechselwirkungen zwischen dem Erbgut eines Menschen, seiner Umwelt und seiner Lebensweise sowie seinem Verhalten. Und das nicht nur in Bezug auf ihn selbst, sondern auch auf seine Vor- und seine Nachfahren. Die Wissenschaft dieser Modifikationen nennt sich Epigenetik: Die griechische Vorsilbe *epi* bedeutet zusätzlich. Eine Wissenschaft, die noch beinahe in den Kinderschuhen steckt, zunehmend aber Beachtung und Würdigung erfährt.

Was aber geschieht, wenn Umwelteinflüsse oder Erfahrungen auf die Gene Einfluss nehmen? Wichtig: Sie verändern nicht den genetischen Code selbst, nehmen keinerlei Einfluss auf die Abfolge der Basen. Aber die Umwelteinflüsse oder Erfahrungen bewirken die Aktivität bzw. Inaktivität bestimmter Gene und ob deren spezifische Proteine synthetisiert werden oder nicht. Das kann auf verschiedenem Weg geschehen; eine der wichtigsten ist die DNS-Methylierung. Direkt an die DNS können sich Moleküle anlagern, solche aus der Methylgruppe (CH_3) – und zwar überwiegend am Cytosin. Allerdings nur, wenn diesem in der Sequenz ein Guanin folgt. Im Fall einer C-G-Kurzsequenz auf der DNS können die Moleküle der Methylgruppe andocken, die DNS-Sequenz wird methyliert, und da diese Kurzsequenz im menschlichen Körper mehrere Millionen Mal vorkommt, kann dies häufig geschehen. 70 bis 80 Prozent dieser Kurzsequenzen sind methyliert, so die Forschung. Auf diese Weise können die methylierten Gene an- oder abgeschaltet werden, sie sind aktiv oder inaktiv.

Auch die Histone, auf denen die DNS-Doppelhelices aufgespult sind, können in epigenetische Veränderungen einbezogen werden. Diese Histone verfügen über ein Anhängsel, einen „Schwanz", bestehend aus 30 bis 36 Aminosäuren. Indem verschiedene Moleküle an einzelne dieser Aminosäuren andocken, kann eine bestimmt Reaktion hervorgerufen werden. Wenn zum Beispiel die Anbindungsstelle an der Aminosäure Lysin besetzt wird, lockert sich die Chromatinstruktur, woraufhin die RNA-Polymerase sich an die DNS anlagert und die Information ablesen kann. Andere Molekülablagerungen bewirken, dass Gene ein- und ausgeschaltet werden.

Noch besteht in vielerlei Hinsicht Uneinigkeit unter den Wissenschaftlern, welche Umwelteinflüsse einen epigenetischen Einfluss ausüben und wie dies im Einzelnen geschieht. Gesichert ist mittlerweile, dass die Ernährung eine wesentliche Rolle spielt. Bewiesen ist auch, dass nicht alle epigenetischen Veränderungen durch die Umwelt ausgelöst werden, die Epigene vielmehr auch zu den allgemeinen Steuerungs- und Regulationsmodifikationen unserer eigenen Zellen gehören. Sie werden daher gerne mit einem Bild aus unserem Alltag beschrieben: Die Epigene sind die Software unseres Computers, während die Gene selbst der Hardware vergleichbar sind.

*Nachfolgende Doppelseite:
Die Gene tragen die gesamten
Informationen unseres Erbguts.
Äußere Merkmale und bestimmte
Wesenszüge und Eigenarten
werden von den Eltern an die
Kinder vererbt. Dass auch
persönliche Erfahrungen über
Generationen hinweg weiter-
gegeben werden können, galt
dagegen lange als undenkbar.*

111

HORMONSYSTEM

Damit die einzelnen Organe, der Bewegungsapparat und die verschiedenen Systeme unseres Körpers im Einklang miteinander funktionieren, bedarf es der hinreichenden Steuerung und Regulation zwischen ihnen. Einen Teil dieser Aufgabe übernimmt unser Nervensystem, das Reize – sowohl der Umwelt als auch des eigenen Körpers – wahrnimmt und auf sie reagiert. Es übermittelt Informationen in kürzester Zeit und steuert damit alle jene Prozesse und Funktionen im Körper, die schnell erfolgen müssen.

Anders das Hormonsystem: Es ist das zweite große System, das die Funktionen und Prozesse des Körpers leitet, und zwar mittels chemischer Botenstoffe, den Hormonen. Diese Steuerung dauert wesentlich länger als jene des Nervensystems, manche Hormone wirken innerhalb von wenigen Sekunden, andere bedingen Reaktionen, die Stunden, manchmal Monate später abgeschlossen sind. Darüber hinaus ist das Hormonsystem ein rein körperinneres System, es korrespondiert selbst nicht mit der Umwelt. Daher müssen Umweltsignale, die einer hormonellen Veränderung bedürfen, vom Nervensystem an das Hormonsystem übertragen werden.

Anders als das Nervensystem, das seine Signale nur in mit Nervenfasern ausgerüstetes Gewebe senden kann, gelangen die Botschaften des Hormonsystems grundsätzlich in alle Zellen des Körpers, sofern diese mit entsprechenden Rezeptoren ausgestattet sind. Auf diese Weise können viele unterschiedliche Gewebearten die Botschaften der Hormone empfangen. Die Korrespondenz der beiden Kommunikationssysteme findet im Gehirn, genauer im *Hypothalamus*, statt. Darüber hinaus sind verschiedene Drüsen und Organe teilweise oder ausschließlich an der Produktion der Hormone beteiligt (siehe auch Seite 118).

HORMONE

Wenn Körper und Gefühle Achterbahn fahren, sind die kleinen Botenstoffe meist mit im Spiel. Hormone sind maßgeblich für unsere Gefühle, unser Verhalten und steuern darüber hinaus unzählige Körperfunktionen. Begehbare Achterbahn-Großskulptur „Tiger and Turtle" auf dem Magic Mountain der Halde Angerpark in Duisburg.

Hormone (von altgriechisch *horman* = antreiben) sind kleine Moleküle, die der Körper selbst herstellt und sie in geringen Mengen als Botenstoffe aussendet, um biologische Prozesse zu steuern. So gering ihre Konzentration im Körper auch sein mag – ihre Wirkung spüren wir allenthalben: Sie lassen uns erkennen, dass wir pubertieren oder verliebt sind, dass wir müde, glücklich oder aggressiv sind. Damit sind Hormone nicht nur für eine Fülle menschlicher Körperfunktionen verantwortlich, sie tragen einen wesentlichen Anteil an unserem Verhalten und unseren Gefühlen.

Hergestellt werden die Hormone in verschiedenen endokrinen Drüsen sowie in spezialisierten Zellen einer Reihe von Organen und Geweben. Von dort aus gelangen sie auf unterschiedliche Weise zu ihren Bestimmungsorten.

115

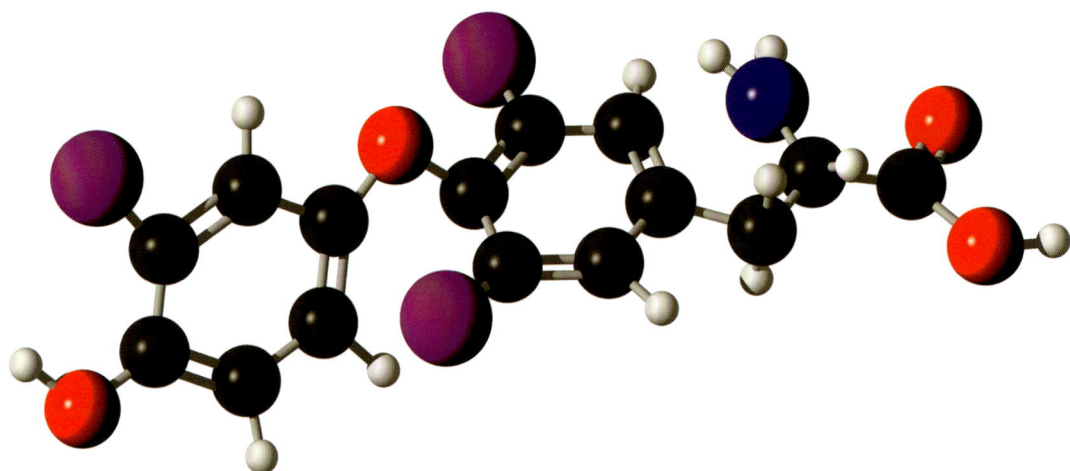

Molekulare Struktur des Schild-drüsenhormons T3, das zusammen mit T4 maßgeblich für die Steigerung des Grundumsatzes des menschlichen Körpers sowie den Abbau von Kohlenhydraten, Fetten und Eiweißen verantwortlich ist.

Wird ein Hormon direkt in den venösen Blutkreislauf eingeschleust, gelangt es über Lunge und Herz in den arteriellen Kreislauf und von dort an die Zielzelle. Dort bindet es an seine entsprechende Rezeptorstelle an der Zellmembran an und übermitteln so seine Botschaft. Jede Rezeptorstelle ist – nach dem Schlüssel-Schloss-Prinzip – spezifisch an ein Hormon angepasst, eine Zelle kann jedoch über mehrere unterschiedliche Rezeptorstellen für unterschiedliche Hormone verfügen. Der Übertragungsweg per Blut ist die übliche Art, vor allem für Hormone der typischen Hormondrüsen. Man spricht hier von endokriner Wirkung. Das Hormonsystem selbst wird übrigens auch als endokrines System (endokrin: nach innen abgebend) bezeichnet.

Werden Hormone direkt im Gewebe produziert, können sie den Blutkreislauf umgehen und mittels Diffusion direkt in die Zellzwischenräume gelangen, wo sie auf die Rezeptoren der Nachbarzellen einwirken. Die Hormone wirken dann parakrin.

Zuletzt verfügt der menschliche Körper über sogenannte autokrine Hormone. Sie wirken auf die Zelle zurück, die sie hergestellt hat. Voraussetzung ist, dass die Zelle Rezeptoren für die selbsthergestellten Hormone besitzt.

HORMONPRODUKTION

Produziert werden die Hormone zum einen in spezialisierten Hormondrüsen, deren einzige Aufgabe die Herstellung und gegebenenfalls Speicherung ihrer speziellen Botenstoffe ist. Zu den wichtigsten gehören die Hypophyse, auch Hirnanhangdrüse genannt, die Schilddrüse und die Nebennieren. Zum anderen sind es eine Reihe von Organen, die zum Teil auf die Herstellung von Hormonen spezialisierte Zellen besitzen, wie etwa das Pankreas, also die Bauchspeicheldrüse, die beispielsweise sowohl Verdauungsenzyme herstellt als auch die Hormone Insulin und Glukagon, oder die weiblichen Eierstöcke, die die Hormone Östrogen und Progesteron produzieren, aber ebenso für die Heranreifung von Eizellen zuständig sind.

Auch der Hypothalamus zählt dazu: Im Zwischenhirn an der Kreuzung des *Chiasma opticum*, der Sehnervkreuzung, gelegen, ist er Teil des Zentralnervensystems und hormonherstellende Drüse. So stellt dieser Hirnabschnitt, der etwa die Größe eines 5-Cent-Stücks hat, einerseits die Schnittstelle zwischen den beiden eng aufeinander abgestimmt arbeitenden Systemen dar, andererseits ist er für eine Reihe von Hormondrüsen und hormonherstellenden Organen oberste Kontrollinstanz. Ihm direkt unterstellt ist die Hypophyse, die etwa kirschkern-große Hirnanhangdrüse, die wie ein Topfen am Hypothalamus hängt, mit ihm eine Funktionseinheit (das sogenannte Hypothalamus-Hypophysen-System) bildet und aus zwei Teilen mit unterschiedlicher Funktion besteht: dem Vorderlappen und dem Hinterlappen.

„Moral ist ständiger Kampf
gegen die Rebellion der Hormone."

Federico Fellini (1920 – 1993)

HYPOTHALAMUS-HYPOPHYSEN-SYSTEM

Als Teil des Zentralnervensystems erhält der Hypothalamus stets Informationen über die innerkörperlichen Vorgänge wie über Umwelteinflüsse. Diese Informationen kann er in hormonelle Botschaften umwandeln, die er zunächst an die Hypophyse übermittelt, bevor diese sie weiterleitet.

Zwei Arten von Hormonen stehen dem Hypothalamus als Kuriere zur Verfügung: die Effektor- und die Steuerungshormone. Zum einen produziert er die beiden Effektorhormone Vasopressin und Oxytozin, zwei Hormone also, die direkt auf ihr Zielorgan bzw. den Stoffwechsel wirken. Sie werden – um die Blut-Hirn-Schranke zu umgehen – über zwei Axone von Nervenzellen an den Hypophysehinterlappen geleitet und dort gespeichert, bis sie an ihrem Zielorgan benötig und dann direkt in den venösen Blutkreislauf abgeleitet werden.

Bei den Steuerhormonen handelt es sich dagegen um sogenannte Releasing- und Inhibiting-Hormone (R- und I-Hormone oder kurz RH und IH). Diese wirken auf die Hypophyse, indem sie in deren Vorderlappen die Produktion und Steuerung bestimmter Hormone erhöhen (RH) oder mit gegenteiligem Effekt ihre Produktion und Freisetzung hemmen (IH). Sie werden über das Pfortadersystem der Hypophyse – ein kleines Kapillargebiet im Hypophysenstiel – in den Vorderlappen der Hypophyse geleitet, die daraufhin je nach Hormon stimulierende oder hemmende Hormone ausschüttet, die nun in den venösen Blutkreislauf abgeleitet werden. Dabei kann es sich wiederum um zwei verschiedene Arten von Hormonen handeln: Zum einen um glandotrope Hormone, die eine dem Hypothalamus-Hypophysen-System untergeordnete Hormondrüse beeinflussen und sie zum Ausschütten eines weiteren Hormons anregen. Ein Beispiel für ein glandotropes Hormon ist das Thyreotropin-Releasing-Hormon (TRH), das die Schilddrüse zur Herstellung und Freisetzung von Thyroxin (T4) und Triiodthyronin (T3) anregt – zwei Hormone, die für den Energiestoffwechsel, das Längenwachstum und die Organentwicklung sowie die Wärmeregulation unseres Körpers von essentieller Bedeutung sind. Durch die glandotropen Hormone entstehen Botenketten, die sich in ihren Wirkungen sehr fein regulieren lassen.

Die nicht glandotropen Hormone dagegen üben einen direkten Effekt auf ihre Zielzelle aus: Zu ihnen gehören beispielsweise die Melanotropine, die unter anderem die Pigmentierung der Haut fördern.

HORMONWIRKUNGEN

Bereits zwei Wochen nach seiner Entstehung ist ein Embryo im Mutterleib bzw. ein Teil seiner Keimblase für die Ausschüttung von humanem Choriongonadotropin zuständig, das in den ersten Wochen die Schwangerschaft aufrechterhält und bereits am 9. Tag nach der Befruchtung im Blut der Mutter nachweisbar ist. Es ist das erste Hormon, das ein menschliches Wesen im Laufe seines Lebens ausschüttet.

Die Wirkungen von Hormonen auf den Menschen sind vielzählig, sie sind an der Regelung unseres Stoffwechsels ebenso beteiligt wie an unseren Gefühlen und unserem Verhalten. Häufig spielen verschiedene Hormone zusammen oder gegeneinander.

117

EINIGE HORMONDRÜSEN UND IHRE WICHTIGSTEN HORMONE

Drüse	Hormone	Wichtigste Wirkung
Hypophyse	Wachstumshormon (Somatotropin)	Ist für das Wachstum des menschlichen Körpers wesentlich verantwortlich. Bei Störungen kann es zu Kleinwuchs oder auch Riesenwuchs kommen. Im Erwachsenenalter bedingt ein Mangel dagegen oft Fettleibigkeit und Verringerung der Muskelmasse. Das Hormon wird in der Hypophyse gebildet und regt anschließend die Leber zur Produktion von Somatomedinen an, die den Zellzyklus von Geweben antreiben.
Zirbeldrüse	Melantonin	Melantonin ist lichtabhängig, bildet sich, wenn das Licht nachlässt und es dunkel wird. Müdigkeit tritt ein. Auf diese Weise reguliert das Melantonin den Tag-Nacht-Rhythmus des Körpers. Blaues Licht, wie es von Computer- und Smartphonebildschirmen abgestrahlt wird, unterbricht die Produktion des Hormons, sodass späte Computerarbeit dauerhaft zu Schlafstörungen führt.
Schilddrüse	Schilddrüsenhormone T3 und T4 sowie Kalzitonin	T3 und T4 sind unter anderem für die Steigerung des Grundumsatzes des menschlichen Körpers wie Abbau von Kohlenhydraten, Fetten und Eiweißen zuständig. Sie erhöhen die Reaktionsfähigkeit von Nerven, Längenwachstum und Gehirnreife. Kalzitonin steuert den Kalziumspiegel.
Nebennierenrinde und Nebennierenmark	Steroidhormone Adrenalin, Noradrenalin	Die Steroidhormone der Nebennierenrinde steuern zum Beispiel den Wasserhaushalt und den Zuckerstoffwechsel und produzieren körpereigene Anabolika. Das Nebennierenmark ist für die Produktion von Adrenalin und Noradrenalin zuständig. Sie gelten als die Stresshormone des Körpers, lenken die Kampf- und Fluchtbereitschaft. Dabei bewirkt Noradrenalin eine Verengung der Blutgefäße der Haut, der Schleimhäute und des Magen-Darm-Trakts, was sichtbare Reaktionen wie Blasswerden zur Folge hat. Es unterdrückt außerdem die Bildung von Insulin und erhöht damit den Blutzuckerspiegel. Adrenalin dagegen erhöht die Herzmuskelkraft und Herzschlagvolumen (es kommt zu Herzklopfen), erleichtert die Atmung und erhöht den Blutzuckerspiegel noch mehr. Für Kampf oder Flucht ist der Körper nun bestens gerüstet, zumal das Schmerzempfinden deutlich reduziert wird. Außerdem erhöht das Adrenalin die Schweißproduktion an den Händen und Füßen – ein Relikt aus archaischen Zeiten, denn mit feuchten Händen ließ sich ein rauer Holzknüppel wesentlich besser zur Verteidigung schwingen, mit feuchten Füßen ergibt sich auf rauem Untergrund ein besserer Griff.
Bauchspeicheldrüse	Insulin, Glukagon	Insulin und Glukagon steuern den Blutzuckerspiegel im Körper. Beim gesunden Menschen sind in 100 ml Blut etwa 100 mg Glukose enthalten. Ist der Blutzuckerwert dauerhaft auf 160 mg erhöht, leidet der Mensch an Diabetes. Diabetes des Typ 1 bezeichnet die Erkrankung, bei der die insulinproduzierenden Bereiche der Bauchspeicheldrüse abgestorben sind. Das kann genetische Ursachen haben oder durch Umweltfaktoren hervorgerufen werden. Meist ist es eine Kombination aus beidem. Falsche Ernährung und Bewegungsmangel können dagegen den Typ II hervorrufen: Die Körperzellen werden resistent gegen Insulin, die Bauchspeicheldrüse produziert zunächst zu viel, später zu wenig Insulin. Der Diabetes-Typ II wird auch als Altersdiabetes bezeichnet, tritt aber zunehmend schon bei übergewichtigen Jugendlichen auf.

BEISPIEL EINER HORMONWIRKUNG – DER WEIBLICHE MONATSZYKLUS

Der monatliche Zyklus der Frau, der über deren Fruchtbarkeit entscheidet, ist ein recht typisches Beispiel dafür, wie verschiedene Hormone komplexe Vorgänge im Körper steuern. Auf hormonelle Anweisung des Hypothalamus (Gonadoliberin, GnRH) bildet die Hypophyse zu Beginn des Zyklus zwei Hormone aus: FSH, das Follikel stimulierende Hormon, und LH, das luteinisierende Hormon. Unter Einwirkung von FSH reift monatlich wechselnd in einem Eierstock der Frau eine Eizelle heran, die von dem Follikel, dem Eibläschen, umgeben ist. Der reifende Follikel bildet Östrogene, die für den Aufbau der Gebärmutterschleimhaut sorgen und der Hypophyse gleichzeitig signalisieren, dass kein weiteres FSH mehr ausgeschüttet werden soll. Dadurch wird die Bildung eines weiteren Follikels unterbunden. Zudem stimuliert das Östrogen die Hypophyse zur Ausschüttung des LH, was bewirkt, dass etwa 16 Tage nach Beginn des Zyklus die Eizelle beim sogenannten Eisprung (Ovulation) aus dem Eibläschen in den Eileiter abgegeben wird.

Der Follikel wiederum wandelt sich nun zum Gelbkörper um, der das Gelbkörperhormon, das Progesteron, ausschüttet und dem Körper für eine Weile eine Schwangerschaft vorgaukelt. Wird das Ei nicht befruchtet, tritt also keine Schwangerschaft ein, so stellt der Gelbkörper nach 14 Tagen die Progesteronproduktion ein. Es kommt zur Menstruationsblutung, durch die die bereits gebildete Gebärmutterschleimhaut abtransportiert wird. Gleichzeitig hat der 1. Tag des neuen Zyklus begonnen: Der Hypothalamus gibt Anweisung, FSH und LH zu produzieren.

Lage der Hormondrüsen im weiblichen und männlichen Körper.

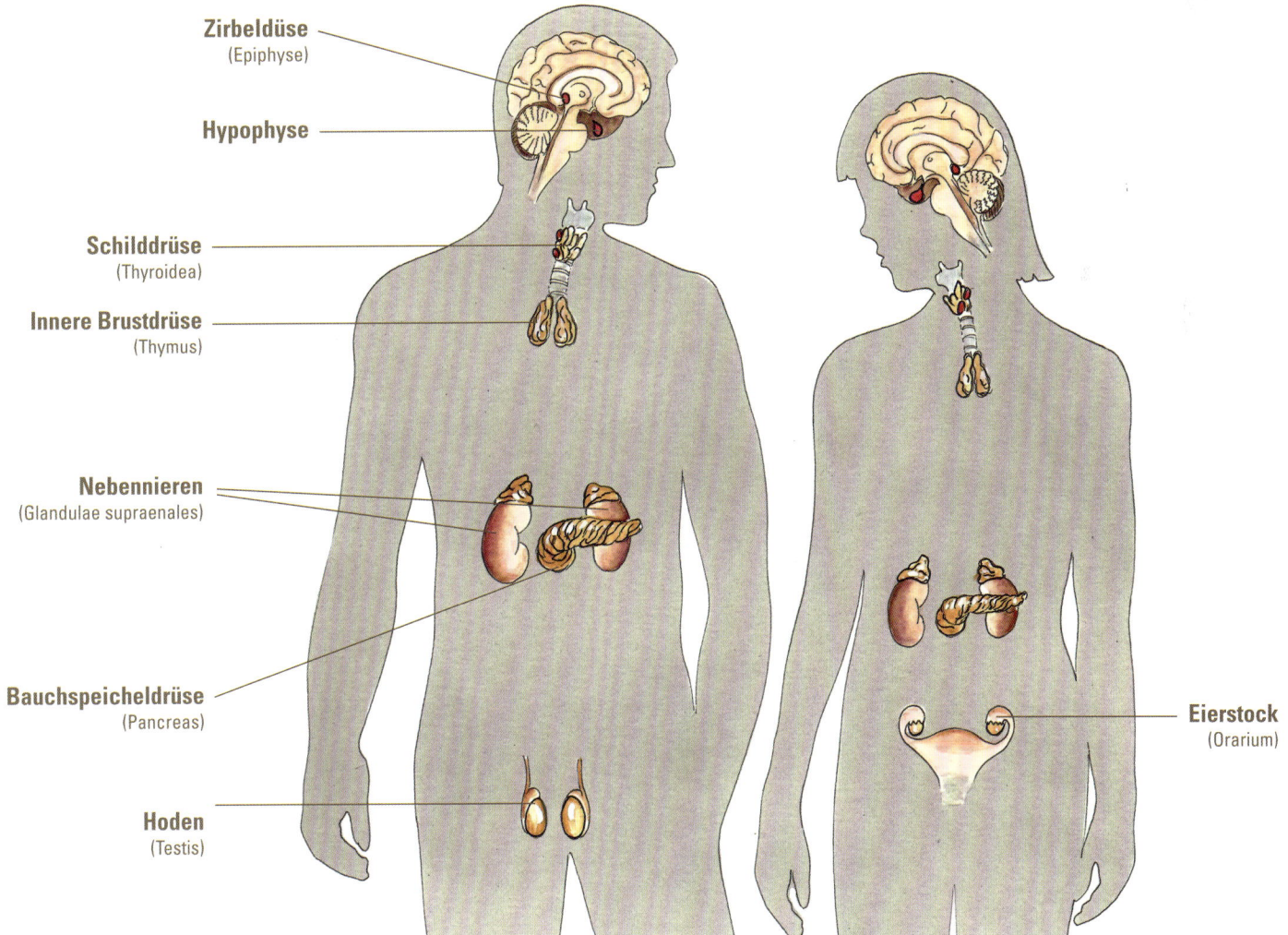

Zirbeldüse
(Epiphyse)

Hypophyse

Schilddrüse
(Thyroidea)

Innere Brustdrüse
(Thymus)

Nebennieren
(Glandulae supraenales)

Bauchspeicheldrüse
(Pancreas)

Hoden
(Testis)

Eierstock
(Orarium)

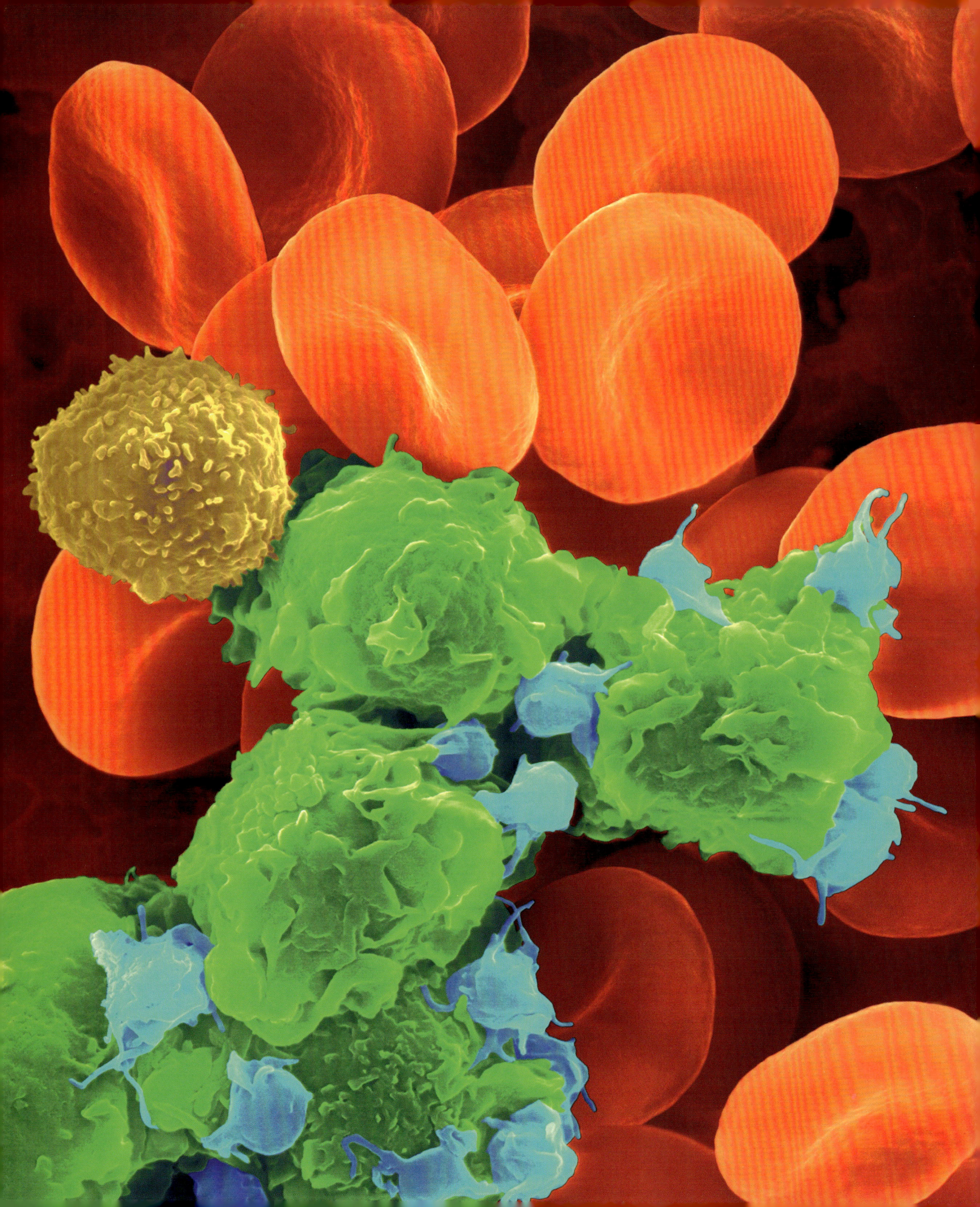

IMMUNSYSTEM

Tag und Nacht, unser gesamtes Leben lang, versuchen Fremdkörper – etwa Gifte, Parasiten, Bakterien, Pilze oder einfach körperfremde Stoffe – in unseren Körper einzudringen. Sie befinden sich auf unserer Haut, in der Luft, die wir atmen, in Speisen und Getränken und in unserem eigenen Darm. Viele von ihnen sind vorteilhaft, gehen mit unserem Körper zum gegenseitigen Nutzen eine Symbiose ein, indem sie zum Beispiel unsere Verdauung im Darm unterstützen. Andere Eindringlinge könnten zu einer tödlichen Bedrohung werden, gäbe es nicht eine körpereigene Streitmacht, die diese Eindringlinge meist rechtzeitig abwehrt und vernichtet: unser Immunsystem. Es ist ein äußerst komplexes System – Teile davon sind angeboren, andere sind ähnlich lernfähig wie unser Gehirn. Und doch ist es kein Organ, sondern besteht aus Milliarden einzelner, voneinander unabhängiger Zellen, die sich so lange frei im Körper bewegen, bis sie – auf chemischem Wege – zur Abwehr von Schädlingen herangerufen werden. Es ist ein Heer von Zellen und chemischen Stoffen, die in einzigartiger Zusammenarbeit Schaden von unserem Körper fernzuhalten suchen. Kein übergeordnetes Organ koordiniert diese Zellheere und Stoffe, auch wenn an ihrer Produktion eine Vielzahl von Organen und Geweben – wie Milz, Thymus, Knochenmark und das Lymphsystem – beteiligt sind.

ÄUSSERE SCHUTZBARRIEREN DES KÖRPERS

Bevor das menschliche Immunsystem in Aktion tritt, müssen Schädlinge erst einmal in den Körper eindringen – und das wird ihnen durch eine Vielzahl äußerer Schutzmechanismen deutlich erschwert. Durch ihren leicht sauren pH-Wert von 5,7 schützt die Haut den Körper vor fremden Keimen, sie ist das größte Barriereorgan unseres Körpers. Die Scheide verfügt über ein saures Milieu, das es Bakterien schwer macht, sich auszubreiten und unsere Magensäure ist so aggressiv, dass sie über die Nahrung eindringende Erreger meist sofort abtötet. Dagegen ist das Milieu des Darms alkalisch und erschwert säureliebenden Bakterien das Dasein.

Enzyme in Speichel und Tränenflüssigkeit zersetzen eine Vielzahl von Bakterien und auch der von den Schleimhäuten an den menschlichen Körperöffnungen produzierte Schleim hat eine grundlegende Abwehrfunktion gegen Keime aller Art: Er hält die Eindringlinge gefangen, bis sie beispielsweise in den oberen Luftwegen entweder durch die feinen Flimmerhärchen (Zilien) direkt abtransportiert oder zunächst von Enzymen zersetzt und dann beseitigt werden. Für diesen Abtransport sorgen beispielsweise auch Körperreaktionen wie Niesen oder Husten. Selbst Nasenhaare und Ohrenschmalz dienen der Abwehr unwillkommener Fremdkörper und Keime im Körper. Doch wenn diese Abwehrmechanismen geschwächt sind, wenn beispielsweise Haut oder Schleimhäute verletzt oder gereizt sind, können Erreger aller Art über diese Schwachstellen in den Körper eindringen.

Rasterelektronenmikroskop-Aufnahme roter und weißer Blutkörperchen sowie von Blutplättchen (Thrombozyten).

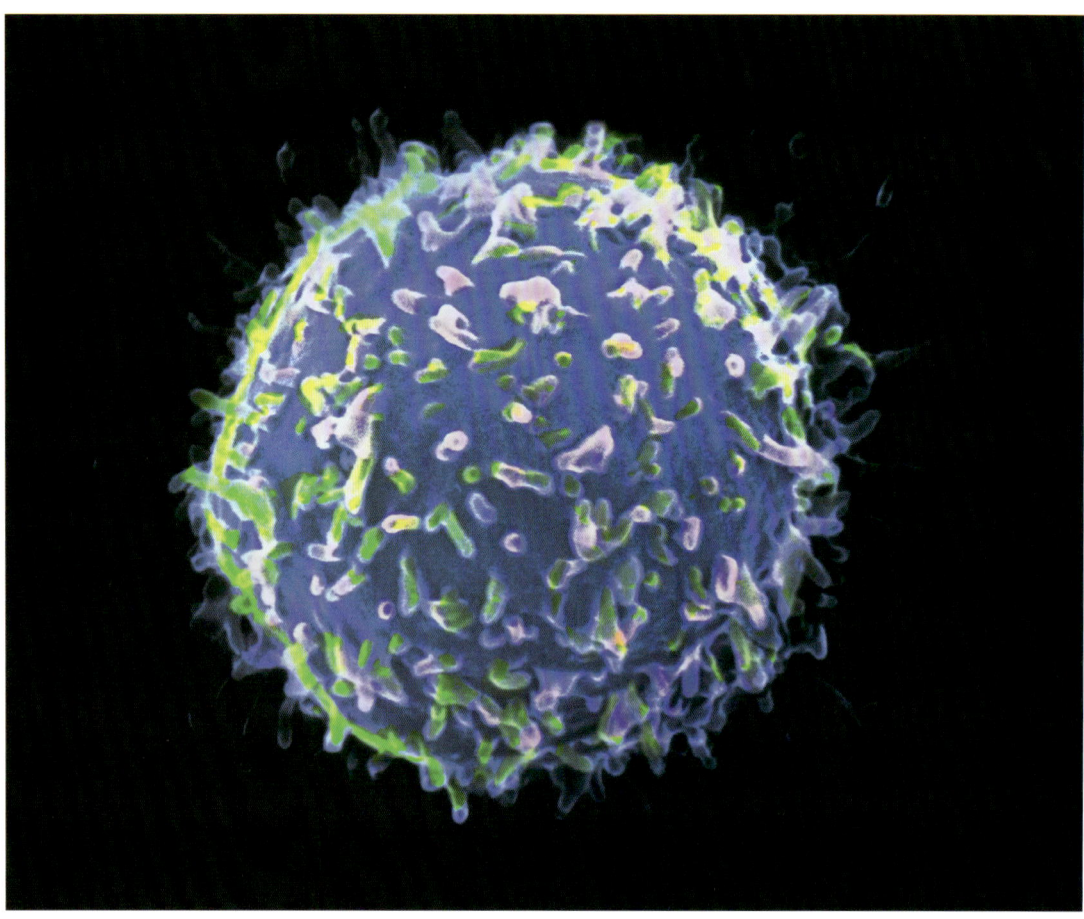

Rasterelektronenmikroskop-Aufnahme eines weißen Blutkörperchens (Leukozyt). Die Leukozyten erfüllen spezielle Aufgaben bei der Abwehr und Bekämpfung von Krankheitserregern im menschlichen Körper.

PORTRAIT DER STREITMACHT – DIE ZELLEN DES IMMUNSYSTEMS

Es sind die verschiedenen Gruppen farbloser weißer Blutkörperchen, der Leukozyten, die die Immunabwehr übernehmen. Jeden Tag werden 25 bis 100 Milliarden weiße Blutkörperchen produziert. Im Infektionsfall kann sich die Zahl verzehnfachen. Doch sie bilden keine Einheit, lassen sich in drei verschiedene Gruppen unterscheiden (Monozyten, Granulozyten und Lymphozyten) und übernehmen im Immunsystem jeweils unterschiedliche Aufgaben.

ZELLEN DES ANGEBORENEN IMMUNSYSTEMS

Makrophagen: Die Makrophagen, auch große Fresszellen genannt, entwickeln sich aus den Monozyten, die die größten Zellen unter den weißen Blutkörperchen bilden. Sie sind schnell beweglich, können in infiziertes Gewebe eindringen und vernichten dort Fremdkörper, indem sie sie in sich aufnehmen, ganz umschließen und in ihrem Innern verdauen bzw. inaktivieren. Der Vorgang nennt sich Phagozytose. Gleichzeitig geben sie Lockstoffe ab, die weitere Makrophagen herbeirufen.

Granulozyten: Unter den weißen Blutkörperchen sind die Granulozyten die am häufigsten vorkommende Art. Auch sie phagozytieren Bakterien, Viren und Pilze im Blut sowie in befallenem Gewebe. Die Granulozyten selbst unterteilen sich wiederum in drei Untergruppen: die neutrophilen, die eosinophilen und die basophilen Granulozyten, mit Spezialisierung auf jeweils andere Eindringlinge.

Natürliche Killerzellen: Anders als die Markophagen und Granulozyten, die für die Vernichtung fremder Eindringlinge im Blut und im Gewebe zuständig sind, kümmern sich die Killerzellen um solche Feinde, die das Innere von Körperzellen befallen bzw. um kranke Zellen selbst. Das sind einerseits zum Beispiel Viren, andererseits Krebszellen.

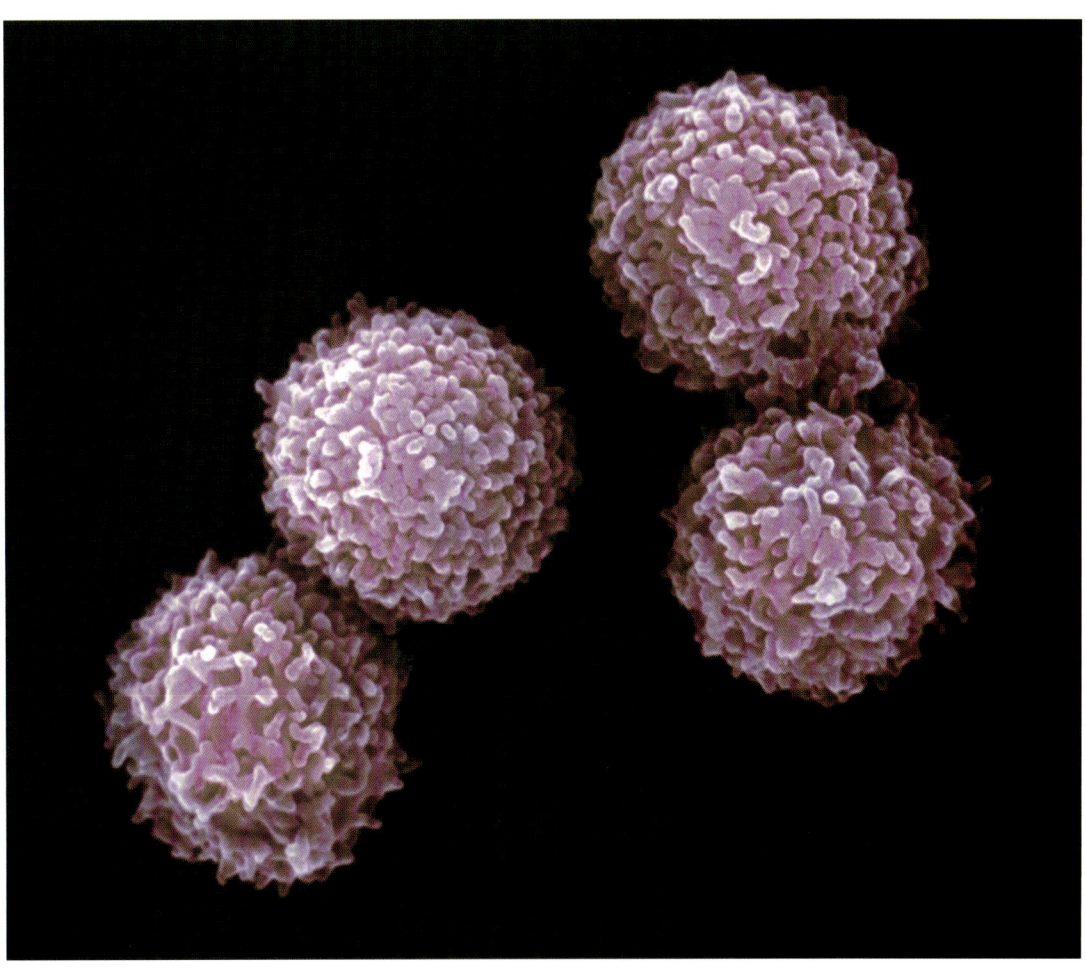

Rasterelektronenmikroskop-Aufnahme sogenannter NK-Zellen (natürlicher Killerzellen). Sie stellen eine Untergruppe der weißen Blutkörperchen dar und sind Teil des angeborenen Immunsystems.

ZELLEN DES ERLERNTEN IMMUNSYSTEMS

Auch bei den Abwehrzellen des erlernten Immunsystems handelt es sich um Leukozyten, nämlich um die Lymphozyten. Ihre Vorläuferzellen werden im Knochenmark gebildet, wandern anschließend durch das Blut in bestimmte Organe, um sich dort zu spezialisieren, indem sie auf bestimmte Kompetenzen geprägt werden. Man unterscheidet zwei Arten von Lymphozyten, die sich wieder in mehrere Unterarten einteilen lassen.

T-Lymphozyten: Die T-Lymphozyten werden im Thymus auf ihre Funktion geprägt, dafür steht das T. Der Thymus (auch Bries genannt) ist eine Drüse unterhalb des Brustbeins, die sich mit dem Einsetzen der Geschlechtsreife – beim Menschen also mit der Pubertät – zurückbildet. Ab dieser Zeit ist ein ausreichend großes Reservoir an T-Lymphozyten vorhanden, die auf verschiedene Antigene – also auf körperfremde Substanzen, die von unserem Körper als feindlich angesehen werden – geprägt sind. Sie vermehren sich später durch Klonen weiter. Die T-Lymphozyten lassen sich in vier weitere Zelltypen einteilen: Die T-Killerzellen vernichten (wie die natürlichen Killerzellen) virusinfizierte und kranke Zellen direkt. Ihre Bildung und Vermehrung wird durch die T-Helferzellen beschleunigt, die entsprechende Signalstoffe produzieren. Diese unterstützen aber auch die zweite Lymphozytenart, B-Lymphozyten, bei deren Arbeit. Die Steuerung des Immunsystems obliegt den T-Suppressorzellen. Sie sind dafür zuständig, das Immunsystem gegebenenfalls vor Überreaktionen zu bewahren, es zu hemmen oder ganz zu stoppen. Und schließlich gibt es die T-Gedächtniszellen: Sie werden erst gebildet, wenn die primäre Infektion überstanden ist. Sie sind sehr langlebig, sollen sich an einen bestimmten Krankheitserreger erinnern und verbleiben in den lymphatischen Organen, bis der Körper ein weiteres Mal mit dem jeweiligen Erreger infiziert wird.

Nachfolgende Doppelseite: Kolorierte Elektronenmikroskopaufnahme menschlicher weißer Blutkörperchen (Leukozyten), der „Gesundheitspolizei" des Körpers.

123

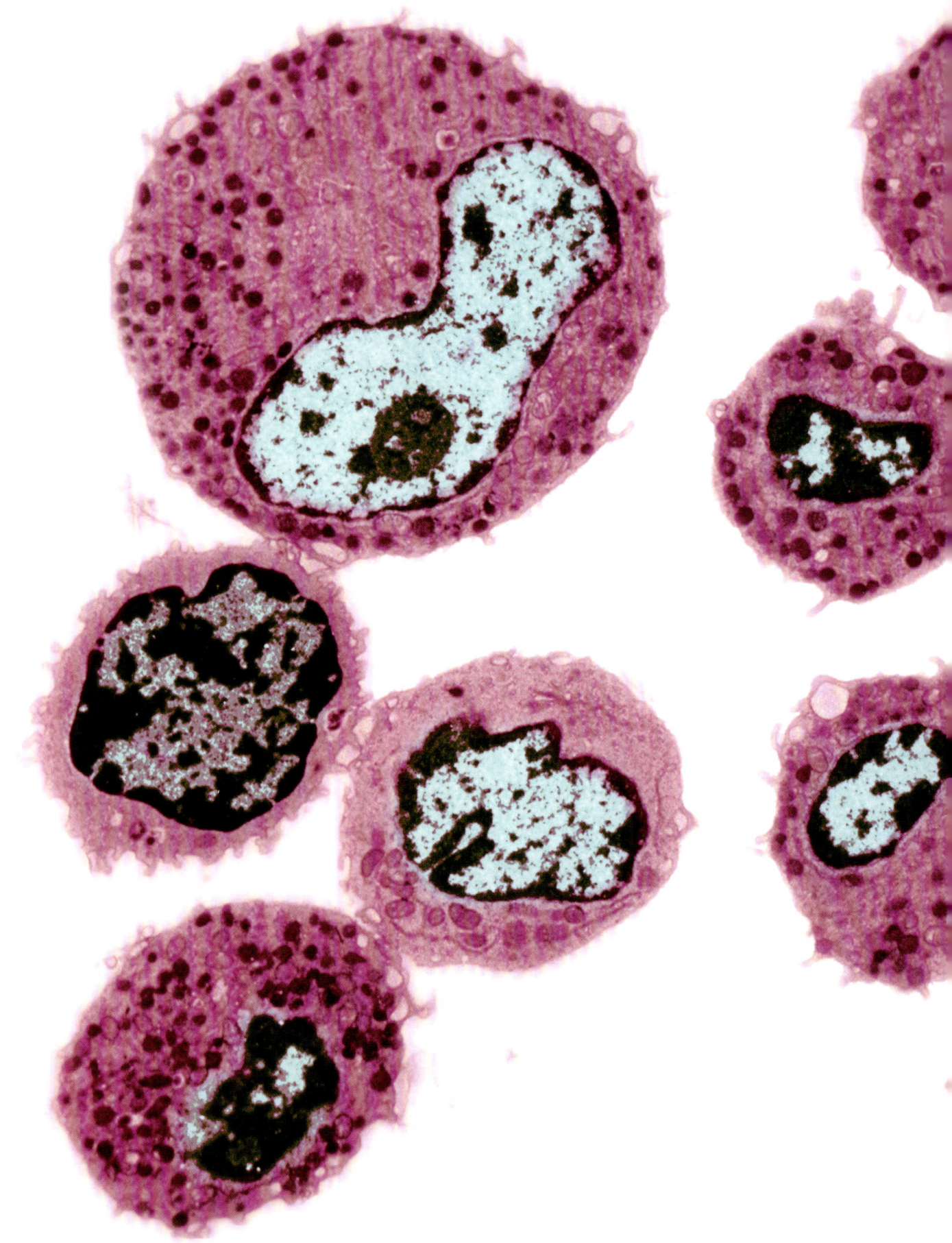

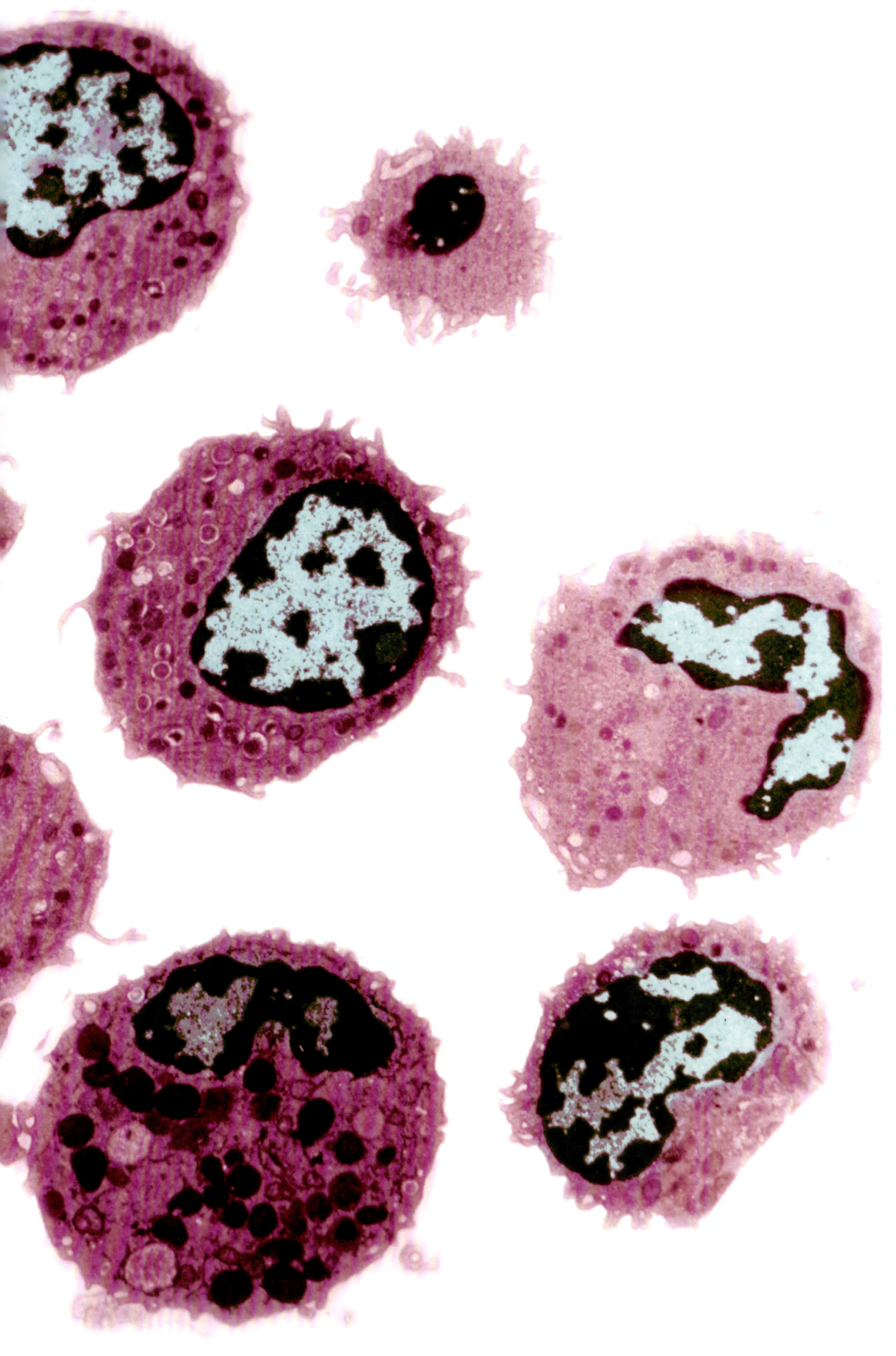

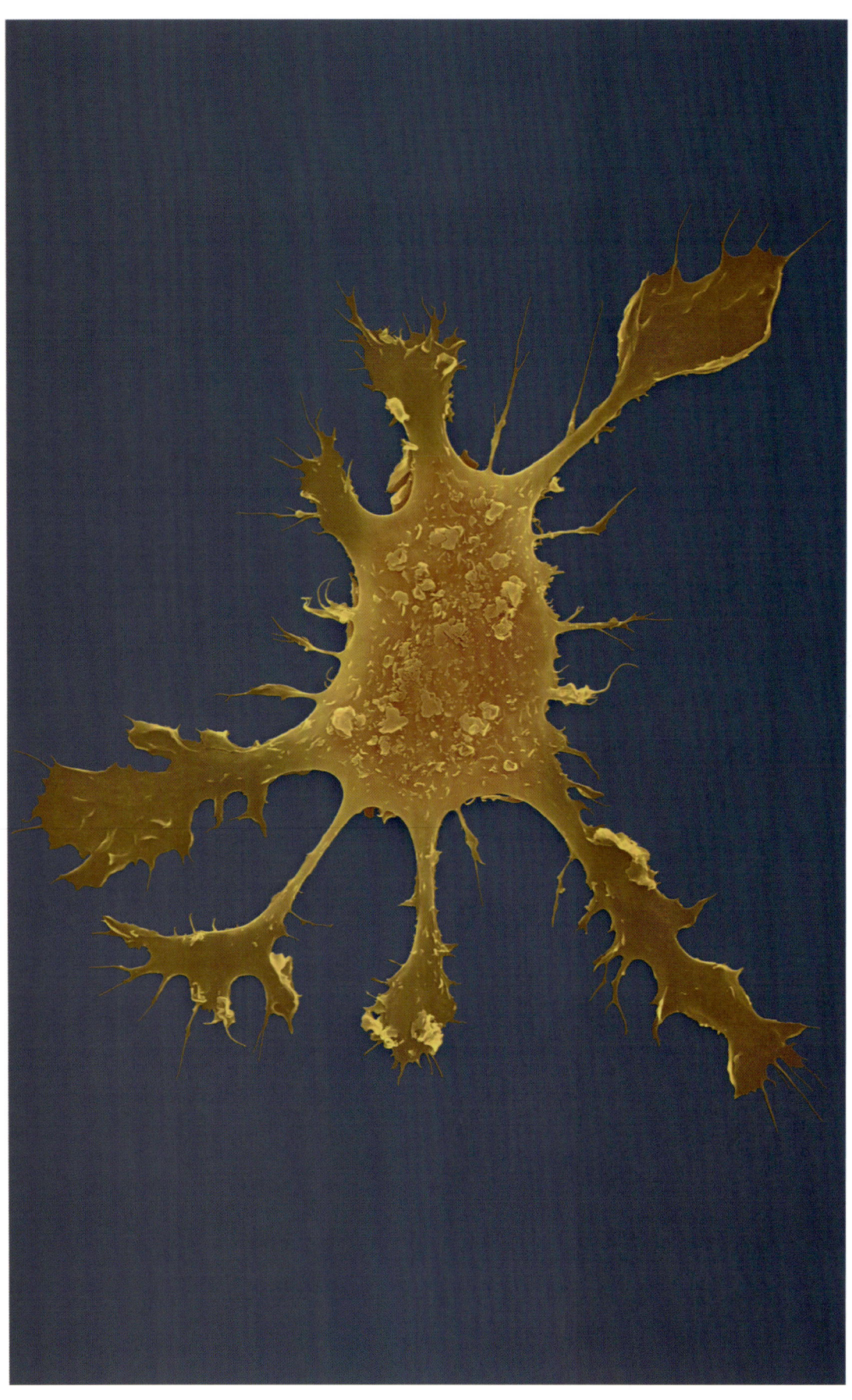

*Rasterelektronenmikroskop-Aufnahme
einer dendritischen Zelle (links)
und sogenannter T-Zellen
(T-Lymphozyten) (rechts).
Beide gehören zum Immunsystem
des Körpers.*

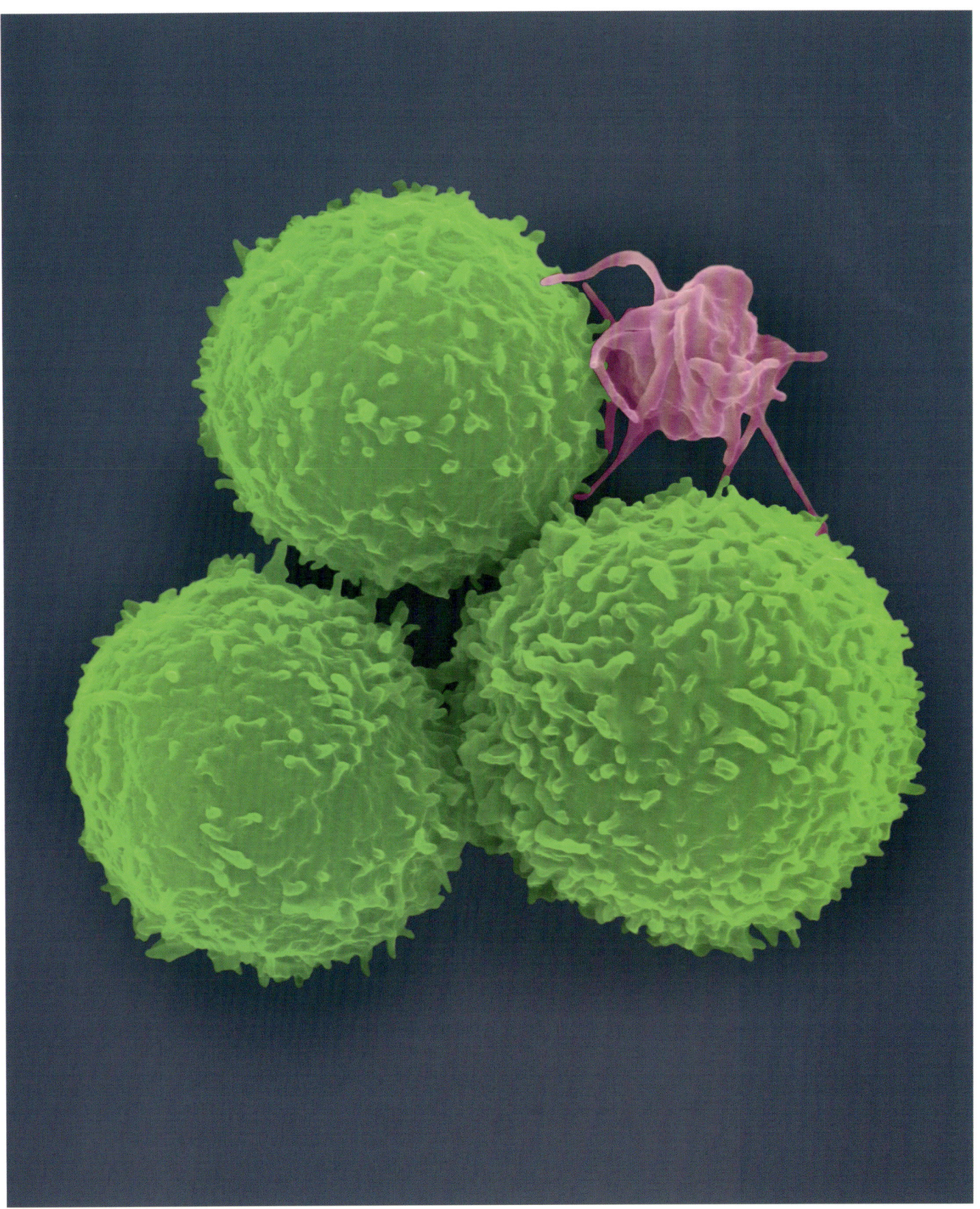

B-Lymphozyten: Das B dieser Lymphozytenarten steht für das englische Bone, Knochen. Die Lymphozyten erhalten ihre spezifische Zuordnung bereits im Knochenmark. Unterstützt von den T-Helferzellen werden die B-Lymphozyten in große Plasmazellen umgewandelt, die wiederum für jedes Antigen, mit dem der Körper in Berührung kommt, einen individuellen Antikörper, die sogenannten Immunglobuline, produziert. Die werden in verschiedene Klassen eingeteilt und haben spezifische Aufgaben; die einen wirken gegen Bakterien, andere gegen Viren oder Parasiten. Wie die T-Lymphozyten verfügen auch die B-Lymphozyten über eigene Gedächtniszellen.

Die erste Verteidigungslinie gegen Eindringlinge von außen: unsere Haut. Sie ist wasserdicht, hält Bakterien ab und schützt – in gewissem Maße – auch vor den schädlichen UV-Strahlen des Sonnenlichts.

PLAN A – DIE UNSPEZIFISCHE, ANGEBORENE ABWEHR

Sobald ein Keim oder Fremdkörper die äußeren Schutzmechanismen unseres Körpers durchbricht, beginnt der Körper mit der Abwehr des Eindringlings. Diese erste Reaktion ist angeboren und funktioniert schon kurz nach der Geburt eines Säuglings. Wie der Name schon sagt, sind die Abwehrmechanismen unspezifisch, das Immunsystem reagiert auf den Eindringling auf mehr oder weniger gleiche Weise – unabhängig von seiner Art. Dennoch stehen dem Immunsystem einige Möglichkeiten bei diesen ersten Abwehrversuchen zur Verfügung: Die erste ist die humorale Abwehr, eine Abwehr mittels im Blutplasma gelöster Stoffe. Deren wichtigste ist das Komplementsysten, rund 20 Plasmaproteine, die das Eiweiß von Antigenen (z. B. Bakterien) erkennen und eine Pore in deren Zellmembran bohren. Durch einen für die Zielzelle negativen Austausch von Salzen wird die Zellintegrität des Bakteriums gestört – es platzt. Ein Enzym mit ähnlicher Funktion kommt im Mundspeichel, in der Lymphflüssigkeit sowie in der Tränenflüssigkeit vor, das Lysozym. Indem es Kohlenhydrate spaltet, perforiert es die Zellwände von Bakterien.

Interferone dagegen helfen, bereits mit Viren infizierte Zellen zu zerstören, indem sie die benachbarten Zellen warnen und diese die für das Überleben des Virus nötige Proteinsynthese herunterfahren. Darüber hinaus werden bei diesen Prozessen bereits Immunbotenstoffe produziert, die die Abwehrzellen der unspezifischen Abwehr auf den Plan rufen. Treffen die Makrophagen oder Granulozyten am Einsatzort im Blut oder Gewebe ein, umschließen sie die Eindringlinge und verdauen sie. Die natürlichen Killerzellen dagegen dringen zu bereits erkrankten Zellen vor, durchlöchern sie – ähnlich wie das Komplementsystem – und sorgen für ihre Zerstörung.

PLAN B – DIE SPEZIFISCHE, ERLERNTE ABWEHR

Die unspezifische Abwehr unseres Körpers hat Schwachstellen: Viele der Bakterien, Viren und Pilze tarnen sich und werden dadurch nur unzureichend erkannt und zerstört, die natürlichen Killerzellen übersehen zudem eine recht große Menge an virusinfizierten und Krebszellen. Ab diesem Moment wird das erlernte Abwehrsystem alarmiert.

Dieses System ist in jeder Hinsicht spezialisierter als das angeborene: Zum einen sind die beteiligten Zellen in der Lage, auch gut getarnte Eindringlinge zu identifizieren, zum anderen werden die Abwehrzellen auf bestimmte Antigene geprägt.

Auch die erworbene Abwehr kennt ein humorales und ein zelluläres System: Ersteres geht von den B-Lymphozyten aus. Sie bilden als Plasmazellen Antikörper, die frei im Blutplasma schwimmen, sich an ein Antigen anbinden und es dadurch unschädlich machen. Die zelluläre Immunantwort geht dagegen von den T-Lymphozyten aus. Nach der Ausbildung zirkulieren die T-Lymphozyten in Blut- und Lymphbahnen. Treffen sie auf ein Antigen, auf das sie spezialisiert sind, docken sie mit ihrem Rezeptor an dieser Zelle an und zerstören sie.

Dabei unterscheidet man zwischen primärer und sekundärer Immunantwort: Wird der Körper zum ersten Mal infiziert, so muss den Lymphozyten durch spezielle Zellen das Antigen recht aufwendig präsentiert werden, bevor sie reagieren können. Wird der Körper ein zweites Mal befallen, reagieren die Gedächniszellen, die so lange in den lymphatischen Organen gespeichert waren, effektiv und schnell auf das Antigen.

Dieses Prinzip wird bei Impfungen genutzt: Indem dem gesunden Körper eine kleine Dosis der Krankheitserreger eingeimpft wird, kann er Antikörper bilden und ist nun immun gegen diesen speziellen Erreger. Kommt der Körper zu einem späteren Zeitpunkt erneut mit ihm in Kontakt, reagieren die Lymphozyten in kürzester Zeit und zerstören den Eindringling.

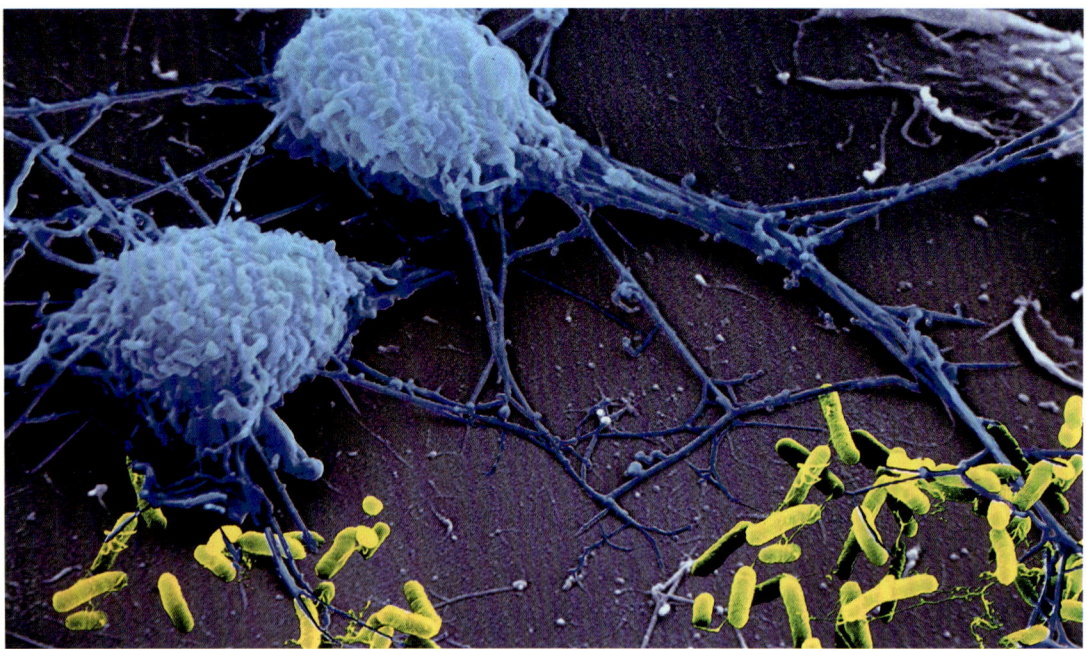

Rasterelektronenmikroskop-Aufnahme von Blutzellen bei der Bekämpfung von Kolibakterien.

Die spezifische Abwehr muss nach und nach erworben werden. Neugeborene Kinder verfügen zunächst über die unspezifische Abwehr, genießen darüber hinaus aber in den ersten 3 Monaten noch den sogenannten Nestschutz. In dieser Zeit wird ihr Körper durch die von der mütterlichen Plazenta übertragenen Immunglobuline geschützt. Danach ist er etwa 3 Monate allein auf das unspezifische Abwehrsystem angewiesen.

Voll entwickelt ist das Immunsystem etwa nach zehn Jahren. Das ist auch der Grund, warum Kinder häufiger an Erkältungen erkranken. Das Immunsystem wird noch trainiert.

GEGEN DEN EIGENEN KÖRPER

Das Immunsystem funktioniert leider nicht immer fehlerfrei. Teilweise richtet es sich gegen völlig harmlose Stoffe wie Pflanzenpollen, Tierhaare oder Hausstaubmilben, dann reagiert der Körper mit Allergien. Dabei wird eigentlich vom Immunsystem ein Mechanismus in Gang gesetzt, der Lunge und Darm vor Parasiten schützen soll. Sogenannte Mastzellen, die zu den weißen Blutkörperchen zählen, bewaffnen sich mit Antikörpern, binden sich an die vermeintlichen Schädlinge und schütten Histamin aus. Das bewirkt, dass das benachbarte Gewebe anschwillt, um ein weiteres Vordringen der Parasiten zu verhindern.

Schwerwiegender ist, wenn das Immunsystem statt fremder körpereigene Zellen angreift. Das ist bei sogenannten Autoimmunerkrankungen wie Multiple Sklerose oder Psoriasis der Fall. B- und T-Lymphozyten greifen körpereigene Zellen an, weil sie nicht mehr fremde von eigenen Stoffen unterscheiden können. Der Körper reagiert gegen die eigenen Antigene. Darüber hinaus funktionieren die T-Suppressorzellen nicht bzw. sind nur in ungenügendem Maße vorhanden, sodass sie zu starke Reaktionen des Immunsystems nicht kontrollieren.

Schließlich kann es auch vorkommen, dass die Körperabwehr gegenüber Krankheitserregern nicht richtig oder nur geschwächt funktioniert. Bei AIDS handelt es sich um solch einen Immundefekt, der — anders als Allergien und Autoimmunerkrankungen — häufig von außen kommt, nicht aus dem eigenen Körper. Ein Problem in diesem Zusammenhang ist, dass die T-Suppressorzellen zu aktiv sind, sodass die Immunreaktion verhindert wird.

DAS LYMPHSYSTEM

Ob unser Immunsystem gerade auf Hochtouren läuft, merken wir oft recht einfach an den geschwollenen Lymphknoten am Hals. Wir spüren sie beim Schlucken und ertasten sie leichter als in gesundem Zustand. Grund ist, dass hier die Konzentration der Immunzellen am höchsten ist, in den Lymphknoten also ein Großteil der Abwehrarbeit geleistet wird.

Die bohnenförmigen Lymphknoten sind über die Lymphgefäße miteinander verbunden und bilden zusammen mit einigen Organen wie Milz und Thymus das Lymphsystem. Dieses wird neben dem Blutkreislauf als zweites wichtiges Gefäßsystem des Körpers angesehen. Durch die Lymphgefäße wird die Lymphflüssigkeit, die Lymphe – die auch die für die Immunabwehr wichtigen Leukozyten transportiert –, durch den Körper und ins Gewebe transportiert. In den Lymphknoten wird diese Lymphe filtriert, körperfremde Stoffe – oder körpereigene erkrankte Zellen – werden ausgesondert und wenn möglich zerstört.

So wichtig das Lymphsystem für das Immunsystem ist, so hat auch dieses Schwachstellen: Krebszellen können auf diese Weise über die Lymphflüssigkeit im Körper sehr rasch verteilt werden. Dann sammeln sich die Krebszellen vor allem in den Lymphknoten, wachsen dort recht schnell und bilden erste Metastasen, also Tochtergeschwulste des Primärtumors.

Das Lymphsystem ist eng mit dem Blutkreislauf verbunden und durchzieht den gesamten Körper.

ATMUNG

Wir atmen ein und aus, fortwährend, ohne darüber nachzudenken. Von dem Moment unserer Geburt bis zu unserem sprichwörtlich letzten Atemzug, unserem Tod. Dabei merken wir kaum, dass die Hälfte unseres Körpers an der Atmung beteiligt ist, vom Atemzentrum im Stammhirn über die oberen und unteren Luftwege bis hinab zum Zwerchfell am Übergang vom Brust- zum Bauchraum. Zweck dieser Atmung: das Blut fortwährend mit lebenswichtigem Sauerstoff anzureichern und gleichzeitig von dem bei Stoffwechselprozessen anfallenden Kohlendioxid zu reinigen.

DIE OBEREN LUFTWEGE

Die Nase mit ihren Nebenhöhlen, der Mund- und der Rachenraum bilden zusammen die oberen Luftwege. Sie dienen der Aufnahme frischer Atemluft bzw. dem Ausstoß der verbrauchten Luft. Sie sind nicht allein an der Atmung beteiligt: Mund und Rachen ermöglichen die Nahrungsaufnahme und sind Weg der Speise; mit der Nase riechen wir und ihre Nebenhöhlen dienen als Klangraum für die Stimme. Der gesunde Mensch atmet meist durch die Nase: Dann sind insbesondere die beiden unteren Nasengänge von Bedeutung. Sie sind vollständig mit einem Schleimhautbindegewebe ausgekleidet, das von Milliarden Flimmerhärchen, sogenannten (Kino-)Zilien, übersät ist und dank eingelagerter Schleimzellen über eine klebrige, sekretreiche Oberfläche verfügt. Dringen schädliche Partikel wie Schmutz, Allergene, Bakterien und Viren über die Atemluft in die Nase, bleiben sie an der Schleimhaut haften und werden durch die Flimmerhärchen von dort Richtung Rachen abtransportiert. Dieser Vorgang erweist sich als beeindruckendes Schauspiel, vollführen doch Tausende Flimmerhärchen einen wellenartigen Bewegungsablauf – den Zilienschlag –, um Fremdkörper zu beseitigen. Abgesehen von der Abwehr von Pathogenen sorgt die Schleimhaut für die Befeuchtung der Atemluft, während ein dichtes Netz aus Gefäßen deren Erwärmung bewirkt, bevor sie die Lungen erreichen.

Durch die hinteren Nasenlöcher verlässt die Atemluft die Nase und gelangt in den oberen Rachenraum. Er ist ausschließlich Luftweg, während der anschließende mittlere Rachenraum, der vom weichen Gaumen bzw. Gaumensegel schlundabwärts führt, und der untere Rachenraum, der den Kehlkopf einschließt, auch dem Speisentransport dient.

Säuglinge besitzen bis zum 6. Monat eine Art Atemschutzreflex (auch als Tauchreflex bezeichnet), der sie relativ gefahrlos tauchen lässt.

UNSER WICHTIGSTES KONTAKTMITTEL – DIE STIMME

Die Stimme ist eines der bedeutendsten Werkzeuge der Menschheit: Sie vermittelt mehr als die Bedeutung gesprochener Wörter und Sätze, sie enthüllt das Alter des Sprechers, in welchem regionalen Kulturkreis er aufgewachsen ist und lebt, sie verrät etwas über die Persönlichkeit des Sprechenden und ob er fröhlich oder deprimiert, wütend oder glücklich, aggressiv oder ruhig ist. Und häufig sogar, ob er seine Gefühle vor der Außenwelt zu verbergen sucht. 60 Millisekunden benötigt das Gehör des Zuhörers in der Regel, um die Stimmung des Sprechenden einzuschätzen, selbst dann, wenn wir den Sprecher nicht sehen und nicht kennen.

Damit wird die Stimme zum wichtigsten Kontaktmittel des Menschen – zwischen Eltern und ihren ungeborenen Kindern, die bereits auf die Stimmen der Außenwelt reagieren, zwischen Menschen gleicher Nationalität wie fremder, deren Timbre zumindest viel über ihre Gedanken und Absichten verrät und sogar gegenüber Tieren, die auf den Ton der Stimme reagieren.

Die menschliche Stimme kennt eine Vielzahl von Lauten, und um nur einen davon zu produzieren, müssen nicht nur mehr als 100 Muskeln in Bewegung gesetzt werden, es sind auch beinahe die gesamten oberen und unteren Luftwege daran be-

teiligt. Alles beginnt dabei mit dem Ausatmen: Der Luftstrom wird durch den Kehlkopf geleitet, durch die Stimmritze gedrückt und bringt dort die Stimmlippen (umgangssprachlich Stimmbänder genannt) zum Schwingen, wodurch ein Ton entsteht. Der in diesem Moment noch kaum hörbare Ton benötigt anschließend wie eine Geige oder Gitarre einen Resonanz-, einen Klangraum, der den Ton verstärkt. Dazu dienen Mund, Rachen- und gegebenenfalls Nasenraum, oder – wenn wir rufen, brüllen oder singen – der gesamte Körper. Die Resonanzräume sind aber nicht nur Verstärker der Laute, ihre bei jedem Menschen individuelle Anatomie, die Form von Lippen und Zähnen, und die individuellen Bewegungen dieser Organe bestimmen die Klangfarbe, das individuelle Timbre. Das bedeutet auch, dass sich im Laufe des Lebens die Stimme verändert.

Bei Säuglingen sitzt beispielsweise der Kehlkopf noch wesentlich höher im Rachen und senkt sich erst später ab; dadurch ist die Zunge unbeweglicher und die Klangvariation ist geringer. Stattdessen können Säuglinge aber gleichzeitig schlucken und atmen, was dem Erwachsenen verwehrt bleibt. Versucht er es doch, verschluckt er sich unweigerlich. In der Pubertät wiederum wachsen Kehlkopf und Stimmlippen. Je länger und breiter die Stimmbänder, desto tiefer die Stimme. Jungen kommen in den Stimmbruch, doch auch bei den Mädchen findet ein Stimmwechsel statt. Übrigens gehen Forscher davon aus, dass Frauen nicht zuletzt aus sozialen Gründen eine höhere Stimme haben, selbst wenn sie größer gewachsen sind als manche Männer und entsprechend längere Stimmbänder haben.

Auch Nasenoperationen, kieferorthopädische Eingriffe und Stimm- und Gesangstraining verändern die Stimme nachhaltig. Letzteres kann der Brüchigkeit im Alter, wenn die Stimmlippen erschlaffen und faltig werden, entgegenwirken. Singen gilt als eine der besten Trainingsmethoden für die Stimme.

Aber unsere Stimme verrät auch viel über uns: Wenn wir uns unsicher fühlen, sprechen wir leiser, wenn es uns gut geht, deutlich und klar. Und wir manipulieren unsere Stimme, sprechen höher, tiefer, sonorer, um bestimmte Dinge zu erreichen. Forscher allerdings fanden heraus, dass diejenige Stimmen als am attraktivsten und angenehmsten empfunden werden, die der persönlichen Stimmlage am meisten entspricht. Das ist die Stimmlage, die uns beim Sprechen am wenigsten anstrengt, bei der wir natürlich und entspannt wirken.

Unsere Stimme ist das Medium, mit dem wir komplexe Ideen und Vorstellungen nicht nur in Worte fassen, sondern sie auch anderen Menschen vermitteln können. Sprache – und somit die Stimme – ist das wichtigste Instrument des Menschen zum Informationsaustausch.

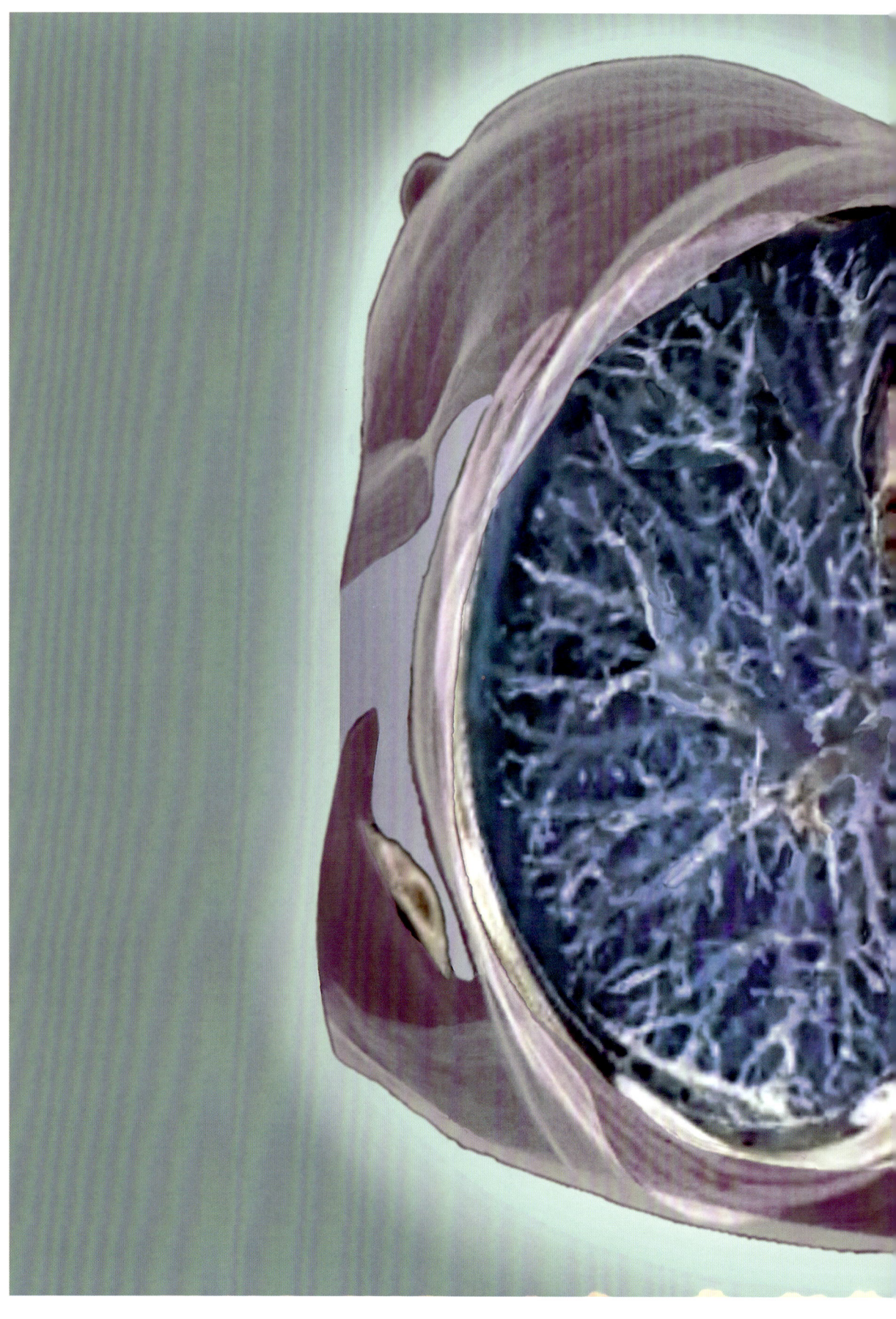

Horizontale Computertomografie (CT)
durch den Brustkorb eines
54 Jahre alten Patienten: zu sehen
sind links und rechts die beiden
Lungenflügel (blau), unten die
Wirbelsäule (weiß), oben das Herz
(rot) und in der Mitte die Aorta (rot),
die Hauptarterie des Körpers.

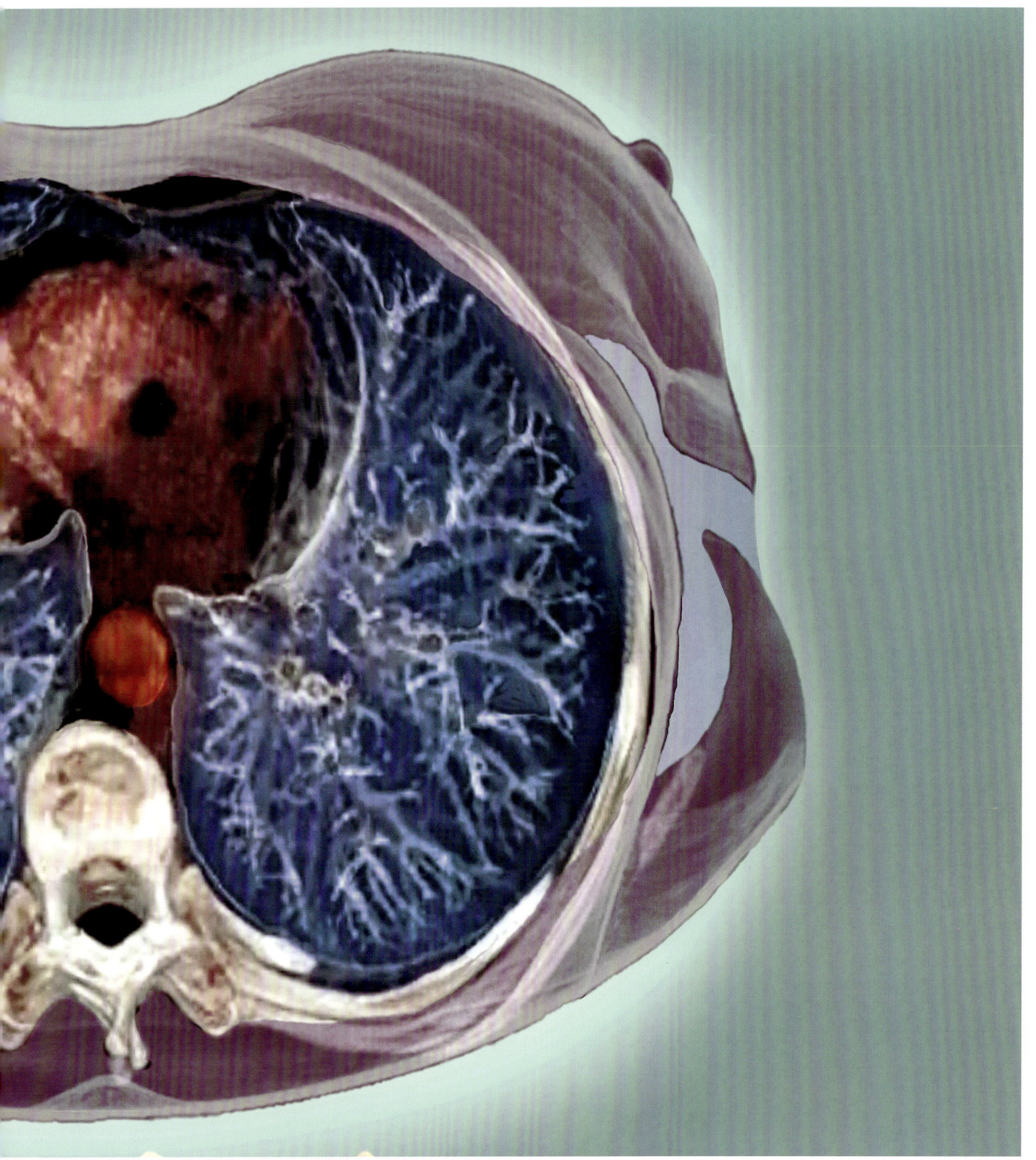

DIE UNTEREN LUFTWEGE

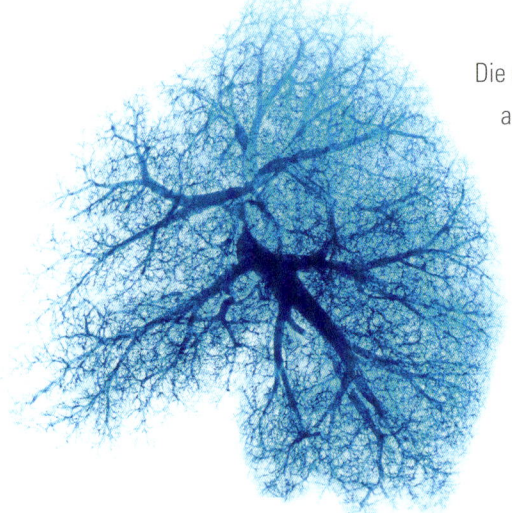

Eingefärbtes Röntgenbild mit den Verästelungen der Bronchiolen.

Die eingeatmete Luft strömt durch die von halbmondförmigen Knorpelplättchen gestützte Luftröhre, die sich auf Höhe des 4. Brustwirbels in zwei Hauptbronchien teilt. Sie wiederum führen die Atemluft zu den beiden Lungenflügeln. In den Lungen verzweigen sich die Bronchien immer weiter. Diese einzelnen Äste des Bronchialbaums werden zunächst ebenfalls von Knorpelspangen halb umschlossen und gestützt, doch je feiner die Äste werden, desto weniger Stützknorpel benötigen sie. Die dünnsten Zweige, die Bronchiolen, werden schließlich nur noch von der Zugkraft des Lungengewebes gestützt. Ihre Spitzen, der sogenannte Mikrobronchus, werden einzig von einem hauchdünnen, einschichtigen Epithel umschlossen und münden schließlich jeweils in rund 200 beinahe kugelförmigen Kammern, den Lungen-alveolen, im Volksmund auch Lungenbläschen genannt. Im Durchmesser gerade einmal ein Zehntel Millimeter groß, sind die Alveolen von einem Netz feinster Kapillaren umschlossen, die sauerstoffarmes Blut heranführen. Rund 300 Millionen dieser Bläschen bilden das Gewebe bei-der Lungen, sodass es wie ein Schwamm erscheint. Einzeln aufgefächert würde die Oberfläche dieses Gewebes eine Fläche von bis zu 120 Quadratmetern einnehmen.

DIE LUNGENANATOMIE

Die beiden kegelartigen Lungenflügel füllen – vom Herzen, der Luft- und Speiseröhre und den großen Blutgefäßen abgesehen – beinahe den ganzen Brustkorb aus. Die Spitze dieser Kegel beginnt direkt unter den Schlüsselbeinen, der Boden der Kegel liegt auf dem Zwerchfell auf. Das Zwerchfell ist unser wichtigster Atemmuskel, eine dünne Muskelplatte, die den Bauchraum von der Brusthöhle trennt. Die beiden Lungenflügel – der linke lässt dem Herzen Raum und ist daher etwas kleiner – bestehen aus mehreren Lappen, die wiederum in Segmente unterteilt sind und deren feinste Untereinheit die beschriebenen Lungenbläschen sind. Die Segmentierung der Lunge hat in chirurgischer Hinsicht einen sehr praktischen Vorteil: Erkrankt die Lunge in einzelnen Bereichen, lassen sich die erkrankten Segmente entfernen, während die übrigen Segmente weiterarbeiten. Dies ist möglich, weil jedes Segment an den kleinen Kreislauf angeschlossen ist, der sauerstoffarmes Blut zur Lunge bringt, sowie an die Bronchialarterie.

Umschlossen ist jede Lunge von zwei dünnen Häuten, der Pleura. Die innere Haut umschließt die Lunge, die äußere ist mit dem Brustkorb, den Rippen und dem Zwerchfell verwachsen. Der Spalt zwischen den Häuten ist mit Flüssigkeit gefüllt, die dafür sorgen, dass die Lunge sich einerseits im Brustkorb bei der Atmung frei bewegen kann, andererseits aber im Brustkorb aufspannt ist.

EIN UND AUS

Zum Atmen brauchen wir die oberen und unteren Luftwege. Doch damit überhaupt Luft von der Nase bis in die Lungenspitzen fließen kann, müssen Muskeln in Bewegung gesetzt werden. Die Lungen selbst verfügen über keine eigenen Muskeln, sodass sich – gesteuert vom Atemzentrum im Stammhirn – die Muskelfasern des Zwerchfells beim Einatmen zusammenziehen und sich beim Ausatmen strecken. Diese Atemmechanik wird als Zwerchfell- oder auch Bauchatmung bezeichnet. Im Ruhezustand übt sie etwa zwei Drittel der Atemarbeit aus, je größer die körperliche

Belastung, desto stärker wird sie von der Rippen- oder Brustatmung übernommen. Hierbei leisten in erster Linie die Zwischenrippenmuskeln die Arbeit, der Brustkorb hebt sich beim Einatmen und senkt sich beim Ausatmen deutlich.

DER GASAUSTAUSCH

Die Lunge verfügt über einen eigenen Kreislauf, den Lungen- oder kleinen Kreislauf. Denn im Gegensatz zu den anderen Organen wird sie über das Blut nicht mit Sauerstoff versorgt, es ist vielmehr ihre Aufgabe, sauerstoffarmes Blut mit Sauerstoff anzureichern und das Kohlendioxid, das als „Verbrennungsrückstand" bei der Zellatmung entsteht, über die unteren und oberen Luftwege abzuatmen. Ihren eigenen Sauerstoffbedarf decken die Lungenbläschen direkt aus der eingeatmeten Luft, die fein verzweigten Bronchien dagegen aus der Bronchialarterie, einem direkten Abzweig der Aorta.

An den Alveolen (Lungenbläschen) nimmt das Hämoglobin in den roten Blutkörperchen des sauerstoffarmen Bluts einen Teil der Sauerstoffmoleküle aus der Atemluft auf und transportiert sie mit dem Blut zum Herzen, von wo aus sie im gesamten Körper verteilt werden. Jede einzelne Zelle braucht Sauerstoff für den Stoffwechsel – mit ihm gewinnt der Körper aus Nährstoffen Energie. In den Muskelzellen beispielsweise betreibt er die Verbrennung (Oxidation) von Eiweißen, Fetten und Kohlenhydraten. So wird die in den einzelnen Molekülen gebundene Energie frei, die wir anschließend für die Muskelarbeit, zum Warmhalten des Körpers oder zum Denken benötigen. Insbesondere für letzteres braucht der Körper viel Sauerstoff: Etwa 20 Prozent des eingeatmeten Gases werden im Kopf verstoffwechselt.

Das Abfallprodukt dieser Oxidation wiederum ist Kohlendioxid. Die roten Blutkörperchen des sauerstoffarmen Blutes haben statt des Sauerstoffs dieses Kohlendioxid in den Körperzellen aufgenommen, geben es in der Lunge an die Lungenbläschen ab und das Kohlendioxid wird durch Ausatmen aus dem Körper entfernt.

DIE ATMUNG IN ZAHLEN

Unsere Atemluft besteht aus:
78 % Stickstoff
21 % Sauerstoff
1 % Edelgase
0,04 % Kohlendioxid

Reiner Sauerstoff ist gefährlich; er kann sogar die Lungen schädigen.

Die Anzahl der Atemzüge pro Minute: Erwachsener: ca. 12–15
Säugling: ca. 30
Neugeborenes: ca. 40–60

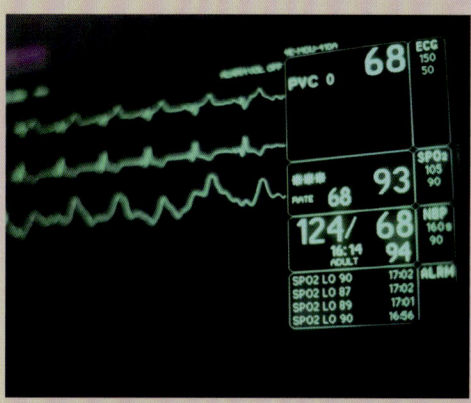

Monitor zur Überprüfung der Vitalfunktionen des Körpers.

Mit jedem Atemzug gelangen etwa 500 ml Luft in die Lungen.
Pro Tag atmet ein Erwachsener 20 000 Mal ein und aus.
Auf diese Weise werden etwa 10 000 Liter Luft pro Tag durch den Körper gepumpt.

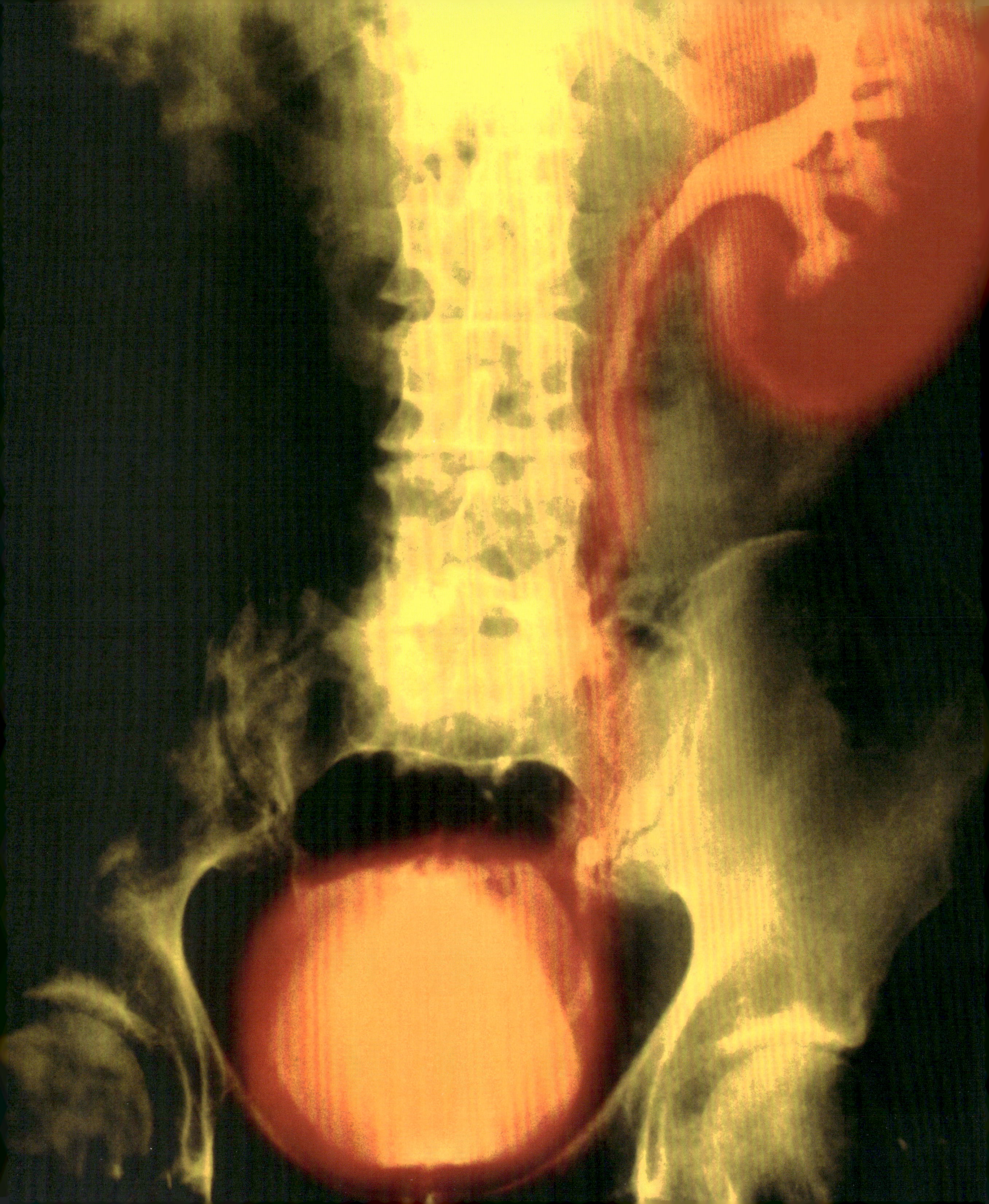

NIEREN- UND HARNSYSTEM

Sie gelten als die Kläranlagen unseres Körpers, die Nieren, zwei bohnenförmige, etwa faustgroße Organe, die rechts und links der Wirbelsäule unterhalb des Zwerchfells liegen. Fortwährend strömt Blut durch sie hindurch, wird gefiltert, Schad- und Giftstoffe werden ausgesondert und über den Urin ausgeschieden. Was ganz einfach klingt, ist für die gerade einmal 1 Prozent unseres Körpergewichts wiegenden Organe Schwerstarbeit – zumal die Filtration längst nicht die einzige Aufgabe der Nieren ist.

IM QUERSCHNITT

Halbiert man eine Niere, fallen selbst mit dem bloßen Auge 8 bis 20 pyramidenförmige Strukturen (die sogenannten Markpyramiden) innerhalb eines anscheinend homogenen Gewebes auf, die in Kelchen und darüber im Nierenbecken münden. Doch das Auge trügt: Die die Markpyramiden umgebende sogenannte Nierenrinde ist durchsetzt von stecknadelkopfgroßen, mit Kapillarschlingen ausgefüllte Kapseln, den Nierenkörperchen, die wiederum mit feinsten Röhrensystemen (Tubulusapparat) verbunden sind und mit ihnen zusammen die sogenannten Nephrone bilden. Sie sind nichts anderes als winzige Funktionseinheiten, das eigentliche Klärwerk der Niere. Jedes Nephron ist mit dünnen Blutgefäßen verbunden.

Umgeben ist die gesamte Niere nicht nur von einer dicken Bindegewebsschicht, sondern auch von Fettgewebe, in dem sie schwimmt, das sie warm hält und ihr eine gewisse Bewegungsfreiheit zusichert, denn während wir atmen, verschieben sich die Nieren leicht nach oben bzw. unten.

Innerhalb des Körpers ist die Bohnenform der Niere so ausgerichtet, dass die konkave Einbuchtung, der Nierenhilus, jeweils zur Wirbelsäule gerichtet ist: Die Nierenarterie (eine Seitenlinie der Aorta) tritt dort in die Niere ein, die Nierenvene und der Harnleiter (*Ureter*) aus ihr heraus. Dem oberen Pol der Niere sitzen jeweils die Nebennieren auf, paarige Hormondrüsen.

GEFILTERT UND RECYCELT

Eingefärbtes Röntgenbild des Nieren- und Harnsystems.

Nachfolgende Doppelseite: Angiogramm (MRT) einer Niere.

Etwa 1,3 Liter des menschlichen Blutes zirkulieren pro Minute durch die Nieren, das gesamte Blut eines Menschen strömt demnach knapp 300 Mal pro Tag durch die beiden Organe. Dieses Blut wird in die Nierenkörperchen gepumpt, in deren feinen Kapillarschlingen das Blutplasma gefiltert wird: Große Bestandteile wie

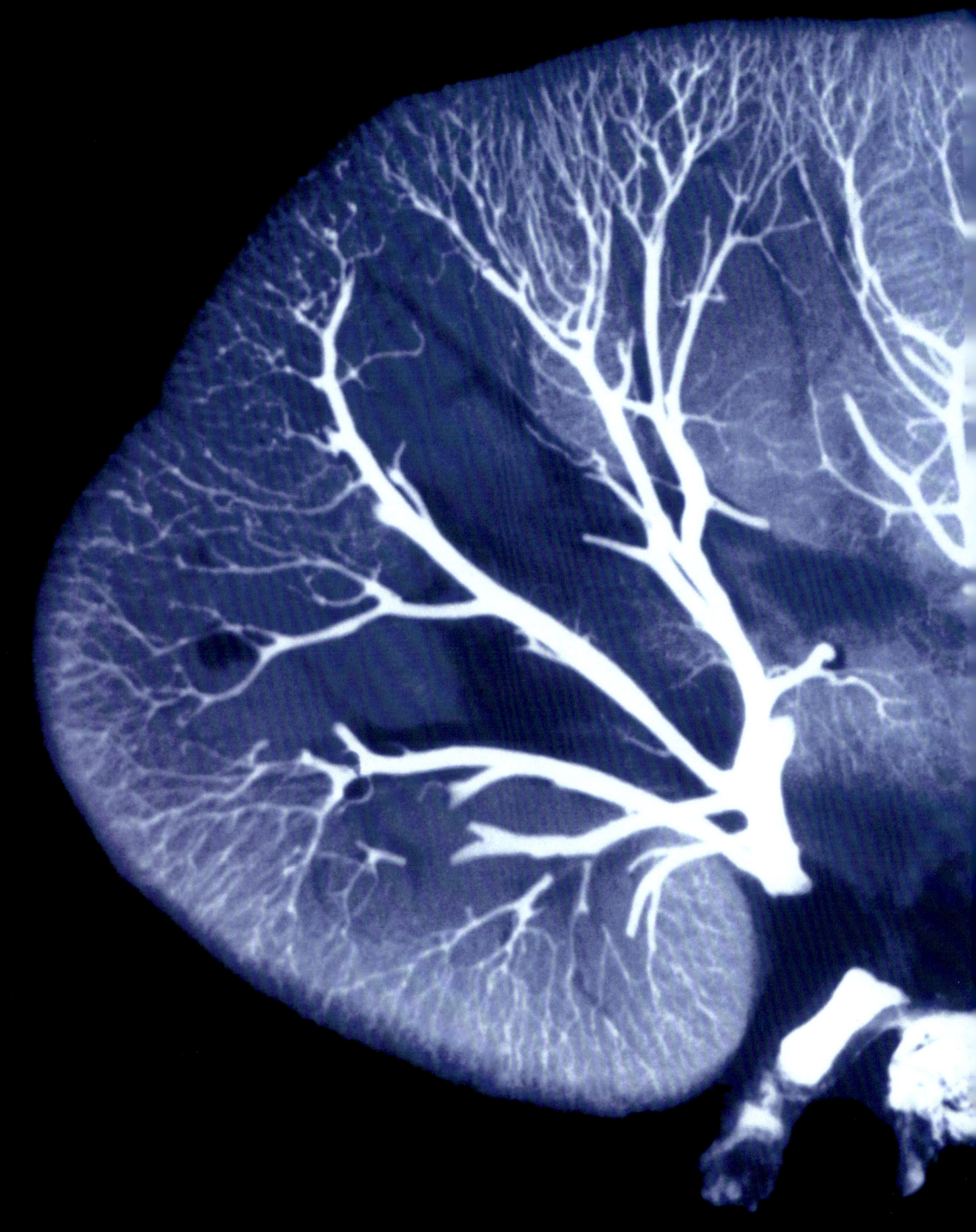

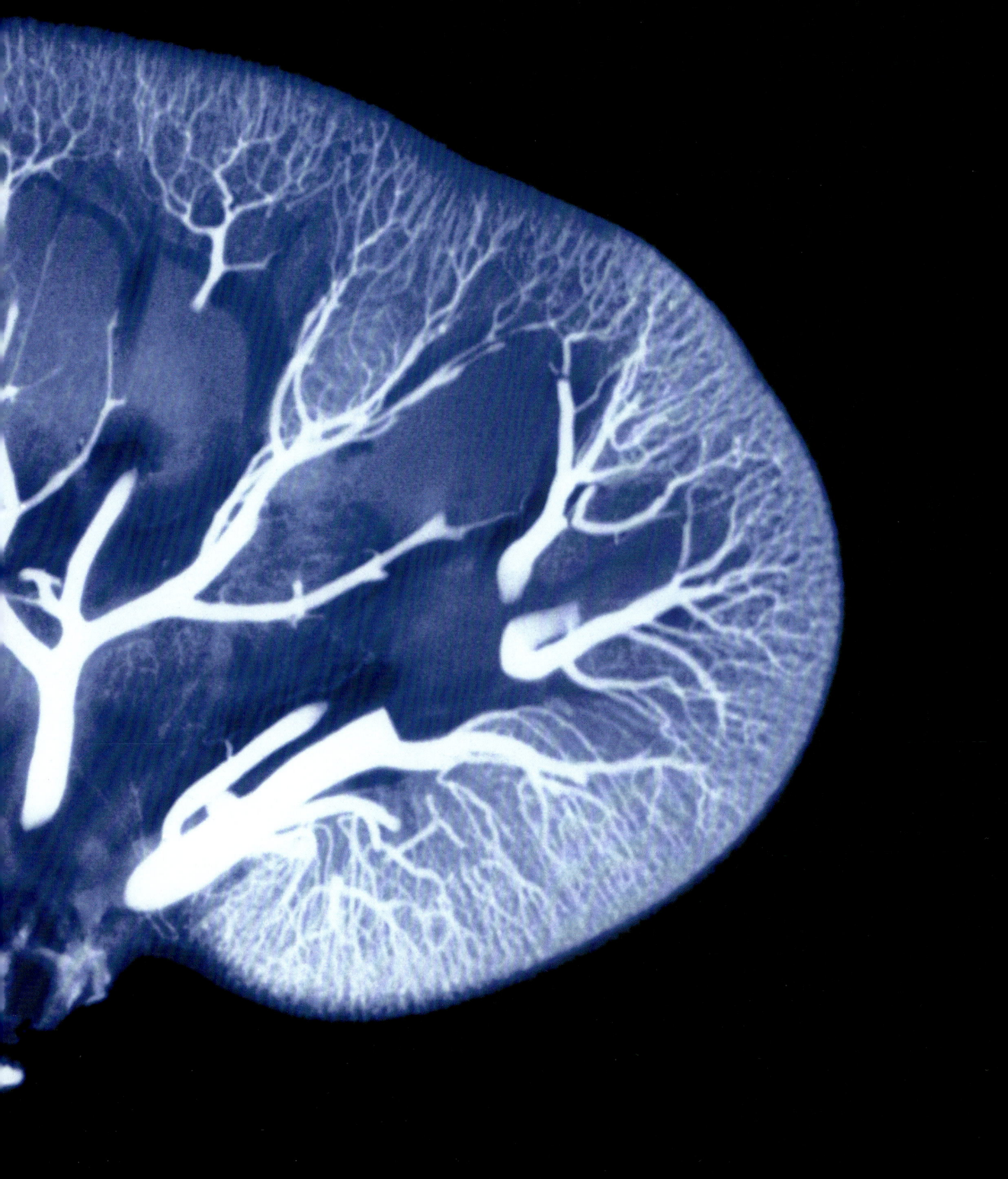

Blutkörperchen und die meisten Proteine verbleiben im Blut. Ausgefiltert werden – zusammen mit Wasser – zum einen Abfallprodukte wie Harnstoff, Kreatinin, ein Stoffwechselprodukt des Kreatins, das für die Energieversorgung der Muskeln mitverantwortlich ist, und Harnsäure. Es sind teilweise giftige, sogenannte harnpflichtige Abfallprodukte des Stoffwechsels, aber auch Rückstände und Schadstoffe von Medikamenten.

Doch in diesem Filtrat, das als Primärharn bezeichnet wird und von dem täglich rund 180 Liter gebildet werden (das entspricht einer fast gefüllten Badewanne), sind auch noch wertvolle, für den Stoffwechsel verwertbare Stoffe wie Aminosäuren, verschiedene Elektrolyte wie Natrium, Magnesium, Kalzium sowie Glukose enthalten. Sie werden nun im Tubulusapparat der Nephronen rückresorbiert, zusammen mit einem Großteil des Wassers. Diese Filtration darf man sich wie das Aufbrühen eines Kaffees vorstellen: Aus den Röhrchensystemen der Nephronen werden mittels Osmose 99 Prozent der Elektrolyte, anderer recycelbarer Nährstoffe und des Wassers herausgefiltert – wie in der Kaffeemaschine Wasser und Aromastoffe – während die Schadstoffe und ein kleiner Rest Wasser wie Kaffeesatz zurückgehalten und schließlich weitergeleitet werden.

Auf diese Weise werden einerseits die wiederverwertbaren Stoffe dem Blutkreislauf erneut zugeführt, andererseits entsteht der schadstoffhaltige konzentrierte Urin, etwa 1,5 Liter pro Tag, der von den Nierenkelchen aus den Markpyramiden aktiv abgesaugt und schließlich ins Nierenbecken abgeleitet wird.

An das Nierenbecken schließen sich die ableitenden Harnwege an: Harnleiter, Harnblase und Harnröhre. Tröpfchenweise wird der Urin über den Harnleiter zur Harnblase geleitet, einem von glatten Muskeln umspannten und von einer vielfach gefalteten Schleimhaut umgebenen Hohlraum. Je mehr Urin in die Blase geleitet wird, desto stärker dehnen sich die Muskeln und die Falten glätten sich. Das maximale Fassungsvermögen der menschlichen Harnblase beträgt 1 Liter Urin, in der Regel ist es aber deutlich geringer – bei Frauen mehr als bei Männern. Harndrang entsteht bereits, wenn die Blase mit rund 300 Millilitern Urin gefüllt ist. Anders als die Dehnungsmuskeln um die Blase herum kann der Mensch den Schließmuskel am Ende der Harnblase willentlich beeinflussen, das heißt, der Urin kann kontrolliert gehalten oder durch die Harnröhre abgelassen werden.

ALLES IM GLEICHGEWICHT

Die klärenden und recycelnden Funktionen der Nieren sind nicht ihre einzigen: Die Nieren halten eine Reihe anderer Systeme des menschlichen Körpers im Gleichgewicht. Indem sie die Urinproduktion kontrollieren und dafür sorgen, dass der Körper überschüssige Flüssigkeit oder Elektrolyte ausscheidet oder zurückhält, regulieren sie den Wasser- und Elektrolythaushalt. Über diese wiederum regeln und korrigieren sie ständig den Blutdruck, erhöhen oder senken ihn, je nach Bedarf. Auch die Aufsicht über den pH-Wert des Bluts obliegt den Nieren. Sie bestimmen, wie viele Säuren und Basen im Körper vorhanden sind, damit das Blut nicht zu „sauer" oder zu „alkalisch" wird.

NATÜRLICHES DOPING

Erik Zabel, Michael Rasmussen, Lance Armstrong, Marco Pantani – sie alle haben es getan, haben mit EPO, dem Hormon Erythropoetin, gedopt. Das war lange Zeit möglich, weil EPO ein natürliches Produkt der Nieren ist und dieses natürliche Hormon sich von dem künstlich hergestellten EPO nur schwer unterscheiden lässt.
Das in der Niere produzierte körpereigene Hormon regt die Bildung roter Blutzellen (Erythrozyten) in den Stammzellen

des Knochenmarks an. Diese wiederum binden Sauerstoff in der Lunge und transportieren diesen zur Versorgung der Zellen in die verschiedenen Körperregionen wie die Muskulatur. Und mehr Sauerstoff bedeutet mehr Leistung: EPO lässt Radfahrer kräftiger treten und Läufer schneller laufen. Eine Erhöhung der Hämoglobinkonzentration in den roten Blutkörperchen um 0,3 Prozent hat eine 1-prozentige Erhöhung der Ausdauerleistung zur Folge. Menschen mit Erkrankungen der Nieren leiden dagegen oft unter Blutarmut und fühlen sich müde und kraftlos.

Ein weiteres wichtiges Hormon, das in der Niere entsteht, ist die „aktive Form" von Vitamin D3, das Kalzitriol. Es bewirkt, dass der Darm mehr Kalzium und Phosphat aufnehmen kann. Darüber hinaus ist es wichtig für die Immunabwehr und gilt als Schutz gegen zahlreiche Krebsarten.

ZU VIEL WASSER KANN TÖDLICH SEIN

Rund anderthalb Liter Wasser verliert der Körper täglich über den Urin, hinzukommen noch einmal rund 500 Milliliter durch die Verdauung, die Atmung, das Schwitzen. Dieser Flüssigkeitsverlust sollte über die Nahrung und durch ausreichendes Trinken wieder aufgenommen werden. Die Deutsche Gesellschaft für Ernährung empfiehlt, mindestens anderthalb bis maximal drei Liter Flüssigkeit über den Tag verteilt zu trinken.

Dass auch ein Zuviel an Wasser schädlich für den Organismus sein kann, ist Mediziner längst bekannt. Wie schädlich, zeigte sich im Jahr 2007, als eine Studentin in Kalifornien nach der Teilnahme an einem Wasser-Wetttrinken starb. Die Teilnehmer sollten für die Dauer einer Radiosendung so viel Wasser trinken, wie sie können, ohne auf die Toilette zu gehen. Die Studentin trank sich mit beinahe zehn Litern auf Platz zwei, klagte aber schon während des Wetttrinkens über Unwohlsein. 5 Stunden später war sie tot. Todesursache: Wasservergiftung. Dass der Körper so heftig auf zu viel Wasser reagiert, ist ungewöhnlich, aber nicht anormal, denn der Salzhaushalt des Körpers wird auf diese Weise durcheinandergebracht:

Wasser, Salze und Mineralstoffe, sogenannte Elektrolyte, welche die Zellen für ihre jeweilige Funktion brauchen, befinden sich in allen Körperzellen und in den Zellzwischenräumen. Wird innerhalb kurzer Zeit zu viel Wasser getrunken, strömt es durch den Unterschied der Salzkonzentration zwischen dem Wasser außer- und innerhalb der Zelle schnell in diese ein, um eine gleichmäßige Konzentration an gelösten Stoffen zu erreichen. Salz gelangt dabei aus der Zelle in den Zellzwischenraum und in die Zelle strömt mehr Wasser ein, als sie verkraften kann, die Salzkonzentration verringert sich.

Das kann zu Herzrhythmusstörungen führen und die Nieren hören irgendwann auf zu arbeiten. Um die Salzversorgung im ganzen Körper zu gewährleisten, stellt der Organismus auf ein Notprogramm um: Keinen Urin produzieren, damit nicht noch mehr Salze verlorengehen. Schließlich gerät auch der Kopf unter Druck: Wasser sammelt sich im Hirngewebe an, der Druck im Hirn wächst, das kann Lungenödeme hervorrufen, die Lungenbläschen füllen sich mit Wasser. Atemnot, Schwindel, Erbrechen und Krämpfe sind die Folge – in schweren Fällen führt es zum Koma oder gar zum Tod.

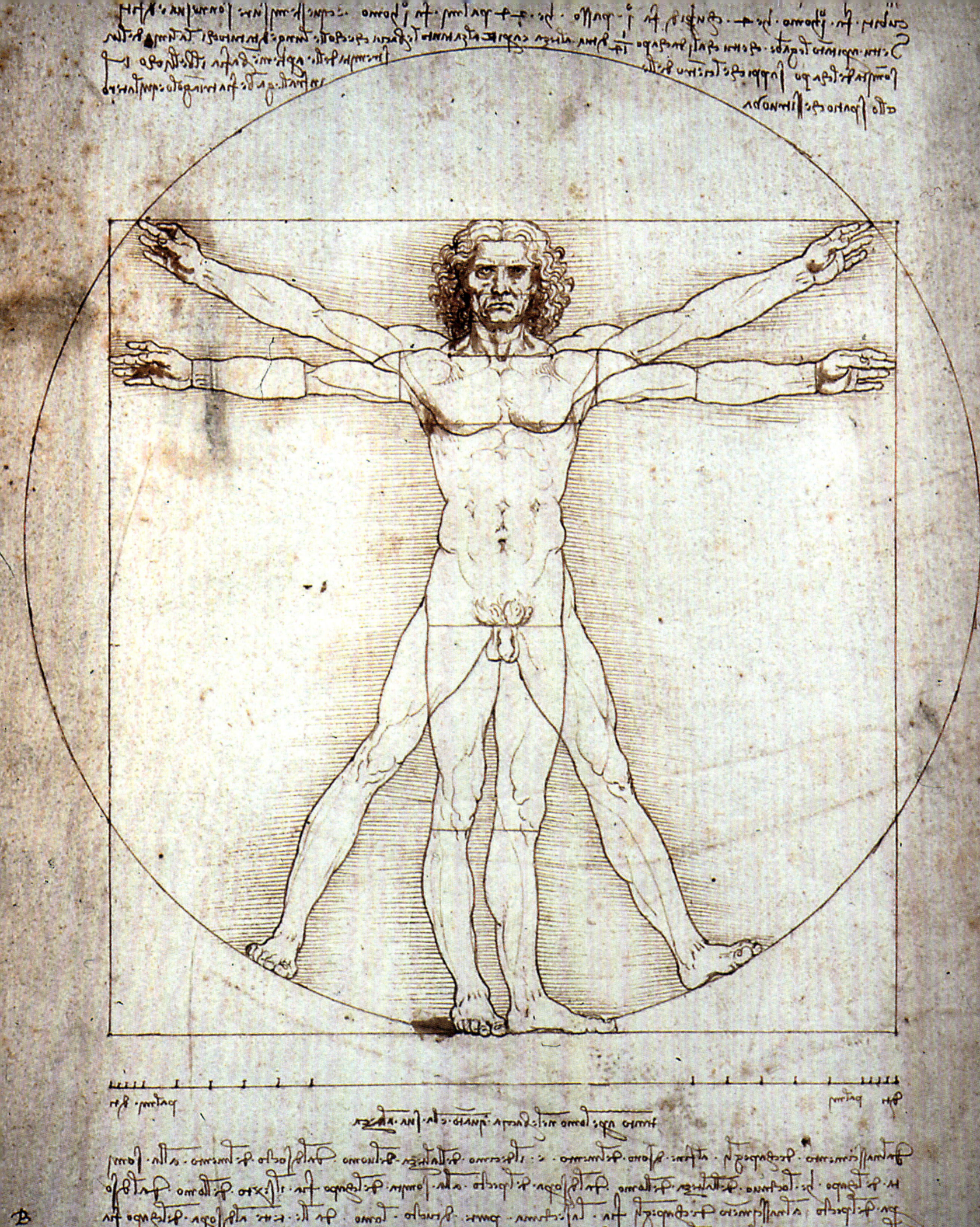

STÜTZ- UND BEWEGUNGSAPPARAT

Die Bedeutung, die der Bewegungsapparat im Hinblick auf unsere Lebensqualität hat, tritt – wie so oft – am deutlichsten zu Tage, wenn eines der vielen Rädchen im Laufwerk nicht mehr funktioniert: Ein Vorfall der Bandscheibe, der chronische Schmerzen verursacht, eine Fraktur im Bereich des Handgelenks, die einfachste Handgriffe unmöglich macht, oder ein Knorpelschaden im Knie, der das Laufen zur Qual macht. Wer durch Unfälle oder Verschleiß Einschränkungen der Bewegungsfähigkeit erlebt, weiß, welch gravierende Auswirkungen dies auf das selbstbestimmte Handeln und das damit verbundene Wohlbefinden hat. Und es geht darüber hinaus: Der Bewegungsapparat ist einer der Grundpfeiler unserer Kommunikation, basiert sie doch auch entscheidend auf dem Einsatz zahlreicher Muskelpartien, dank derer die verbale Ebene um Gestik und Mimik ergänzt wird. Wenn die mimische Gesichtsmuskulatur durch einen Schlaganfall gelähmt, durch die Einnahme bestimmter Medikamente oder Erkrankungen wie Parkinson beeinträchtigt wird und der Gesichtsausdruck erstarrt, geht ein Grundbaustein der Verständigung verloren, denn wir sind es gewohnt, in unserem Gegenüber Emotionen anhand von Mimik und Gestik „auslesen" zu können.

DAS SKELETT

Das aus Knochen bestehende Skelett bildet samt Knorpel und Bändern den passiven Bewegungsapparat: Es stützt den Körper und liefert die Voraussetzung für Bewegungsabläufe, an denen es jedoch – im Gegensatz zu Muskeln – nicht aktiv beteiligt ist. Darüber hinaus schützt das Skelett einen Teil unserer empfindlichen Organe, indem beispielsweise Rippen eine stabile Körperhöhle für Herz und Lunge bilden oder der Schädel unser Gehirn bei stumpfen Verletzungen sichert.

Da Knochen im Laufe des Lebens zusammenwachsen können, weist das Skelett eines Menschen eine individuelle Anzahl an Knochen auf, die in der Regel bei 206 bis 210 liegt. Mehr als die Hälfte entfällt auf die Füße und Hände: Während das Gerüst des Arms aus nur 3 Knochen besteht, verteilen sich in jeder Hand 27 Knochen, unter ihnen die 8 dicht gedrängten Handwurzelknochen, die nur von geringer Größe sind. Und dennoch übertreffen sie

Darstellung des Menschen nach den Proportionsregeln des römischen Ingenieurs und Architekten Vitruv(ius). Leonardo da Vinci zeichnete diesen „vitruvianischen Menschen" um 1490. Gallerie dell'Accademia, Venedig

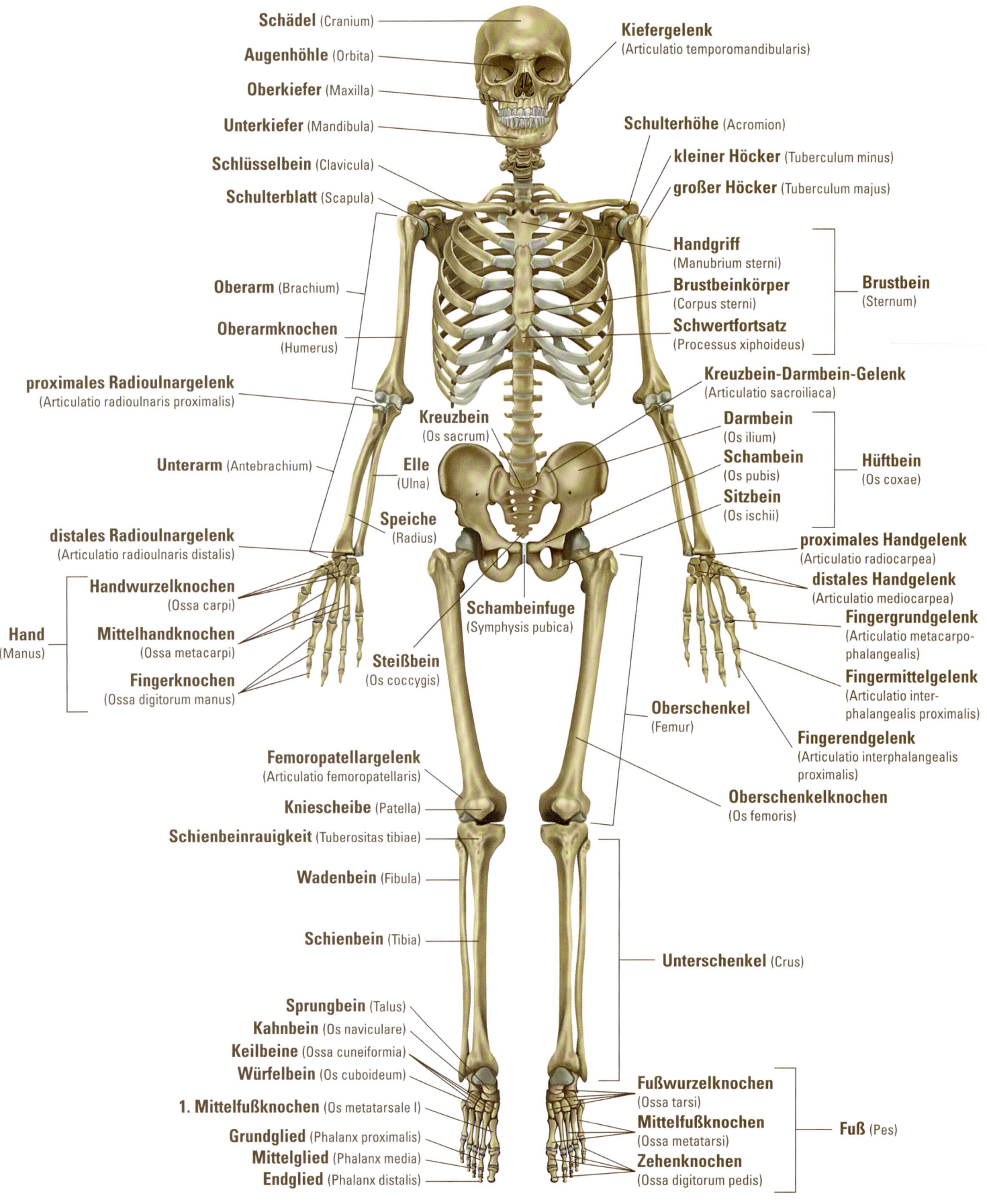

Schädel (Cranium)

Augenhöhle (Orbita)

Oberkiefer (Maxilla)

Unterkiefer (Mandibula)

Schlüsselbein (Clavicula)

Schulterblatt (Scapula)

Oberarm (Brachium)

Oberarmknochen
(Humerus)

proximales Radioulnargelenk
(Articulatio radioulnaris proximalis)

Unterarm (Antebrachium)

distales Radioulnargelenk
(Articulatio radioulnaris distalis)

Handwurzelknochen
(Ossa carpi)

Hand
(Manus)

Mittelhandknochen
(Ossa metacarpi)

Fingerknochen
(Ossa digitorum manus)

Kiefergelenk
(Articulatio temporomandibularis)

Schulterhöhe (Acromion)

kleiner Höcker (Tuberculum minus)

großer Höcker (Tuberculum majus)

Handgriff
(Manubrium sterni)

Brustbeinkörper
(Corpus sterni)

Brustbein
(Sternum)

Schwertfortsatz
(Processus xiphoideus)

Kreuzbein-Darmbein-Gelenk
(Articulatio sacroiliaca)

Kreuzbein
(Os sacrum)

Darmbein
(Os ilium)

Schambein
(Os pubis)

Hüftbein
(Os coxae)

Elle
(Ulna)

Sitzbein
(Os ischii)

Speiche
(Radius)

proximales Handgelenk
(Articulatio radiocarpea)

distales Handgelenk
(Articulatio mediocarpea)

Schambeinfuge
(Symphysis pubica)

Fingergrundgelenk
(Articulatio metacarpo-
phalangealis)

Steißbein
(Os coccygis)

Fingermittelgelenk
(Articulatio inter-
phalangealis proximalis)

Oberschenkel
(Femur)

Fingerendgelenk
(Articulatio interphalangealis
proximalis)

Femoropatellargelenk
(Articulatio femoropatellaris)

Oberschenkelknochen
(Os femoris)

Kniescheibe (Patella)

Schienbeinrauigkeit (Tuberositas tibiae)

Wadenbein (Fibula)

Schienbein (Tibia)

Unterschenkel (Crus)

Sprungbein (Talus)

Kahnbein (Os naviculare)

Keilbeine (Ossa cuneiformia)

Würfelbein (Os cuboideum)

1. Mittelfußknochen (Os metatarsale I)

Fußwurzelknochen
(Ossa tarsi)

Grundglied (Phalanx proximalis)

Mittelfußknochen
(Ossa metatarsi)

Fuß (Pes)

Mittelglied (Phalanx media)

Zehenknochen
(Ossa digitorum pedis)

Endglied (Phalanx distalis)

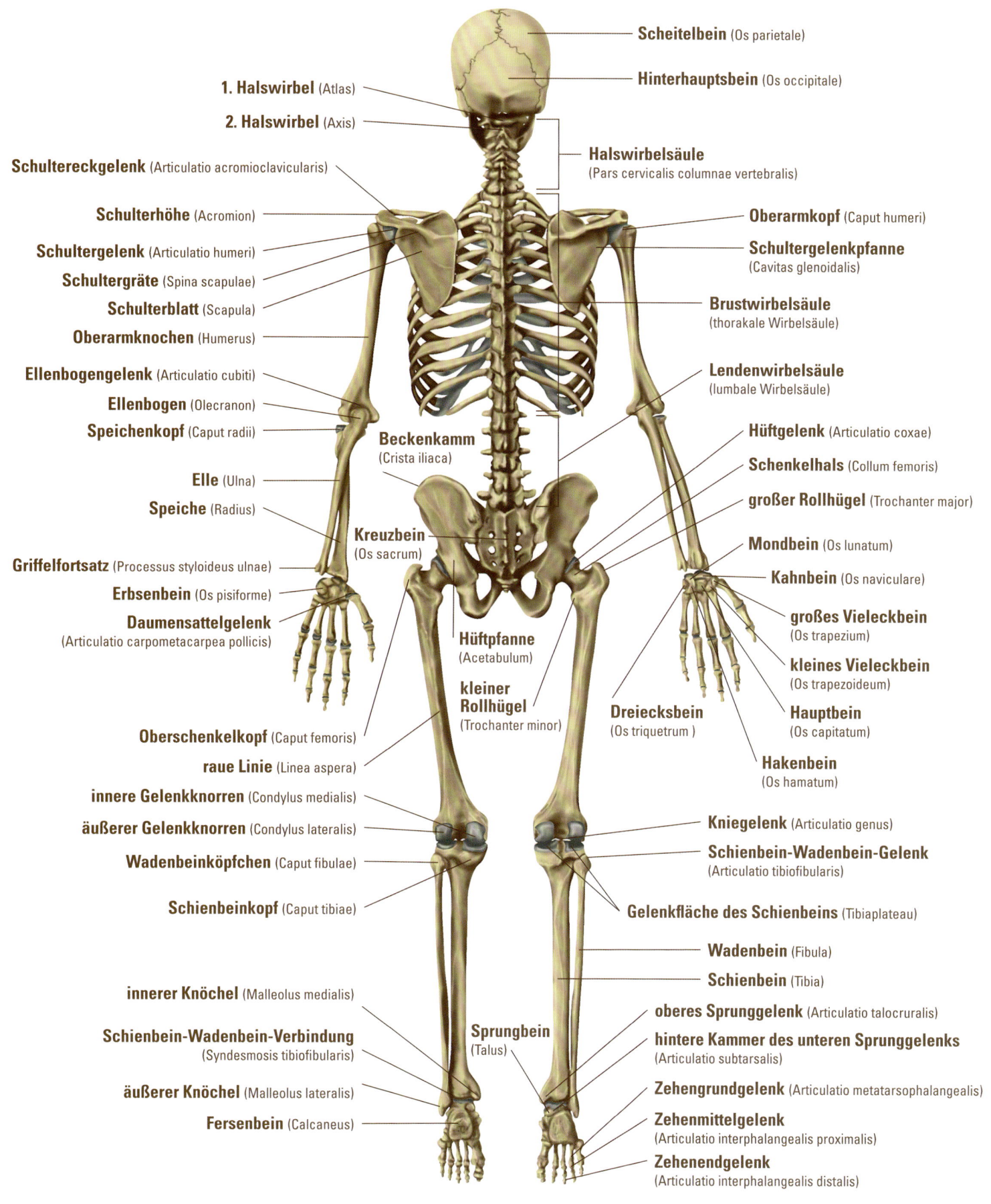

Scheitelbein (Os parietale)

Hinterhauptsbein (Os occipitale)

1. Halswirbel (Atlas)

2. Halswirbel (Axis)

Halswirbelsäule
(Pars cervicalis columnae vertebralis)

Schultereckgelenk (Articulatio acromioclavicularis)

Oberarmkopf (Caput humeri)

Schulterhöhe (Acromion)

Schultergelenkpfanne
(Cavitas glenoidalis)

Schultergelenk (Articulatio humeri)

Schultergräte (Spina scapulae)

Brustwirbelsäule
(thorakale Wirbelsäule)

Schulterblatt (Scapula)

Oberarmknochen (Humerus)

Lendenwirbelsäule
(lumbale Wirbelsäule)

Ellenbogengelenk (Articulatio cubiti)

Ellenbogen (Olecranon)

Hüftgelenk (Articulatio coxae)

Speichenkopf (Caput radii)

Schenkelhals (Collum femoris)

Beckenkamm
(Crista iliaca)

großer Rollhügel (Trochanter major)

Elle (Ulna)

Mondbein (Os lunatum)

Speiche (Radius)

Kahnbein (Os naviculare)

Kreuzbein
(Os sacrum)

Griffelfortsatz (Processus styloideus ulnae)

großes Vieleckbein
(Os trapezium)

Erbsenbein (Os pisiforme)

Daumensattelgelenk
(Articulatio carpometacarpea pollicis)

kleines Vieleckbein
(Os trapezoideum)

Hüftpfanne
(Acetabulum)

Hauptbein
(Os capitatum)

Dreiecksbein
(Os triquetrum)

kleiner
Rollhügel
(Trochanter minor)

Oberschenkelkopf (Caput femoris)

Hakenbein
(Os hamatum)

raue Linie (Linea aspera)

innere Gelenkknorren (Condylus medialis)

äußerer Gelenkknorren (Condylus lateralis)

Kniegelenk (Articulatio genus)

Wadenbeinköpfchen (Caput fibulae)

Schienbein-Wadenbein-Gelenk
(Articulatio tibiofibularis)

Schienbeinkopf (Caput tibiae)

Gelenkfläche des Schienbeins (Tibiaplateau)

Wadenbein (Fibula)

Schienbein (Tibia)

innerer Knöchel (Malleolus medialis)

oberes Sprunggelenk (Articulatio talocruralis)

Schienbein-Wadenbein-Verbindung
(Syndesmosis tibiofibularis)

Sprungbein
(Talus)

hintere Kammer des unteren Sprunggelenks
(Articulatio subtarsalis)

äußerer Knöchel (Malleolus lateralis)

Zehengrundgelenk (Articulatio metatarsophalangealis)

Fersenbein (Calcaneus)

Zehenmittelgelenk
(Articulatio interphalangealis proximalis)

Zehenendgelenk
(Articulatio interphalangealis distalis)

den etwa 3 Millimeter kurzen Steigbügel als den kleinsten Knochen des menschlichen Körpers um ein Vielfaches: Er befindet sich im Mittelohr und ist einer der drei Gehörknöchelchen.

Wer sich ein Skelett in originalgetreuer Nachbildung anschaut, erkennt die unterschiedlichen Formen der Knochen, die eine Einteilung in die drei großen Gruppen – Röhrenknochen (in den Extremitäten), platte Knochen (zum Beispiel Schulterblatt, Becken und Teile des Schädels) sowie kurze beziehungsweise unregelmäßige Knochen (Hand- und Fußwurzelknochen) – erlaubt.

Was der Anblick eines menschlichen Skeletts allerdings nicht offenbart, ist die Tatsache, dass Knochen alles andere als tote Materie sind. Das wird erst bei einem Längsschnitt durch einen „lebendigen" Knochen deutlich. Die Außenflächen sind fast vollständig von Knochenhaut (*Periost*) überzogen, die von zahlreichen Blutgefäßen und Nerven durchsetzt ist. Das *Periost* versorgt den Knochen mit Nährstoffen und ist Träger von Osteoblasten, die für den Aufbau der Knochen verantwortlich sind (siehe Kasten).

Unterhalb der Knochenhaut liegt die *Kompakta*, eine Schicht dichter, von Kapillaren durchsetzter Knochensubstanz, der sich die *Spongiosa* anschließt, die hinsichtlich ihrer Struktur an eine Koralle oder einen Schwamm erinnert.

DER STOFFWECHSEL DER KNOCHEN

Bewegung und Krafttraining fördern den Aufbau von Muskulatur. Dieser Zusammenhang ist nicht erst bekannt, seitdem Fitness zum guten Ton gehört. Weniger bekannt ist hingegen, dass sich Krafttraining ebenso auf die Knochen auswirkt, genauer gesagt auf die Knochenmasse. Drei Zellarten sind an dem Auf- und Abbau von Knochen beteiligt: Osteoblasten produzieren eine kollagenhaltige Substanz, die durch die Einlagerung von Kalzium und Phosphat verkalkt und neue Knochenmasse bildet. Osteoklasten hingegen bewirken, indem sie Aminosäuren und Enzyme absondern, den Abbau von Knochensubstanz.

Wie genau die Aktivität dieser beiden Zellarten geregelt wird, ist bis heute nicht vollständig bekannt, vermutlich jedoch spielen Osteozyten als dritte Zellart eine entscheidende Rolle. Sie registrieren Muskelaktivität und Krafteinwirkung und sorgen auf der Grundlage dieser Informationen für die Aktivierung entweder von Osteoblasten oder Osteoklasten. Wer sich dauerhaft zu wenig bewegt, beeinflusst das dynamische Gleichgewicht zwischen Knochenauf- und -abbau zugunsten einer erhöhten Aktivität von Osteoklasten – die Knochen verlieren infolgedessen an Masse und Festigkeit und sind damit anfälliger für Brüche.

Da Knochenabbau zu einem der alterungsbedingten Begleiterscheinungen gehört, ist es besonders wichtig, in der Kindheit und Jugend, wenn die Aktivität der Osteoblasten ihren Höhepunkt erreicht, durch Bewegung und Muskelbeanspruchung ein Maximum an Knochensubstanz aufzubauen. Dies ist eine der besten Vorsorgemaßnahmen, um Einschränkungen des Bewegungsapparates in späteren Jahren vorzubeugen.

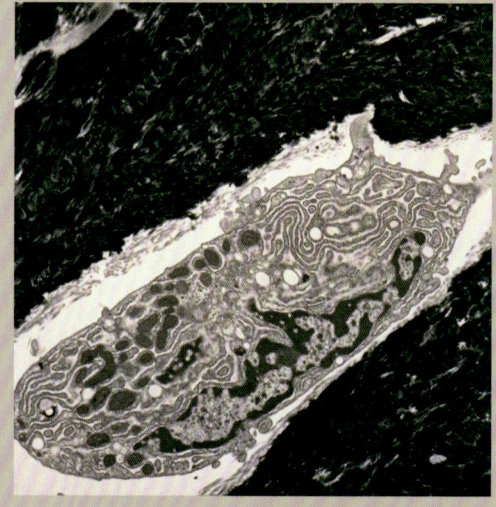

Mikroskopische Aufnahme von Knochenbildungszellen.

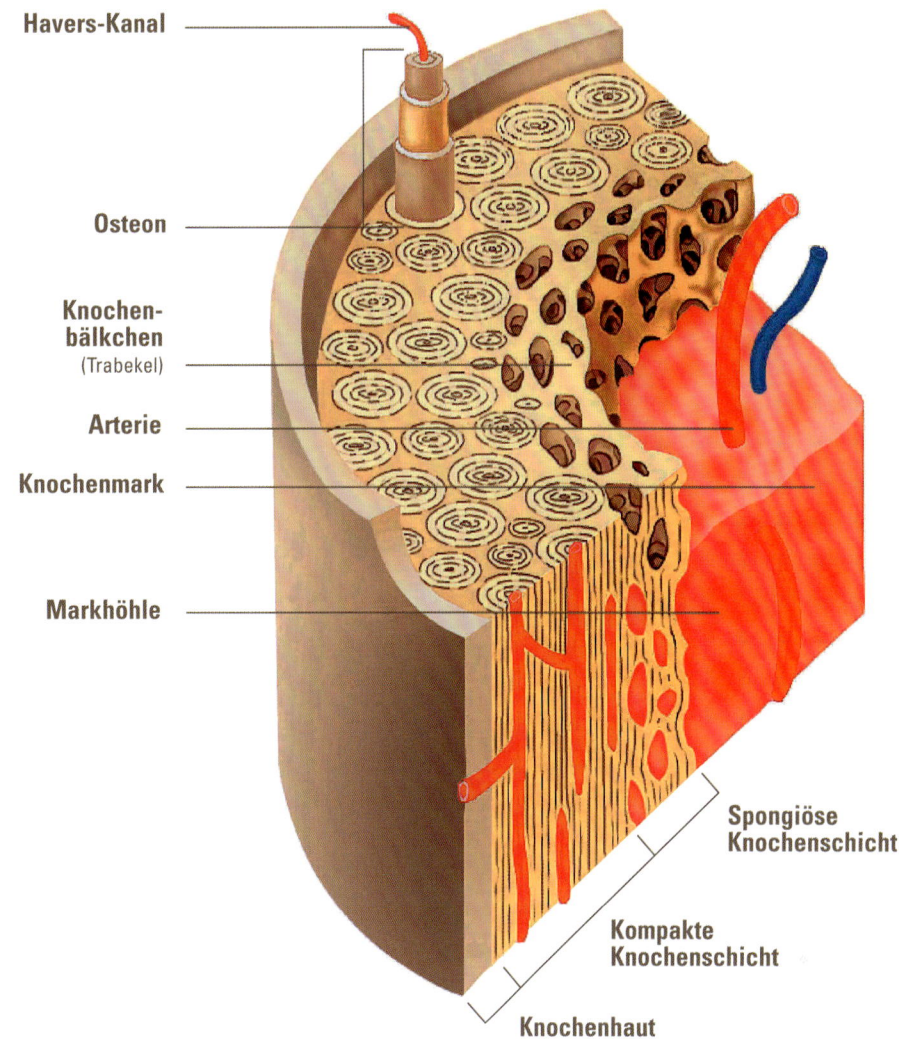

Havers-Kanal

Osteon

**Knochen-
bälkchen**
(Trabekel)

Arterie

Knochenmark

Markhöhle

**Spongiöse
Knochenschicht**

**Kompakte
Knochenschicht**

Knochenhaut

Eine Kombination aus Knochenbälkchen und Hohlräumen lässt ein Netz entstehen, das sich einerseits durch hohe Stabilität, andererseits durch ein geringes Gewicht auszeichnet. Es ist der *Spongiosa* zu verdanken, dass wir an unserem Stütz- und Bewegungsapparat nicht allzu schwer zu tragen haben, denn tatsächlich macht das Skelett nur etwa 12 Prozent des Körpergewichts aus. Die Hohlräume des Geflechts sind mit rotem Knochenmark gefüllt, das sich als eine Ansammlung von Blutstammzellen darstellt, die täglich Milliarden neuer Blutzellen produzieren. Die in den Extremitäten zu findenden Röhrenknochen (zum Beispiel Oberschenkel- oder Oberarmknochen) spielen in dieser Hinsicht eine besondere Rolle: Der lange Schaft der Röhrenknochen enthält eine Markhöhle, die bei Kindern und Jugendlichen mit rotem Knochenmark gefüllt ist. Bei Erwachsenen wandelt sich dieses in gelbes Knochenmark (Markfett) um und büßt damit die Fähigkeit zur Blutbildung ein.

Der histologische Aufbau der Knochen macht deutlich, dass die Aufgaben des Skeletts weit über die stützenden und schützenden Funktionen hinausgehen. Es ist die Produktionsstätte für Blutzellen und Depot für Mineralien, allen voran Kalzium: Mehr als 95 Prozent der etwa 1,5 Kilogramm Kalzium, die der menschliche Körper enthält, sind in den Knochen eingelagert und verleihen ihm seine Stabilität.

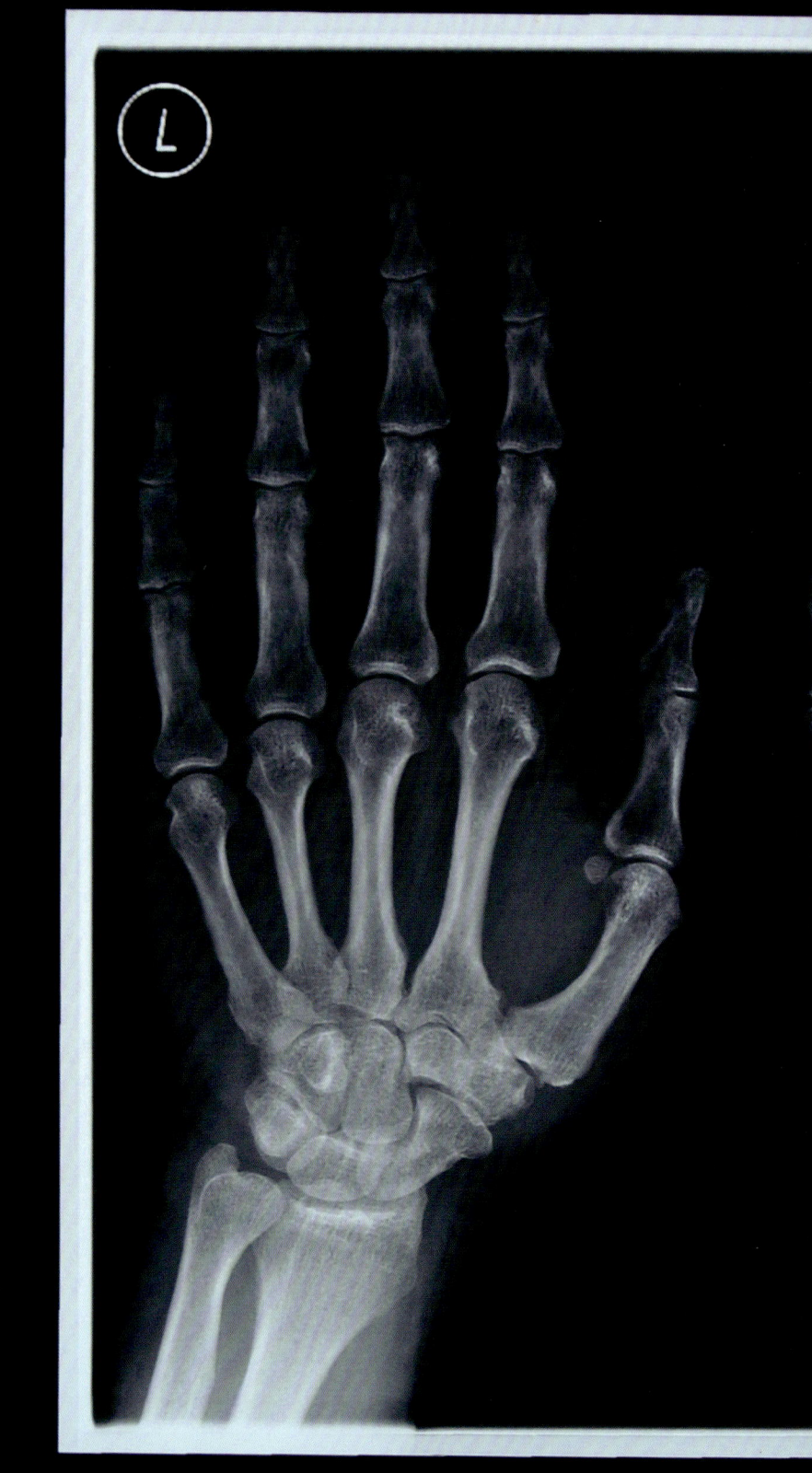

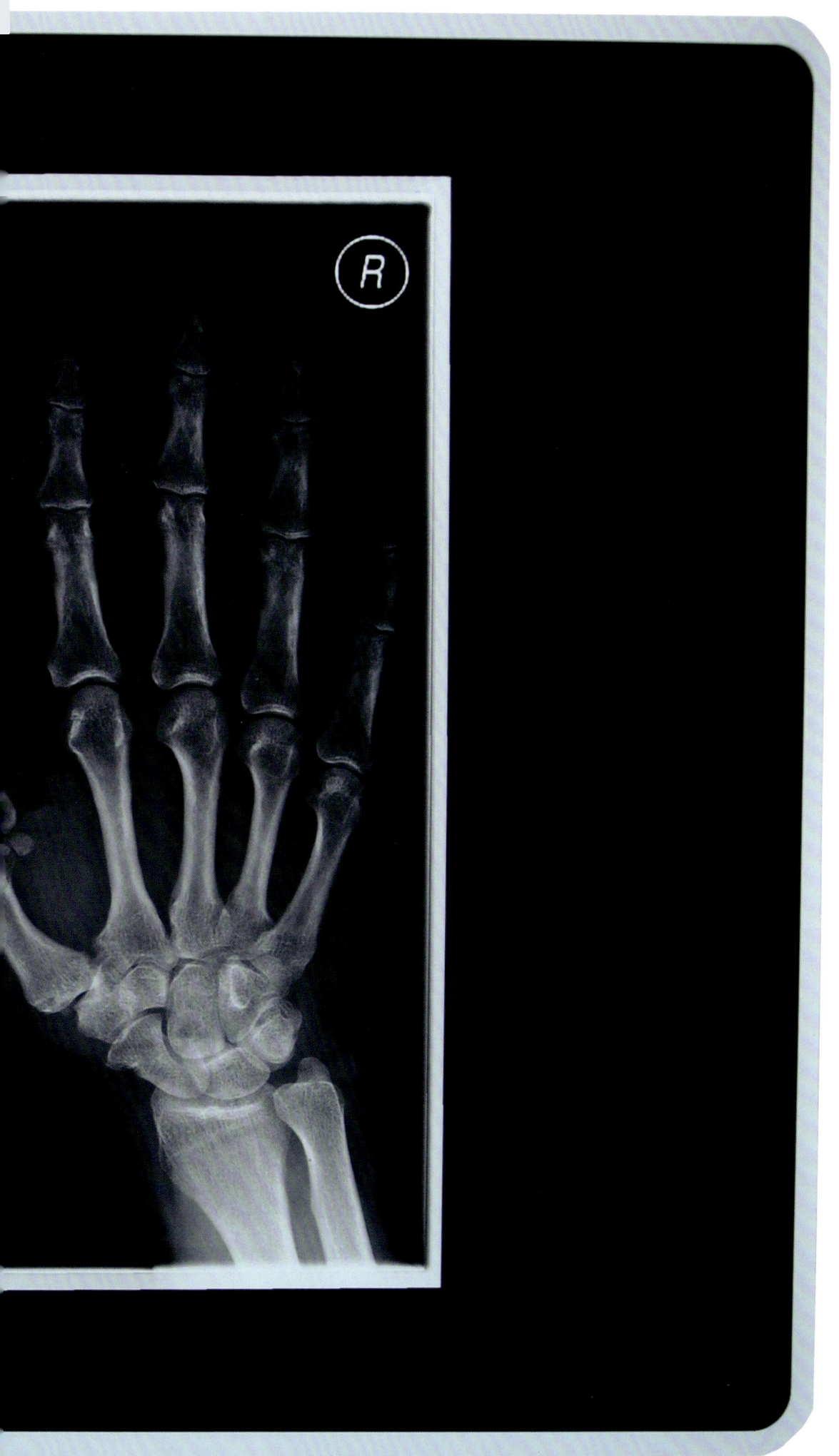

In jeder Hand befinden sich
27 Knochen: 14 Fingerglieder,
5 Mittelhandknochen und 8 dicht
gedrängte Handwurzelknochen, wie
der Röntgenfilm einer rechten und
einer linken Hand veranschaulicht.

GELENKE

Mit jedem Schritt setzen wir mehr als 60 Knochen in unserem Becken, den Beinen und Füßen in Bewegung. Für die schmerzfreie und im wahrsten Sinne des Wortes reibungslose Beweglichkeit aneinandergrenzender Knochen sorgen Gelenke, die in unechte und echte Gelenke unterteilt werden können.

Unechte Gelenke stellen mithilfe von Binde-, Knorpel- oder Knochengewebe eine verhältnismäßig starre, wenn nicht gar unbewegliche Verbindung zwischen Knochen her. Ein Beispiel für eine knochenhafte Verbindung ist das Kreuzbein, das im Kindesalter noch aus fünf einzelnen Wirbeln besteht, die bis zum 30. Lebensjahr jedoch miteinander verschmelzen.

Bandscheiben wiederum, die Wirbel voneinander trennen und polstern, gehören zu den knorpelhaften Gelenkverbindungen. Im Inneren enthalten diese wichtigen Faserknorpelplatten einen gallertartigen Kern, der wie ein stoßdämpfendes Wasserkissen wirkt. Wird auf die Wirbelsäule Druck ausgeübt, entweicht ein Teil der Flüssigkeit und die Bandscheibe verliert an Volumen. Dies ist der Grund, warum unsere Körpergröße am Morgen und am Abend um bis zu 3 Zentimeter voneinander abweichen kann. Erst bei Entlastung der

SCHMERZHAFTER KNORPELVERLUST – VOLKSKRANKHEIT ARTHROSE

Jeder zweite Deutsche über 65 Jahre ist von Arthrose betroffen. Der fortschreitende Verschleiß des Gelenkknorpels kann viele Ursachen haben: Kontinuierliche Überbelastung vor allem durch Übergewicht, genetische Veranlagung oder Stoffwechselerkrankungen werden ebenso angeführt wie Fehlernährung (zu hoher Fleischkonsum) oder Medikamentennebenwirkungen. Seit einigen Jahren steht ein weiterer möglicher Auslöser der Arthritis im Fokus: Syndecan. Hierbei handelt es sich um ein eiweißproduzierendes Molekül, das sich auf der Oberfläche der Knorpelzellen befindet und die Umwandlung von Knorpel in Knochensubstanz be-

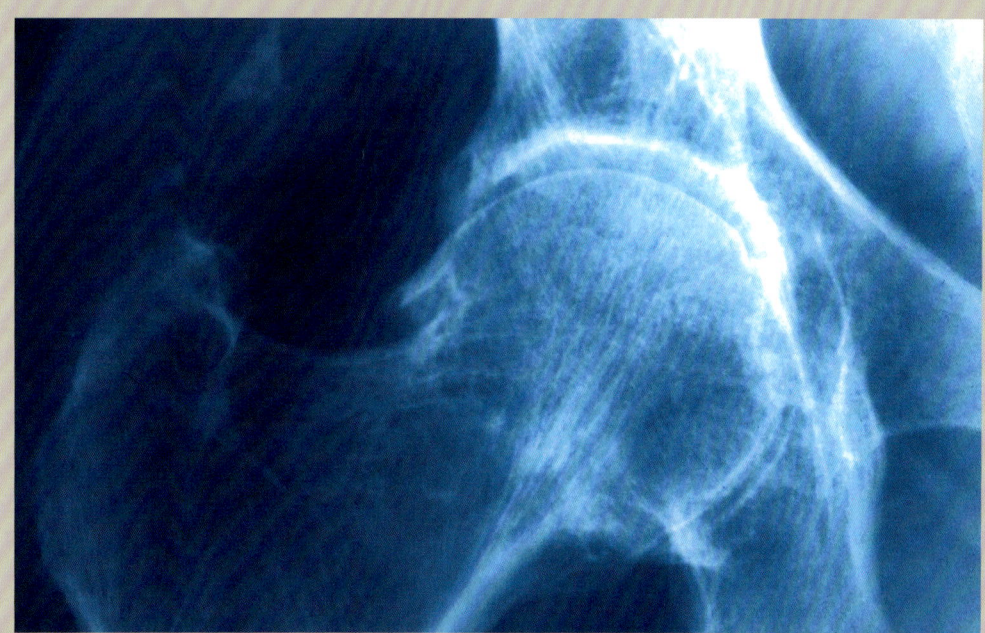

günstigt. Der Einsatz eines Antikörpers, der das Syndecan-Molekül hemmt, zeigt bislang große Erfolge. Sollte sich dieser Ansatz als erfolgreich erweisen, wäre dies ein Durchbruch in der Behandlung von Millionen Betroffener, denen bislang nur sehr begrenzte Möglichkeiten zur Linderung von Schmerzen zur Verfügung stehen.

Röntgenaufnahme eines von Arthrose betroffenen rechten Hüftgelenks. Bei der sogenannten Coxarthrosis sind meist die Knorpelschicht des Hüftkopfs und der Hüftpfanne im Becken betroffen.

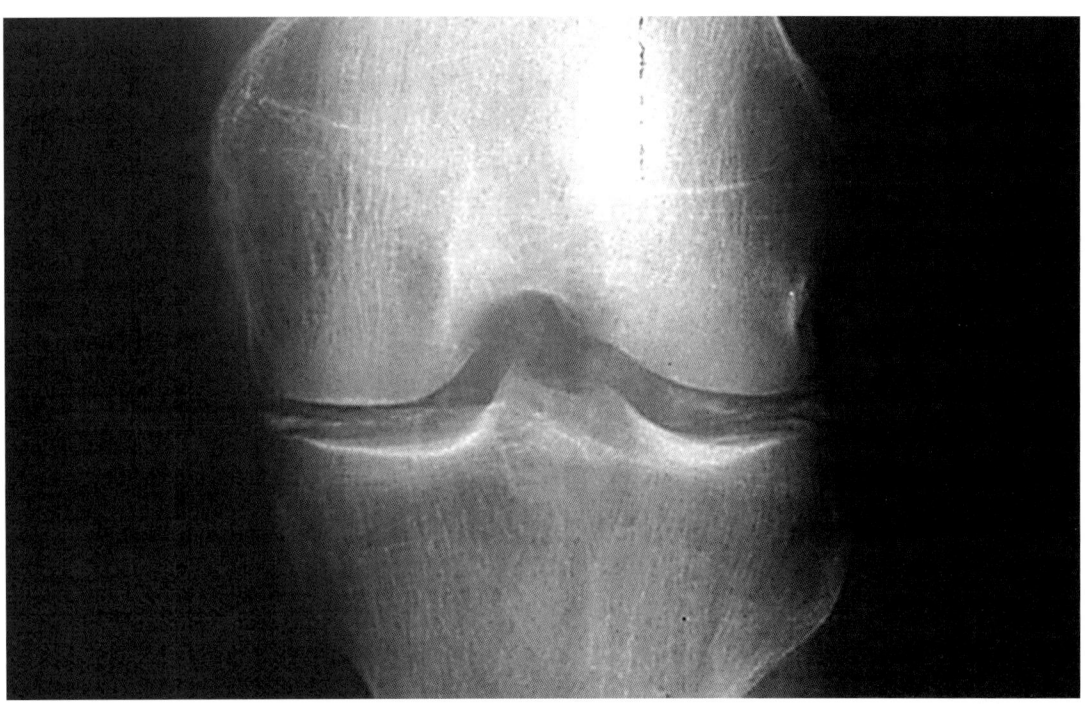

Kniegelenk mit Gelenkspalt samt Knorpelverkalkung.

Nachfolgende Doppelseiten: Der englische Fotograf Eadweard Muybridge (1830–1904) hat um das Jahr 1880 erstmals die menschliche Bewegung mit seinen Studien und dem neuen Medium der Fotografie im Bild festgehalten.

Wirbelsäule, also spätestens im Schlaf, wird das Depot wieder mit Flüssigkeit aufgefüllt. Ein „Vorfall" der Bandscheibe stellt sich ein, wenn unter anhaltender und schwerer Kompression der Wirbelsäule der Gallertkern den äußeren Faserknorpelring durchstößt und auf den Rückenmarksnerv drückt. Schmerzen bis hin zu Lähmungen sind die Folge.

Charakteristisches Merkmal der echten Gelenke ist ein Spalt, der zwischen den aneinandergrenzenden und oftmals aufeinander abgestimmten Knochen (zum Beispiel Gelenkpfanne und Gelenkkopf) liegt. Die Knochen sind an ihren jeweiligen Enden mit Gelenkknorpel überzogen, der – obgleich nur etwa 2,5 Millimeter dick – nicht nur Stöße abfedert, sondern im gesunden Zustand eine spiegelglatte Oberfläche bildet, die reibungslose Bewegungen gewährleistet.

Der Gelenkspalt ist in der überwiegenden Anzahl der Gelenke mit sogenannter Synovia angefüllt, einer durchsichtigen, eiweißhaltigen Flüssigkeit, die drei Aufgaben übernimmt: Sie schmiert das Gelenk und vermindert damit die Reibung, sie fängt Stöße ab und sie versorgt den Knorpel, der über keinerlei Blutgefäße verfügt, mit Nährstoffen. Die Gelenkflüssigkeit wird in der sogenannten Synovialmembran gebildet, der inneren Schicht der Gelenkkapsel, die außen aus straffen Bindegewebsschichten besteht und die Gelenke schützend umgibt.

Komplex aufgebaute Gelenke oder solche, bei denen es Ungleichheiten der angrenzenden Gelenkflächen gibt, die es auszugleichen gilt, zeigen Abweichungen im Aufbau. Im Bereich des Kiefers findet sich beispielsweise eine aus Faserknorpel und Bindegewebe aufgebaute Zwischengelenkscheibe (*Diskus*), die sich bei Überbeanspruchung verschieben und charakteristische Knackgeräusche beim Öffnen des Mundes verursachen kann. Im Gegensatz zum *Diskus*, der den Gelenkraum vollständig voneinander trennt, geschieht dies beim Meniskus nur unvollständig. Die Menisken im Knie sind nicht nur unter Sportlern ein neuralgischer Punkt mit hoher Verletzungsanfälligkeit. Die ohnehin hohe Belastung, die das Kniegelenk aushalten muss, wird durch Übergewicht oder sportliche Überbeanspruchung noch verschärft. Feine Risse, die auftreten können, schaffen eine höhere Verletzungsanfälligkeit, sodass zuweilen nur eine unvorteilhafte Drehung des Oberschenkels bei gleichzeitig fixiertem Unterschenkel ausreicht, damit der Meniskus einreißt.

SKELETTMUSKULATUR

Die Muskulatur ist das mit Abstand schwerste Organ unseres Körpers: Zwischen 30 und 40 Prozent des Körpergewichts entfällt bei erwachsenen Frauen auf die Muskelmasse, bei Männern können es sogar bis zu 50 Prozent sein. Nicht die Knochen sind es also, an denen wir schwer tragen, sondern unsere Muskeln, die wiederum zu 70 bis 80 Prozent aus Wasser bestehen. Muskeln übernehmen auch die eigentliche Arbeit im Stütz- und Bewegungsapparat: Die aus Knochen und Bandscheiben zusammengesetzte Wirbelsäule beispielsweise wäre ohne Muskeln und Bänder nicht einmal in der Lage, einer Belastung von nur wenigen Kilogramm standzuhalten.

Grundsätzlich lassen sich anhand des histologischen Aufbaus drei Arten von Muskulatur unterscheiden: glatte und quergestreifte Muskulatur sowie die quergestreifte Herzmuskulatur, die jedoch aufgrund ihrer Fähigkeit zur Autorhythmie eine Sonderstellung einnimmt. Glatte Muskulatur findet sich in den Wänden vieler Hohlorgane wie Darm, Magen sowie Lymph- und Blutgefäßen. Sie dient in erster Linie dem Transport von Blut, Lymphe, Sekreten, Urin und Nahrungsbrei. Die Kontraktionen der glatten Muskulatur unterliegen keiner willkürlichen Kontrolle, sondern werden durch das vegetative Nervensystem gesteuert. Dies gestaltet sich bei der quergestreiften Muskulatur anders: Hier können wir die Aktivitäten der Muskelfasern zum größten Teil willentlich beeinflussen. Dies betrifft jene Muskeln, die das Skelett stabilisieren und die Knochen bewegen und deshalb auch unter dem Begriff Skelettmuskulatur zusammengefasst werden.

SEHNEN ALS KRAFTÜBERTRÄGER

Muskeln sind nicht direkt an dem Knochen, den sie stützen oder bewegen, verankert, sondern über Sehnen, die aus parallel verlaufenden, fest miteinander verbundenen Bindegewebsfasern bestehen. Im Gegensatz zu Muskeln weisen Sehnen nur eine sehr spärliche Anzahl an Nerven und Blutgefäßen auf – ein Umstand, der sich nach Unfällen oder Verletzungen in Form einer langen Regenerationszeit negativ bemerkbar macht. Dass Risse unserer stärksten Sehne, der Achillessehne, nicht weitaus häufiger auftreten, verwundert geradezu angesichts der täglichen Belastungen, denen sie ausgesetzt ist: Beim Laufen wirken mit jedem Schritt Kräfte, die das 10-fache des Körpergewichts erreichen. Sprünge üben eine noch höhere Belastung aus.

Sehnen sind überaus flexibel:
Sie halten stärksten körperlichen
Belastungen stand, ohne zu zerreißen.

„Den aufrechten Gang hat der Mensch
schon in seinen Anfängen gelernt,
aber er macht ihm jetzt noch zu schaffen."

Henriette Wilhelmine Hanke (1785–1862)

Skelettmuskeln bestehen aus einer Vielzahl von bis zu 15 Zentimeter langen Muskelfasern, die mittels des mit Blutkapillaren durchsetzten Bindegewebes, das sie umhüllt, mit Nährstoffen versorgt und in Bündeln gruppiert werden. Die Muskelfasern setzen sich aus zahlreichen Muskelfibrillen zusammen, die unter dem Mikroskop betrachtet ein auffällig symmetrisches Muster in Gestalt von Querstreifen aufweisen, bei der sich helle und dunkle Streifen abwechseln. Dieses Muster entsteht durch die gleichförmige Aneinanderreihung fadenförmiger Proteinstrukturen, sogenannter Filamente. Diese Filamente sind so angeordnet, dass sie bei einem ausreichenden elektrischen Impuls und unter Bereitstellung von Energie ineinandergleiten können. Dies ist der Moment der Muskelkontraktion, die nach der „Alles-oder-nichts-Regel" verläuft, das heißt, die einzelne Muskelfaser kontrahiert entweder maximal oder gar nicht. Eine Regulierung ist also nicht über die einzelnen motorischen Einheiten eines Muskels zu erreichen, sondern allein dadurch, dass nicht alle Einheiten auf einmal durch elektrische Impulse stimuliert werden, sondern abwechselnd, wodurch der gesamte Muskel auch weniger schnell ermüdet.

Alles in allem ist Muskelarbeit ein Vorgang, für den Energie in großen Mengen bereitgestellt werden muss. Über Blutgefäße und Kapillaren gelangen Kohlenhydrate, Fette und Proteine sowie Sauerstoff zu den Muskelfasern, doch da sie chemisch gebunden sind, können sie von den Zellen nicht direkt verwertet werden. Hier kommen sogenannte Mitochondrien zum Einsatz – kleine „Kraftwerke", die Nährstoffe unter Verbrauch von Sauerstoff verbrennen und die daraus gewonnene Energie in einem Molekül namens Adenosintriphosphat (ATP) speichern. In der Muskelzelle selbst wird ATP aufgespalten und damit nutzbare Energie freigesetzt, wobei nur maximal ein Drittel auf kinetische Energie entfällt, die für die Kontraktion des Muskels verwendet wird; der Rest ist thermische Energie, die in Form von Wärme an die Umgebung abgegeben wird.

ATP ist in den Muskelzellen in nur sehr begrenztem Umfang vorhanden: Das Depot ist bereits nach rund 2 Sekunden Muskelarbeit erschöpft. Je nach Umfang und Ausmaß der Belastung werden deshalb im Körper drei unterschiedliche Mechanismen zur Energiebereitstellung in Gang gesetzt: Für kurzfristige Höchstleistungen von etwa 20 Sekunden kann in den Muskelfasern über das ebenfalls energiereiche Kreatinphosphat ATP regeneriert werden. Geht die Belastung darüber hinaus, greift der Organismus auf Glukose zurück, ein Vorgang, der bei unzureichender Sauerstoffzufuhr zur Bildung von Laktat führt, das lange Zeit für die Entstehung von Muskelkater verantwortlich gemacht wurde, tatsächlich jedoch bei entsprechend hoher Produktion durch Übersäuerung den Muskel ermüdet und zum Erliegen bringt. Das ausdauerndste Verfahren zur Energiebereitstellung erfolgt unter einem erhöhten Puls und beschleunigter Atmung, die eine ausreichende Sauerstoffzufuhr gewährleistet: Dann wird ATP nicht nur über den Abbau von Glukose, sondern auch von Fetten gewonnen.

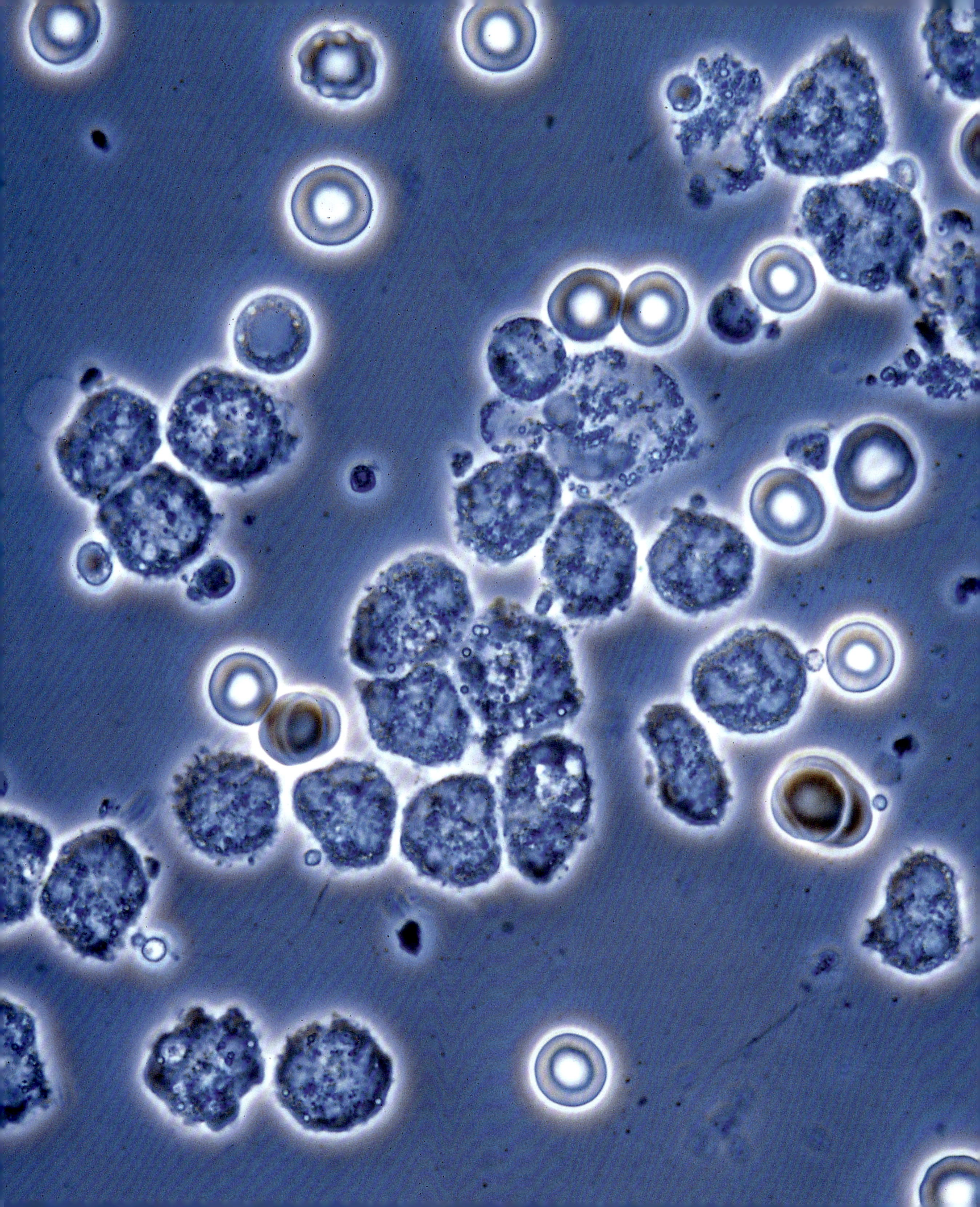

BLUT UND HERZ-KREISLAUF-SYSTEM

BLUT

Wenn Zellen in den entlegensten Winkeln unseres Körpers mit Sauerstoff und Nährstoffen versorgt werden, Stoff-wechselendprodukte zu den Ausscheidungsorganen transportiert und pathogene Zellen bekämpft werden, der Hormonhaushalt reguliert und die Körpertemperatur stabilisiert wird, so ist dies vor allem das Verdienst des Blutes, das mit Hilfe des Herzschlags durch ein Gefäßnetz von 96 000 Kilometern Gesamtlänge gepumpt wird und dabei rund 80 Billionen Zellen erreicht.

4,5 bis 6,5 Liter Blut zirkulieren durchschnittlich im Körper eines erwachsenen Menschen, wobei die Menge mit dem Gesamtkörpergewicht und Alter sowie mit der Aufnahme von Flüssigkeit und Salz variiert. Blut lässt sich in flüssige und feste Bestandteile aufteilen – eine Eigenschaft, die sich bei zentrifugiertem Blut, dem ein Gerinnungs-hemmer zugesetzt wurde, sehr gut beobachten lässt: Auf dem Boden setzen sich mit tiefroter Farbe die zellulären Bestandteile ab, die rund 45 Prozent der gesamten Blutmenge ausmachen; darüber ist als klare gelbe Flüssigkeit das Blutplasma zu sehen, das zu 90 Prozent aus Wasser sowie Proteinen, Elektrolyten, Hormonen und anderen Stoffen besteht. Der zelluläre Teil des Bluts setzt sich aus roten und weißen Blutkörperchen sowie Blutplättchen zusammen.

Mit nahezu 95 Prozent haben rote Blutkörperchen (Erythrozyten) den mit Abstand größten Anteil an den Blutzel-len. 2,8 Millionen dieser Erythrozyten werden pro Sekunde (!) im Knochenmark gebildet, um nach einer Lebensdauer von etwa 120 Tagen in der Milz, der Leber und dem Knochenmark abgebaut zu werden. Erythrozyten binden und transportieren Sauerstoff und Kohlendioxid. Möglich wird die Bindung der Atemgase durch Hämoglobin, das in den roten Blutkörperchen in gelöster Form vorliegt. Jedes Hämoglobinmolekül enthält vier Eisenionen, die in den Kapillaren der Lunge jeweils ein Sauerstoffmolekül binden können. In dieser oxygenierten Form durchströmen die roten Blutkörperchen den gesamten Körper, wobei sie dank einer extremen Verformbarkeit in der Lage sind, selbst solche Kapillare zu passieren, die nur ein Drittel ihres eigenen Durchmessers aufweisen. Erreichen sie Regionen mit einem geringen Sauerstoffdruck, wird der gebundene Sauerstoff freigesetzt. Umgekehrt sorgen Erythrozyten auch für die Umwandlung und den Abtransport von Kohlendioxid, das während der aeroben Stoffwechselvorgänge in den Körperzellen entsteht.

Mikroskopaufnahme roter und weißer Blutkörperchen.

*Nachfolgende Doppelseite:
Rote Blutkörperchen sind im Blut sehr zahlreich vertreten, ihre Hauptaufgabe liegt unter anderem in dem Transport des Sauerstoffs und der Beseitigung des Kohlendioxids.*

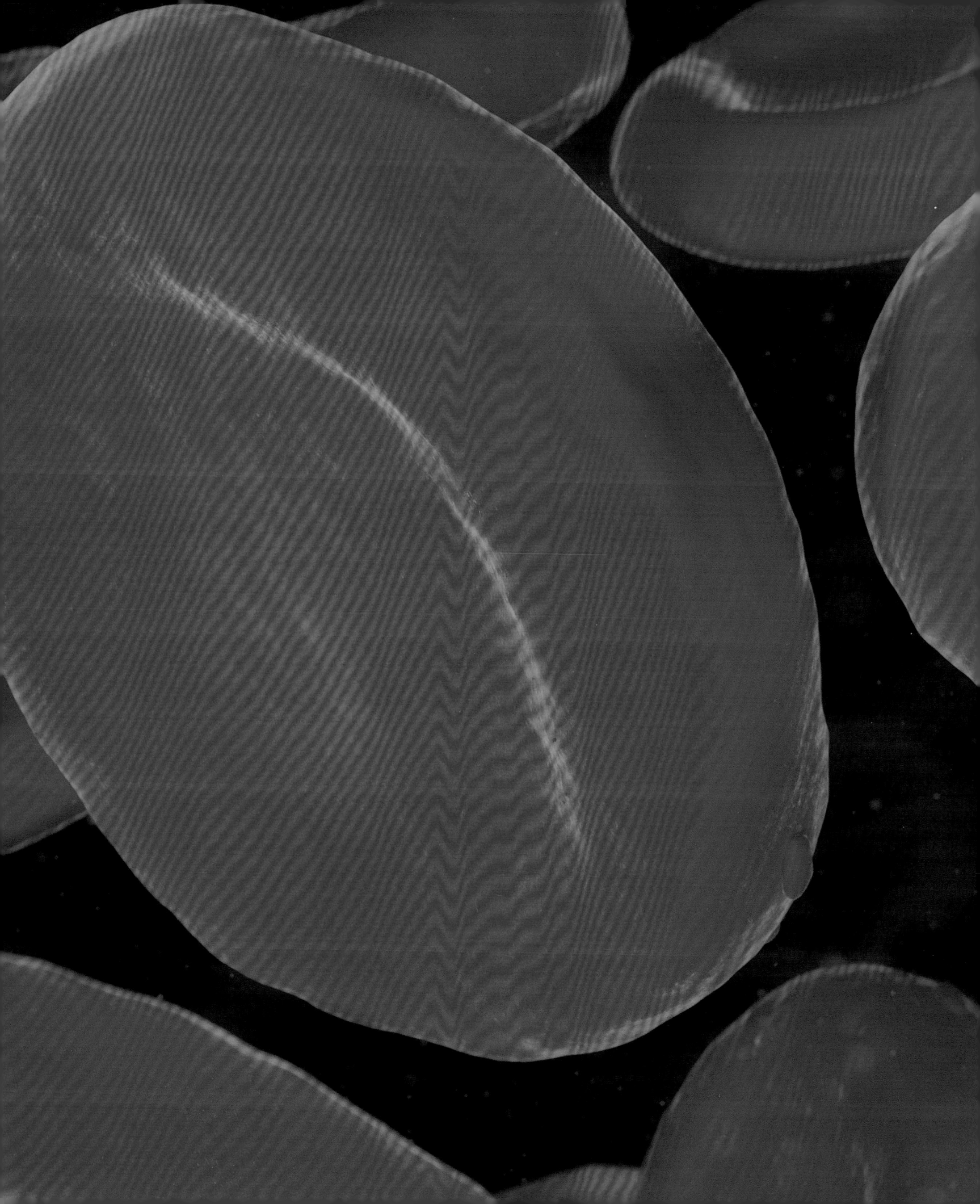

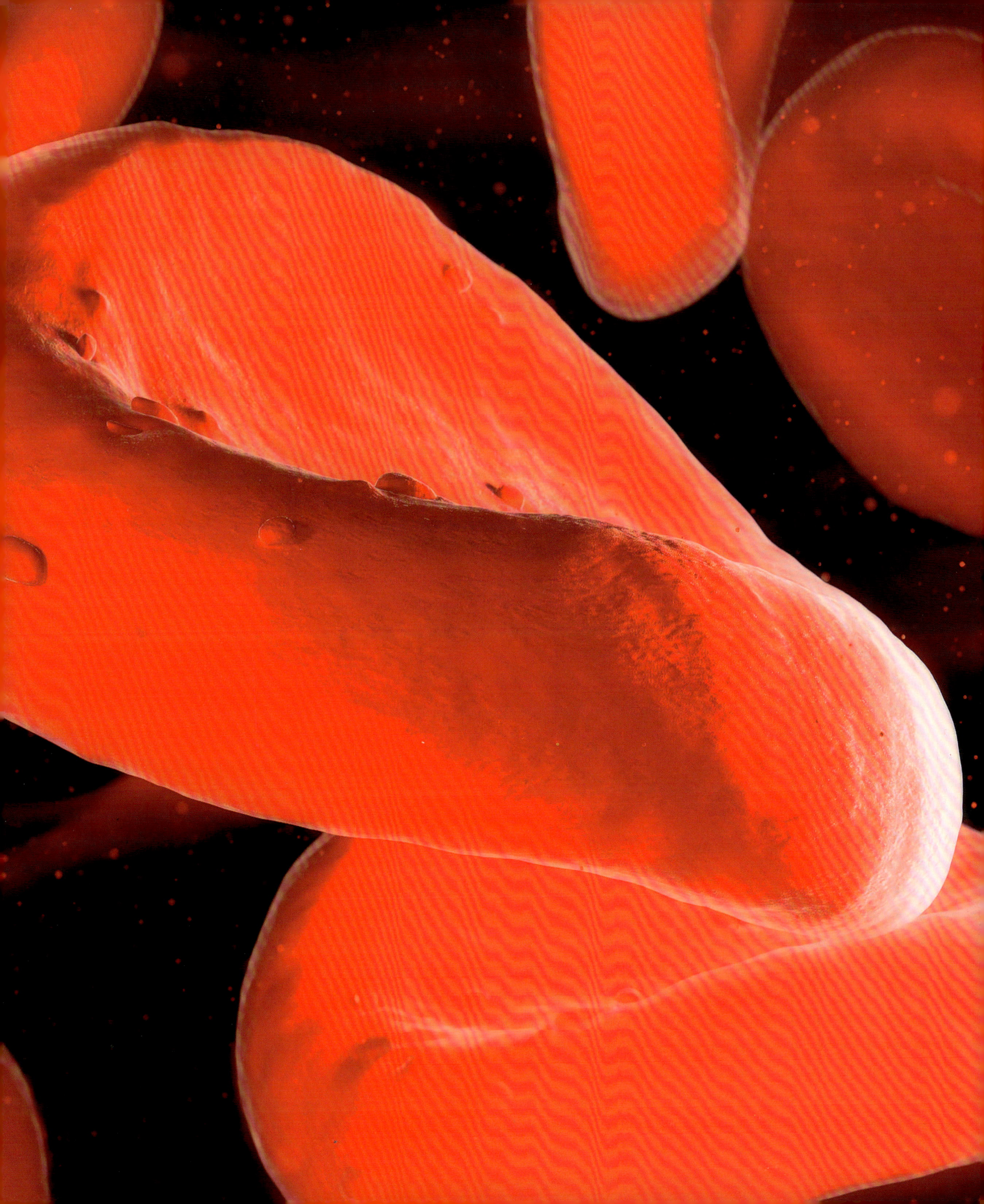

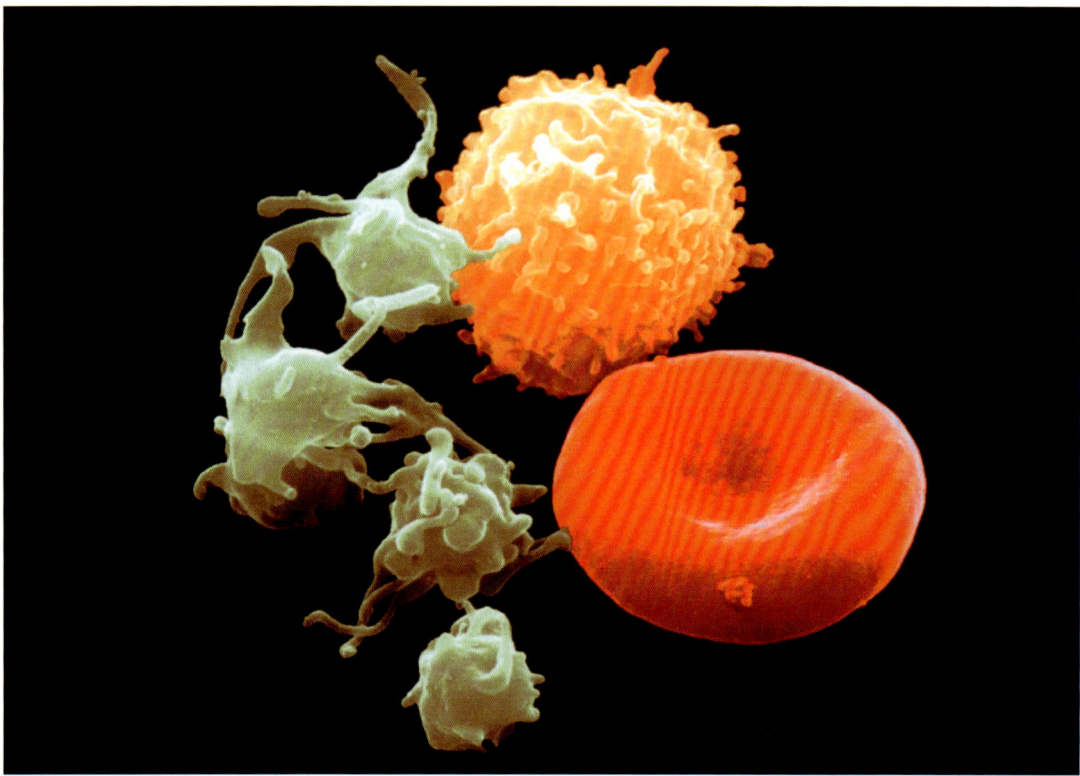

*Thrombozyten (links), weiße Blutzelle
(oben Mitte), rote Blutzelle (rechts).*

Neben roten Blutkörperchen bilden weiße Blutkörperchen (Leukozyten) einen weiteren zellulären Bestandteil des Bluts, wenngleich sie prozentual nur einen geringen Anteil haben, denn nahezu 95 Prozent der Leukozyten finden sich in den Organen, Geweben und im Knochenmark und nur 5 Prozent zirkulieren frei im Blutkreislauf. Im Gegensatz zu den Erythrozyten stellen die farblosen Leukozyten keine einheitliche Zellart dar. Vielmehr lassen sich drei Gruppen mit sehr unterschiedlicher Lebensdauer ausmachen: Granulozyten, Monozyten und Lymphozyten.

Was alle Leukozyten auszeichnet, ist die Fähigkeit, sich wie Amöben selbständig fortzubewegen und bei Bedarf aus den Kapillargefäßen auszutreten und in das Gewebe einzudringen. Dieser Bedarfsfall tritt ein, wenn irgendwo im Körper die Dienste der Leukozyten als aktive Elemente der Immunabwehr benötigt werden. Bei Entzündungen oder Infektionen senden chemische Botenstoffe spezifische Signale aus, auf die Leukozyten reagieren und sich dort einfinden, wo Pathogene beseitigt werden müssen. Ihre Funktion in der Immunabwehr zielt in mehrere Richtungen: Die einen nehmen Pathogene auf und verdauen sie, andere setzen Enzyme frei, die entzündungshemmend wirken, wieder andere – die natürlichen Killerzellen – sind in der Lage, abnorme Gewebszellen zu erkennen und zu vernichten, was bei der Bekämpfung virusinfizierter Zellen oder Krebszellen von immenser Bedeutung ist.

Ebenso wie Leukozyten werden auch Thrombozyten im roten Knochenmark gebildet. Die allgemeine Bezeichnung „Blutplättchen" deutet bereits auf den Umstand hin, dass Thrombozyten keine vollständigen Zellen samt Zellkern sind. Vielmehr handelt es sich um kernlose Bruchstücke, die von Riesenzellen des Knochenmarks abgegeben werden. Knapp zwei Drittel der Blutplättchen zirkulieren frei im Blut, während sich das andere Drittel insbesondere in der Milz sammelt und dort gewissermaßen als Notreserve verharrt. Die Blutplättchen werden mobilisiert, wenn irgendwo im Körper ein Blutgefäß verletzt wurde, das nun geschlossen werden muss. Bei diesem Verdichtungsvorgang spielen Blutplättchen eine entscheidende Rolle, indem sie mehrere Prozesse der Blutstillung und Blutgerinnung unterstützen beziehungsweise initiieren. Unmittelbar nach der Verletzung strömen Thrombozyten an die defekte Stelle der Gefäßwand, lagern sich dort an und verschmelzen durch die Auflösung ihrer Membran miteinan-

BLUTGRUPPEN

Das Wissen der Mediziner rund um das Thema Blut muss bis weit in die Neuzeit hinein als rudimentär bezeichnet werden: Auf der einen Seite ließen Patienten durch übertriebenen Aderlass nicht nur ihr Blut, sondern zugleich ihr Leben, auf der anderen Seite starben nicht minder viele Menschen durch die Transfusion fremden Bluts, sei es vom Tier oder Mensch. Erst mit dem Jahr 1901, als Karl Landsteiner sein ABO-System zur Bestimmung von Blutgruppen veröffentlichte, glichen Bluttransfusionen nicht länger einem russischen Roulette.

Mittlerweile gibt es zahlreiche anerkannte und verbreitete Systeme zur Differenzierung von Blutgruppen. Bei ihrer Bestimmung ist das Vorhandensein beziehungsweise die Kombination von Antigenen entscheidend, die sich auf der Membran der roten Blutkörperchen befinden. Diese Oberflächenantigene lösen die Bildung von Antikörpern aus, die im Blutplasma nachzuweisen sind. Sie richten sich verständlicherweise nicht gegen das körpereigene Antigen, sondern gegen die fehlenden Antigene des Systems. Bezogen auf das bekannte ABO-System bedeutet das: Bei Menschen mit Blutgruppe A zeigen die roten Blutkörperchen auf ihrer Oberfläche das Antigen A, während das Plasma Antikörper gegen B enthält. Umgekehrt verhält es sich bei Blutgruppe B. Blutgruppe 0 hingegen zeichnet sich durch das Fehlen der Antigene A und B auf der Membran aus, während sich im Plasma Antikörper gegen A und B finden. Erhält ein Patient der Blutgruppe A beispielsweise das Plasma eines Spenders der Gruppe B, so kommt es zu einer lebensgefährlichen Kreuzreaktion, in deren Verlauf die roten Blutkörperchen verklumpen, platzen oder sich auflösen.

Das zweite bekannte System, der Rhesus-Faktor, richtet sich nach der Frage, ob auf der Membran das Antigen D zu finden ist: Fehlt es, spricht man von rhesus-negativ, ist es vorhanden von rhesus-positiv. Normalerweise entwickeln rhesus-negative Menschen keine Antikörper Anti-D, es sei denn, es findet ein Blutaustausch statt, wie dies beispielsweise bei einer Schwangerschaft oder Geburt passieren kann. Nimmt die rhesus-negative Mutter Blut des rhesus-positiven Kindes auf, entwickelt sie Antikörper, die bei einer nächsten Schwangerschaft zur ernsthaften Gefahr für den Fötus werden können. Aus diesem Grund wird bei rhesus-negativen Schwangeren eine Anti-D-Prophylaxe vorgenommen, die die Antikörperproduktion im Organismus der Mutter unterdrückt.

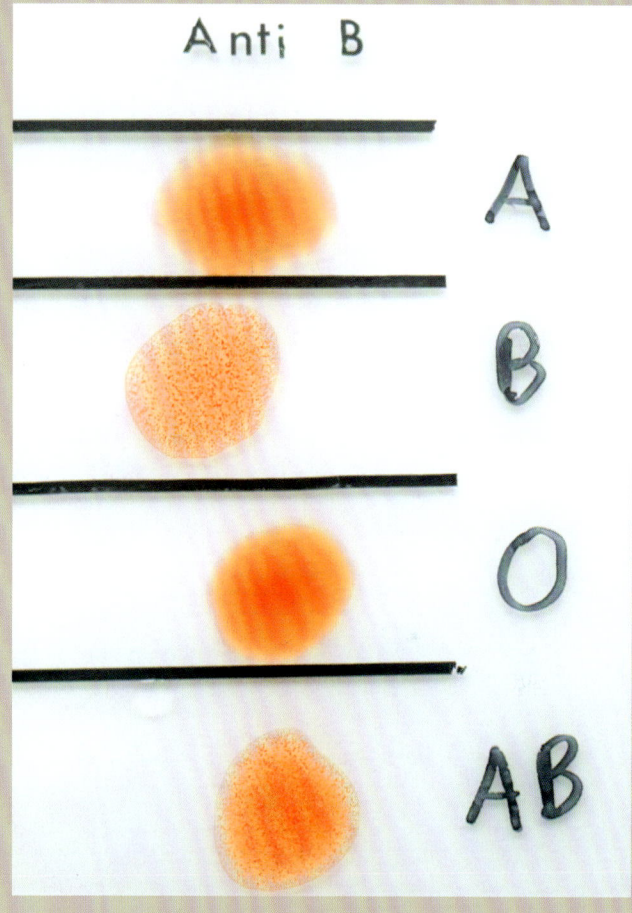

Das von Karl Landsteiner entdeckte ABO-System ist nur eines von zahlreichen Systemen zur Differenzierung von Blutgruppen.

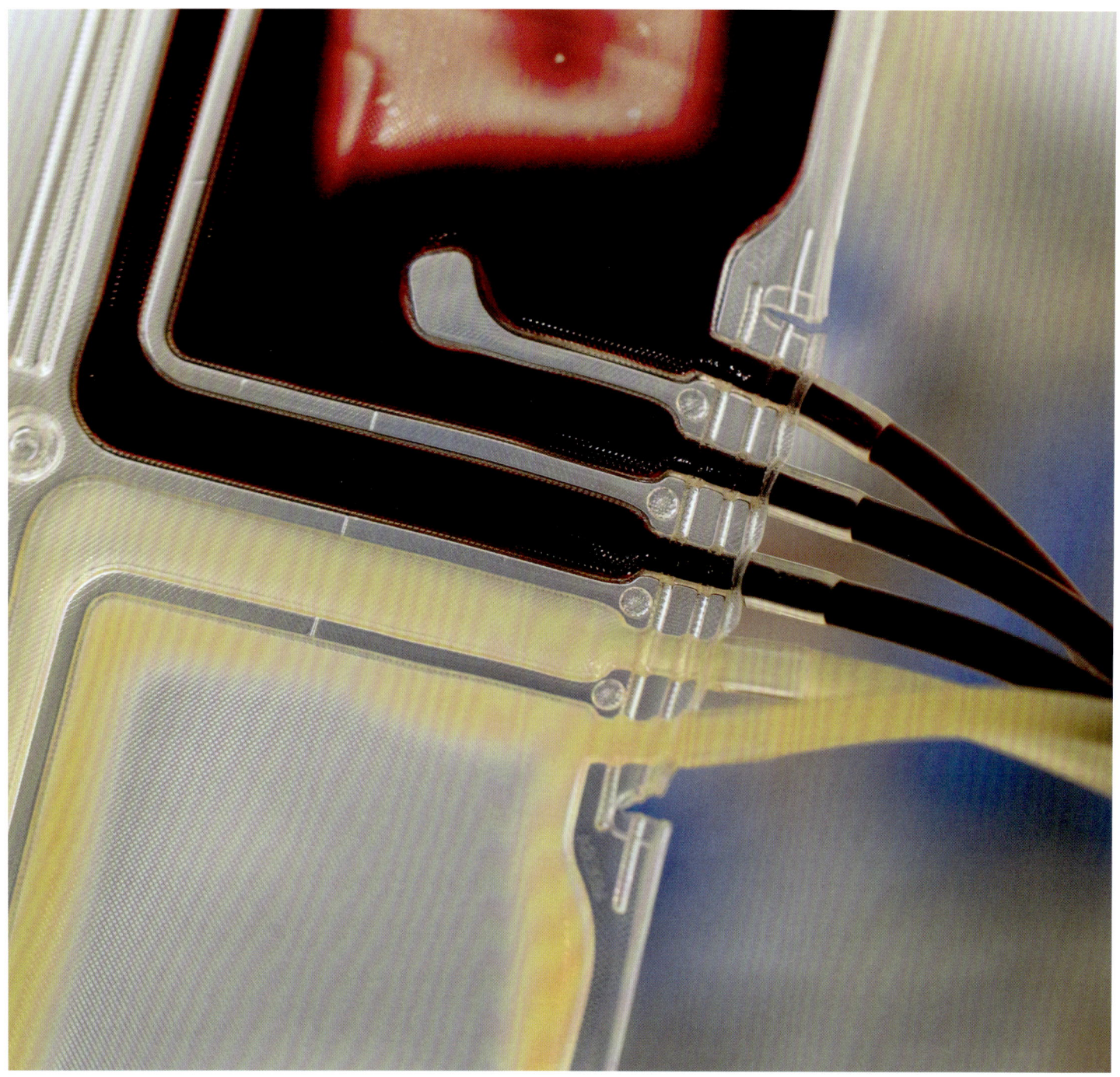

Thrombozytenspende: Thrombozyten (unten) werden von anderen Bestandteilen des
Blutes getrennt. Bei der sogenannten Apherese handelt es sich um ein Verfahren, bei
dem bestimmte Blutbestandteile (Blutplättchen, Blutplasma oder rote Blutkörperchen)
eines gesunden Menschen gewonnen werden, um sie als Spendersubstanzen einzusetzen.

Rechte Seite: Eingefärbter Röntgenfilm eines Brustkorbs mit implantiertem Herzschrittma-
cher (oben rechts). Drähte führen vom Gerät zum rechten Vorhof und zur rechten Herzkammer. Mit elektrischen Impulsen tragen sie Sorge dafür, dass das Herz gleichmäßig schlägt.

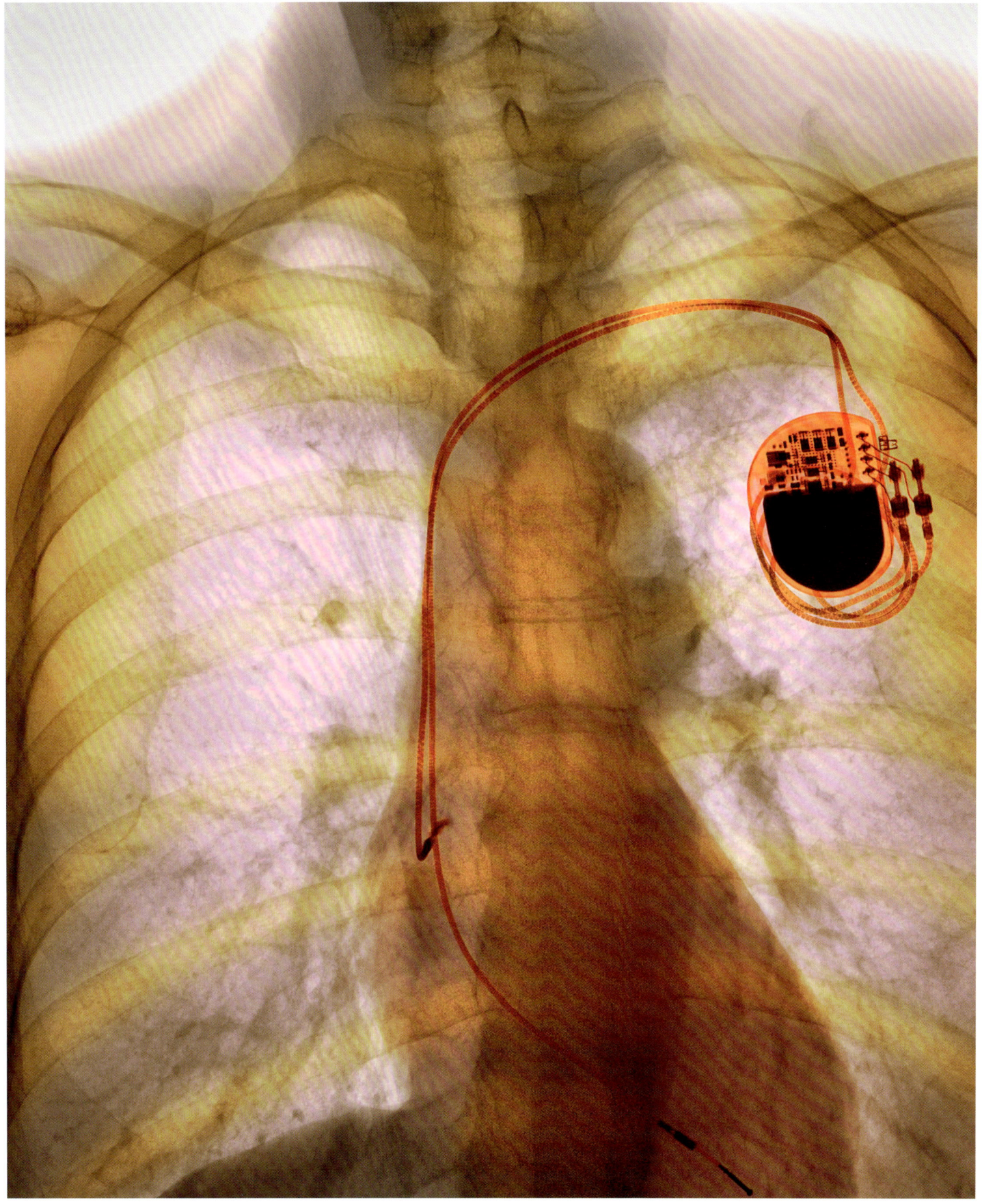

der, sodass ein Pfropf entsteht, der als erster Wundverschluss fungiert. Zeitgleich mit dieser Verschmelzung geben Thrombozyten eine Substanz frei, die zur Kontraktion glatter Muskelzellen und damit zu einer Gefäßverengung im verletzten Bereich führt. Was folgt, ist ein komplexer Prozess zur Blutgerinnung, bei dem ein Netz aus Eiweißfäden (Fibrinnetz) entsteht, das sich an die Ränder der verletzten Stelle heftet, sich zusammenzieht und damit für einen weiteren Verschluss der Wunde sorgt. Nach abgeschlossener Wundheilung bewirkt das Protein Plasmin die Aufspaltung der Fibrinketten und damit die Auflösung des Blutpfropfs (*Thrombus*).

BLUTERSATZMITTEL

Pro Jahr werden allein in Deutschland mehr als 5 Millionen Blutkonserven benötigt, umgerechnet mehr als 15 000 Konserven pro Tag. Insbesondere in der Ferienzeit, wenn treue Blutspender ausfallen, kann es Engpässe in den Blutbanken geben. Da zudem die generelle Bereitschaft zur Blutspende kontinuierlich abnimmt, arbeiten Forscher fieberhaft an der Entwicklung von Blutersatzmitteln, die bestimmte Funktionen des Bluts übernehmen. Es geht vor allem um die Versorgung des Körpers mit Sauerstoff und damit um die Entwicklung einer Alternative zum Hämoglobin als wichtigstem Sauerstoffträger. Die Bestrebungen zielen dabei in drei Richtungen: die Gewinnung von Hämoglobin aus Tierblut, die Bereitstellung von synthetischen Ersatzstoffen und die Entwicklung mithilfe von Gentechnik, indem Bakterienstämme gentechnisch so verändert werden, dass sie Hämoglobin produzieren. Während letzteres Verfahren noch in den Kinderschuhen steckt, ist ein Präparat mit aus Tierblut erzeugtem Hämoglobin bereits in begrenztem Maße zugelassen.

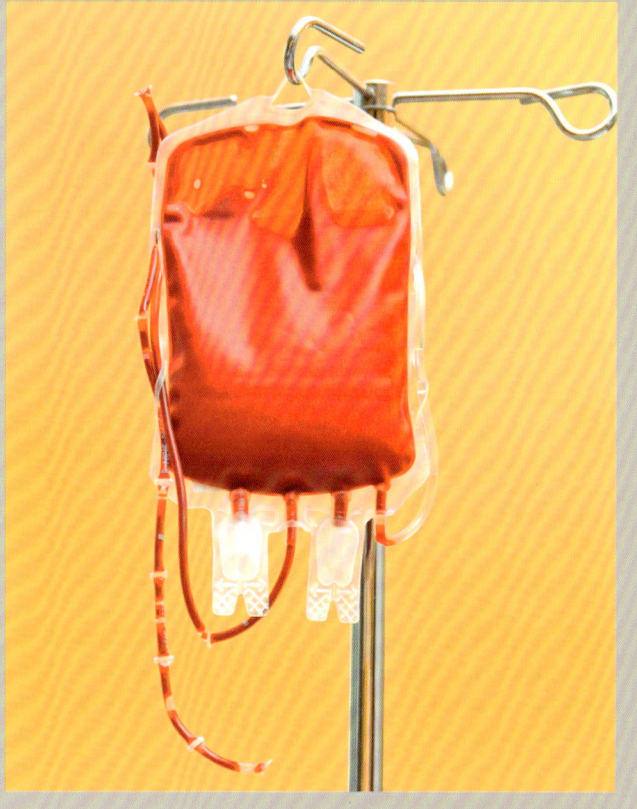

Jüngst haben Forscher der Universität Cluj in Rumänien vielversprechende Erfolge bei der Entwicklung eines alternativen Sauerstoffträgers gemacht. Wichtigster Bestandteil ist nicht Hämoglobin, sondern Hämerythrin, das bei einigen wirbellosen Tieren des Meeres als Sauerstofftransporteur fungiert. Es wird aus Seewürmern und Bakterien gewonnen und zeigt offensichtlich eine weitaus höhere Haltbarkeit und Stabilität als andere Ersatzstoffe.

Es bleibt dennoch festzuhalten, dass es bislang kein Präparat gibt, das alle Funktionsweisen menschlichen Bluts übernehmen könnte. Patienten mit akutem Blutverlust oder mit chronischen Blutkrankheiten sowie Dialyse-Patienten sind daher nach wie vor auf die freiwillige Blutspende anderer angewiesen.

Krankenhäuser unterhalten in aller Regel eigene Blutbanken, um Komplikationen bei geplanten und unvorhersehbaren Operationen oder Unglücksfällen begegnen zu können.

HERZ-KREISLAUF-SYSTEM

Bis sich eine Kenntnis des menschlichen Blutkreislaufes durchsetzte, die als fundiert gelten kann, war es ein langer Weg. Galenos von Pergamon erkannte im 2. Jahrhundert nach Christus bereits den Unterschied zwischen venösem und arteriellem Blut, doch seiner Ansicht nach war die Leber das zentrale Organ der Blutbildung: Durch die Umwandlung von Nahrungssäften würde dort kontinuierlich neues Blut produziert, das über Venen in die rechte Herzkammer und die Peripherie des Körpers befördert und schließlich in den Organen verbraucht würde, wobei anfallende Stoffwechselprodukte als Schweiß ausgeschieden würden. Blutzirkulation ist in Galenos' Theorie ebenso wenig angelegt wie die Bedeutung des pumpenden Herzens für die Blutbewegung. Das Herz ist seiner Ansicht nach vielmehr der Ort, an dem das Blut mit dem *Spiritus Vitalis* der Lunge angereichert wird, nachdem es über nie entdeckte Poren in der Herzscheidewand von der linken in die rechte Herzkammer gesickert ist.

Mehr als 14 Jahrhunderte galt Galenos' Theorie im Abendland als unumstößliche Wahrheit, bis William Harvey in einer Abhandlung von 1628 die Undurchlässigkeit der Herzscheidewand ebenso überzeugend darlegte wie die Funktion der Venenklappen und folgerichtig auf ein geschlossenes Kreislaufsystem des Blutes schloss, bei dem der Herzschlag eine entscheidende Rolle spielt. Ein Meilenstein im Verständnis des menschlichen Organismus war gesetzt, und jedes Jahrhundert förderte neue bahnbrechende Erkenntnisse über den Blutkreislauf als ein komplexes System von unvorstellbarer Leistung.

Diese beachtliche Leistung lässt sich am besten an der Herz-Kreislauf-Bilanz eines 80-jährigen Menschen veranschaulichen: Im Laufe seines Lebens hat das faustgroße, etwa 250 bis 350 Gramm leichte Herz mehr als 3 Milliarden Mal geschlagen und insgesamt rund 240 Millionen Liter Blut durch den Körper gepumpt und damit die Voraussetzung dafür geschaffen, dass Organe und Billionen Körperzellen mit Sauerstoff und Nährstoffen versorgt und Stoffwechselprodukte abtransportiert wurden. Keine elektrische Pumpe dieser Größenordnung wäre in der Lage, eine solche konstante Leistung über einen derart langen Zeitraum und ohne Wartung zu erbringen.

Wenn das Herz als Motor und Zentrum des Herz-Kreislauf-Systems bezeichnet wird, ist dies insofern irreführend, als das Herz faktisch nicht nur einen, sondern zwei hintereinandergeschaltete Kreisläufe antreibt: den Lungenkreislauf und den Körperkreislauf. Diese Zweiteilung spiegelt sich auch im Aufbau des Herzens wider: Es wird durch die Herzscheidewand (*Septum*) in eine rechte und eine linke Herzhälfte geteilt, wobei Erstere als Pumpe für den Lungenkreislauf fungiert, Zweitere hingegen die Pumpleistung für den großen Körperkreislauf erbringt. Entgegen der jahrhundertelang gehegten Ansicht, dass durch unsichtbare Poren in der Herzscheidewand ein Blutaustausch zwischen den beiden Herzräumen stattfindet, handelt es sich de facto um zwei aufeinander abgestimmte, aber vollständig voneinander getrennte Bereiche ohne Austausch. Hierdurch wird die Trennung von sauerstoffarmem Blut in der rechten Herzhälfte und sauerstoffreichem Blut in der linken Hälfte gewährleistet.

Beide Herzhälften verfügen jeweils über einen Vorhof und eine Kammer. Das Blut aus dem Körperkreislauf gelangt über die obere und untere Hohlvene, die im Mündungsbe-

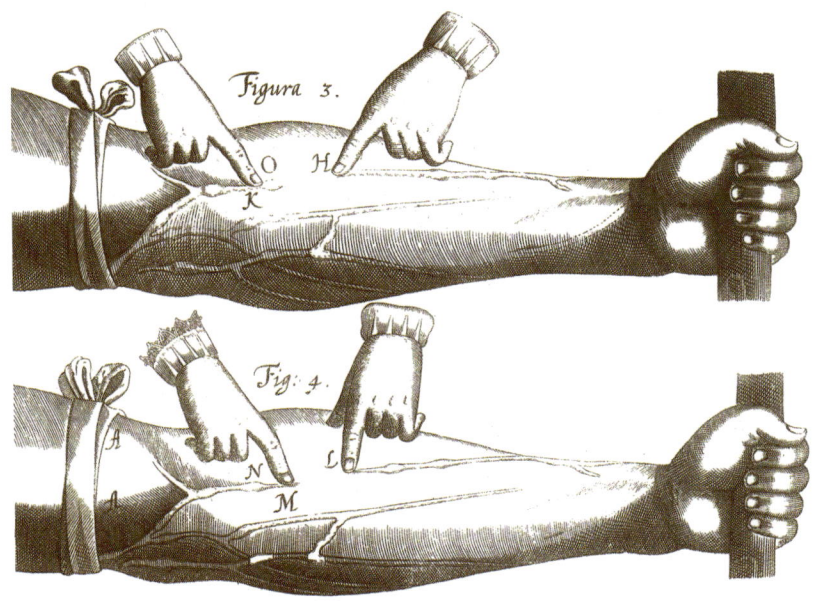

Illustration aus William Harveys Werk „De Motu Cordis" (Anatomische Studien über die Bewegung des Herzens und des Blutes) aus dem Jahr 1628. Harvey (1578–1657) war ein englischer Arzt und gilt mit der Entdeckung des Blutkreislaufs als Wegbereiter der modernen Physiologie.

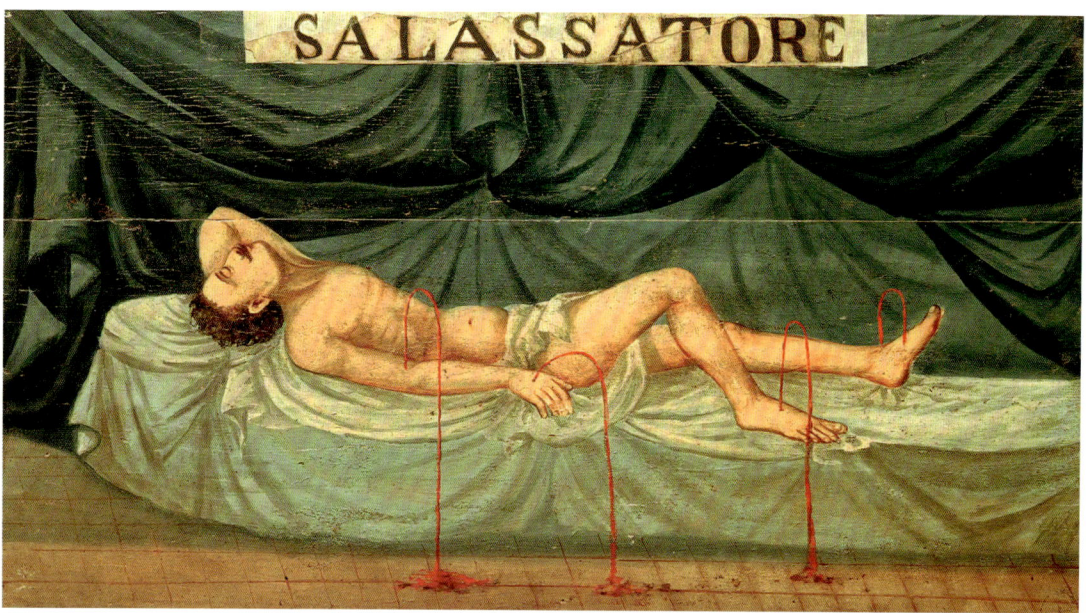

Das Holzschild eines sizilianischen
Wundarztes für Aderlässe aus
dem 19. Jahrhundert wirkt wenig
vertrauenserweckend.

reich ungefähr den Durchmesser eines 2-Euro-Stücks aufweist, in den rechten Vorhof und von dort in die rechte
Kammer, wobei die sogenannte Trikuspidalklappe einen Rückstrom des Bluts in den Vorhof verhindert. Aus der rechten Kammer wird das sauerstoffarme Blut in die Lungenarterie gepumpt, durch die Pulmonalklappe am Rückstrom
gehindert und zu den Lungen geführt, wo ein Gasaustausch stattfindet: Kohlendioxid diffundiert aus dem Blut in die
Lungenbläschen und umgekehrt gelangt Sauerstoff aus den Lungenbläschen in das Blut.

In den Lungenvenen strömt das sauerstoffreiche Blut zurück zum Herzen, passiert zunächst den linken Vorhof,
dann die linke Kammer, um von dort über die Hauptschlagader (*Aorta*) in den Körperkreislauf ausgeworfen zu werden.
Auch im Bereich der linken Herzhälfte sind es zwei Herzklappen – Mitral- und Aortenklappe –, die einen Rückstrom
des Bluts verhindern. Mit jedem Herzschlag werden zwischen 70 und 140 Milliliter Blut in die im Durchmesser rund
30 Millimeter messende Hauptschlagader gepumpt, die oberhalb des Herzens zunächst in einem Bogen verläuft und
schließlich hinunter bis in den Beckenbereich führt. Von der Aorta gehen große Arterien ab, die in die Extremitäten,
den Kopf und den Rumpf führen. In der Gesamtheit zeigt sich ein Gefäßnetz, bei dem sich große Arterien in kleinere
Arteriolen verzweigen und schließlich in Milliarden Kapillaren auffächern, die nahezu lückenlos sämtliche Organe
und Gewebe durchziehen.

Die Bezeichnung Austauschgefäße für Kapillaren weist bereits auf deren Funktion hin: Die geringe Fließge-
schwindigkeit des Bluts, die äußerst dünne Gefäßwand und unterschiedliche Druckverhältnisse ermöglichen es,
dass im vorderen, arteriellen Bereich der Kapillaren beispielsweise Sauerstoff, Nährstoffe oder Hormone aus dem
Blut an das umliegende Gewebe abgegeben werden und umgekehrt am venösen Kapillarenende Kohlendioxid oder
Stoffwechselprodukte aufgenommen werden. In diesem Prozess aus Filtration und Resorption werden pro Tag rund
20 Liter Flüssigkeit aus den Kapillaren in die Zellzwischenräume gepresst und 18 Liter wieder aus dem Gewebe
aufgenommen. Die verbleibende Flüssigkeit gelangt in das Lymphsystem, um von dort wieder in das venöse System
abgeleitet zu werden.

Nach vollendetem Austausch strömt das nunmehr wieder sauerstoffarme Blut aus den Kapillaren in die
Venolen und weiter in die Venen, um sich schließlich in der unteren und oberen Hohlvene zu sammeln, die eine
direkte Verbindung zum Vorhof des rechten Herzens bilden. Damit schließt sich der Kreislauf und die Zuführung
in den Lungenkreislauf kann ein weiteres Mal erfolgen.

DER SCHLAG DES HERZENS

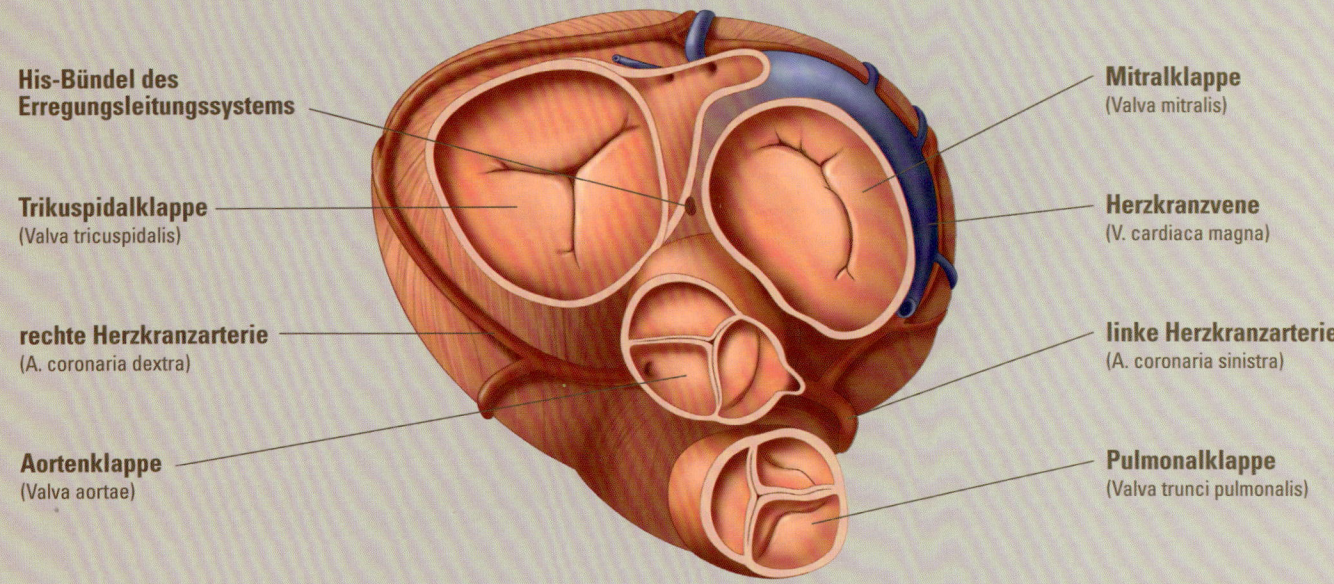

His-Bündel des Erregungsleitungssystems

Trikuspidalklappe
(Valva tricuspidalis)

rechte Herzkranzarterie
(A. coronaria dextra)

Aortenklappe
(Valva aortae)

Mitralklappe
(Valva mitralis)

Herzkranzvene
(V. cardiaca magna)

linke Herzkranzarterie
(A. coronaria sinistra)

Pulmonalklappe
(Valva trunci pulmonalis)

Wenn uns bei Aufregung oder Angst das Herz „bis zum Halse schlägt", nehmen wir das Herz in seiner wichtigsten Funktion wahr: als Taktgeber des Lebens, mit dessen Hilfe Blut in unserem Körper zirkuliert. Möglich wird dies durch Herzmuskelfasern, die in der mittleren Schicht der Herzwand – der Herzmuskelwand beziehungsweise dem *Myokard* – ein dichtes Netzwerk bilden. Das Besondere der Herzmuskelfasern ist, dass sie im Gegensatz zur Skelettmuskulatur nicht auf Reize reagieren, die vom Nervensystem gesteuert werden. Das Herz besitzt vielmehr ein eigenes Erregungszentrum mit modifizierten Herzmuskelzellen, die elektrische Impulse abgeben. Diese anatomische Besonderheit bildet die Grundlage für die Autorhythmie des Herzens, also die Fähigkeit, den Herzschlag selbst zu erzeugen. Das Nervensystem wirkt lediglich dahingehend, dass es den Herzschlag reguliert und ihn an die wechselnden Bedürfnisse des Organismus anpasst.

Die eigentlichen elektrischen Impulse für den Herzschlag gehen vom Sinusknoten aus, der sich an der Herzwand des rechten Vorhofs findet. Dieser natürliche Schrittmacher des Herzens gibt im Normalfall 60 bis 80 Impulse pro Minute ab, die weitergeleitet werden und schließlich jede Muskelfaser des Herzens erfassen und eine koordinierte Kontraktion der Herzkammern auslösen (*Systole*), die sich bei geschlossenen Herzklappen vollzieht und als erster Herzton wahrnehmbar ist. Unter dem steigenden Druck in den Herzkammern öffnen sich die Aortenklappe und die Pulmonalklappe und das Blut wird in den Körper- beziehungsweise Lungenkreislauf ausgeworfen.

Unmittelbar danach setzt die Entspannungsphase und Füllungsphase ein (*Diastole*). Die Herzmuskeln verlieren ihre Spannung; Aorten- und Pulmonalklappe schließen sich und erzeugen dabei den zweiten wahrnehmbaren Herzton. Der Druck in den Herzkammern nimmt so lange ab, bis sich die Trikuspidal- und Mitralklappe öffnen, sodass Blut aus den Vorhöfen in die Kammern nachströmt. Dieser Vorgang wiederholt sich je nach körperlicher Belastung oder seelischer Anspannung zwischen 60 und 200 Mal in der Minute.

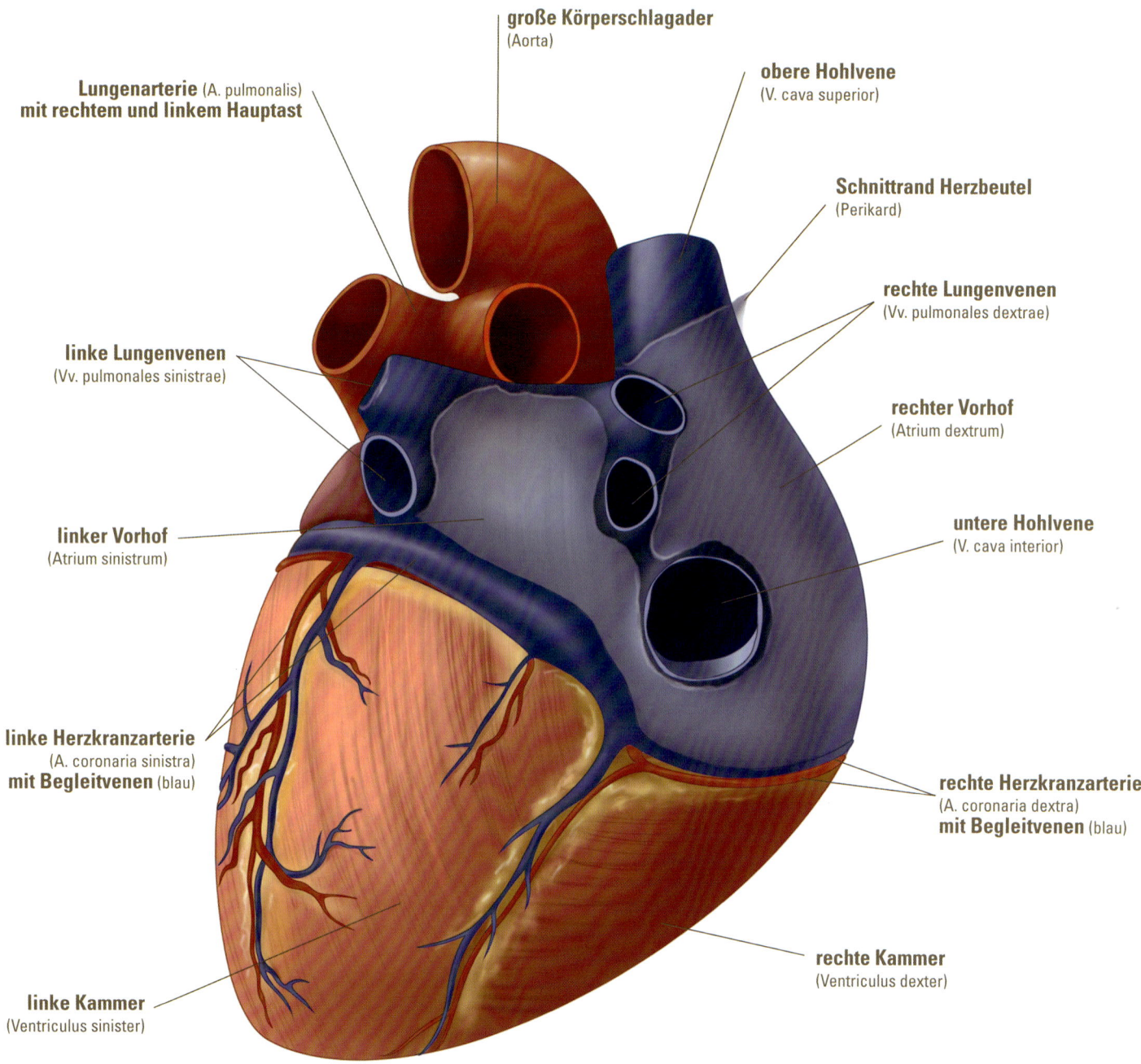

große Körperschlagader (Aorta)

Lungenarterie (A. pulmonalis) **mit rechtem und linkem Hauptast**

obere Hohlvene (V. cava superior)

Schnittrand Herzbeutel (Perikard)

linke Lungenvenen (Vv. pulmonales sinistrae)

rechte Lungenvenen (Vv. pulmonales dextrae)

rechter Vorhof (Atrium dextrum)

linker Vorhof (Atrium sinistrum)

untere Hohlvene (V. cava interior)

linke Herzkranzarterie (A. coronaria sinistra) **mit Begleitvenen** (blau)

rechte Herzkranzarterie (A. coronaria dextra) **mit Begleitvenen** (blau)

rechte Kammer (Ventriculus dexter)

linke Kammer (Ventriculus sinister)

Der beschriebene Kreislauf gilt für alle Regionen des menschlichen Organismus – mit einer Ausnahme: Das venöse Blut aus den sogenannten unpaaren Organen Magen, Darm, Bauchspeicheldrüse und Milz fließt nicht direkt über Venen zurück zum Herzen, sondern sammelt sich in der Pfortader, die in die Leber mündet und sich dort in Kapillaren verästelt. Auf diese Weise gelangt hormonreiches Blut aus der Bauchspeicheldrüse, nährstoffreiches Blut aus den Verdauungsorganen oder mit Abbauprodukten versehenes Blut aus der Milz direkt in die Leber, die diese wahlweise verwertet, umwandelt, speichert oder ausscheidet. Über Lebervenen wird das Blut schließlich in die untere Hohlvene geleitet und damit zurück zum Herzen transportiert.

Vielversprechend: Diese Tinktur sollte bei Verdauungsstörungen helfen und dem Blut gut tun – glaubt man dieser Werbung aus der Zeit um 1900.

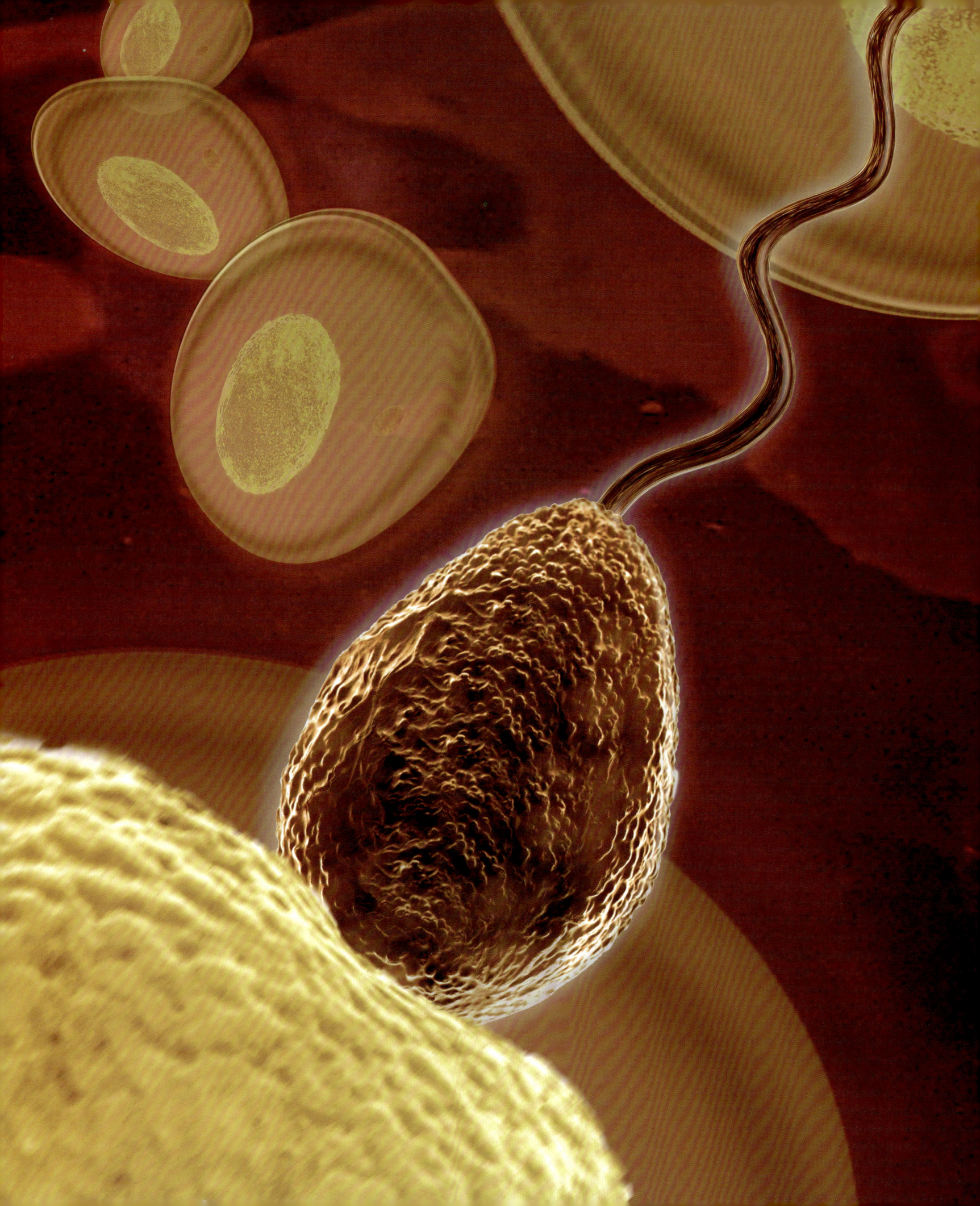

GESCHLECHTSORGANE UND FORTPFLANZUNG

Es war ein weiter Weg, bis sich zumindest in der abendländischen Kultur ein Verständnis von Geschlecht, Geschlechtsorganen und Fortpflanzung durchsetzte, bei der die Erkenntnisse der Naturwissenschaften gegenüber meist religiös motivierten Vorstellungen die Oberhand gewannen. Wo der Wille, aber auch Instrumente fehlten, sich der menschlichen Sexualität wissenschaftlich zu nähern, entstanden die ausgefallensten Theorien zum Thema Geschlecht und Fortpflanzung. Ihnen zufolge ist die Vagina ein aufgrund mangelnder Hitze von Frauen nach innen gekehrter Penis, Spermien tragen bereits den kompletten Menschen als winzigen *Homunculus* in sich, der im Bauch der Frau nur noch wachsen und gedeihen muss, und Mädchen entstehen durch schadhaften Samen, bei feuchten Winden oder bei einer niedrigen Temperatur der Gebärmutter.

Die Naturwissenschaften konnten keine dieser Annahmen bestätigen. Heute haben wir umfassende und detaillierte Kenntnis über die weiblichen und männlichen Geschlechtsorgane. Einzig in der Differenzierung von Geschlechtern sorgt die moderne Wissenschaft zurzeit für mehr Fragen als Antworten: Wo bis in das letzte Jahrhundert die Geschlechtsdetermination keine anderen Varianten als männlich und weiblich kannte, lösen die Forschungen über Intersexualität Diskussionen darüber aus, ob eine Beschränkung auf zwei Geschlechter überhaupt noch angemessen ist.

Die bisher übliche Unterscheidung in Mann und Frau wird anhand von Geschlechtsmerkmalen vorgenommen, die in drei Kategorien eingeteilt werden.

Die primären Geschlechtsmerkmale sind bereits beim Zeitpunkt der Geburt vorhanden. Sie differenzieren sich in innere und äußere Geschlechtsorgane.

Sekundäre Geschlechtsmerkmale bilden sich erst unter der verstärkten Produktion von Hormonen in der Pubertät aus und umfassen beispielsweise Schambehaarung, Bartwuchs bei Männern oder die Entwicklung der weiblichen Brust.

In der Definition tertiärer Geschlechtsmerkmale zeigen sich verschiedene Ansätze. Die einen machen geschlechtsspezifische Merkmale im Körperbau geltend, andere verweisen auf die unterschiedliche Leistung von Organen, wieder andere betrachten psychologische und verhaltensspezifische Aspekte.

Computeranimierte Darstellung einer Befruchtung.

GESCHLECHTSORGANE DES MANNES

Penis und Hodensack bilden die äußeren Geschlechtsorgane des Mannes, während Hoden, Nebenhoden, Samenleiter und Geschlechtsdrüsen zu den inneren Geschlechtsorganen gezählt werden. Beim männlichen Embryo liegen die beiden Hoden zunächst im Bereich der Nieren und wandern erst kurz vor der Geburt über den Leistenkanal in den Hodensack. Im Gegensatz zu den Eierstöcken, die als Keimdrüsen der Frau geschützt im Bauchraum liegen, weisen die Hoden eine vergleichsweise hohe Verletzungsanfälligkeit auf. Evolutionär betrachtet hat sich diese Lage jedoch bei den meisten Säugetieren durchgesetzt, gewährleistet sie doch eine niedrigere Temperatur als im Körperinneren, was die Ausreifung der Spermien begünstigt.

Eine Kapsel aus festem Bindegewebe umgibt jeden Hoden, der durch mit Blut- und Lymphgefäßen ausgestattete Scheidewände (Septen) in 200 bis 300 keilförmige Kammern – sogenannte Läppchen – eingeteilt wird. In diesen Läppchen liegen zum einen Leydig-Zwischenzellen, die das männliche Sexualhormon Testosteron produzieren, zum anderen winden sich hier Samenkanälchen, aus denen pro Sekunde rund 1500 nahezu vollständig ausgereifte, wenn auch nicht befruchtungsfähige Spermien hervorgehen. Von hier aus werden die Spermien in die Nebenhoden transportiert, die ein 4 bis 6 Meter langer, stark gewundener und dicht gedrängter Nebenhodengang durchläuft.

Rund 12 Tage dauert der Weg der Spermien durch den verschlungenen Nebenhodengang. Dort erhalten sie ihre Motilität, das heißt die Fähigkeit, sich selbständig fortzubewegen. Gleichzeitig sorgt ein leicht saures Milieu mit einem pH-Wert von 6,5 dafür, dass die Spermien ihre neu gewonnene Beweglichkeit noch nicht ausschöpfen können. Um den größtmöglichen Erfolg bei der Befruchtung zu gewährleisten, wird diese Beweglichkeit dank zusätzlicher alkalischer Sekrete erst mit der Ejakulation aktiviert.

Aus dem Nebenhodengang gelangen die Spermien in den Samenleiter, der zusammen mit Blut- und Lymphgefäßen sowie Nerven den Samenstrang bildet. Die beidseitige Unterbindung des Samenleiters im Rahmen einer sogenannten Vasektomie führt zur Zeugungsunfähigkeit des Mannes und ist mittlerweile ein nicht selten angewandtes Verfahren der Empfängnisverhütung. Weder die Erektionsfähigkeit noch die Hormonproduktion werden durch diesen Eingriff beeinflusst und auch die Zusammensetzung des Ejakulats bleibt weitgehend erhalten.

Durch den Leistenkanal in die Bauchhöhle geführt, erweitert sich der Samenleiter kurz vor der Prostata zur sogenannten Ampulle, in der die Spermien vorübergehend gespeichert werden. Bevor sich der Samenleiter wieder verengt und als Spritzkanälchen durch die Prostata in die Harnröhre mündet, nimmt er die Ausführungsgänge der Bläschendrüse auf. Diese produziert ein fruchtzuckerreiches, alkalisches Sekret, das einen großen Teil des Volumens einer Ejakulation ausmacht und die Spermien mit Energie versorgt. Hinzu kommen ein schwach alkalisches Sekret aus den in der Beckenbodenmuskulatur liegenden Cowper-Drüsen, die eventuelle Rückstände von Harnsäure in der Harnröhre neutralisieren, sowie mit einem Anteil von rund 20 bis 30 Prozent jenes Sekret, das in der Prostata gebildet wird. Es enthält neben Enzymen – unter anderem das verflüssigende prostataspezifische Antigen PSA, das auch im Blut als Tumormarker zur Erkennung eines Prostatakarzinoms fungiert – das sogenannte Spermin, das die Spermien und die darin enthaltene Erbinformation (DNS) stabilisiert und schützt. Mit der Zufuhr dieser Sekrete entwickeln die Spermien ihre Eigenbeweglichkeit. Bei einer Ejakulation kommt es zu starken Kontraktionen der Muskulatur im Bereich der Nebenhoden, Samenleiter, Bläschendrüse und Prostata. Das Sperma wird in die Harnröhre geleitet und durch wellenartige Kontraktionen der Beckenbodenmuskulatur ausgestoßen. Die Menge des Ejakulats schwankt zwischen 1 und 10 Millilitern. Obgleich die Spermien nur einen Anteil von weniger als 1 Prozent an der gesamten Samenflüssigkeit haben, sind pro Milliliter zwischen 30 und 150 Millionen Spermien enthalten. An der Luft haben sie nur eine Überlebensdauer von wenigen Minuten, in der Gebärmutter und im Eileiter können sie bis zu 3 Tage bestehen.

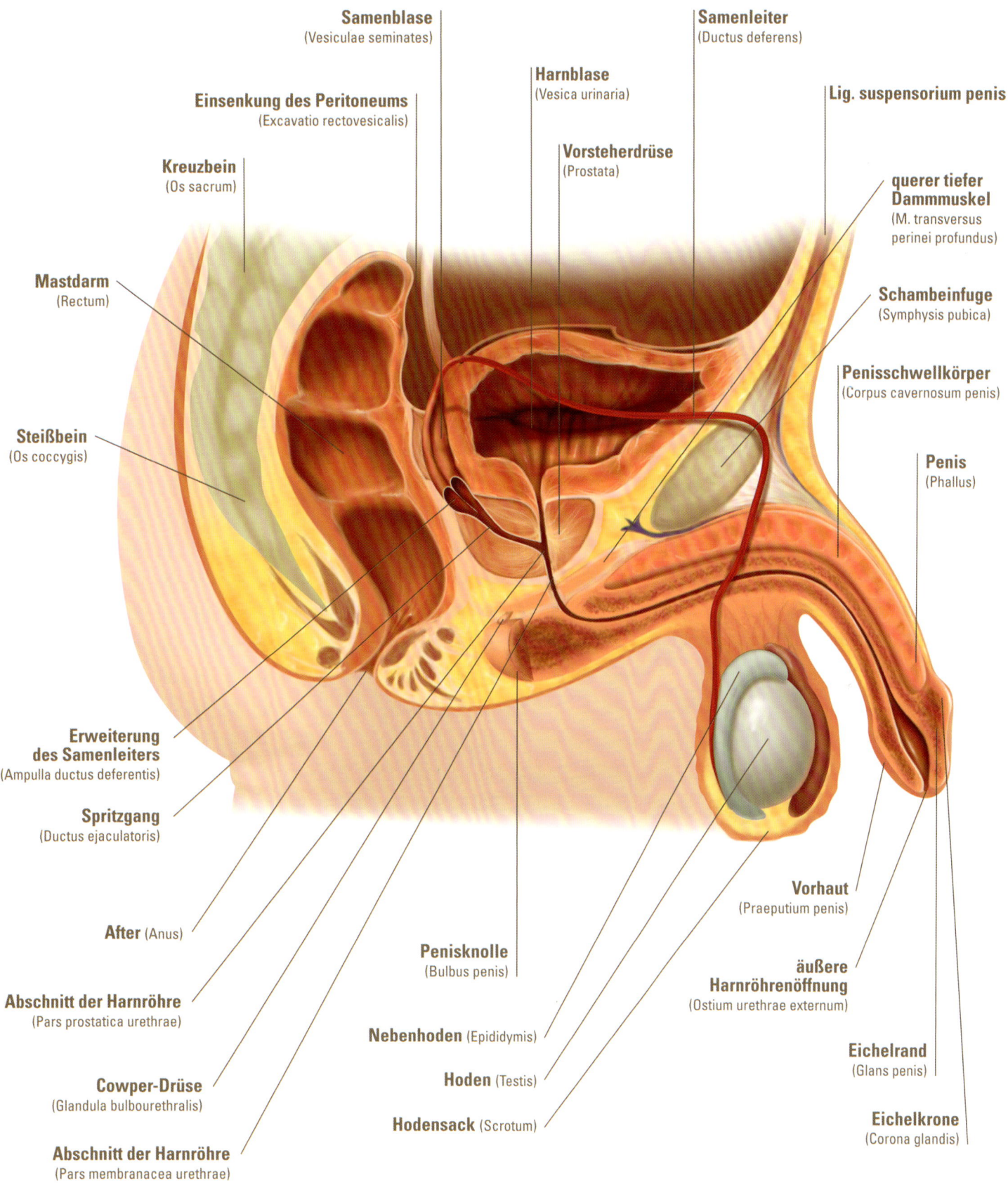

Samenblase
(Vesiculae seminates)

Einsenkung des Peritoneums
(Excavatio rectovesicalis)

Kreuzbein
(Os sacrum)

Mastdarm
(Rectum)

Steißbein
(Os coccygis)

Erweiterung
des Samenleiters
(Ampulla ductus deferentis)

Spritzgang
(Ductus ejaculatoris)

After (Anus)

Abschnitt der Harnröhre
(Pars prostatica urethrae)

Cowper-Drüse
(Glandula bulbourethralis)

Abschnitt der Harnröhre
(Pars membranacea urethrae)

Harnblase
(Vesica urinaria)

Vorsteherdrüse
(Prostata)

Samenleiter
(Ductus deferens)

Lig. suspensorium penis

querer tiefer
Dammmuskel
(M. transversus
perinei profundus)

Schambeinfuge
(Symphysis pubica)

Penisschwellkörper
(Corpus cavernosum penis)

Penis
(Phallus)

Vorhaut
(Praeputium penis)

äußere
Harnröhrenöffnung
(Ostium urethrae externum)

Eichelrand
(Glans penis)

Eichelkrone
(Corona glandis)

Penisknolle
(Bulbus penis)

Nebenhoden (Epididymis)

Hoden (Testis)

Hodensack (Scrotum)

GESCHLECHTSORGANE DER FRAU

Die äußeren Geschlechtsorgane der Frau setzen sich aus großen und kleinen Schamlippen, Klitoris, Scheidenvorhof mit Vorhofdrüsen und der Öffnung der Harnröhre zusammen, die gemeinsam die Vulva bilden. Die zwei paarig angelegten Schamlippen besitzen Nervenzellen, hinzukommen Talgdrüsen und – bei den großen Schamlippen – zusätzlich Schweiß- und Duftdrüsen. Schamlippen umschließen schützend den Eingang der Scheide (Vagina).

Die Klitoris, ein mit Drüsen, Schwellkörpern und tausenden Nerven ausgestatteter Organkomplex, ist für das sexuelle Lustempfinden der Frau von entscheidender Bedeutung. Nicht nur vor diesem Hintergrund muss die weibliche Genitalverstümmelung, die noch heute in vielen Teilen der Welt an Millionen Mädchen vorgenommen wird, als eines der größten gegenwärtigen Verbrechen an Frauen bezeichnet werden.

Im kleinen Becken der Frau befinden sich die inneren Geschlechtsorgane, zu denen Scheide, Gebärmutter (Uterus), Eileiter und Eierstöcke zählen. Zur Gebärmutter führt die 8 bis 12 Zentimeter lange Vagina, die sich als bindegewebiger, muskulärer Schlauch hinter der Harnröhre aufwärts zieht und am oberen Ende den Muttermund des Gebärmutterhalses umschließt. In der Gebärmutter eingebettet liegt ein spaltförmiger Hohlraum, der bei geschlechtsreifen Frauen eine Länge von 5 bis 6 Zentimetern aufweist. Im Falle einer Schwangerschaft ist dies der Ort, an den die befruchtete Eizelle nach mehreren Zellteilungen wandert, um sich in der Gebärmutterschleimhaut einzunisten.

Dass Eizellen überhaupt den Weg in die Gebärmutter finden, verdanken sie den Eileitern, die als rund 13 Zentimeter lange, muskuläre Schläuche rechts und links des Uterus verlaufen. Im Bereich der Eierstöcke zeigen sie sich trichterförmig erweitert und mit zahlreichen Fransen, sogenannten Fimbrien, besetzt. Kurz vor dem Eisprung „tasten" diese frei beweglichen Fimbrien den Eierstock auf der Suche nach der sprungbereiten Eizelle ab, die an der Eierstockwand ein Stigma in Form einer winzigen Wölbung verursacht. Wenn die Follikelhülle schließlich durchstoßen wird und die Eizelle austritt, wird sie direkt über die trichterförmige Öffnung in den Eileiter katapultiert und wandert dort in 4 bis 5 Tagen zur Gebärmutter. Drüsenzellen bilden ein Sekret, das die Eizelle ernährt und transportiert, Flimmerzellen wiederum sorgen durch Bewegungen für einen unablässigen Flüssigkeitsstrom Richtung Uterus.

SCHWANGERSCHAFT UND GEBURT

280 Tage beziehungsweise 40 Wochen dauert eine reguläre Schwangerschaft, gerechnet vom ersten Tag der letzten Menstruation bis zur Geburt. Da die „eigentliche" Schwangerschaft jedoch erst mit der Befruchtung der Eizelle durch ein Spermium beginnt, ist eine Rechnung ebenso plausibel, die die Schwangerschaftszeit auf 38 Wochen ansetzt.

Spätestens seit Woody Allens Film „Was sie schon immer über Sex wissen wollten" haben wir auch eine bildliche Vorstellung davon, dass nicht alle Spermien mit demselben „Elan" Richtung Eizelle steuern: Nur ein winziger Bruchteil der vielen Hundert Millionen Spermien, die pro Samenerguss den Körper des Mannes verlassen, erreichen überhaupt die Eizelle und nur einem einzigen Spermium ist es vergönnt, ihre Hülle zu durchbrechen. In der Folge verschmelzen die Chromosomensätze von Eizelle und Spermium miteinander und es entsteht die sogenannte Zygote, die erste Zelle des neuen Lebewesens. Im Verlauf der nächsten 3 bis 4 Tage wandert sie durch den Eileiter Richtung Gebärmutter, teilt sich dabei mehrfach und heftet sich zwischen dem 7. und 10. Tag an die Gebärmuttermutterschleimhaut.

Der Einnistung folgt in den nächsten Tagen die Ausbildung von drei sogenannten Keimblättern, aus denen sich alle Organe und strukturgebenden Systeme des Körpers herausbilden. Dies ist die Phase der Embryogenese, die die

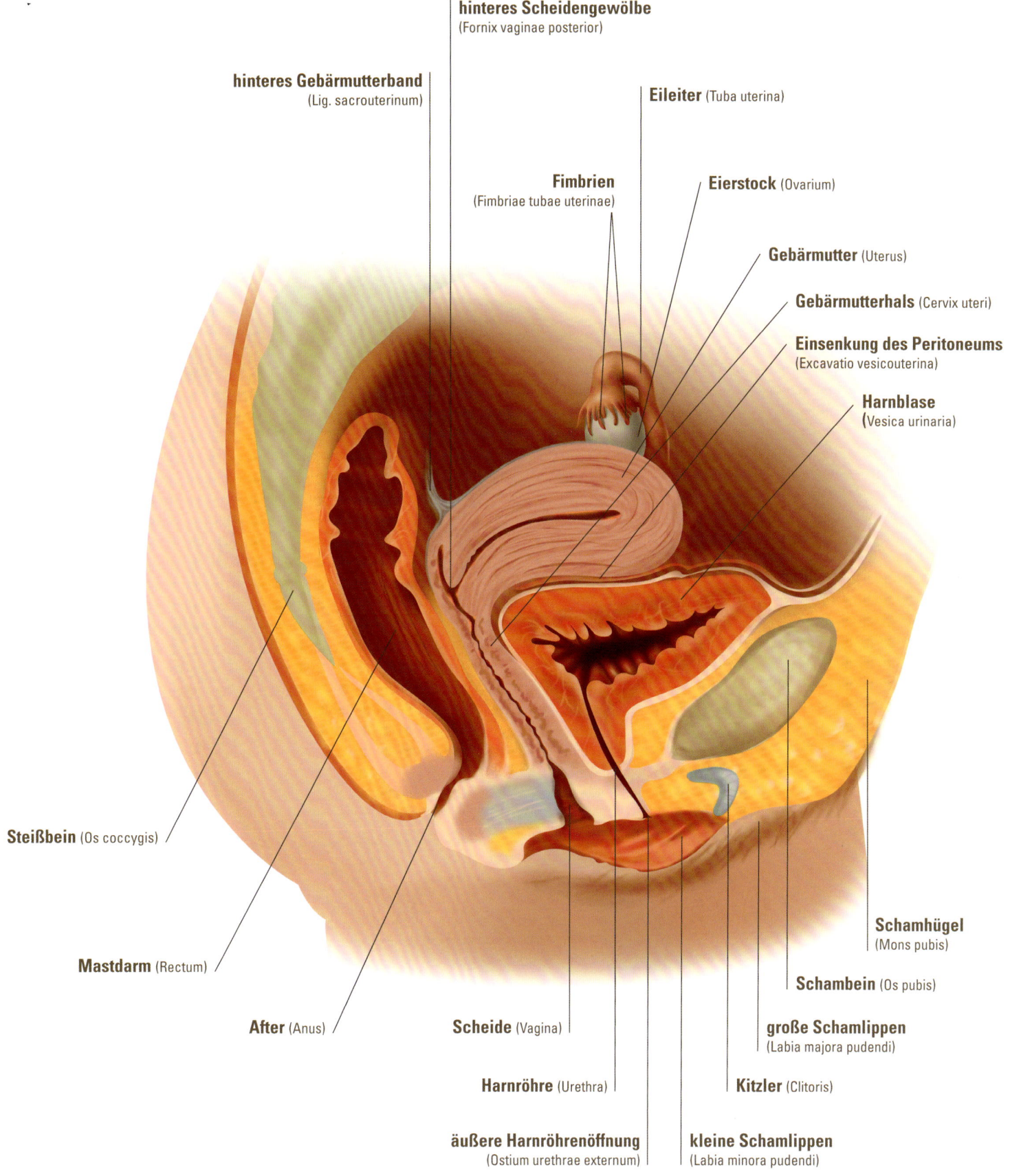

hinteres Scheidengewölbe
(Fornix vaginae posterior)

hinteres Gebärmutterband
(Lig. sacrouterinum)

Eileiter (Tuba uterina)

Fimbrien
(Fimbriae tubae uterinae)

Eierstock (Ovarium)

Gebärmutter (Uterus)

Gebärmutterhals (Cervix uteri)

Einsenkung des Peritoneums
(Excavatio vesicouterina)

Harnblase
(Vesica urinaria)

Steißbein (Os coccygis)

Mastdarm (Rectum)

Schamhügel
(Mons pubis)

Schambein (Os pubis)

After (Anus)

Scheide (Vagina)

große Schamlippen
(Labia majora pudendi)

Kitzler (Clitoris)

Harnröhre (Urethra)

äußere Harnröhrenöffnung
(Ostium urethrae externum)

kleine Schamlippen
(Labia minora pudendi)

4. bis 8. Schwangerschaftswoche umfasst und eine der spannendsten Phasen der Entwicklung überhaupt darstellt: Der Embryo entwickelt zu einer Zeit, in der er zwischen 2 und 20 Millimeter misst, alle lebenswichtigen Organe aus. Grundvoraussetzung für diese Entwicklung ist die Versorgung des Embryos über die Plazenta: Bis zur Geburt gewährleistet sie zusammen mit der Nabelschnur den Austausch von Nährstoffen, Sauerstoff, Abbauprodukten und Wärme und bietet Immunschutz. Obwohl Mutter und Embryo beziehungsweise Fötus über autarke Blutkreisläufe ohne direkte Verbindung verfügen, kann über die Plazenta ein Austausch von Stoffen stattfinden. Das Prinzip: Über die Nabelschnur verlaufen zwei Arterien des Embryos zur Plazenta, die eine Stoffwechselmembran besitzt. Das sauerstoffarme und mit Stoffwechselprodukten durchsetzte Blut fließt entlang der Membran und wird dabei in sogenannte Zottenbäume geführt, die tief in den intervillösen Raum der Plazenta hineinragen, der mit mütterlichem Blut gefüllt ist. Dies ist der Raum, in dem der Stoffaustausch stattfindet.

Mit Beginn des dritten Schwangerschaftsmonats beginnt die Fetalperiode, die bis zur Geburt reicht. Man spricht nun nicht mehr vom Embryo, sondern vom Fötus. Zum Ende der 40. Schwangerschaftswoche ist dieser auf durchschnittlich 50 Zentimeter angewachsen und bringt ein Gewicht von etwa 3200 Gramm auf die Waage.

Die Geburt beginnt mit dem Einsetzen der Wehen. Diese Eröffnungsphase ist durch Muskelkontraktionen der Gebärmutter gekennzeichnet, die Gebärende als schmerzhafte Wehen wahrnehmen. Der Fötus wird dadurch Richtung Geburtskanal gedrängt und der Muttermund vollständig geöffnet. Damit beginnt die Austreibungsperiode. Den Abschluss der Geburt bildet nicht der Moment, in dem der Säugling das Licht der Welt erblickt, sondern die Nachgeburt, bei der die Plazenta, die im Verlauf der Schwangerschaft ein Gewicht von rund 500 Gramm erreicht hat, ausgestoßen wird.

Rechte Seite: Diese Anatomiestudie aus der Feder Leonardo da Vincis (1452–1519) gilt als eine der ersten Darstellungen eines Kindes im Mutterleib (wenngleich es hier allerdings die Plazenta einer Kuh ist, in die er den Fötus setzt). Sie ist um das Jahr 1510/13 entstanden (Windsor Castle, Royal Library). Leonardo soll für seine zahlreichen anatomischen Studien über 30 Leichen seziert haben.

DER WEIBLICHE ZYKLUS

Mädchen tragen bei ihrer Geburt rund 2 Millionen Eizellen – sogenannte Primordialfollikel – in sich, die sich auf zwei Eierstöcke aufteilen. Mit der Pubertät wird ein Hormon gebildet (s. S. 119), das dazu führt, dass jeden Monat einige dieser Follikel weitere Entwicklungsstadien durchlaufen, bis schließlich im vierten Stadium ein Graaf-Follikel von 1 Zentimeter Durchmesser herangewachsen ist, der unter zunehmendem Druck einreißt und die Eizelle freigibt, die wiederum in den Eileiter aufgenommen und Richtung Eileiter transportiert wird.

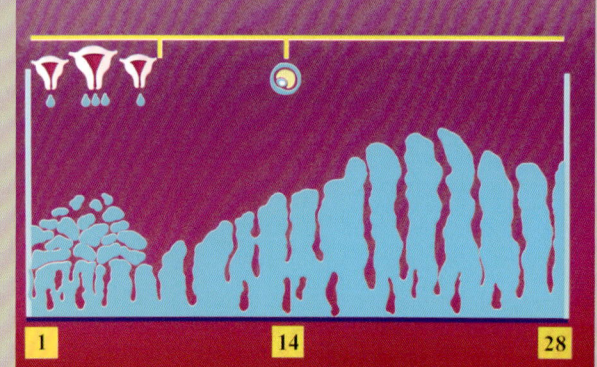

Nach dem Eisprung fällt die zurückbleibende Hülle samt innenliegender Granulosazellen in sich zusammen und bildet sich nach einigen Tagen zum Gelbkörper aus. Dieser produziert mit Progesteron ein Hormon, das für das „Funktionieren" von Schwangerschaften von zentraler Bedeutung ist, denn es bereitet die Gebärmutterschleimhaut auf die mögliche Einnistung einer befruchteten Eizelle vor. Findet keine Befruchtung der Eizelle statt, so degeneriert der Gelbkörper 10 bis 14 Tage nach dem Eisprung. Die auf eine Einnistung vorbereitete Gebärmutterschleimhaut wird abgebaut und Reste während der Menstruation mit durchschnittlich 50 bis 100 Milliliter Blut abgestoßen. Dieser Vorgang wiederholt sich in einem Zyklus von 25 bis 30 Tagen und endet mit der Menopause, die durch eine verminderte Hormonproduktion der Eierstöcke ausgelöst wird und das Ende der Fruchtbarkeit der Frau mit sich bringt.

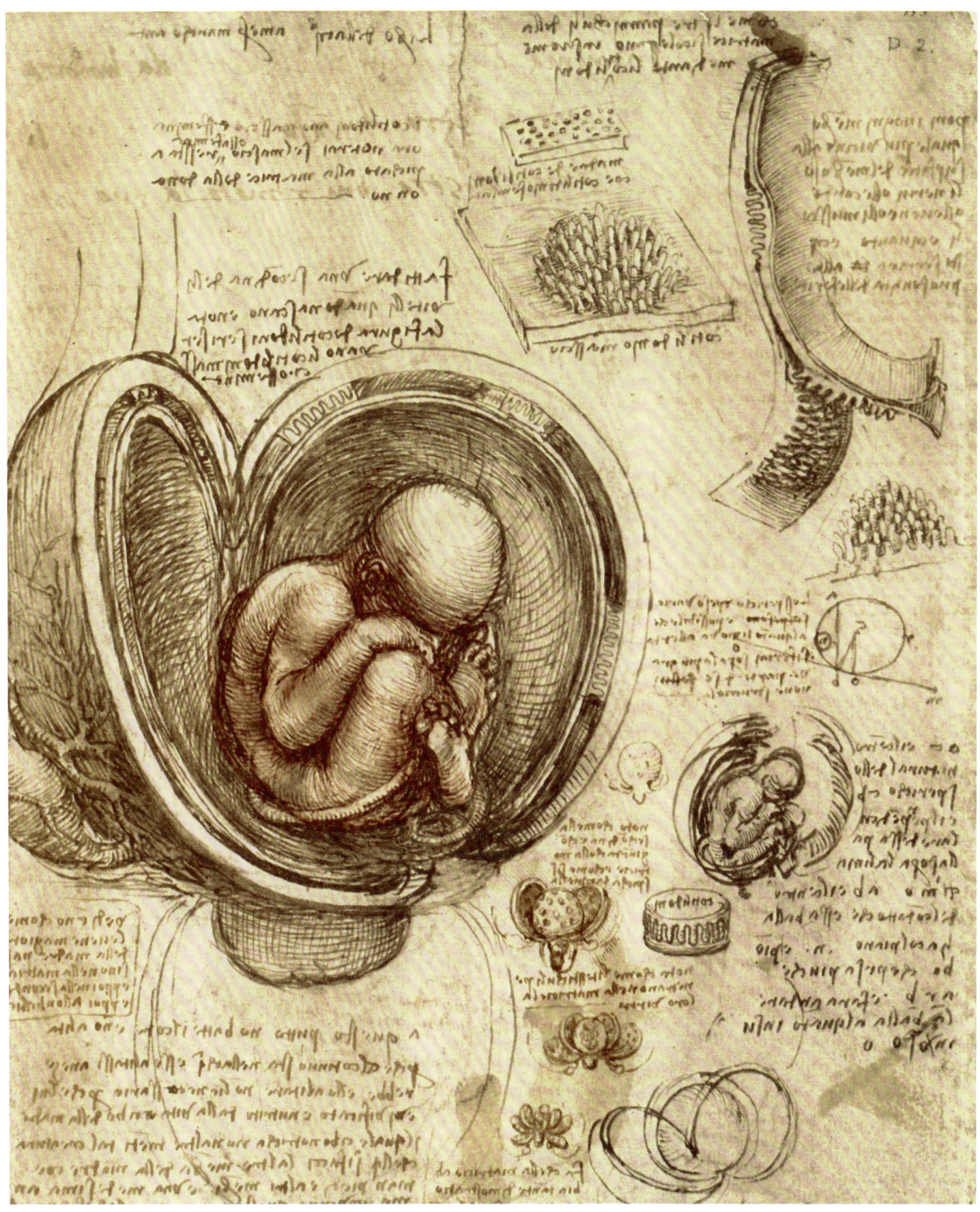

„Iss, was gar ist. Trink, was klar ist. Red', was wahr ist."

Martin Luther (1483 – 1546)

VERDAUUNG

Unser Organismus ist zur Erhaltung aller grundlegenden Körperfunktionen auf Energie angewiesen, die wir über die Nahrung aufnehmen. Für jedes Nahrungsmittel kann ein Brennwert bestimmt werden, der in Kilojoule (kJ) oder Kilokalorien (kcal) angegeben wird und Aufschluss darüber gibt, wie viel Energie der Körper aus dem aufgenommenen Produkt durch Verstoffwechslung gewinnen kann.

Zu den Grundnährstoffen beziehungsweise Makronährstoffen, die dem Körper Energie liefern, gehören Kohlenhydrate, Fette und Eiweiße. Sie werden im Verdauungssystem durch Enzyme in ihre einzelnen Bestandteile zerlegt und dem Blutkreislauf und Lymphsystem zugeführt. Für die Aufrechterhaltung der Körperfunktionen sind jedoch ebenso Mikro- oder Ergänzungsnährstoffe wie Vitamine, Mineralstoffe, Spurenelemente und Salze von Bedeutung. Auch wenn beispielsweise der Skorbut, der vor Jahrhunderten insbesondere unter den Seefahrern aufgrund ihrer Vitamin-C-armen Ernährung für unzählige Todesfälle sorgte, in den Industrienationen fast gänzlich verschwunden ist, schützt das Überangebot an Nahrungsmitteln nicht vor Mangelerscheinungen. Das Problem hierbei ist: Eine Unterversorgung mit Vitaminen und Spurenelementen macht sich erst nach Wochen oder Monaten bemerkbar, Beschwerden oder Krankheitsbilder werden darüber hinaus häufig nicht mit einem entsprechenden Mangel in Zusammenhang gebracht. Eine ausgewogene Ernährung, die den Organismus mit allen lebensnotwendigen Bausteinen versorgt, ist deshalb von zentraler Bedeutung.

VERDAUUNGSORGANE

Dass Nahrungsmittel in ihre einzelnen Bausteine aufgespalten und dem Körper zugeführt werden, ist nur eine der Leistungen, die unser Verdauungssystem erbringt. Verdauung umfasst den gesamten Prozess von der Aufnahme der Nahrung und deren Zerlegung und Aufbereitung über die Zuführung in die Blut- und Lymphbahnen (Resorption) bis hin zur Ausscheidung der unverdaulichen Restbestandteile. Folgerichtig reicht der 9 bis 12 Meter lange, als Schlauchsystem angelegte Verdauungstrakt vom Mund bis zum After. In Anlehnung an die einzelnen Verdauungsphasen lässt er sich in mehrere Abschnitte einteilen: Mundhöhle, Rachen und Speiseröhre, Magen, Dünndarm und Dickdarm. Hinzu kommen Mundspeicheldrüsen, Bauchspeicheldrüse (Pankreas) und Leber, deren Ausführungsgänge in den Verdauungstrakt einmünden.

MUNDHÖHLE

Während bis zu 10 000 auf der Zunge, im Gaumen und Rachenbereich verteilte Geschmacksknospen die Nahrungsaufnahme zu einem sinnlichen Erlebnis werden lassen, sorgen Zähne, Zunge und Gaumen für die Zerkleinerung der Nahrung und Mundspeicheldrüsen für deren Gleitfähigkeit, indem sie Flüssigkeit zusetzen. Die Zunge als beweglichster Muskel des Körpers spielt beim Kauvorgang eine entscheidende Rolle. Sie schiebt die aufgenommenen Nahrungsbissen zwischen den Kauflächen hin und her, zerdrückt sie am Gaumen und befördert sie schließlich rachenwärts, wodurch ein Schluckreflex ausgelöst wird. Alles in allem erweist sich dies als ein Prozess, bei dem viel Muskelkraft eingesetzt wird: Allein beim Schlucken des Speichels – ein Vorgang, der rund 2000 Mal am Tag stattfindet – drückt die Zunge mit einer Kraft von 2 Kilogramm gegen den Gaumen. Doch dies ist nicht die einzige beachtliche Muskelleistung, die der Akt des Kauens mit sich bringt: Vier paarig angelegte Kaumuskeln ermöglichen das Öffnen und Schließen des Kiefers und das Vor- und Zurückschieben des Unterkiefers. Die durchschnittliche Kraft, die für das Kauen aufgewendet wird, liegt bei 30 bis 40 Newton. Bei Menschen, die stressbedingt dazu neigen, mit den Zähnen zu knirschen oder diese aufeinanderzupressen (sogenannter Bruxismus), wirken ganz andere Kräfte, die

ALLES ANDERE ALS EINE LAST – BALLASTSTOFFE

Bis in die 1970er-Jahre sah die Ernährungswissenschaft in den Resten pflanzlicher Zellwände und Gerüstsubstanzen, die vom Verdauungssystem nicht abgebaut und ins Blut absorbiert werden, lediglich überflüssige Nahrungsbestandteile, die folgerichtig den Namen Ballaststoffe trugen – und noch immer tragen. Mittlerweile hat sich die Haltung weitgehend geändert, da Ballaststoffe erwiesenermaßen in mehrfacher Hinsicht positiv wirken können: Sie verlangsamen unter anderem den Blutzuckeranstieg nach Mahlzeiten, binden Cholesterin und Gallensäuren, was eine Senkung des Cholesterinspiegels zur Folge hat, dienen als Nahrung für wichtige Bakterien im Dickdarm, beschleunigen den Transport der Nahrungsreste durch den Darm und reduzieren damit das Risiko, dass krebserzeugende Substanzen auf die Darmschleimhaut einwirken.

Getreide, Obst, Gemüse und Hülsenfrüchte sind wertvolle Lieferanten von Ballaststoffen.

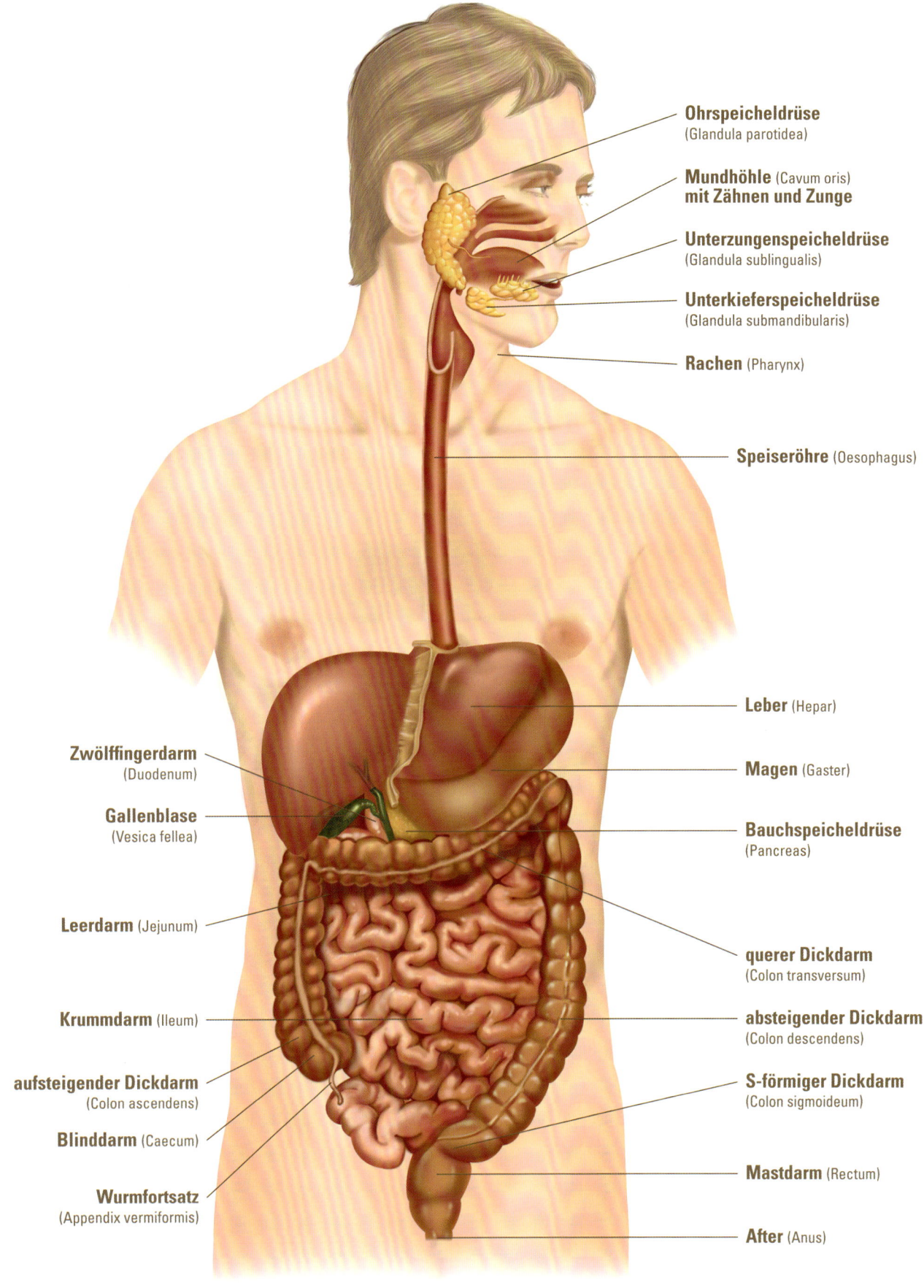

Ohrspeicheldrüse
(Glandula parotidea)

Mundhöhle (Cavum oris)
mit Zähnen und Zunge

Unterzungenspeicheldrüse
(Glandula sublingualis)

Unterkieferspeicheldrüse
(Glandula submandibularis)

Rachen (Pharynx)

Speiseröhre (Oesophagus)

Leber (Hepar)

Magen (Gaster)

Bauchspeicheldrüse
(Pancreas)

querer Dickdarm
(Colon transversum)

absteigender Dickdarm
(Colon descendens)

S-förmiger Dickdarm
(Colon sigmoideum)

Mastdarm (Rectum)

After (Anus)

Zwölffingerdarm
(Duodenum)

Gallenblase
(Vesica fellea)

Leerdarm (Jejunum)

Krummdarm (Ileum)

aufsteigender Dickdarm
(Colon ascendens)

Blinddarm (Caecum)

Wurmfortsatz
(Appendix vermiformis)

zuweilen 800 bis 1000 Newton erreichen. Pro Quadratzentimeter kann dann ein Druck von bis zu 100 Kilogramm ausgeübt werden – mit fatalen Folgen insbesondere für die Zähne und das Kiefergelenk.

Durch den Kauvorgang werden zugleich die Mundspeicheldrüsen, bestehend aus Ohrspeichel-, Unterkiefer- und Unterzungendrüse, zur Produktion unterschiedlicher Arten von Sekret angeregt. Dieser Speichel vermischt sich mit der Nahrung, setzt ihr erste Verdauungsenzyme zu und macht sie gleitfähig. Zudem entfaltet der Speichel im Mundraum eine antibakterielle und antivirale Wirkung.

RACHEN

Berührt der über die Zunge Richtung Rachen beförderte Nahrungsbrei die Schleimhaut des Zungengrunds, des Rachens und der Gaumenbögen, wird ein Schluckreflex ausgelöst. Was nun folgt, ist ein unwillkürlicher, nicht zu beeinflussender Ablauf mehrerer Vorgänge: Durch Heben und Anspannen des Gaumensegels wird der Nasenrachenraum verschlossen, während der Kehlkopf nach oben und vorn bewegt wird, wodurch sich der Kehldeckel dem Kehlkopfeingang nähert und diesen verschließt. Dieser Mechanismus verhindert, dass Flüssigkeiten oder Speisen in die Luftröhre gelangen. Zugleich entspannt sich der obere Schließmuskel der Speiseröhre, sie öffnet sich und der weitere Transport der Nahrung Richtung Magen und Darm kann fortgesetzt werden.

SPEISERÖHRE

Die Speiseröhre misst bei einem Erwachsenen im Durchschnitt zwischen 25 und 30 Zentimeter Länge und stellt die Verbindung zwischen Rachen und Magen her. Durch wellenartige Kontraktionen der Muskelfasern (Peristaltik), die sich in der Wand der Speiseröhre befinden, wird der Nahrungsbrei innerhalb von Sekunden bis zum unteren Schließmuskel befördert, der sich mit Ankunft der Kontraktionswelle öffnet und den Zugang zum Magen freigibt. In angespanntem Zustand verhindert der Muskel das Zurückfließen von saurem Magensaft in den Magen (*Reflux*), eine Aufgabe, deren Bedeutung all jenen nur allzu bewusst ist, die unter Sodbrennen leiden. Häufige Ursache dieser weit verbreiteten Form einer Refluxkrankheit ist eine Schwächung des unteren Schließmuskels der Speiseröhre.

MAGEN

Der Magen ist der Ort, an dem Nahrung vorübergehend gespeichert und mittels Enzymen und Säuren chemisch zersetzt wird, ehe sie portionsweise an den Dünndarm weitergegeben wird. Darüber hinaus sorgt der Magensaft für das Abtöten von Bakterien und bietet somit Schutz vor Infektionen.

Anatomisch betrachtet stellt sich der Magen als ein sehr dehnbarer, mit Schleimhaut ausgekleideter Hohlmuskel dar: Im Normzustand umfasst er etwa 70 Milliliter Volumen, das sich jedoch auf bis zu 2000 Milliliter erweitern kann. Je nach Beschaffenheit verbleibt die Nahrung zwischen 1 und 7 Stunden im Magen, wobei sich fettreiche Speisen als die „hartnäckigsten" erweisen. Wellenartige Kontraktionen der Muskulatur in der Magenwand sorgen beständig dafür, dass der Speisebrei mit Magensaft durchmischt wird, dessen Produktion unmittelbar durch das vegetative Nervensystem und indirekt durch hormonelle Reize gesteuert wird. Oftmals reichen bereits Gerüche oder die optische Wahrnehmung von Speisen aus, um die Bildung von Magensaft anzukurbeln. Drei unterschiedliche Zellarten sind an der täglichen Erzeugung von bis zu 3 Litern Magensaft beteiligt: Hauptzellen produzieren Pepsinogene, die in dem sauren Milieu des Mageninneren in das eiweißspaltende Enzym Pepsin umgewandelt werden. Für den nötigen niedrigen pH-Wert sorgen Belegzellen, die neben Salzsäure den sogenannten Intrinsic-Faktor absondern – ein Protein, das für die Aufnahme von Vitamin B_{12} im Dünndarm unentbehrlich ist. Um die Schleimhaut, die das Mageninnere auskleidet, vor Salzsäure und Pektin zu schützen, produzieren unter anderem Nebenzellen einen

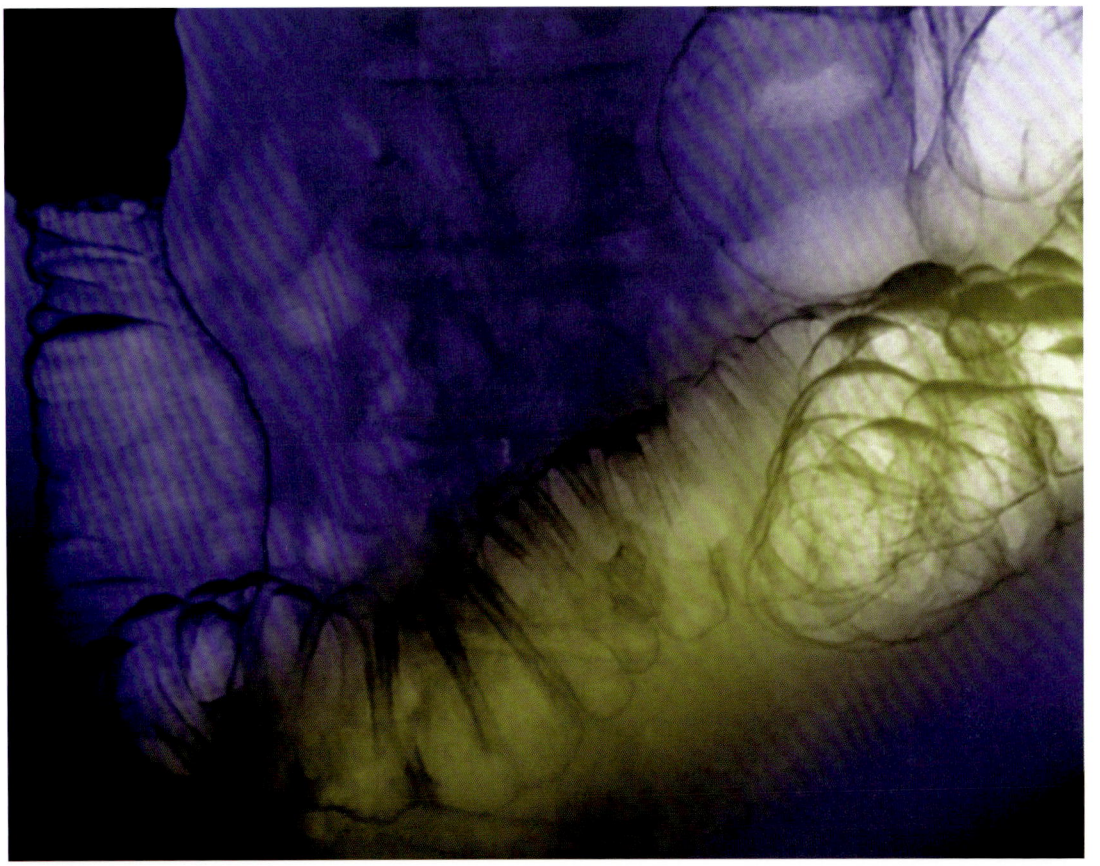

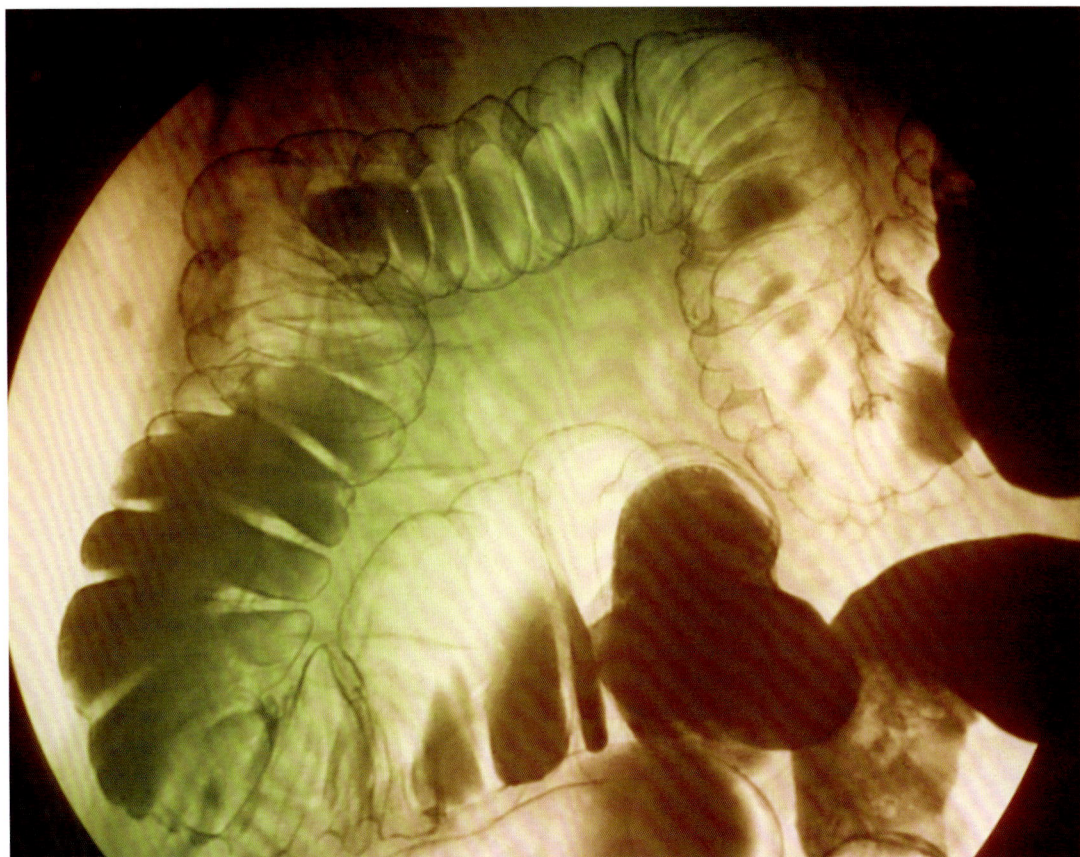

*Eingefärbte Röntgenaufnahmen
des Darmtrakts.*

alkalischen Schleim. Ist diese Schutzschicht aus Schleim zum Beispiel durch bestimmte Medikamente oder Stress gestört, kann es zu einer schmerzhaften Entzündung der Magenschleimhaut kommen (Gastritis).

Der stark zerkleinerte und durchmischte Nahrungsbrei, in dem Eiweiße zwar noch nicht vollständig aufgeschlossen, aber dank der Pepsine in kleinere Bausteine zerlegt wurden, gelangt durch die Kontraktionen der Muskulatur an den Magenpförtner (*Pylorus*). Nur wenn sich keine größeren Partikel im Speisebrei befinden, entspannt sich der Muskel für einen kurzen Augenblick und gibt eine Öffnung frei, durch die kleine Mengen – etwa 1 bis 2 Prozent des Mageninhalts pro Druckwelle – in den sich direkt anschließenden Dünndarm gelangen.

DÜNNDARM

Im Dünndarm spielt sich der wichtigste Teil der Verdauung ab, denn hier finden die endgültige chemische Aufspaltung und die Aufnahme (Resorption) nahezu aller Nährstoffe statt. Mit 4 bis 5 Metern Länge stellt der Dünndarm den längsten Abschnitt des Verdauungstraktes dar. Diese beeindruckenden Dimensionen gewinnen an Imposanz, wenn man berücksichtigt, dass etwa 800 im gesamten Dünndarm ringförmig angelegte Schleimhautfalten, die sich wiederum zu Darmzotten und Zellfortsätzen (*Mikrovilli*) ausstülpen, die Innenoberfläche um ein Vielfaches erweitern und auf mehr als 200 Quadratmeter anwachsen lassen – eine Fläche größer als ein Volleyballfeld.

Wie in der Speiseröhre und im Magen wird ebenso im Dünndarm die Nahrung durch Muskelkontraktionen transportiert. Im ersten Abschnitt, dem Zwölffingerdarm, sorgen Brunner-Drüsen, die ein leicht alkalisches Sekret produzieren, dafür, dass die Schleimhaut geschützt wird und der pH-Wert des Darminhalts von etwa 1,5 auf 7 bis 8 ansteigt. Über die in den Zwölffingerdarm mündenden Ausführungsgänge der Bauchspeicheldrüse und der Leber beziehungsweise Galle werden Enzyme zugesetzt, die beim Aufspaltungsprozess aller Makronährstoffe von zentraler Bedeutung sind. Alles in allem sorgen die Verdauungssäfte dafür, dass Fette zunächst emulgiert und dann in Fettsäuren, Monoglyceride und Glycerin zerlegt werden, Kohlenhydrate in Einfachzucker wie Glukose oder Fruktose und die vorverdauten Eiweiße in Aminosäuren umgewandelt werden.

Die aufgespaltenen Bestandteile aus den Nährstoffen müssen nun, um verwertet werden zu können, vom Dünndarm in das Blut- und Lymphsystem übergeleitet werden. Dies kann passiv durch Osmose geschehen oder aktiv unter Zuhilfenahme sogenannter Carrierproteine, die unter Energieverbrauch den Stofftransport übernehmen.

Während wir uns heute zur Notdurft gemeinhin auf das „Stille Örtchen" zurückziehen, wurde noch in der Antike im wahrsten Sinne des Wortes das „Geschäft" weit öffentlicher in Gemeinschaftseinrichtungen, wie in dieser römischen Latrine im türkischen Ephesos, betrieben. Hier wurde über Tagespolitik diskutiert, gesellschaftliche Neuigkeiten ausgetauscht und dabei tatsächlich auch so manches Geschäft geschlossen.

Die eigentliche Resorption vollzieht sich an den Darmzotten, die mit unzähligen Dünndarmzellen (Enterozyten) übersät sind. Die Nährstoffe werden über die Enterozyten aufgenommen, gelangen in das dicht gespannte Netz aus Kapillaren und von dort zur Pfortader, die schließlich zur Leber führt. Dort angelangt, werden sie je nach Bedarf entweder gespeichert oder direkt in den großen Blutkreislauf geführt, wo sie alle Organe erreichen und versorgen. Einzige Ausnahme bilden langkettige Fettsäuren: Sie umgehen die Leber, indem sie über Lymphgefäße abtransportiert und erst im Venenwinkel in den Blutkreis überführt werden.

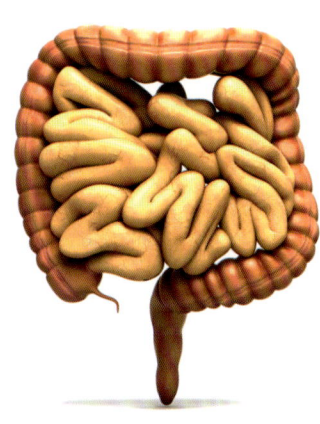

Im Darmtrakt findet die chemische Aufspaltung der Nahrung statt. Nährstoffe werden durch die Schleimhaut des Dünndarms aufgenommen und ins Blut geleitet. Die unverwertbaren Reststoffe werden im Dickdarm zu Stuhl geformt.

Die Resorption im Dünndarm beschränkt sich allerdings nicht allein auf die aufgespaltenen Nährstoffe, Vitamine und Mineralstoffe. Über die Nahrung aufgenommene Flüssigkeiten, Speichel sowie Verdauungssäfte bilden zusammen ein Volumen von rund 9 Litern: 70 bis 90 Prozent dieser Flüssigkeitsmenge wird im Dünndarm resorbiert, der Rest im Dickdarm, der den letzten Abschnitt des Verdauungstraktes bildet.

DICKDARM

Nicht nur äußerlich unterscheidet sich der Dickdarm durch seinen größeren Durchmesser (rund 10 Zentimeter) und die geringere Länge von etwa 1,5 Metern deutlich vom Dünndarm. Im Querschnitt ist zu erkennen, dass die Schleimhaut im Inneren zudem über keinerlei Zotten verfügt. Eine weitere anatomische Besonderheit liegt mit dem Blinddarm samt Wurmfortsatz vor, dessen schmerzhafte Entzündung vielen Menschen in Gestalt einer kleinen Narbe am rechten Unterbauch in Erinnerung bleibt. Der Blinddarm bildet den ersten, rund 7 Zentimeter langen Abschnitt des Dickdarms: Er liegt unterhalb der Einmündungsstelle des Dünndarms und endet in einer Sackgasse, also blind – daher der Name. Die landläufige Bezeichnung „Blinddarmentzündung" ist insofern falsch, da nicht der eigentliche Blinddarm von einer Entzündung betroffen ist, sondern der Wurmfortsatz (Appendix), der sich als ein verkümmertes Ende von durchschnittlich 10 Zentimetern Länge und 1 Zentimeter Durchmesser erweist. Lange Zeit hielt man den Wurmfortsatz für ein überflüssiges Relikt der Evolution. Neueste Forschungen legen jedoch den Schluss nahe, dass der Appendix als „Schutzraum" für nützliche Darmbakterien fungiert, die nach einer schweren Durchfallerkrankung zusammen mit Abwehrzellen für das Abtöten von Keimen und die Wiederherstellung einer gesunden Darmflora sorgen.

Rund 400 Bakterienarten besiedeln den Dickdarm in ungeheurer Anzahl: Man schätzt ihre Gesamtmasse auf etwa 2 Kilogramm. Da sich in der Schleimhaut keinerlei Enzym-produzierende Zellen befinden, übernehmen Bakterien die Aufspaltung bislang unverdauter Eiweiße und Kohlenhydrate. Darüber hinaus bilden sie die Vitamine B_2, B_6, B_{12} und K aus und verhindern die Ansiedlung und Ausbreitung schädlicher Mikroorganismen. Es spricht vieles dafür, dass die Zusammensetzung der Mikroorganismen im Dickdarm entscheidend in der Frage ist, ob wir erkranken oder nicht. Und das gilt nicht nur bei „naheliegenden" Krankheitsbildern wie Entzündungen des Magen-Darm-Trakts oder Pilzinfektionen. Es sind nicht mehr nur Naturheilkundler, die einem gestörten Darm eine generelle Beteiligung an fast allen Erkrankungen bescheinigen.

Neben dieser nicht hoch genug einzuschätzenden Funktion sorgt der Dickdarm zudem für den Entzug von Salzen und Wasser, wodurch sich der Darminhalt weiter verfestigt. In der Schleimhaut angesiedelte Becherzellen gewährleisten durch die Absonderung von Schleim, dass der eingedickte Stuhl während seiner Passage durch den Dickdarm, die durch Muskelkontraktionen gesteuert wird, gleitfähig bleibt.

Der Stuhl, der den Dickdarm über den Anus verlässt, besteht zu etwa zwei Dritteln aus Wasser; den Rest bilden unverdaute Nahrungsreste, Darmbakterien, Schleim und abgestorbene Zellen des Darms. Während der unangenehme Geruch das Resultat der bakteriellen Zersetzungsvorgänge ist, entsteht die Farbe des Kots durch die Umwandlung des ursprünglich gelben Gallenfarbstoffs Bilirubin in Sterkobilin.

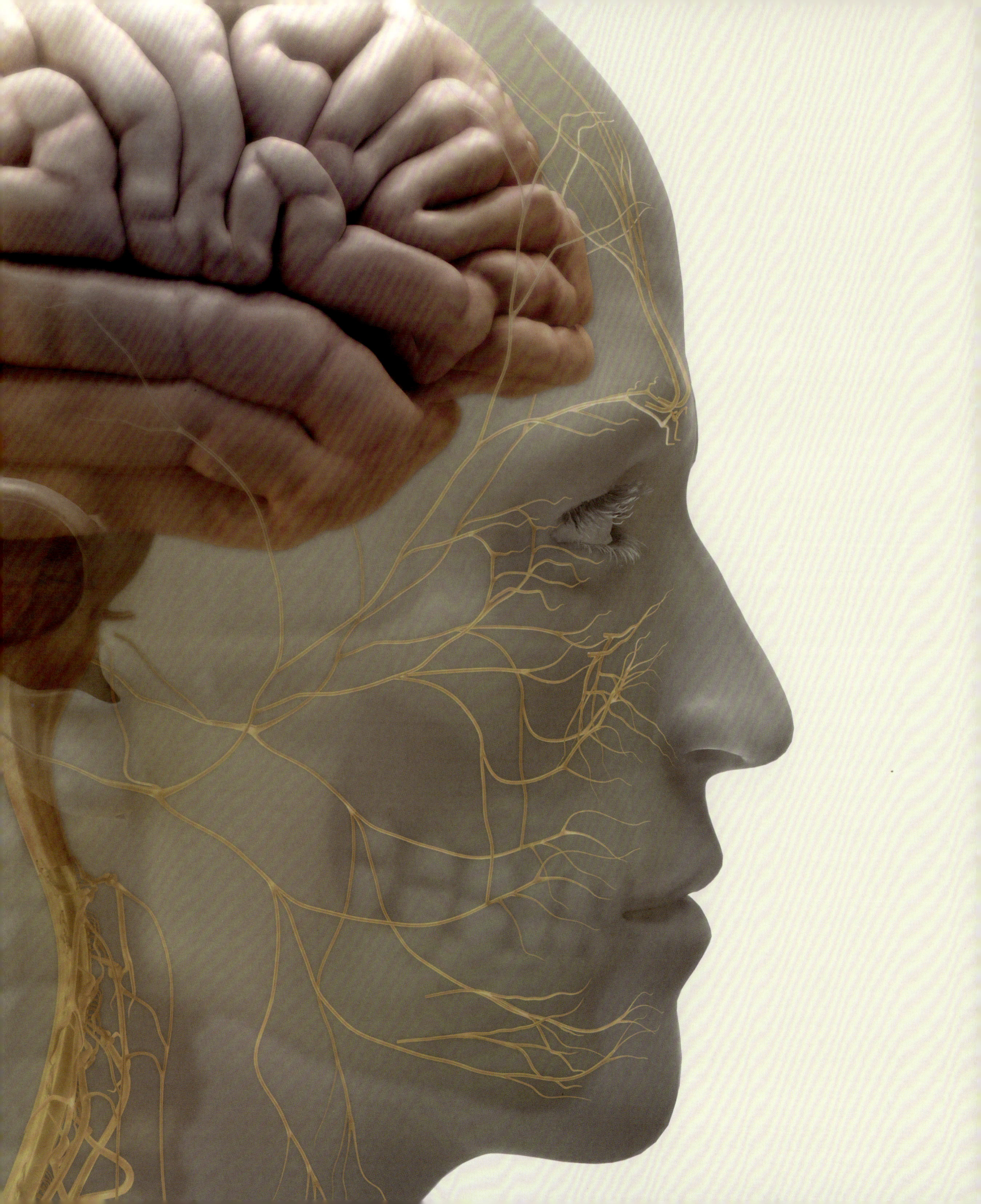

NERVENSYSTEM

Zur Aufnahme und Verarbeitung von Sinneseindrücken und zur Steuerung und Koordination von Stoffwechselvorgängen und Muskelbewegungen bedarf es komplexer Regulationssysteme. Im menschlichen Körper bewältigen diese Aufgaben das Nerven- und das Hormonsystem.

Hinsichtlich der Einteilung des Nervensystems bestehen zwei Systeme nebeneinander. Unter topografischen Gesichtspunkten unterscheidet man zwischen zentralem Nervensystem (ZNS), zu dem Gehirn und Rückenmark zählen, und peripherem Nervensystem (PNS), das die Spinalnerven am Rückenmark sowie Hirnnerven umfasst. Die Aufgaben des peripheren Nervensystems liegen primär in der Übermittlung von Informationen an das ZNS sowie in der Übertragung entsprechender Antworten aus den Schaltzentralen Gehirn und Rückenmark in die Peripherie des Körpers.

Bei einer funktionalen Gliederung wird dem somatischen beziehungsweise willkürlichen Nervensystem, das einerseits die Wahrnehmung und Verarbeitung von Umweltreizen und andererseits die dem Willen unterworfene Motorik verantwortet, das vegetative oder autonome Nervensystem gegenübergestellt. Es koordiniert im Zusammenspiel mit Hormonen zahlreiche lebenswichtige Körperfunktionen, die sich unserer direkten Einflussnahme entziehen, wie zum Beispiel Verdauung, Herz-Kreislauf-System oder Stoffwechsel. Das vegetative Nervensystem lässt sich wiederum in drei Unterbereiche differenzieren: das sympathische, das parasympathische und das enterische Nervensystem.

DAS ZENTRALE NERVENSYSTEM

Das Nervensystem ist das komplexeste System des menschlichen Körpers. Es koordiniert und steuert gleichzeitig den Großteil der körperlichen Aktivitäten.

Das zentrale Nervensystem bildet die übergeordnete Schalt- und Steuerzentrale für die Aufnahme und Verarbeitung von Reizen aus der Umwelt und aus dem Körperinneren. Nach der Zusammenführung und Interpretation dieser Informationen sendet es Nervenimpulse aus, die Organe, Muskeln, Drüsen etc. erreichen, und sorgt damit für eine Beantwortung der eingehenden Informationen. Das Gehirn als oberer Teil des Zentralnervensystems ist zugleich der Sitz unserer kognitiven Fähigkeiten, zu denen das abstrakte Denken, Erinnerungs- und Planungsvermögen ebenso gehören wie Fantasie, Selbstreflexion und die Entwicklung einer überaus komplexen Sprache.

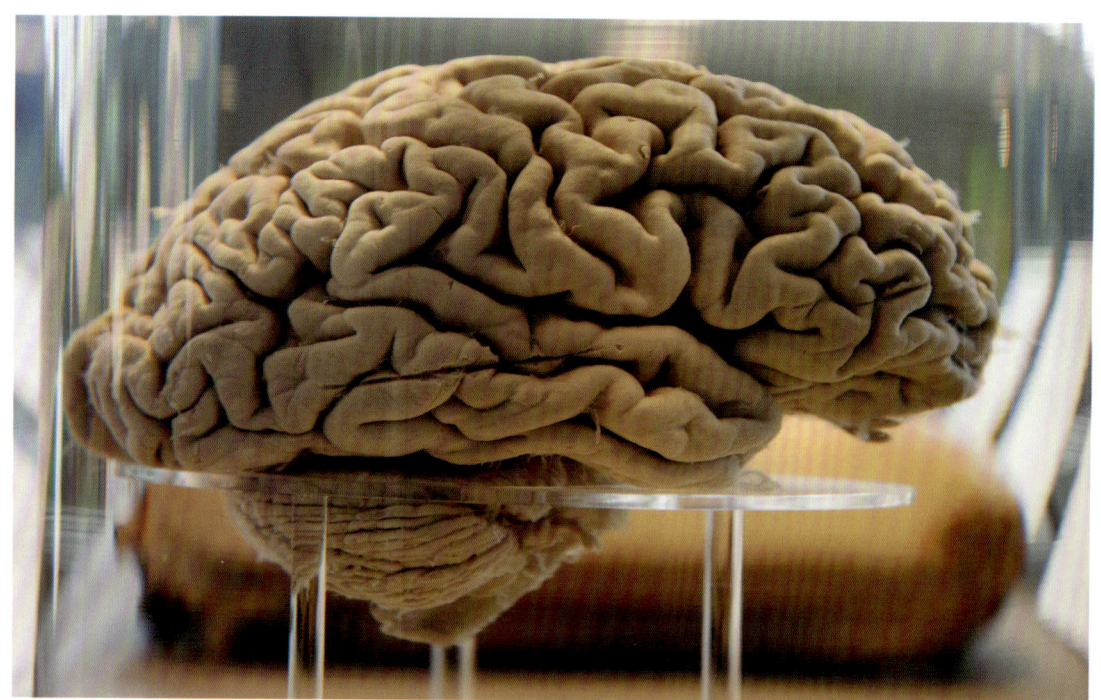

Schaltzentrale und Sitz unseres
Bewusstseins: Das Gehirn ist
das maßgebliche Organ, das den
Menschen von anderen Lebewesen
unterscheidet.

DAS GEHIRN – DIE KRONE DES NERVENSYSTEMS

Nach außen geschützt durch höchst stabile Schädelknochen sowie drei Hautlagen, liegt das rund 1300 bis 1500 Gramm schwere Gehirn gepolstert durch *Liquor cerebrospinalis*, der farblosen Gehirn-Rückenmarks-Flüssigkeit, im oberen Teil des Kopfes. Es bündelt rund 95 Prozent des gesamten Nervengewebes und benötigt zur Aufrechterhaltung seiner Funktionen bis zu einem Viertel unserer Stoffwechselenergie. Dieser „Verbrauch" erscheint mehr als gerechtfertigt, wenn man sich die Leistung des Gehirns vergegenwärtigt: Rund 86 Milliarden Nervenzellen sind im Gehirn angesiedelt und jedes einzelne dieser Neuronen empfängt Informationen von durchschnittlich 10 000 anderen Neuronen und ist umgekehrt in der Lage, 1000 Aktionspotentiale pro Sekunde zu erzeugen. In der Summe ergeben sich damit Komplexitätsgrößen, mit denen es kein Rechner dieser Welt aufnehmen kann.

Bei einem Querschnitt durch das Gehirn lassen sich vier Abschnitte voneinander abgrenzen: Ein wesentlicher Teil der Schädels wird durch das Großhirn mit seiner stark aufgefalteten Hirnrinde ausgefüllt. Nach unten schließen sich das feiner gefurchte Kleinhirn sowie das Zwischenhirn und der Hirnstamm an, der sich wiederum aus Mittelhirn, Brücke und verlängertem Rückenmark zusammensetzt.

GROSSHIRN – VON AUSSEN BETRACHTET

Auffälligstes Merkmal des Großhirns, dessen Oberfläche durch die stark gefaltete Großhirnrinde (*Cortex cerebri*) gebildet wird, ist eine tiefe Furche, die auf Höhe der Nasenwurzel nach hinten verläuft. Sie teilt das Gehirn in zwei gleich große Hälften, die durch den sogenannten Balken – *Corpus callosum* genannt – miteinander verbunden sind. Der nahezu symmetrische Aufbau der beiden Hemisphären hielt lange Zeit den Glauben an eine funktionelle Symmetrie aufrecht, bis Beobachtungen an Patienten mit Hirnverletzungen, insbesondere Split-Brain-Patienten

(s. S. 220), diese These ins Wanken brachten. Heute wissen wir: Viele Grundfunktionen wie die Sinneswahrnehmung oder Motorik sind zwar in beiden Hälften lokalisierbar, wobei die linke Hemisphäre die rechte Körperhälfte „kontrolliert" und umgekehrt, doch beim logischen und mathematischen Denken, beim Lesen, Schreiben, Rechnen und unserem Zeitempfinden dominiert die linke Hälfte, während Prozesse, die mit Intuition, Fantasie oder dem Erkennen von Zusammenhängen zu tun haben, überwiegend in der rechten Hälfte gesteuert werden.

Die Großhirnrinde wird durch zahlreiche weitere Furchen und Windungen strukturiert; auf diese Weise entsteht ein Gesamtmuster, das zwar bei jedem Menschen ähnlich, jedoch nie identisch ist. Anhand der prägnantesten Furchen lässt sich der *Cortex cerebri* in mindestens vier Hirnlappen einteilen – Stirn-, Scheitel-, Schläfen- und Hinterhauptlappen –, die wiederum in eine Vielzahl sogenannter Rindenfelder mit definierbaren funktionellen Eigenschaften zu differenzieren sind (s. S. 200).

In dem primär motorischen Rindenfeld, das an der Zentralfurche liegt, werden beispielsweise unsere bewusst ausgeführten Bewegungen gesteuert, indem entsprechende Impulse an die Skelettmuskulatur gesendet werden. Die sekundär motorischen Felder wiederum speichern die Muster vergangener Bewegungsabläufe und können auf dieser Grundlage den primären Feldern Informationen übermitteln, welcher motorische Prozess in der jeweiligen Situation am zweckmäßigsten erscheint.

Assoziationsgebiete sind die Integrations- und Verarbeitungszentren des Gehirns. Hier werden Informationen gebündelt, zueinander in Beziehung gesetzt und zu einem einheitlichen Gesamteindruck verarbeitet, aus dem sich dann ein Handlungsmuster ableitet. Die Erweiterung der Großhirnrinde, die einen wesentlichen Baustein im Prozess der Menschwerdung darstellt, vollzog sich in erster Linie zugunsten dieser Assoziationsgebiete: Sie nehmen etwa zwei Drittel der Großhirnrinde ein.

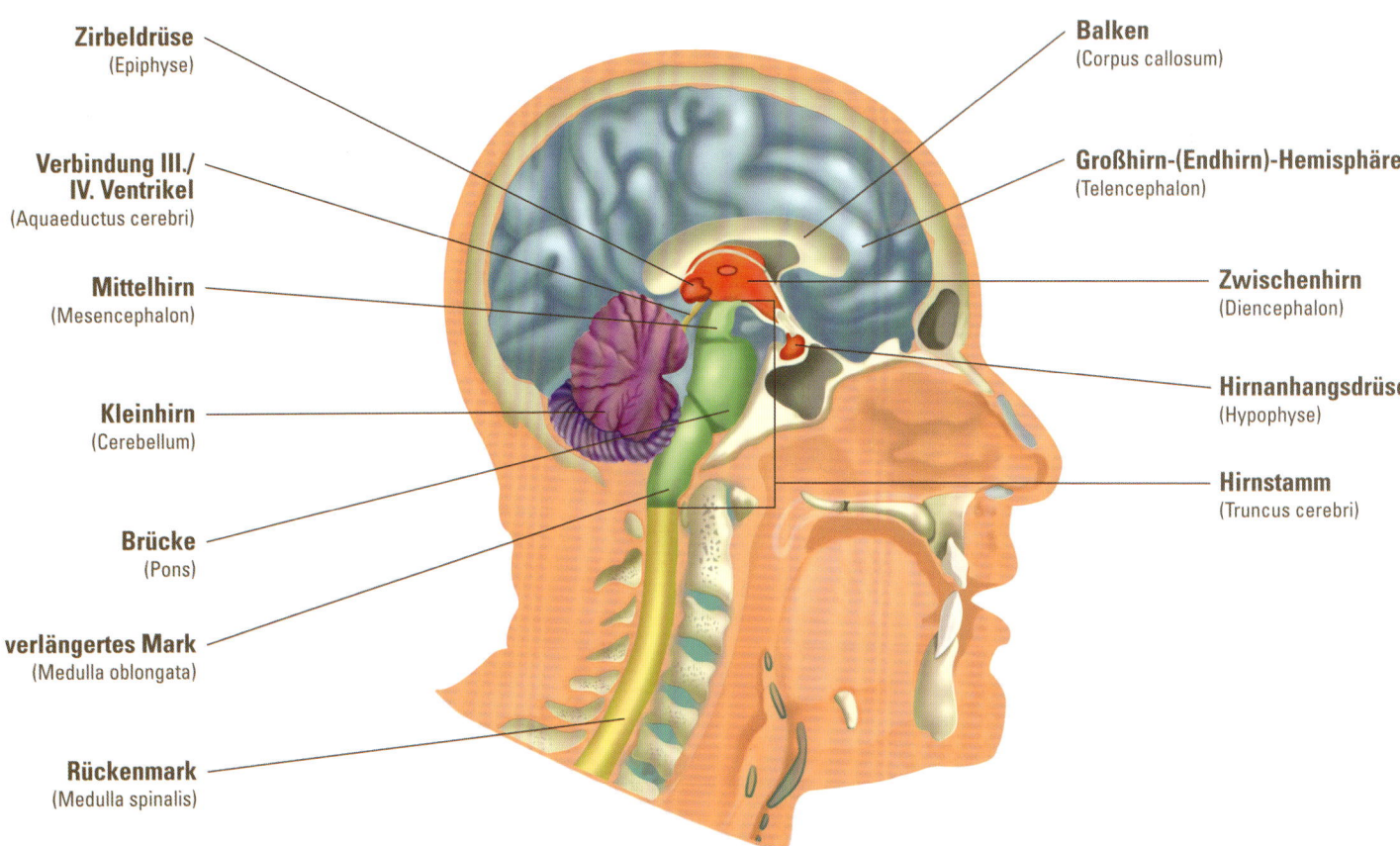

Zirbeldrüse (Epiphyse)

Verbindung III./ IV. Ventrikel (Aquaeductus cerebri)

Mittelhirn (Mesencephalon)

Kleinhirn (Cerebellum)

Brücke (Pons)

verlängertes Mark (Medulla oblongata)

Rückenmark (Medulla spinalis)

Balken (Corpus callosum)

Großhirn-(Endhirn)-Hemisphäre (Telencephalon)

Zwischenhirn (Diencephalon)

Hirnanhangsdrüse (Hypophyse)

Hirnstamm (Truncus cerebri)

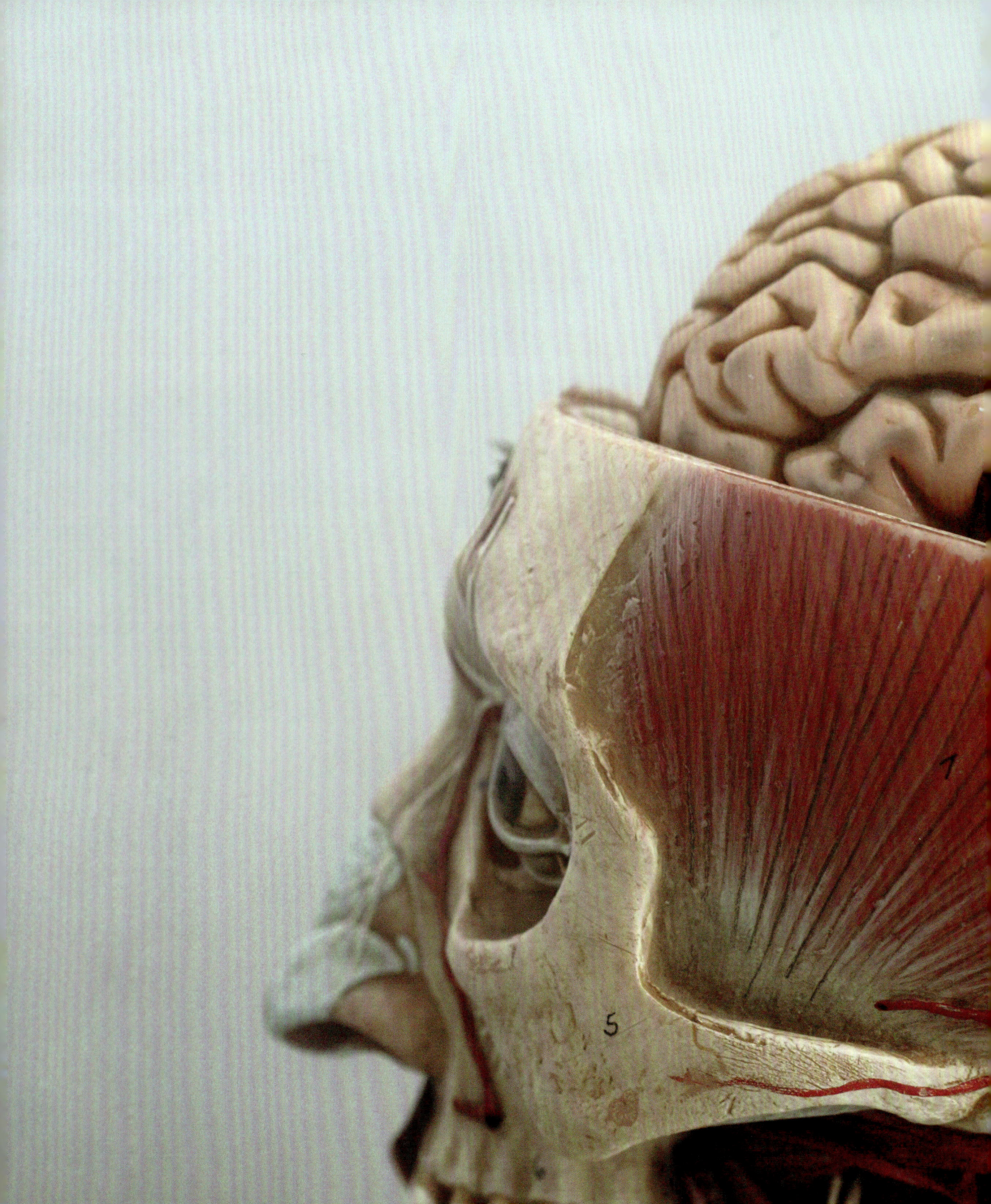

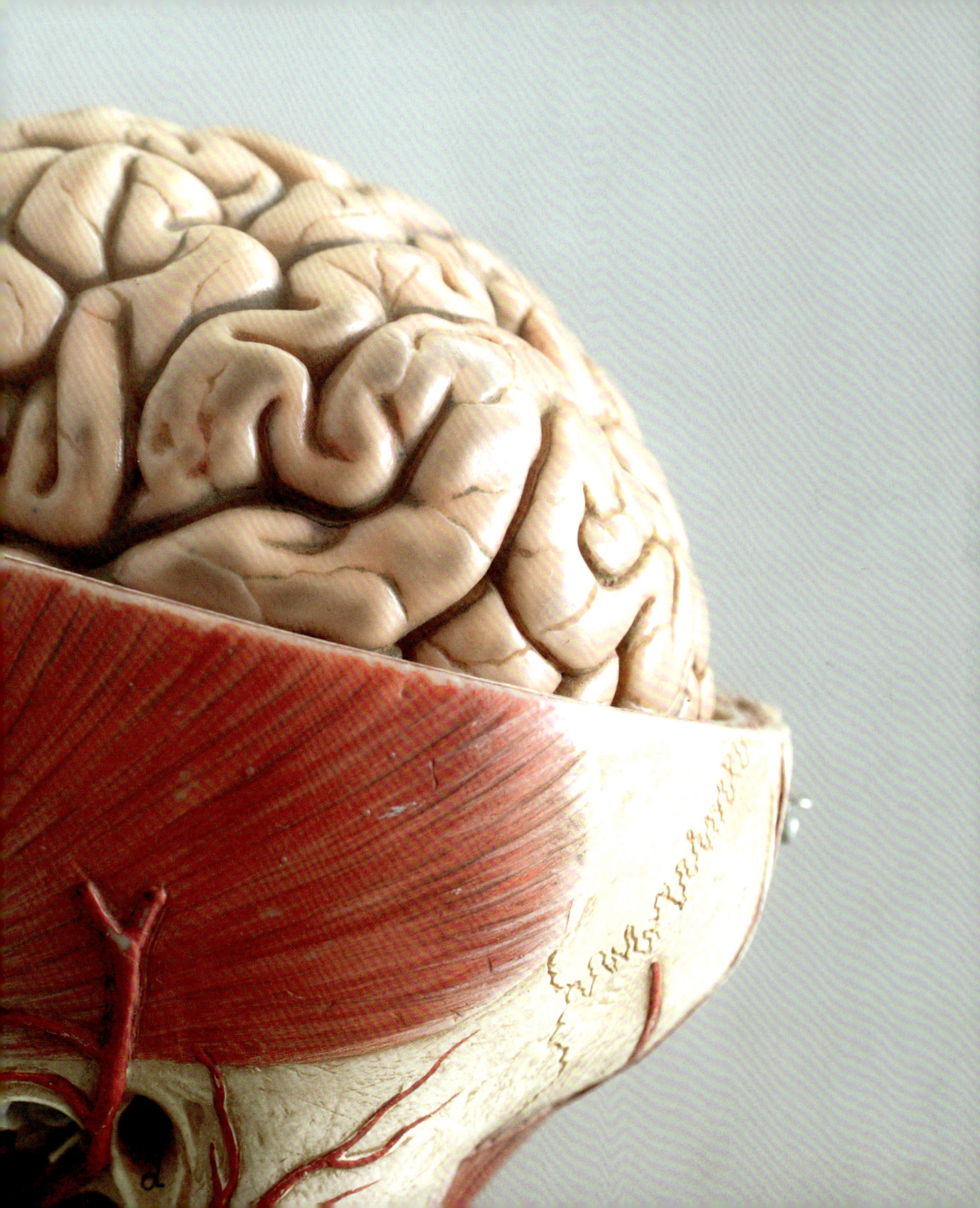

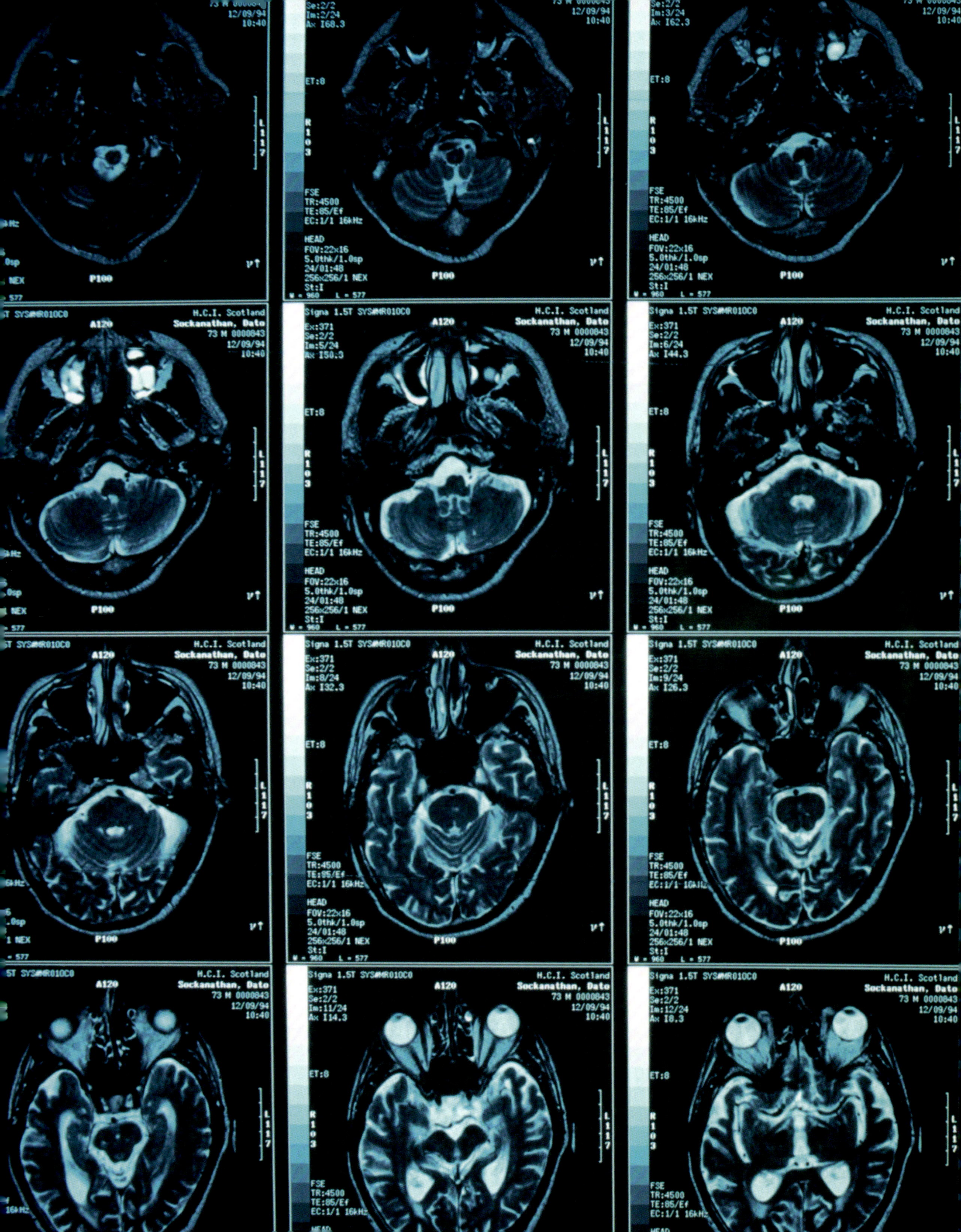

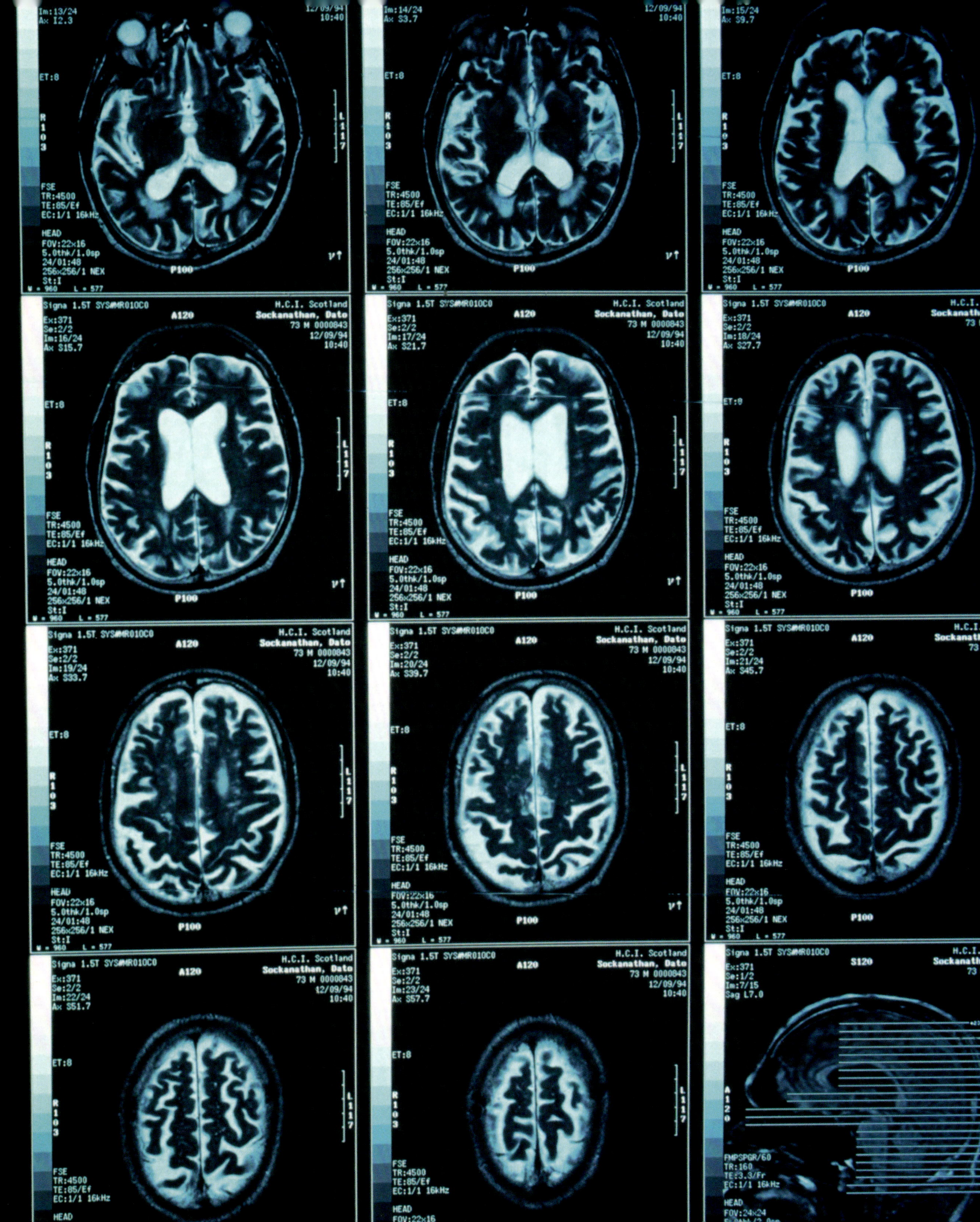

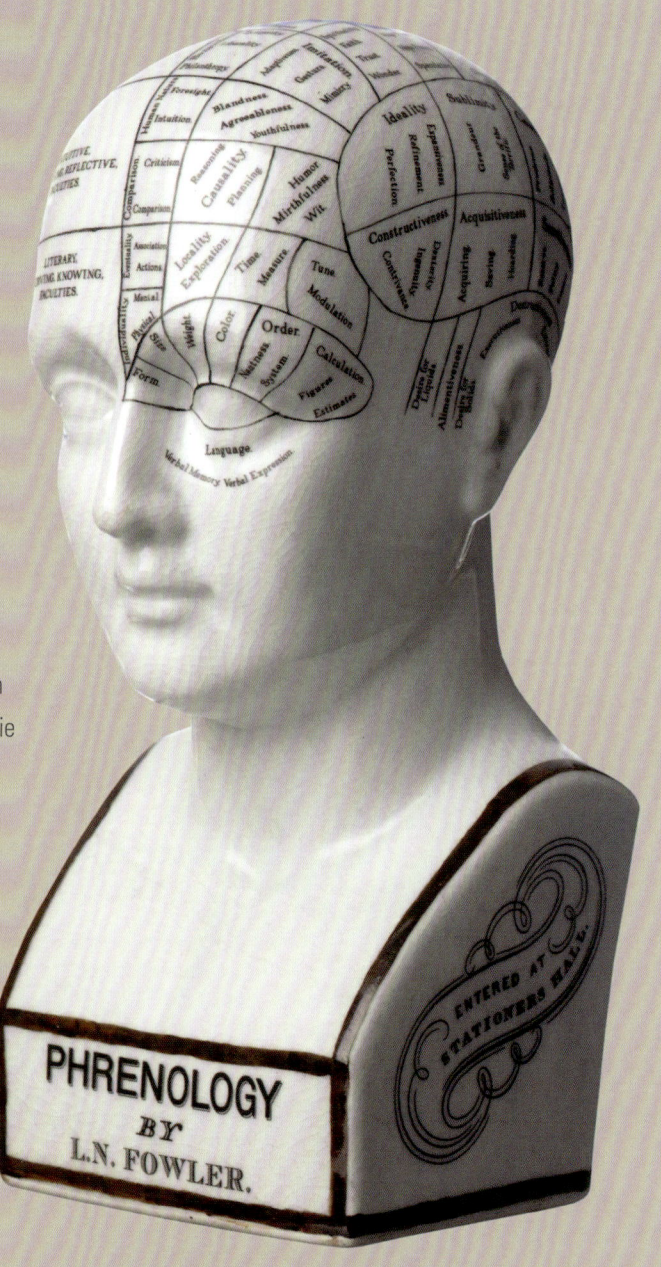

PHRENOLOGIE, HOMUNCULUS UND BRODMANN-AREALE – DIE KARTIERUNG DES GEHIRNS

Schädelformen und Profile faszinierten den schwäbischen Mediziner Franz Josef Gall spätestens seit der Studienzeit, als er einen Zusammenhang zwischen hervorquellenden Augen und einem außerordentlich guten Wortgedächtnis festzustellen glaubte. Seine Tätigkeit als Arzt ermöglichte es ihm bis zu seinem Tod 1828, die Schädel zahlreicher Toten zu öffnen und ihre Gehirne zu sezieren; er suchte bei Insassen von Gefängnissen und Nervenheilanstalten nach Anomalien in der Schädelform ebenso wie bei Personen mit besonderen Talenten nach entsprechenden Merkmalen in der Kopfform. Nach Jahren der Forschung legte er eine Karte des Gehirns vor, die den Grundstein der sogenannten Phrenologie bildet. Die Karte zeigt 27 funktionell eigenständige Module, die bestimmten geistigen Eigenschaften oder Charakterzügen zugeordnet werden. Da sich nach Galls Auffassung besonders stark ausgeprägte Module sichtbar am Schädel abzeichnen, kann dieser bei genauer Betrachtung oder durch Abtasten Auskunft über die Persönlichkeit des einzelnen Menschen geben.

Viele Jahrzehnte war Galls Schädelkarte äußerst populär, bis sich Kartierungsversuche durchsetzten, bei denen einzelne Gehirnregionen unter histologischen und/oder funktionalen Aspekten in Zusammenhang gebracht wurden und nicht mehr mit Charaktereigenschaften. Der deutsche Neurologe Korbinian Brodmann (1868–1918) untersuchte die Großhirnrinde unter dem Lichtmikroskop und grenzte auf der Grundlage histologischer Merkmale 43 Felder – die sogenannten Brodmann-Areale – voneinander ab. Die Areale 1 bis 3 zum Beispiel bilden den somatosensorischen Cortex, der Signale über Berührungen, Druck, Temperatur oder Schmerz empfängt, während Areal 4 dem primär motorischen Rindenfeld entspricht. Bis heute bilden die Brodmann-Areale die Grundlage aller Kartierungen.

Keramikbüste mit Phrenologie-Darstellung des US-Amerikaners Lorenzo Niles Fowler vom Ende des 19. Jahrhunderts.

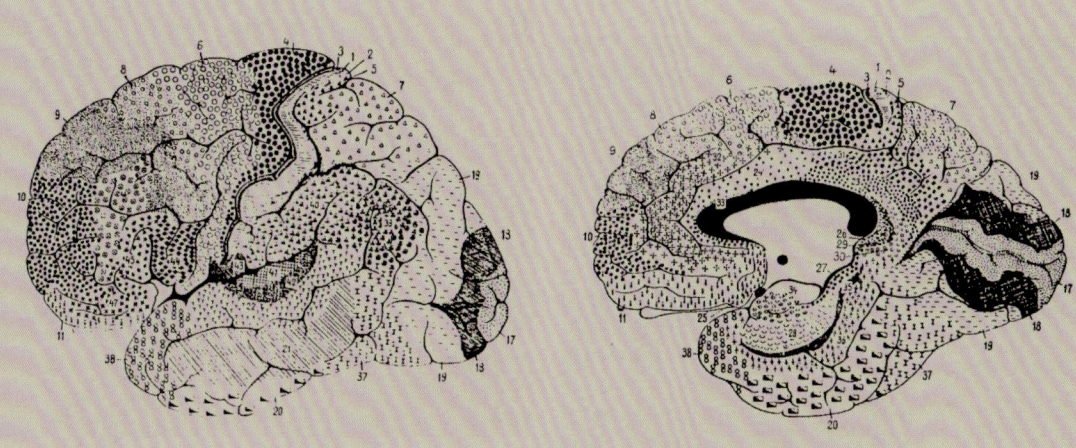

Einen anderen Weg beschritt der kanadische Neurochirurg Wilder Penfield (1891–1976). Er stimulierte bei Epilepsie-Patienten, die bei vollem Bewusstsein am offenen Gehirn operiert wurden, mittels einer Elektrode bestimmte Areale der Großhirnrinde und beobachtete, welche Reaktionen dies hervorrief. So konnte er Organe oder Körperabschnitte bestimmten Segmenten der Großhirnrinde zuordnen, wobei sich eines deutlich zeigte: Je sensibler oder feinmotorischer die Aufgaben eines bestimmten Körperabschnitts sind, desto größer fällt das Areal auf der Großhirnrinde aus. Dies veranlasste Wilder Penfield zur Zeichnung des Homunkulus, einer stark verzerrten menschliche Gestalt, bei der die Ausmaße der Gehirnfelder auf die Körperproportionen übertragen wurden: Es entstand eine Figur mit riesigen Händen und einem gewaltigen Kopf, während der Rest des Körpers geradezu zwergenhaft ausfällt.

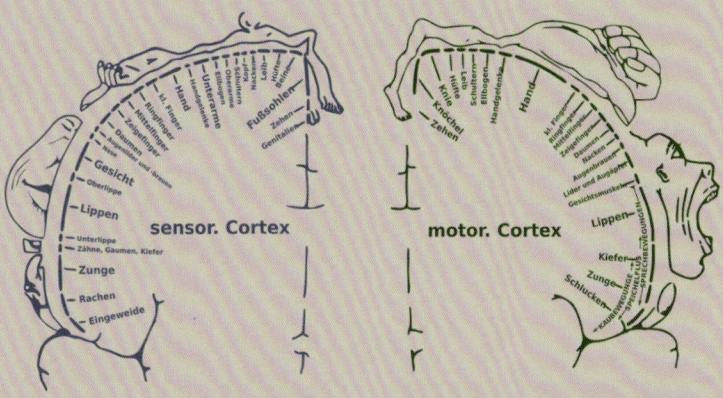

Sensorischer und motorischer Cortex. Am Außenrand liegt der Homunkulus, eine menschliche Gestalt mit Körperproportionen, die der Größe des entsprechenden Gehirnareals entsprechen.

Durch den Einsatz bildgebender Verfahren wie MRT oder PET-Scans eröffnen sich heutzutage ganz andere Möglichkeiten zur Kartierung des Gehirns. Forscher können genau beobachten, welche Areale bei welchen mentalen Aufgaben, sensorischen oder motorischen Prozessen aktiviert werden. Auf diese Weise entstehen immer exaktere Landkarten des Gehirns. Trotz aller Abgrenzbarkeit können die ausgewiesenen Areale jedoch nicht als isolierte und autonom agierende Schaltzentralen aufgefasst werden: Sie sind vielmehr Knotenpunkte in einem komplexen neuronalen Netz, dessen primäres Merkmal das Zusammenspiel der einzelnen Bausteine ist.

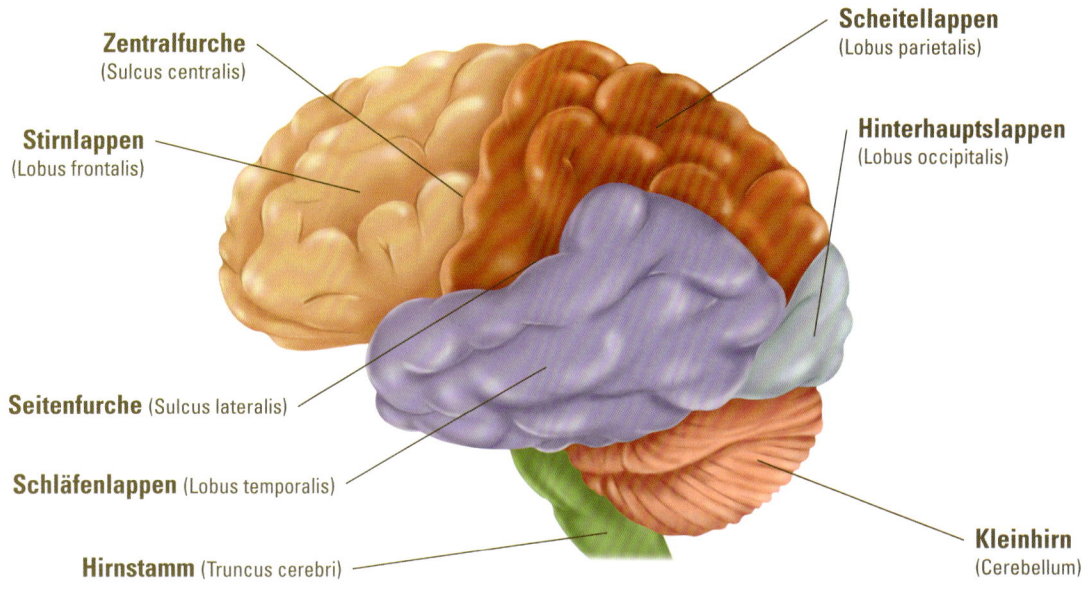

Zentralfurche
(Sulcus centralis)

Scheitellappen
(Lobus parietalis)

Stirnlappen
(Lobus frontalis)

Hinterhauptslappen
(Lobus occipitalis)

Seitenfurche (Sulcus lateralis)

Schläfenlappen (Lobus temporalis)

Kleinhirn
(Cerebellum)

Hirnstamm (Truncus cerebri)

GROSSHIRN – DER BLICK INS INNERE

Dargeboten nach einem Schnitt entlang der Scheitellinie präsentiert sich das Großhirn – von einigen Hohlräumen abgesehen – als kompakte Substanz mit einer Mischung aus grauem und weißem Gewebe. Die graue, zwischen 2 und 5 Millimeter dicke Schicht an der Oberfläche, die dem Verlauf der Furchen folgt, bildet die Großhirnrinde. Sie ist evolutionsbezogen nicht nur die jüngste Gehirnregion, sondern zugleich jene, die sich im Laufe der Jahrmillionen am meisten verändert hat, um all die komplexen Vorgänge und kognitiven Leistungen gewährleisten zu können, die den *Homo sapiens* auszeichnen. Da sich die dafür notwendige Ausdehnung der Großhirnrinde in dem begrenzten Raum des Schädelinneren vollziehen musste, war dieser Prozess nur durch Faltungen möglich – glatt ausgebreitet, würde sie mehr als die 3-fache Fläche des Schädelinneren ausfüllen. In jedem Quadratmillimeter des *Cortex cerebri* befinden sich bis zu 60 000 Nervenzellen.

An die graue Substanz der Großhirnrinde schließt sich nahtlos die weiße Substanz an. Sie besteht überwiegend aus gebündelten Nervenfasern, die als Leitungsbahnen dienen und nicht nur die Verbindung zwischen einzelnen Arealen der Hirnrinde herstellen, sondern auch die Kommunikation zwischen Hirnrinde, Kleinhirn und Rückenmark gewährleisten.

Eingebettet in der weißen Substanz liegen sogenannte Ventrikel, mit *Liquor cerebrospinalis* gefüllte Hohlräume, die im Großhirn paarig angelegt sind und als Seitenventrikel bezeichnet werden. Sie stehen in Verbindung mit zwei weiteren Hohlräumen: Ventrikel III ist im Zwischenhirn angesiedelt, Ventrikel IV setzt sich vom Kleinhirn bis in den Zentralkanal des Rückenmarks fort. Der Liquor, der überwiegend durch Filtration des Blutes in den Kapillargeflechten der Ventrikel gebildet wird, füllt nicht nur die Hohlräume im Gehirn aus. Er umfließt das Rückenmark und umhüllt das gesamte Gehirn wie ein Flüssigkeitsmantel und verleiht ihm dadurch Auftrieb, wodurch dessen Auflagegewicht auf die Knochen um mehr als 90 Prozent von rund 1300 Gramm auf etwa 100 Gramm reduziert wird und Kontakte des Nervengewebes mit den umgebenden Schädelknochen vermieden werden.

Liquor ist „von Natur aus" äußerst zell- und eiweißarm. Bei Entzündungen des Nervensystems ändert sich jedoch seine Zusammensetzung: Eine Erhöhung der Protein- oder Leukozytenwerte weist zum Beispiel auf eine

„Das schönste Glück des denkenden Menschen ist, das Erforschliche erforscht zu haben und das Unerforschliche zu verehren."

Johann Wolfgang von Goethe (1749 – 1832)

bakteriell verursachte Hirnhautentzündung hin. Bei einem entsprechenden Verdacht wird deshalb eine Lumbalpunktion vorgenommen, bei der im Bereich der Lendenwirbelsäule Liquor aus dem Rückenmark entnommen und im Labor untersucht wird. Umgekehrt können Betäubungsmittel zur Anästhesie in diesen Bereich injiziert werden, die sich dann mit Liquor vermischen und schmerzfreie Operationen in der unteren Körperhälfte ermöglichen.

Weiße Substanz umgibt ebenso die sogenannten Basalganglien, die sich als graue Nervenzellkomplexe unterschiedlicher Form und Größe darstellen. Sie sind unter anderem ein wichtiger Baustein des motorischen Systems, indem sie erlernte Bewegungsabläufe koordinieren. Möchten wir beispielsweise einen Löffel zum Mund führen, sorgen Basalganglien für ein synchrones Zusammenspiel aller beteiligten Muskelgruppen und für einen entsprechend fließenden Bewegungsablauf, der durch keinerlei konkurrierende, affektive Bewegungen gestört wird. Eine Funktionsstörung der Basalganglien legt die Bedeutung dieser „grauen Inseln" deutlich zutage: Patienten leiden unter einer wachsenden Verarmung an Bewegungen und einer häufig zu beobachtenden Starthemmung, das heißt einer Unfähigkeit, die Entscheidung des Losgehens motorisch umzusetzen.

DAS ZWISCHENHIRN

Das Zwischenhirn stellt gewissermaßen die Schaltstelle zwischen Großhirn und Hirnstamm dar. Zu seinen wesentlichen Strukturen zählen Thalamus, Hypothalamus und Hypophyse sowie Zirbeldrüse.

Den größten Baustein des Zwischenhirns bildet der Thalamus. Er ist zugleich Filter und Relaisstation. Mit Ausnahme geruchsspezifischer Inputs werden alle Informationen aus der Umwelt und des Körperinneren zunächst hier gesammelt und einer Vorauswahl unterworfen. Dieser Prozess ist von immenser Bedeutung, denn für die Ausübung von Aktionen sind wir jeweils nur auf einen winzigen Bruchteil der unzähligen Sinneswahrnehmungen angewiesen, die im Sekundentakt das Zwischenhirn erreichen. Der Thalamus ist der Filter, der für jede Situation relevante von irrelevanten Informationen trennt und nur erstere den sensorischen und motorischen Rindenfeldern der Großhirnrinde zuführt, die dort verarbeitet werden und in das Bewusstsein gelangen.

Der Hypothalamus ist das Kontroll- und Steuerzentrum für zahlreiche Vorgänge des inneren Milieus, zu denen Verdauung, Kreislauf und Körpertemperatur ebenso zählen wie Schilddrüsenfunktion, Wasser- und Salzhaushalt, Schlaf oder Sexualtrieb. Bei der Regulierung von Körperfunktionen bedient er sich zwei unterschiedlicher Wege: nerval über die Bahnen des vegetativen Nervensystems sowie hormonell über die Blutbahnen. Letzteres vollzieht sich im Zusammenspiel mit dem dritten Element des Zwischenhirns, der Hypophyse, besser bekannt als Hirnanhangdrüse. In bestimmten Kernbereichen des Hypothalamus werden Hormone produziert, die entweder eine hemmende oder anregende Wirkung auf die Hormonproduktion der Hypophyse ausüben. Darüber hinaus schüttet der Hypothalamus sogenannte Effektorhormone aus: Sie gelangen über Nervenzellfortsätze in den Hinterlappen

GRUNDBAUSTEINE DES NERVENSYSTEMS – NEURONEN UND GLIAZELLEN

Das Nervengewebe setzt sich aus zwei Grundbausteinen zusammen: Neuronen und Gliazellen. Neuronen sind für die Aufnahme, Verarbeitung und Weiterleitung von Informationen verantwortlich und gelten in dieser Funktion noch immer als elementarer Baustoff des Gehirns. Jedes Neuron besteht aus einem Zellkörper und zahlreichen Fortsätzen. Dentriten bezeichnen dabei die sich baumartig verzweigenden, kurzen Fortsätze, die antennenartig Reize anderer Zellen aufnehmen und diese zum Zellkörper leiten. Ist die Information dort verarbeitet, wird sie in Form von elektrischen Impulsen über Axone – umgangssprachlich als Nervenfasern bezeichnet – zu anderen Nervenzellen oder anderen Zielzellen wie beispielsweise Muskelfasern gesendet. Axone bilden die langen Zellfortsätze, die mitunter über einen Meter Länge erreichen, um zum Beispiel die Erregungsleitung vom Rückenmark zum Fuß herzustellen.

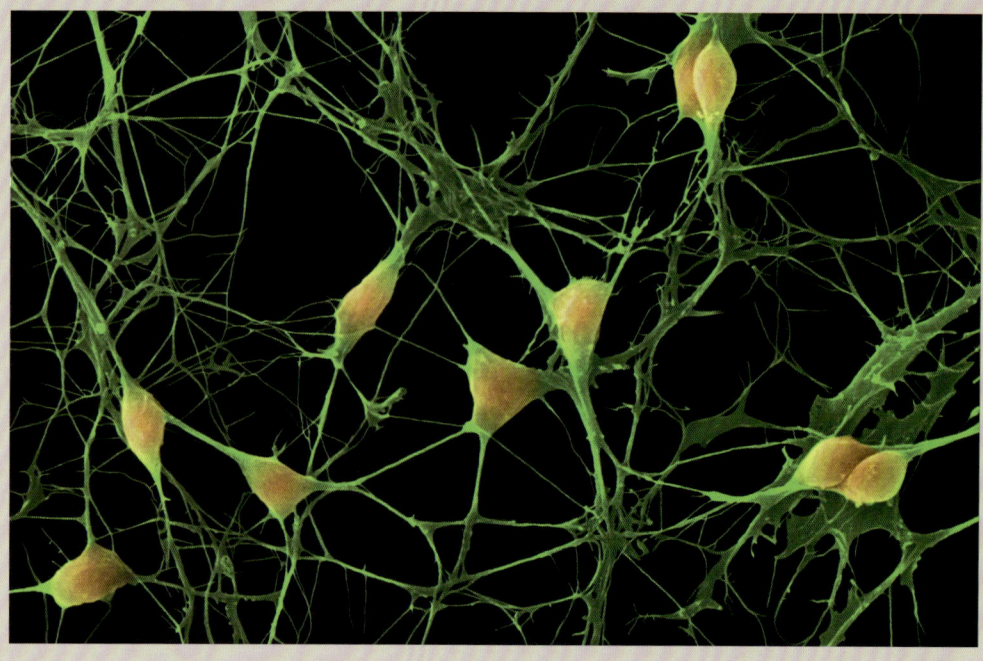

Rasterelektronenmikroskopische Aufnahme von Neuronen.

Die Weiterleitung der elektrischen Impulse in den Axonen erfolgt in Form von Aktionspotenzialen, die wiederum durch eine Veränderung der Ionenverteilung entstehen: In den Nervenzellen liegt eine hohe Kalium-Konzentration bei niedriger Natrium-Konzentration vor, außerhalb der Zellen verhält es sich andersherum. Bei einem Reiz öffnen sich zunächst die Natrium-Kanäle der Zellmembran und Natrium-Ionen strömen in das Zellinnere, wodurch eine Depolarisation entsteht: Der ursprünglich negativ geladene intrazelluläre Raum ist nun positiv geladen. Daraufhin schließen sich die Natrium-Kanäle und Kalium-Ionen strömen über die nun geöffneten Kalium-Kanäle so lange nach außen, bis das ursprüngliche Ruhepotential der Zellmembran wieder erreicht ist. Die Spannungsänderung – das Aktionspotential – setzt sich wie eine Welle fort, bis der ursprüngliche Reiz das Ende des Axons erreicht.

Damit die Information von der einen Nervenzelle auf die andere Zelle „überspringen" kann, bedarf es Synapsen, deren Gesamtanzahl im Gehirn auf 100 Billionen geschätzt wird. Liegen zwei benachbarte Zellen nahe genug beieinander, sorgen spezielle Verbindungskanäle (*gap junctions*) für eine direkte Übertragung des Signals. In den weitaus meisten Fällen befindet sich zwischen Sender- und Empfängerzelle jedoch eine Lücke, synaptischer Spalt genannt. Hier wird der elektrische Impuls in einen chemischen übersetzt: Kalzium-Ionen strömen am Ende des Axons in die Senderzelle, wodurch sogenannte Vesikel in Bewegung geraten, die wiederum Botenstoffe (Neurotransmitter) wie Glutamat enthalten und diese in den synaptischen Spalt freisetzen. Indem Rezeptormoleküle in der Empfängerzelle diese Botenstoffe binden, kann das Signal übertragen werden. Es gelangt zunächst in den Zellkörper und von dort über das Axon zur nächsten Nervenzelle.

Der andere, in der Forschung lange unterrepräsentierte Baustein des Gehirns liegt in Form von Gliazellen vor, die 1856 durch den an der Berliner Charité tätigen Arzt Rudolf Virchow entdeckt wurden. Mit der Bezeichnung Glia (griech.: Leim) legte Virchow zugleich die vermeintliche Aufgabe der Zellen fest: Sie stützen die Neuronen samt ihrer überaus filigranen Axone im neuronalen Netz. Auf der Grundlage dieser funktionalen Zuordnung richtete sich der Blick in der Erforschung dessen, was das Gehirn so überaus spannend macht – Denkprozesse, Gefühle und Intelligenz – bis in die 1970er-Jahre ausschließlich auf Neuronen. Dann entdeckte man, dass Gliazellen zudem Ernährungs- und immunologische Schutzfunktionen für die Neuronen übernehmen. Und damit nicht genug: Großes Erstaunen lösten Forschungsergebnisse aus, die zeigten, dass Gliazellen nicht nur untereinander kommunizieren, sondern ebenso an der Kommunikation der Neuronen teilhaben. Mehr als 140 Jahre nach der Entdeckung der Gliazellen wurde in Form der dreiteiligen Synapse (*tripartite synapse*) ein neues Kommunikationsmodell vorgestellt, das alle bis dahin gängigen Thesen zum neuronalen Netz auf den Kopf stellte. Demnach gleichen die Vorgänge an der Synapse einem „Stille Post"-Verfahren: Wenn ein Neuron chemische Botenstoffe in den synaptischen Spalt ausschüttet, nehmen auch Gliazellen diese Signale mittels Rezeptoren auf und leiten sie untereinander weiter. Es spricht vieles dafür, dass sie zusätzlich die neuronalen Botschaften manipulieren, indem sie selbst Botenstoffe aussenden, die das Neuron zu einer stärkeren oder schwächeren Ausschüttung von Neurotransmittern veranlassen. Mit dieser Manipulation nehmen Gliazellen nicht nur Einfluss auf unsere kognitiven Fähigkeiten, sondern sie könnten neue Ansätze in der Erklärung neuronaler Erkrankungen wie Epilepsie, Alzheimer oder Schizophrenie liefern.

Rudolf Virchow (1821–1902), Vertreter einer naturwissenschaftlich und sozial orientierten Medizin, setzte sich früh für eine medizinische Grundversorgung der Bevölkerung ein.

der Hypophyse, wo sie gespeichert und im Bedarfsfall direkt in die Blutbahn abgegeben werden, um einen direkten Stoffwechseleffekt zu erzeugen.

Auch die Zirbeldrüse (Epiphyse) schüttet Hormone aus, genauer gesagt das Hormon Melatonin, dessen Produktion über den Lichteinfall auf die Netzhaut des Auges gesteuert wird. Die Zirbeldrüse ist damit maßgeblich an unserem Wach-Schlaf-Rhythmus beteiligt.

HIRNSTAMM

Drei Elemente bilden zusammen den Hirnstamm. In dem verlängerten Mark (*Medulla oblongata*), das evolutionsbezogen der älteste Teil des Gehirns ist und den Übergang zwischen Rückenmark und Hirnstamm herstellt, verlaufen aufsteigende (afferente) Bahnen zur Übermittlung sensorischer Informationen ans Gehirn sowie absteigende (efferente) Informationskanäle vom Gehirn zum Rückenmark. Daneben finden sich – sichtbar als graue Substanz – Steuerzentren für die Atmung und den Kreislauf sowie bedeutende Reflexzentren für das Niesen und Husten, Schlucken, Saugen und Erbrechen und den Lidschluss. Als eine Fortsetzung des verlängerten Marks enthält die Brücke (*Pons*) auf- und absteigende Nervenbahnen, darüber hinaus sogenannte Brückenkerne, die eine Relaisstation darstellen, in der motorische Signale der Großhirnrinde empfangen und an das Kleinhirn weitergegeben werden. Im Mittelhirn (*Mesencephalon*) als letztem Element des Hirnstamms stellen vier Hügel ein akustisches und optisches Reflexzentrum dar. In das optische Zentrum gelangen insbesondere solche visuellen Informationen, die eine reflektorische Augen- und Körperbewegung mit sich bringen, wie das Schließen der Augenlider, wenn sich unerwartet ein Gegenstand dem Kopf nähert, oder das Verfolgen bewegter Objekte mit den Augen. Besondere Aufmerksamkeit gilt der im Mittelhirn zu findenden *Substantia nigra*, der schwarzen Substanz, da sie im Zusammenhang mit der Erkrankung an Morbus Parkinson eine entscheidende Rolle spielt. Sie empfängt und bündelt Informationen aus den motorischen Zentren und versendet über dopaminhaltige Neurotransmitter Signale, die insbesondere Bewegungen initiieren, also in Gang setzen. Ein systematisches Ausbleiben dieser Botenstoffe löst eine allgemeine Bewegungsarmut, Muskelsteifheit, ein maskenartiges Gesicht und typisches Muskelzittern aus.

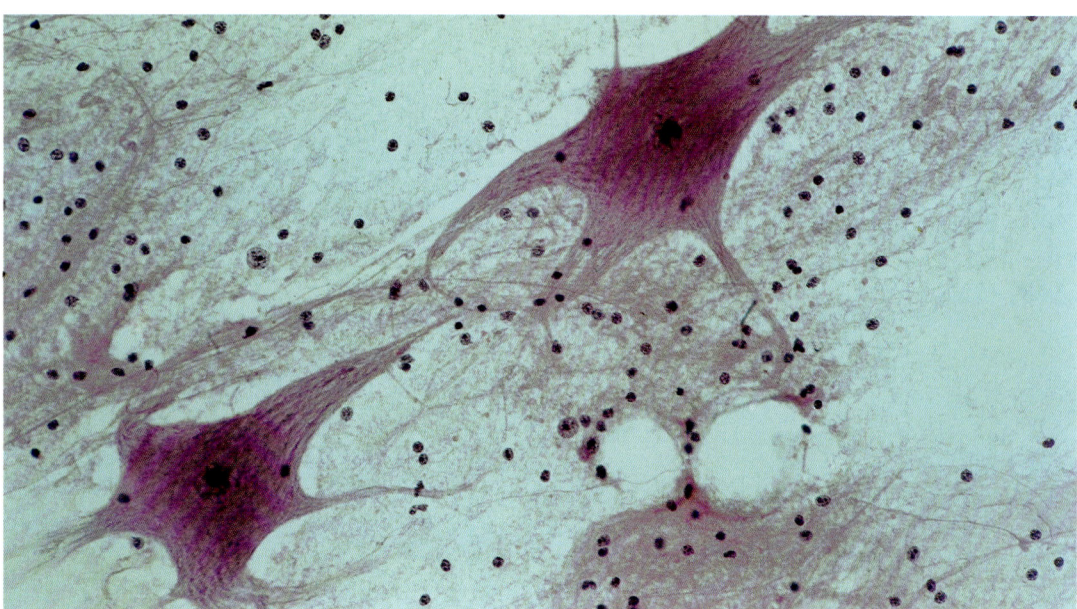

Mikroaufnahme von Nervenzellen des Rückenmarks (Vergrößerung 110:1).

KLEINHIRN

Das Kleinhirn (*Cerebellum*) teilt mit dem Großhirn nicht nur die Eigenschaft, eine Hirnrinde zu besitzen, die durch Windungen und Furchen gekennzeichnet ist, auch wenn diese beim Kleinhirn deutlich graziler ausfallen. Ebenso übereinstimmend sind eine grundsätzliche Teilung in zwei Hälften sowie ein Schichtaufbau, der eine Kleinhirnrinde aus grauer Substanz zeigt, der sich die aus Nervenfasern bestehende weiße Substanz anschließt. Das Kleinhirn ist an kognitiven Leistungen und am Sprachvermögen beteiligt, fungiert vornehmlich jedoch als steuerndes und koordinierendes motorisches Zentrum im menschlichen Körper. Es kontrolliert Gleichgewichtsreaktionen, ist maßgeblich an der Aufrechterhaltung der Muskelspannung beteiligt und sorgt für einen ebenso präzisen wie reibungslosen Ablauf von Bewegungen.

RÜCKENMARK

Das etwa fingerdicke Rückenmark liegt gut geschützt im Wirbelkanal der Wirbelsäule und zieht sich dort vom Schädel bis auf die Höhe des ersten bis zweiten Lendenwirbelkörpers. Über Spinalnerven (s. peripheres Nervensystem) empfängt das Rückenmark Informationen von Rezeptoren aus der Peripherie und dem Innern des Körpers und leitet diese über aufsteigende Leitungsbahnen zum Gehirn weiter. Umgekehrt nimmt es über absteigende Leitungsbahnen Informationen vom Gehirn auf und schickt diese in das periphere Nervensystem. Es gibt jedoch auch Signale, die direkt im Rückenmark beantwortet werden, ohne den Umweg zum Gehirn zu nehmen. Dabei handelt es in erster Linie um unwillkürlich ausgeführte Reflexe.

Mit dem Gehirn teilt das Rückenmark die Eigenschaften, von drei Häuten umgeben zu sein, zwischen denen *Liquor cerebrospinalis* fließt, sowie die Aufteilung in graue und weiße Substanz, die allerdings „seitenverkehrt" vorliegen, das heißt die mit Nervenbahnen durchzogene weiße Substanz befindet sich hier nicht im Zentrum, sondern in der Peripherie. Die im Inneren befindliche graue Substanz, die im Querschnitt die Form eines Schmetterlings aufweist, enthält eine Vielzahl verschiedener Nervenzellen, die sich in Wurzel- und Binnenzellen einteilen lassen. Zu den Wurzelzellen zählen unter anderem Motoneurone, deren Fortsätze zur Skelettmuskulatur ziehen, sowie viszeromotorische Wurzelzellen, die die Eingeweidemuskultur regulieren. Die Nervenfortsätze der Binnenzellen breiten sich – wie der Name schon vermuten lässt – nur in der grauen Substanz des Rückenmarks aus, verlassen das zentrale Nervensystem damit nicht. Binnenzellen sind ein Bestandteil des Eigenapparats des Rückenmarks, der eine unmittelbare Antwort des Rückenmarks auf einen Reiz ermöglicht.

Eingefärbter Röntgenfilm der Lendenregion der Wirbelsäule. Das Rückenmark verläuft in den schützenden Wirbelkörpern der Wirbelsäule.

Bei der Querschnittslähmung, einer der dramatischsten Schädigungen des Rückenmarks, wird die Bedeutung dieses zweiten Bausteins des zentralen Nervensystems offenbar. Meist ist die Querschnittslähmung eine Folge von Unfällen, bei denen Wirbelkörper brechen und das Rückenmark durchtrennen. Narbengewebe und Eiweißmoleküle im Bereich der Verletzung verhindern das Wachstum von Nervenzellen, sodass Betroffene oft ein Leben lang an den Rollstuhl oder ans Bett gefesselt sind. Hoffnung gibt nun ein Krebsmittel, das seit mehr als 20 Jahren auf dem Markt ist. In Untersuchungen an Ratten konnte nachgewiesen werden, das ein Wirkstoff, der ursprünglich aus der Rinde der Pazifischen Eibe gewonnen wurde, das Wachstum von Nervenfasern anregt.

DAS PERIPHERE NERVENSYSTEM

Das periphere Nervensystem umfasst alle Nerven, Ganglien und Rezeptoren, die außerhalb des Rückenmarks oder Gehirns liegen. Es handelt sich um ein System, in dem die Weiterleitung von Signalen, nicht jedoch ihre Verarbeitung im Mittelpunkt steht. Als Leitungsbahnen dienen dabei Hirn- und Spinalnerven. Eine Gruppe aus 12 paarig angelegten Nerven, von denen 10 am Hirnstamm und 2 am Großhirn entspringen, versorgt – bis auf eine Ausnahme – die sensorischen Zentren des Kopfes (Augen, Nase, Ohren, Mund und Rachen). Lediglich ein „umherschweifendes" Nervenpaar steht zudem in Verbindung mit Brust- und Bauchorganen. Die Funktionsbereiche der Gehirnnerven erweisen sich als ausgesprochen vielfältig: Riechen, Sehen, Augen- und Zungenbewegung werden ebenso gesteuert wie Mimik, Kopfdrehung oder die glatte Muskulatur im Bereich der Eingeweide.

Spinalnerven entspringen am Rückenmark. Insgesamt übernehmen 31 Nervenpaare, die einem bestimmten Wirbel beziehungsweise Rückenmarkssegment zugeordnet werden können, die Versorgung von Rumpf, Extremitäten und einem Abschnitt des Halses. Jede Nervenfaser verfügt über zwei Wurzeln: In der hinteren Wurzel leiten sensorische Fasern Informationen aus der Peripherie in die graue Substanz des Rückenmarks, während im vorderen Bereich sowohl motorische Nervenfasern als auch vegetative zur Regulierung von Organen, Gefäßen oder Drüsen vom Rückenmark in die Peripherie führen.

DAS VEGETATIVE NERVENSYSTEM

Das vegetative oder autonome Nervensystem reguliert in Zusammenarbeit mit dem Hormonsystem alle Vorgänge, die sich unserer bewussten Einflussnahme nahezu vollständig entziehen. Dass unsere Atmung und Herztätigkeit, unser Wasserhaushalt und Stoffwechsel selbst an Extrembedingungen angepasst werden können oder Verdauung und Sexualfunktionen gesteuert werden, verdanken wir einerseits dem enterischen Nervensystem, das als komplexes Geflecht von Nervenzellen zwischen den Muskeln des Magen-Darms-Trakts liegt und weitgehend unabhängig vom zentralen Nervensystem Signale aufnimmt und verarbeitet. Andererseits basiert die Aufrechterhaltung eines Gleichgewichts aller inneren Vorgänge und eine Anpassung an äußere Bedingungen auf den Aktionen zweier „Gegenspieler": des Sympathikus und des Parasympathikus.

Der Sympathikus steigert die Aktionsbereitschaft des Organismus und wirkt allgemein leistungssteigernd. Er ist das Steuersystem, das insbesondere bei Stress aktiv wird: Durch die Ausschüttung des Neurotransmitters Adrenalin werden unter anderem Herzleistung und Blutdruck gesteigert, die Bronchien erweitert und die Pupillen zum Zwecke einer besseren Fernsicht erweitert, der Speichelfluss reduziert, Harndrang sowie Verdauungstätigkeit vermindert und die Leber dazu veranlasst, verstärkt Gykogen zu Glukose abzubauen, um Energie freizusetzen. Bevor derartige Stressreaktionen ausgelöst werden, empfängt das Großhirn Informationen entsprechender Rezeptoren, bewertet dieses und sendet „Warnsignale" an den Hypothalamus, der wiederum Impulse an den Sympathikus weiterleitet.

Der Parasympathikus drosselt oder kehrt alle Vorgänge im Körper um, die der Sympathikus in Gang setzt. Sein Einsatz erfolgt in Ruhephasen, die zugleich eine Erholung der Körperfunktionen und eine Anreicherung von Energiereserven ermöglichen.

DER DARM –
UNSER ZWEITES GEHIRN

In jüngster Zeit konzentrieren sich immer mehr Neurowissenschaftler auf die Frage, welche Bedeutung der Magen-Darm-Trakt als Steuerzentrale des menschlichen Organismus hat. Unbestritten ist, dass sich in diesem sogenannten enterischen Nervensystem mindestens genauso viele Nervenzellen befinden wie im Rückenmark. Magen und Darm sind an der Regulierung von Nachbarorganen und Muskelbewegungen beteiligt und nehmen ganz offensichtlich auch Einfluss auf unsere Gemütslage. Haben die geflügelten Worte des „Bauchgefühls" oder der „Bauchentscheidungen" also durchaus Berechtigung? Aus neuronaler Sicht spricht vieles dafür: Alle bekannten Botenstoffe des Gehirns befinden sich ebenso im Darm; Forschungen zeigen, dass auf jedes einzelne Signal, das vom Gehirn zum „Bauchhirn" geleitet wird, mindestens vier Signale in umgekehrter Richtung erfolgen. Es scheint demnach dringend angeraten, dem Magen-Darm-Trakt als Wurzelstamm des Nervensystems künftig mehr Beachtung zu schenken.

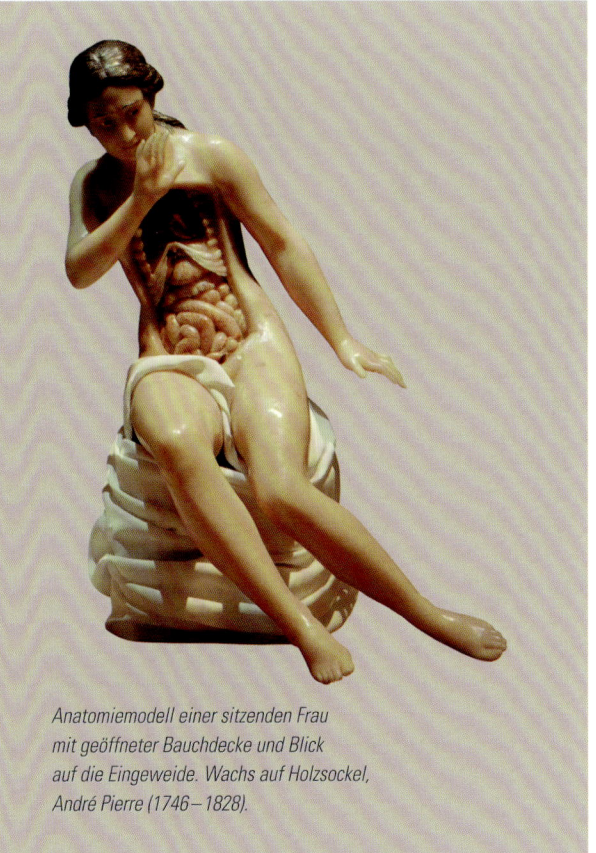

Anatomiemodell einer sitzenden Frau mit geöffneter Bauchdecke und Blick auf die Eingeweide. Wachs auf Holzsockel, André Pierre (1746–1828).

WAHRNEHMUNG, GEDÄCHTNIS UND BEWUSSTSEIN

„*Menschen sollten wissen, dass vom Gehirn, und nur vom Gehirn, unser Vergnügen, Freude, Heiterkeit und Humor, aber auch unsere Traurigkeit, Schmerz, Bestürzung und Tränen ausgehen. Es ist durch dieses (...) dass wir denken, sehen, hören und unterscheiden zwischen der Hässlichkeit und der Schönheit, dem Bösen und dem Guten (...) Es ist wiederum dieses, welches uns verrückt oder wahnsinnig macht, das Schrecken und Angst verursacht (...) und ungewöhnliches Verhalten hervorbringt.*"

Hippokrates (5. Jh. v. Chr.)

Vorangehende Doppelseite: Wahrnehmung ist ein subjektiver Vorgang, der durch das unbewusste und bewusste Zusammenführen von unterschiedlichen Informationen zu einem (sinnvollen) Gesamteindruck entsteht.

Der griechische Arzt Hippokrates von Kos (460–375 v. Chr.) gilt als Begründer der wissenschaftlichen Heilkunde (kolorierter Kupferstich aus dem 16. Jahrhundert).

Die Neurowissenschaften erleben seit einigen Jahren einen enormen Aufschwung. Vertreter einzelner Forschungsrichtungen schaffen immer häufiger den Sprung ins Feuilleton und können damit zugleich eine wachsende Zahl an Laien für ihre Disziplin begeistern. Auf der Suche nach dem Grund für das gesteigerte Interesse scheint ein Aspekt von besonderer Bedeutung: Die Neurowissenschaften greifen grundlegende Fragen des Menschen auf und stellen in Aussicht, zumindest einen Teil davon auf empirische Art und Weise ergründen zu können: Was ist der Mensch? Wie funktionieren Wahrnehmungen und Erinnerungen und wie entstehen Ich-Bewusstsein und Selbsterkenntnis?

Über 2000 Jahre gingen Philosophie und Naturwissenschaften in ihrem Bemühen, Antworten auf diese und ähnliche Fragen zu finden, meist getrennte Wege. Dabei entwickelten sich bereits im antiken Griechenland Theorien, in denen das Gehirn – in Konkurrenz zum Herzen – als Schaltzentrale und Sitz des menschlichen Geistes verstanden wurde. Von einer erstaunlich tiefen Einsicht in die funktionelle Anatomie des Gehirns zeugen die eingangs zitierten Worte Hippokrates aus dem 5. Jahrhundert vor Christus, die heute niemand mehr in ihrer Richtigkeit und Bedeutung in Frage stellen würde. Doch bis moderne Untersuchungsverfahren in die Neurowissenschaften Einzug hielten und immer mehr Aspekte auf empirischer Basis behandelt werden konnten, war es ein weiter Weg. Noch unter Aussparung der großen philosophischen Themen wie Geist, Ich-Bewusstsein und Wille begannen die Neurowissenschaften, nach den Beziehungen zwischen mentalen Leistungen wie Wahrnehmung, Erinnerung, Sprache und Gedächtnis und korrespondierenden Hirnrealen zu forschen. Die Erkenntnisse, die aus unzähligen Untersuchungen und Forschungsreihen gewonnen werden konnten, sind überwältigend. Wir haben heute sehr exakte Vorstellungen davon, wie sich Wahrnehmungen oder Erinnerungsprozesse vollziehen. Die nächste Herausforderung liegt in der Einbeziehung derjenigen Themen, die bislang als alleinige Domänen der Philosophie betrachtet wurden. Doch wie sich zeigt, nehmen immer mehr Neurowissenschaftler auch diese Herausforderung an: Akademische Disziplinen wie Neurophilosophie oder Neuroethik zeugen von dieser spannenden Neuausrichtung.

Es ist kaum damit zu rechnen, dass die Naturwissenschaften in den nächsten Jahren Ergebnisse liefern können, die alle grundlegenden Fragen des Menschen beantworten. Die Vernetzung von Philosophie und Hirnforschung erweist sich jedoch bereits jetzt als eine große Bereicherung, indem Aspekte wie Geist, Seele, Ich-Bewusstsein, Eigenverantwortung oder freier Wille unter ganz neuen Vorzeichen zum Gegenstand äußerst lebhaft geführter Diskussionen werden.

WAHRNEHMUNG

VON DER EMPFINDUNG ZUR WAHRNEHMUNG

In einer Höhle werden Menschen von Kindheit an gefangen gehalten. Da sie gefesselt und unbeweglich sind, können sie ihren Blick ausschließlich auf eine Felswand richten. In ihrem Rücken lodert ein Feuer, das die einzige Lichtquelle in der Höhle bildet. Zwischen dem Feuer und den Gefangenen bewegen sich Menschen, die Figuren und Gegenstände hoch über ihren Köpfen tragen, sodass ausschließlich diese Objekte, nicht jedoch ihre Träger als unscharfe Schatten auf die Felswand fallen. Da die Gefangenen nichts anderes sehen und nichts anderes in ihrem Leben kennengelernt haben, erleben sie die Schattenbilder als wahr und wirklich. Sie betrachten sie als Lebewesen und interpretieren alles, was sie sehen, als deren Handlungen. Löste man einen der Gefangenen von seinen Ketten, so würde er diese Freiheit anfangs nur widerwillig in Anspruch nehmen, denn nichts, was er nun wahrnimmt, entspricht seinem bisherigen Abbild der Welt. Er muss den Weg aus der Höhle nehmen und zu höherer Erkenntnis gelangen, auch wenn dieser Prozess mühsam und schmerzhaft ist.

Als Platon im 4. Jahrhundert vor Christus das Höhlengleichnis in sein umfassendes Werk „Politeia" aufnahm, geschah dies zur Veranschaulichung der verschiedenen Stufen menschlicher Erkenntnis. Die Wahrnehmung der Außenwelt über Sinnesorgane entspricht hierbei dem eingeschränkten Blick der Gefangenen und stellt die niedrigste Stufe der Erkenntnis dar. Nur wer sich von den Fesseln befreit und nach dem ideellen Ursprung der Dinge sucht, kann, so die Botschaft, die höchste Stufe der Erkenntnis erreichen und das wahrhaft Wirkliche finden.

Nach Platon arbeiteten sich Generationen von Philosophen an dem Thema Wahrnehmung und Erkenntnis ab – mit unterschiedlichen Ergebnissen, die dazu führten, dass es in der Philosophie heute keine generell verbindliche Definition von Wahrnehmung gibt. Was Platons Höhlengleichnis bereits enthält, ist der Gedanke, dass sinnliche Wahrnehmung für sich genommen kein Wissen schafft und damit die Frage aufgeworfen wird, welchen Anteil sie am Erkennen der Außenwelt innehat. Die Abgrenzung zwischen Wahrnehmung und Erkenntnis ist elementar und wird seit dem 19. Jahrhundert in mehreren Wissenschaftsbereichen wie Psychologie, Soziologie und Neurophysiologie sowie kognitiver Neurowissenschaft behandelt, wobei sich dort vielfach eine Terminologie zwischen „Empfindung" und „Wahrnehmung" eingebürgert hat. Wo die Philosophie danach fragt, was Wahrnehmung ist und was sie bewirkt, rückt in den Neurowissenschaften die Frage in den Mittelpunkt, wie Wahrnehmung funktioniert. Die bildgebenden Verfahren wie MRT oder PET-Scans liefern hinsichtlich dieser Fragestellungen zahlreiche neue Erkenntnisse.

Was Wahrnehmung genau ist und wie sie funktioniert, wird in den unterschiedlichen Wissenschaftsdisziplinen mitunter äußerst kontrovers diskutiert.

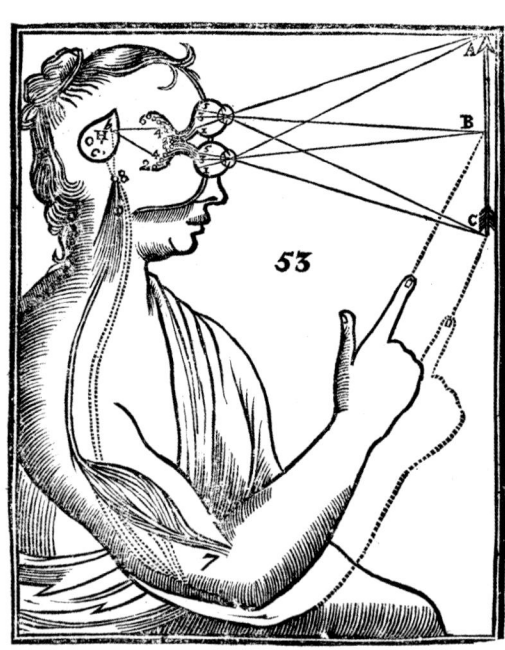

Studien René Descartes' (1596–1650) zur Übertragung von äußeren Impulsen auf das Gehirn bzw. die Motorik.

Wahrnehmung stellt sich aus neurowissenschaftlicher Perspektive als ein mehrstufiger Prozess dar. Zunächst nehmen Sinnesrezeptoren physikalische oder chemische Reize aus der inneren und äußeren Umwelt auf und reagieren – sofern eine Reizschwelle überschritten wird – mit einem Aktionspotenzial, das sich als elektrischer Impuls von Zelle zu Zelle fortsetzt. Der Impuls erreicht entweder über Spinalnerven das Rückenmark und wird dort direkt verarbeitet oder gelangt über den Thalamus als Schaltstelle in die Großhirnrinde, wo er als Sinnesempfindung registriert wird. Die Überkreuzung von Seh- und Hörbahnen sowie eines Großteils der vom Rückenmark aufsteigenden Nervenverbindungen in der Pyramidenkreuzung am Genick sorgt dafür, dass Körperfunktionen im Gehirn spiegelverkehrt koordiniert werden. Erfühlen wir beispielsweise mit der rechten Hand einen Gegenstand, so verarbeitet diese Information die linke Gehirnhälfte und umgekehrt.

Voraussetzung für die Umwandlung einer Empfindung in eine Wahrnehmung ist die Weiterleitung der Sinnesreize in die Assoziationsfelder des Gehirns. Diese stellen, da sie Informationen über vorherige Sinneseindrücke abspeichern, gewissermaßen ein sensorisches beziehungsweise motorisches Gedächtnis dar. Alle eingehenden Sinnesempfindungen werden nun gebündelt, mit bisherigen Erfahrungen abgeglichen und auf dieser Grundlage interpretiert. Das Resultat ist eine subjektive Sinneswahrnehmung.

Nur ein Bruchteil der Reize aus der Außen- und Innenwelt, die über Rezeptoren aufgenommen werden und an unser zentrales Nervensystem weitergeleitet werden, gelangt auch in unser Bewusstsein. Dieser Selektionsprozess ist überlebenswichtig, denn ungefiltert würde uns die konstante Flut von Informationen schier erschlagen und in eine Orientierungslosigkeit und Handlungsunfähigkeit treiben. Die Schwierigkeiten, die bei der Bewältigung von Alltagssituationen auftreten, wenn eine Dysfunktion des Filtersystems im Gehirn vorliegt, zeigen sich bei starken Ausprägungen des Autismus (siehe Kasten rechts) auf besonders dramatisch Weise.

Einen entscheidenden Anteil an der Filterung und Verarbeitung von Sinnesreizen trägt die Amygdala, eine mandelgroße Struktur im vorderen Teil des Temporallappens, die zum limbischen System gehört, das wiederum maßgeblichen Einfluss auf unsere Emotionen, unsere Antriebskraft und unser Gedächtnis ausübt. Signale unserer Sinnesorgane gelangen automatisch in diesen Mandelkernkomplex und werden dort einer ersten Prüfung unterzogen. Droht Gefahr, so versetzt die Amygdala den Körper durch die verstärkte Ausschüttung von Neurotransmittern

AUTISMUS

Abgekapselt, zwanghaft, sozial- und kommunikationsgestört – dies sind die Attribute, mit denen Autisten oftmals bedacht werden und durch die sie nur allzu schnell und ohne Abstufungen als geistig behindert abgestempelt werden. Tatsächlich jedoch kennt der Autismus (übersetzt: Selbstbezogenheit) unzählige Ausprägungsformen. Ihnen allen ist gemein, dass sie auf einer Dysfunktion des Informationsfiltersystems im Gehirn beruhen, ein Umstand, der die Bewältigung von Alltagssituationen für viele Autisten zu einer mitunter unerträglichen Herausforderung macht, da sie sich einer ständigen Reizüberflutung ausgesetzt sehen. Geräusche, die Nicht-Autisten kaum wahrnehmen, dringen kreischend in ihr Bewusstsein, sanfte Berührungen können zur Qual werden und fremde Gesichter oder eine unbekannte Umgebung lösen Angstzustände oder Aggressionsausbrüche aus. Autisten reagieren auf diese Umstände mit einem Selbstschutzprogramm, das sich unter anderem in stereotypen Verhaltensmustern niederschlägt, die ihnen Struktur verleihen; sie kapseln sich ab, da ihnen Interaktion enorme Anstrengung abverlangt, und sie meiden Situationen, in denen sie einer Vielzahl neuer Reize ausgesetzt sind.

Wie anstrengend eine massive Reizüberflutung sein kann, kennt wohl jeder aus eigener Erfahrung. Fremde Großstädte voller Menschen, Fahrzeuge, Geräuschquellen und Leuchtreklamen, aber auch Kinofilme mit einer rasanten Abfolge von Bildern und dröhnender Musik können uns zuweilen an unsere Leistungsgrenze bringen. Unser Gehirn arbeitet dann unter Hochleistungsdruck, um alle Eindrücke verarbeiten zu können – ein Kraftakt, der sich nicht selten in einer körperlichen Erschöpfung oder aber in sonderbarer „Überdrehtheit" äußert.

Symptome und individuelle Ausprägung des Autismus sind äußerst vielfältig und reichen von minimalen Verhaltensauffälligkeiten bis hin zu schwersten Behinderungen.

in Alarmbereitschaft: Der Blutdruck steigt und es werden Energiereserven bereitgestellt, die für einen Angriff oder eine Flucht nötig sind.

Neben ihrer Funktion als Warnzentrum des Gehirns übernimmt die Amygdala im Prozess der Wahrnehmung noch eine weitere Aufgabe: Sie ist für die emotionale Einfärbung von Informationen zuständig. Indem sie Signale unserer Sinnesorgane mit Empfindungen assoziiert, erhält der ursprünglich neutrale Reiz eine affektive Bedeutung, wird also mit positiven oder negativen Empfindungen in Zusammenhang gebracht, die wiederum antriebssteigernd oder antriebshemmend sein können.

Die bewusste individuelle Wahrnehmung bildet den Abschluss eines komplexen Prozesses zur Verarbeitung von Sinneseindrücken. Zwei Aspekte erscheinen dabei von Bedeutung: Die Welt, wie wir sie erleben, ist mehr als die Summe eingehender Sinnesdaten. Unser Gehirn selektiert und ergänzt Informationen, es sucht nach bekannten Mustern und nimmt Interpretationen auf der Grundlage von Erfahrungen vor. Dieser Umstand bedingt zugleich den zweiten wichtigen Aspekt: Alles, was wir wahrnehmen, wird von unserem Gehirn erzeugt und kann deshalb auch nicht die exakte Kopie der „wirklichen" Welt sein. Wir mögen zwar nicht die Gefangenen in Platons Höhlengleichnis sein, doch wir sind Gefangene unseres neuronalen Netzes. Da wir dessen Grenzen nicht überschreiten können, bleibt uns die Wahrnehmung der „wahren Wirklichkeit" verwehrt.

VISUELLE WAHRNEHMUNG

Rund zwei Drittel der Informationen über unsere Außenwelt sind visueller Art. Ausreichende Lichtverhältnisse und eine angemessene Sehkraft vorausgesetzt, sind die Augen damit unbestritten das wichtigste Instrument, um unsere Umwelt wahrzunehmen und um sich in ihr orientieren und bewegen zu können. Vor diesem Hintergrund erscheint es mehr als verständlich, dass dem Vorgang des Sehens in den Neurowissenschaften seit jeher ein besonders großes Interesse entgegengebracht wurde. Unvergleichliche Erkenntnisse auf diesem Gebiet erreichte die Neurowissenschaft – wie so oft – durch die Erforschung von Patienten mit bestimmten Dysfunktionen im Gehirn. Im Falle der visuellen Wahrnehmung leisteten sogenannte Split-Brain-Patienten diesen wichtigen Beitrag (s. S. 220 f.).

WIE GELANGEN BILDER IN UNSER BEWUSSTSEIN?

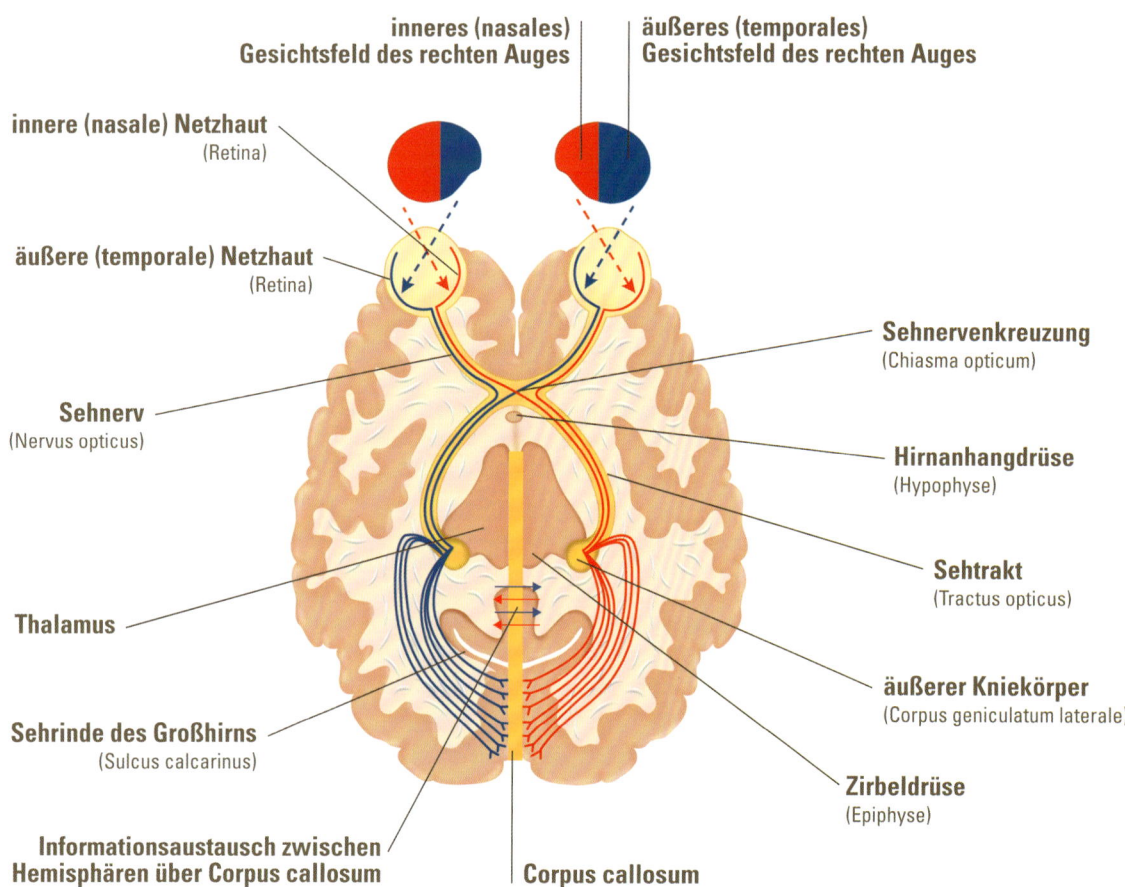

Visuelle Reize verlassen über die Sehnerven das Auge, wobei die für die nasenwärts gelegenen Areale zuständigen Fasern zur gegenüberliegenden Großhirnhälfte kreuzen. Über das Corpus callosum *werden Informationen zwischen den beiden Hirnhälften ausgetauscht.*

Bei ruhiger Kopfhaltung und fixiertem Blick umfasst unser horizontales Gesichtsfeld, also der maximale wahrnehmbare Sehbereich, etwa 180 Grad. Unser linkes Gesichtsfeld wird von der äußeren (temporalen) Netzhaut des rechten Auges und von der inneren (nasalen) Netzhaut des linken Auges erfasst. Für das rechte Gesichtsfeld verhält es sich entsprechend andersherum.

Wie bei allen Wahrnehmungsprozessen verläuft auch der Sehvorgang in mehreren Etappen. Einfallendes Licht durchdringt zunächst Hornhaut, Pupille und Augenlinse, wird dabei gebündelt, durchquert den Glaskörper und fällt schließlich auf die innere Augenhaut, auch Netzhaut oder *Retina* genannt. Sie ist durchsetzt mit rund 120 Millionen

Stäbchen sowie 6 Millionen Zapfen, die als Fotorezeptoren dienen. Die Zapfen bescheren uns eine Welt voller Farben. Dafür sorgen drei verschiedenartige Zapfenarten, die jeweils auf eine andere Lichtwellenlänge ansprechen (Blau, Rot und Grün). Doch die Aktivität der Zapfen ist an einen ausreichenden Lichteinfall gekoppelt; nimmt die Helligkeit ab, werden stattdessen die Stäbchen aktiv. Sie liefern uns Bilder einer Welt, die sich aus Formen und Konturen zusammensetzt und in der Farbe durch Hell-Dunkel-Kontraste ersetzt wird.

Die Stäbchen und Zapfen reagieren auf die Lichtreize mit einer chemischen Reaktion, dank derer die elektromagnetischen Lichtwellen in elektrische Nervenimpulse umgewandelt werden. Die Informationen aus rund 126 Millionen Fotorezeptoren laufen in etwa 1 Million Ganglienzellen zusammen, die sich in einer tieferen Schicht der *Retina* befinden und deren Nervenfortsätze in der Summe den Sehnerv bilden, der über die Sehnervpapille das Auge verlässt – ein Bereich, der als „blinder Fleck" bezeichnet wird (siehe Kasten unten).

An der sogenannten Sehnervenkreuzung wechseln die Sehnerven der nasenseitig gelegenen Bereiche der *Retina* die Seite und verlaufen nun in der gegenüberliegenden Hemisphäre, während die für die temporalen, sprich schläfenseitigen Anteile in der „eigenen" Gehirnhälfte Richtung Zwischenhirn verlaufen. Dieser Verlauf ermöglicht es, dass beide Hemisphären mit visuellen Informationen aus beiden Augen versorgt werden.

Im weiteren Verlauf erreichen die Sehbahnen den seitlichen Kniehöcker (*Corpus geniculatum laterale*) im Thalamus, der eine bedeutende Schaltstation Richtung Großhirnrinde darstellt. Hier münden nicht nur die Sehbahnen aus der *Retina*, sondern auch Nervenfasern der Sehrinde, des Hirnstamms und den Thalamuskernen. Die unzähligen Informationen werden im *Corpus geniculatum laterale* gebündelt, entschlüsselt und dahingehend gefiltert, dass nur ein Teil der hier eingehenden Signale tatsächlich in Form von Sehstrahlung zur primären Sehrinde (visueller Cortex) im Hinterhauptslappen des Großhirns geführt wird.

DER BLINDE FLECK

Dort, wo der Sehnerv zusammen mit den versorgenden Blutgefäßen den Augapfel verlässt, befindet sich eine Stelle ohne Fotorezeptoren. Dieser Umstand führt dazu, dass wir in einem Bereich des Gesichtsfeldes, der rund 5 bis 8 Prozent einnimmt, „blind" sind. Unter normalen Umständen bemerken wir diesen Ausfall nicht, denn die bildverarbeitenden Regionen in der Großhirnrinde können den blinden Fleck dank permanenter Augenbewegungen und visueller Informationen, die durch das jeweils andere Auge geliefert werden, komplettieren. Dennoch führt der blinde Fleck unter besonderen Umständen zu Ausfällen, wie nachfolgender Test anschaulich macht.

Halten Sie das rechte Auge geschlossen und fixieren Sie mit dem linken Auge das rechte Kreuz. Führen Sie zunächst das Gesicht nah an das Buch heran und bewegen Sie dann den Kopf langsam nach hinten. Bei einer Entfernung zwischen 15 und 25 Zentimetern verschwindet der Punkt auf der linken Seite aus ihrem Gesichtsfeld.

VISUELLE WAHRNEHMUNG VON SPLIT-BRAIN-PATIENTEN

Seit den 1950er-Jahren befassten sich immer mehr Neurologen mit der Frage, wie man Patienten mit besonders dramatischen und therapieresistenten Formen von Epilepsie helfen könne – und fanden eine Antwort in Form von Split-Brain-Operationen. Bei diesem Verfahren wird das *Corpus callosum*, jener Balken, der die Verbindung zwischen rechter und linker Gehirnhälfte herstellt und den gegenseitigen Austausch von Informationen gewährleistet, mit dem Ziel durchtrennt, die Ausbreitung einer epileptischen Aktivität von der einen in die andere Gehirnhemisphäre zu unterbinden.

Die erste vollständige Durchtrennung des mit rund 250 Millionen Nervenfasern durchsetzten *Corpus callosum* an einem Menschen wurde 1961 durchgeführt. Diesem radikalen Eingriff folgten bald weitere, die tatsächlich die gewünschte Wirkung zeigten: Die epileptischen Anfälle erfassten nun nicht mehr das gesamte Gehirn, sondern blieben auf eine Hälfte beschränkt und verliefen damit weitaus weniger dramatisch. Man konnte von einem Erfolg sprechen. Doch dann bemerkten Angehörige und Ärzte bei einigen Patienten Wahrnehmungs- und Verhaltensauffälligkeiten: In manchen Situationen schien es so, als ob die rechte und linke Körperhälfte unterschiedlichen Handlungsanweisungen folgten, zum Beispiel, dass die rechte Hand einen Lichtschalter betätigt, um eine Lampe anzumachen, die linke Hand das Licht aber sofort wieder ausmacht. Diese Beobachtungen veranlassten insbesondere den amerikanischen Neurobiologen Roger Sperry und seinen Kollegen Michael Gazzaniga zu langjährigen Untersuchungsreihen mit Split-Brain-Patienten. Die daraus gewonnenen Erkenntnisse zum Thema Wahrnehmung wurden 1981 mit dem Nobelpreis für Physiologie und Medizin belohnt.

Die Patienten wurden vor Projektionsflächen gesetzt, in deren Mitte ein schwarzes Kreuz zu sehen war. Dieses Kreuz sollte mit den Augen fixiert werden, um sicherzustellen, dass eingeblendete Gegenstände oder Wörter rechts oder links des Mittelpunkts wirklich nur von jeweils einer Gehirnhälfte aufgenommen werden. Anschließend wurde auf der rechten Seite des Kreuzes für Bruchteile einer Sekunde das Bild eines Apfels oder das geschriebene Wort „Apfel" sichtbar. Danach gefragt, ob sie etwas wahrgenommen hätten, bestätigten Patienten dies mit der Benennung des entsprechenden Gegenstandes. Zeigte man ihnen einen Löffel links des Mittelpunktkreuzes, so gaben die Probanden an, nichts gesehen zu haben. Wurden sie hingegen gebeten, die Augen zu schließen und mit der linken Hand den zuletzt gesehenen Gegenstand aufzumalen, so gelang dies ohne Probleme: Sie brachten die Skizze eines Löffels zu Papier. Auch nach der Aufforderung, in einer durch einen Sichtschutz verdeckten Schublade, in der sich mehrere unterschiedliche Gegenstände befanden, den zuletzt eingeblendeten Gegenstand zu ertasten, wählten sie zielsicher den richtigen – danach gefragt, um welchen Gegenstand es sich handelt, konnten sie ihn jedoch nicht mit dem richtigen Begriff benennen.

Die Ergebnisse dieser Untersuchung helfen uns, die Komplexität der Wahrnehmung besser zu verstehen, und machen zugleich sichtbar, wie entscheidend das Zusammenspiel der beiden Gehirnhälften ist, denn um etwas Gesehenes auch tatsächlich erkennen und benennen zu können, müssen Informationen aus den visuellen Arealen des Cortex mit dem Sprachzentrum verknüpft werden.

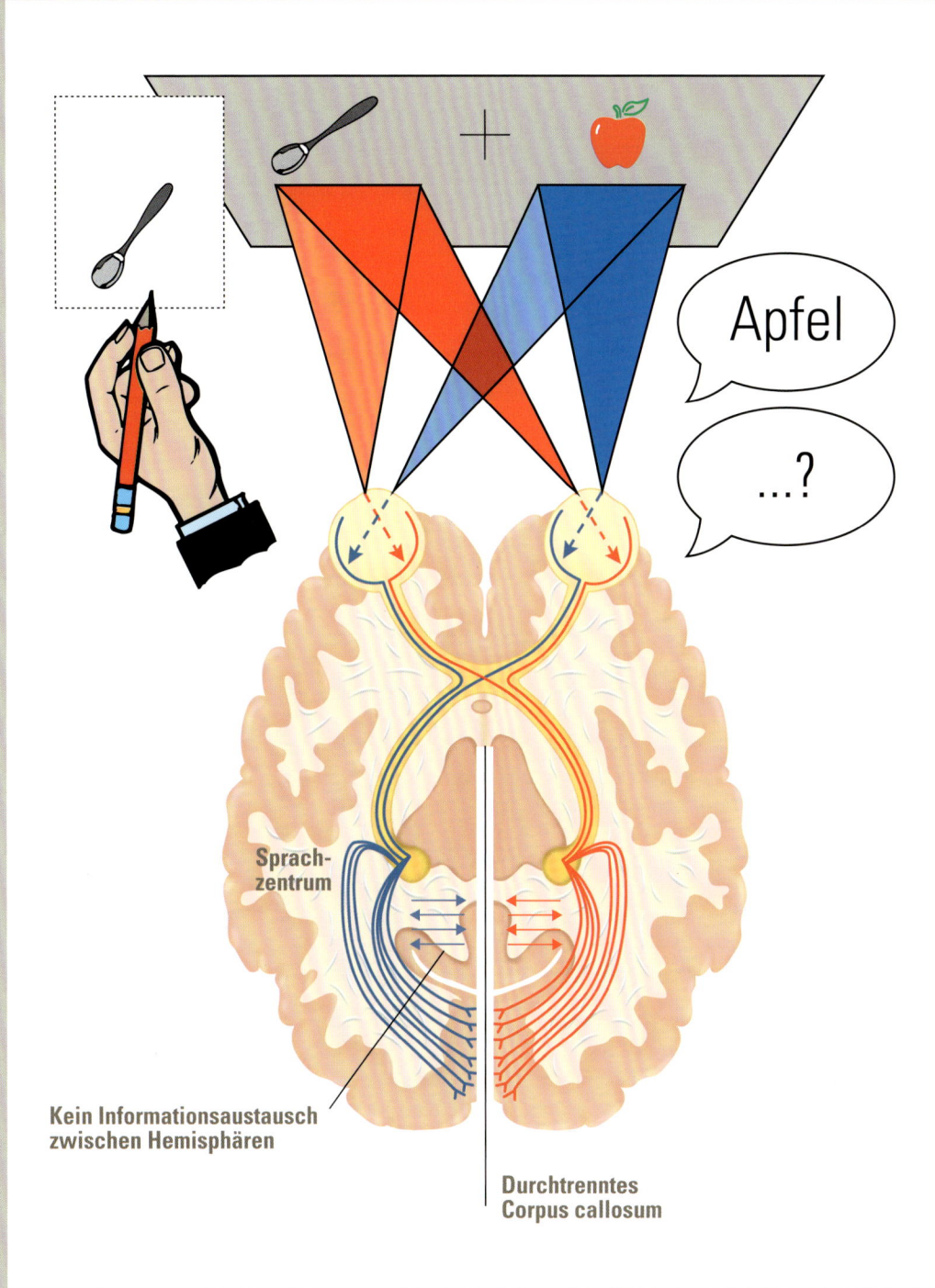

Versuch mit Split-Brain-Patienten: Das durchtrennte Corpus callosum verhindert den Informationsaustausch zwischen den Gehirnhälften. So wird zwar der Apfel erkannt und benannt, da der entsprechende visuelle Reiz in die linke Hirnhälfte gelangt, wo zugleich das Sprachzentrum sitzt. Der Löffel hingegen kann nur mit der linken Hand gezeichnet oder erfühlt, jedoch nicht benannt werden.

Im Bereich der primären Sehrinde warten rund 200 Millionen Neuronen mit unterschiedlichen funktionellen Eigenschaften darauf, die eintreffenden visuellen Informationen zu verarbeiten. So werden beispielsweise breiten- oder positionsspezifische Eigenschaften oder Bewegungsrichtungen erfasst. In einer jüngst veröffentlichten Untersuchung stießen Neurowissenschaftler zudem auf eine bislang unentdeckte Fähigkeit der primären Sehrinde: Offensichtlich ist diese in der Lage, Schwarz-Weiß-Bildern Farbe zu verleihen. Die Forscher legten Versuchsteilnehmern Schwarz-Weiß-Fotos von Obst- und Gemüsesorten vor, die mit einer eindeutigen Farbe assoziiert werden, wie beispielsweise Bananen (= Gelb) oder Erdbeeren (= Rot). Im Anschluss testeten sie, welche Aktivierungsmuster im Gehirn bei der Betrachtung „echter" Farbreize ausgelöst werden. Beide Vorgänge wurden mittels bildgebender Verfahren sichtbar gemacht. Das überraschende Ergebnis: Bei der Betrachtung der in Graustufen dargestellten Gegenstände wurden exakt diejenigen farbspezifischen Areale angeregt, die der assoziierten Farbe entsprachen. Es spricht demnach vieles dafür, dass „erlernte" Farben im Zusammenhang mit bestimmten Gegenständen ein Vorwissen erzeugen, das sich auf neuronaler Ebene niederschlägt und im visuellen Cortex zuweilen für farbspezifische Aktivierungsmuster sorgt, obwohl das tatsächliche Bild keine Farben enthält.

In dieser Verarbeitungsphase entsteht noch kein zusammenhängendes, „sinnvolles" Bild, das in unser Bewusstsein gelangen könnte. Dafür müssen die Informationen in die übergeordneten Assoziationsareale beziehungsweise sekundären Rindenfelder geleitet werden, die sich in zahlreiche funktionsspezifische Areale einteilen lassen. Die Neuronen einiger Assoziationsfelder reagieren beispielsweise auf Gestaltkomponenten wie Konturen, Formen, Winkel etc. und ermöglichen es uns damit, Objekte oder Personen zu erkennen. Wird die entscheidende Schaltzentrale zwischen diesen Arealen beschädigt, kann dies zur Objektagnosie führen, bei der visuell dargebotene Objekte zwar gesehen, aber nicht mehr erkannt und damit auch nicht benannt werden können, oder zur Prosopagnosie, bei der Betroffene die Mimik und Gesichtszüge bei anderen wahrnehmen und deuten können, sich jedoch unfähig zeigen, bekannte Gesichter wiederzuerkennen.

Die Neuronen anderer Areale verarbeiten visuelle Reize, die uns die Welt räumlich erleben lassen und uns anzeigen, wo sich ein Objekt oder eine Person im Raum befindet, welche Bewegungsrichtung sie einschlägt und mit welcher Geschwindigkeit sie sich bewegt – eine Informationsanalyse, die nur in Zusammenarbeit mit sensorischen Arealen vonstattengehen kann, die Kopfbewegungen registrieren und steuern.

Nicht zuletzt findet in den visuellen Assoziationsarealen des Gehirns auch das Erkennen von Farben statt, eine Fähigkeit, die bei Beschädigungen der verantwortlichen cerebralen Bereiche eine totale Farbenblindheit mit sich bringen kann, bei der Betroffene die Welt nur noch in Graustufen wahrnehmen.

Alle diese visuellen Reize werden mit Informationen aus anderen Hirnarealen kombiniert und schließlich, da es sich bei den Assoziationsarealen um leistungsfähige Informationsspeicher handelt, mit bereits bekannten Mustern abgeglichen und auf dieser Grundlage interpretiert. Wie entscheidend die Verknüpfung mit anderen Sinneseindrücken ist, lässt sich an vielen Beispielen aus dem Alltag darstellen. Eine Szene, die wir in einem spannenden Fernsehkrimi verfolgen, verliert an angsteinflößendem Potenzial, sobald wir den Ton abstellen. Die Bilder, die wir sehen, bleiben dieselben, doch die Verarbeitung der visuellen Reize verläuft unterschiedlich – je nachdem, ob der Ton läuft oder nicht.

Das komplexe Bild, das unser Bewusstsein erreicht, ist die aus Sicht des Gehirns sinnvollste Antwort auf visuelle Reize im Kontext von Erfahrungen. Anzunehmen, dass dieses Bild ein exaktes Abbild der Wirklichkeit sei, erweist sich allerdings als trügerisch. Sehen ist eine Glaubensfrage! Nichts demonstriert dies so deutlich wie optische Täuschungen. Sie führen uns im wahrsten Sinne des Wortes vor Augen, wie leicht sich unser Gehirn zuweilen auf eine falsche Fährte locken lässt.

Nachfolgende Doppelseite:
3-D-Filme vermitteln den Eindruck räumlichen Sehens. Sie wurden bereits in den 1950er-Jahren entwickelt und erfreuen sich seit einigen Jahren wieder einer großen Nachfrage.

„ATOMBOMBE DES GEISTES" – WIE LSD DIE WAHRNEHMUNG VERÄNDERT

Der 19. April wird als „Bicycle Day" gefeiert. Wer dabei an eine umweltfreundliche Initiative zur Umsetzung der Parole „Fahrrad statt Auto" denkt, irrt. Nicht das Fahrrad als emissionsfreies Vehikel wird an diesem Tage gefeiert, sondern eine legendäre Fahrradtour unter besonderen Vorzeichen: Am 19. April 1943 begab sich der Schweizer Chemiker Albert Hofmann mit seinem Fahrrad auf den Nachhauseweg, nachdem er im Labor in einem Selbstversuch 250 Mikrogramm des Wirkstoffs Lysergsäurediethylamid – kurz: LSD – zu sich genommen hat. Hofmann forschte im Auftrag des Pharmakonzerns Sandoz nach einem Herz-Kreislauf-Stimulans und entdeckte mit LSD die berühmteste psychoaktive Substanz der Welt.

Albert Hofmann (1906 – 2008), Entdecker des LSD 1994 ©Effigie/Leemage

Hofmanns Aufzeichnungen ist zu entnehmen, dass während des LSD-Rauschs, den er in den folgenden Stunden erlebte, vertraute Gegenstände und Möbel „groteske, meist bedrohliche Formen" annahmen und in Bewegung gerieten. Er berichtet ferner davon, dass „fantastische Bilder von außerordentlicher Plastizität und intensiv kaleidoskopartigem Farbenspiel" auf ihn eindrangen und sich akustische Wahrnehmungen in optische Empfindungen verwandelten.

Diese und ähnliche Wahrnehmungsstörungen sollten in den folgenden Jahrzehnten Hunderttausende Menschen erleben, denn 1949 brachte Sandoz den Wirkstoff LSD unter der Bezeichnung „Delysid" auf den Markt. Anfänglich nur im Bereich der Psychiatrie als Therapeutikum eingesetzt, interessierte sich schon bald die CIA für das Potenzial von LSD als Psychokampfstoff und nahm bis 1975 fragwürdige Untersuchungen an rund 7000 Soldaten der U.S. Army vor. Zeitgleich hielt LSD Einzug in die Gesellschaft und entwickelte sich in den 1960er-Jahren zur Modedroge – ein Umstand, der die Politik dazu veranlasste, ein striktes Verbot des Wirkstoffs auszusprechen.

Wie genau sich LSD auf die Wahrnehmung auswirkt, war lange Zeit nicht bekannt. Mittlerweile weiß man, dass Lysergsäurediethylamid auf sogenannte 5-HT-Rezeptoren (Serotonin-Rezeptoren) Einfluss nimmt, die sich verstärkt im Hirnstamm, im Thalamus und Hypothalamus befinden. Mit Einnahme von LSD verändert sich die Informationsverarbeitung: Der Thalamus, Umschaltstation für nahezu alle Informationen aus dem Körper und den Sinnesorganen auf dem Weg zur Großhirnrinde, büßt seine Fähigkeit als Informationsfilter ein. Bildlich gesprochen sorgt LSD also dafür, dass sich das „Tor zum Bewusstsein" vorübergehend nicht mehr schließt. Die Folge ist eine ungebremste, ungefilterte Flut an Informationen, die auf die primären Rindenfelder und Assoziationsareale des Gehirns einströmen. Angesichts ihrer Masse können die Signale nicht mehr, wie sonst üblich, mit im Gedächtnis abgespeicherten Informationen abgeglichen und interpretiert werden. Die Folge sind diverse Wahrnehmungsveränderungen: Die Welt erscheint in Farben von ungeahnter Intensität, die räumliche Ordnung geht verloren, Formen und Strukturen lösen sich auf und zerfließen, mitunter kommt es zu Synästhesien, bei denen Töne zu Farben werden oder jede Farbe mit einem Geschmack verschmilzt.

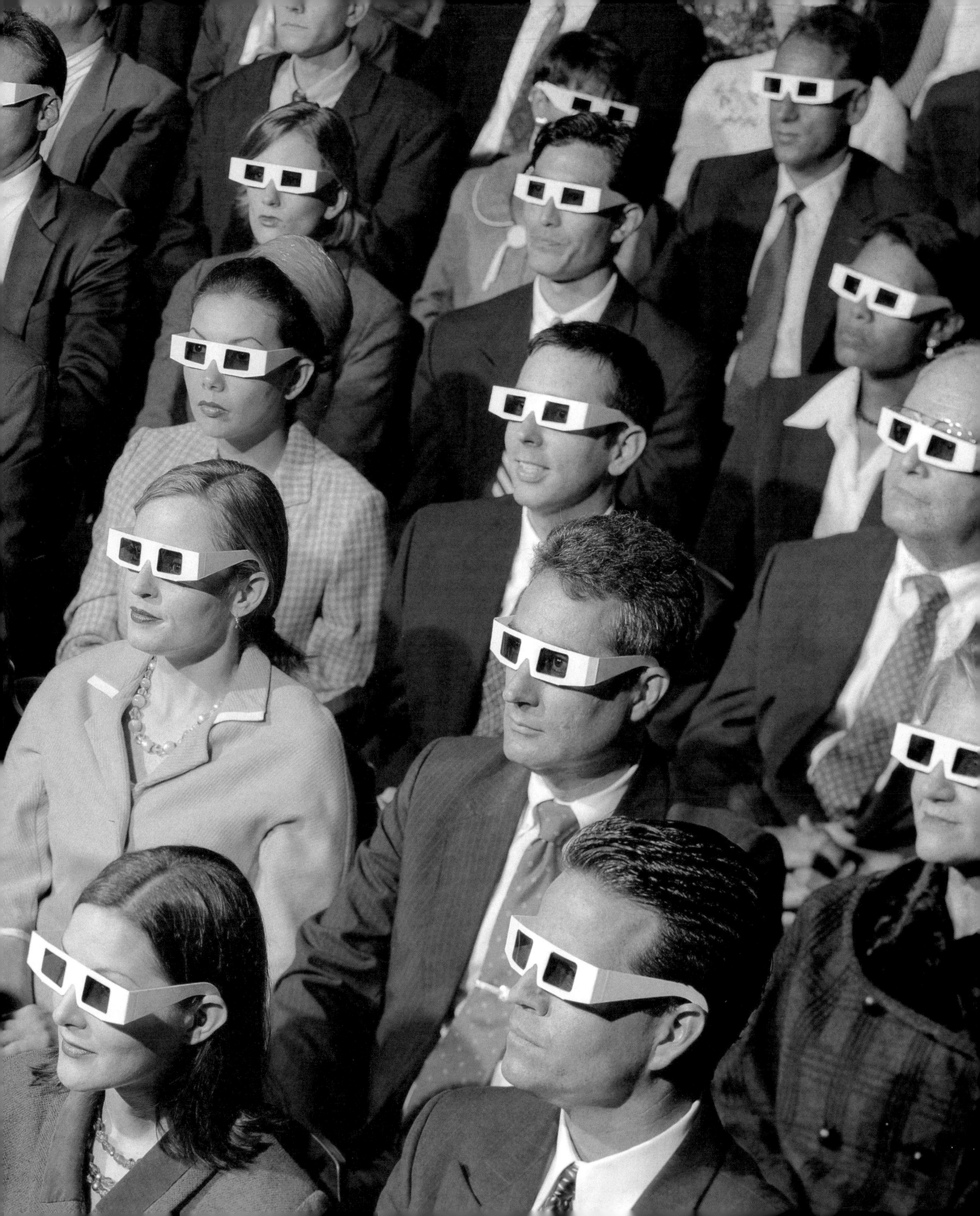

OPTISCHE ILLUSIONEN ALS BESONDERE FORM DER WAHRNEHMUNGSTÄUSCHUNG

Es gibt viele Gründe, warum Wahrnehmung beeinträchtigt oder gestört sein kann: Wenn durch Verletzungen, Schlaganfälle, Tumorbildung oder neuronale Erkrankungen wichtige informationsverarbeitende Gehirnareale geschädigt werden, entstehen mitunter dramatische Wahrnehmungsstörungen, deren Behebung langwierig, wenn nicht gar unmöglich ist. Auch der Konsum von Drogen, insbesondere von Halluzinogenen wie LSD (siehe Kasten Seite 223), beeinflusst die Verarbeitung und Interpretation von Sinnesreizen.

Eine weitaus harmlosere Form von Wahrnehmungseinschränkungen liegt bei optischen Illusionen vor. Sie stellen keine Beeinträchtigungen im Alltag dar, sondern demonstrieren uns vielmehr auf faszinierende Art und Weise, dass dem Gehirn als Regisseur der Filme, die vor unserem Auge ablaufen, durchaus Fehler unterlaufen – Fehler, die im Übrigen immer und immer wieder auftreten, auch dann, wenn uns die Fallen längst bekannt sind.

SEHEN, WAS NICHT DA IST

Grundsätzlich neigt unser Gehirn dazu, aus der Summe von Sinnesreizen einen Gesamteindruck zu erschaffen, der für die jeweilige Situation am sinnvollsten erscheint. Nicht nur die Bündelung von Informationen aus unterschiedlichen Sinnesorganen ist bei diesem Interpretationsprozess entscheidend, sondern vor allem der Abgleich mit bereits gespeicherten Informationen. Diese Fähigkeit macht es möglich, dass wir auch dann Formen, Konturen oder Gegenstände erkennen, wenn die eigentlichen Sinneseindrücke die Vervollständigung zu einem sinnvollen Gesamtbild eigentlich gar nicht zulassen. Ein Beispiel mag dies veranschaulichen:

Wruam knenön wir dseein Txet nhaezu fielneßd Iseen, oobhwl die Werötr kneien Snin eberegn? Wie Fseorchr einer egliecsnhn Unviirestät zegien knntoen, kommt es draauf an, dass der jweiles etrse und Itteze Buthcasbe jdees Woters an der rcitieghn Sltele setht. Den Rset erdligt usenr Geihrn.

Bild links:

Bewegungsillusion: Obwohl es sich um ein starres Bild handelt, nehmen wir Bewegungen wahr. Grund für diese optische Illusion ist, dass Bilder auf unserer Netzhaut ungefähr 0,06 bis 0,1 Sekunden nachwirken. Nur indem wir unseren Blick starr auf einen einzigen Punkt fixieren, können wir die Räder zum Stillstand bringen.

Wahrnehmung ist kein exaktes Abbild der Realität, sie ist vielmehr ein Konstrukt der Gehirntätigkeit.

Wir nehmen Wörter nicht als eine Abfolge einzelner Buchstaben, sondern als Ganzes wahr. Und wie sich zeigt, benötigt unser Gehirn für das Entziffern von Wörtern nur sehr wenige Anhaltspunkte – genaugenommen bedarf es lediglich der richtigen Positionierung des ersten und des letzten Buchstabens. In diesem Fall erweist sich die Prämisse des Gehirns, visuelle Informationen auf der Grundlage von Erfahrungswahrscheinlichkeiten zu deuten, als überaus hilfreich, vermögen wir doch Sätze zu dekodieren, die faktisch keinen Sinn ergeben.

Im Falle des Kaniza-Dreiecks geht es um die Wahrnehmung von geometrischen Formen, die nicht wirklich existieren. Was erkennen wir auf diesem Bild? Die Antwort scheint eindeutig: Zu sehen ist ein weißes Dreieck, das ein schwarz gerahmtes Dreieck überlagert und mit seinen Spitzen in drei schwarze Kreise hineinreicht. Tatsächlich jedoch existiert dieses Dreieck nicht; es handelt sich um Scheinkonturen. Doch unser Gehirn sucht bei der Interpretation von visuellen Reizen nicht nur nach bekannten Formen, sondern folgt dabei auch dem Gesetz der Geschlossenheit, nach dem unvollständige Figuren als vollständig wahrgenommen werden.

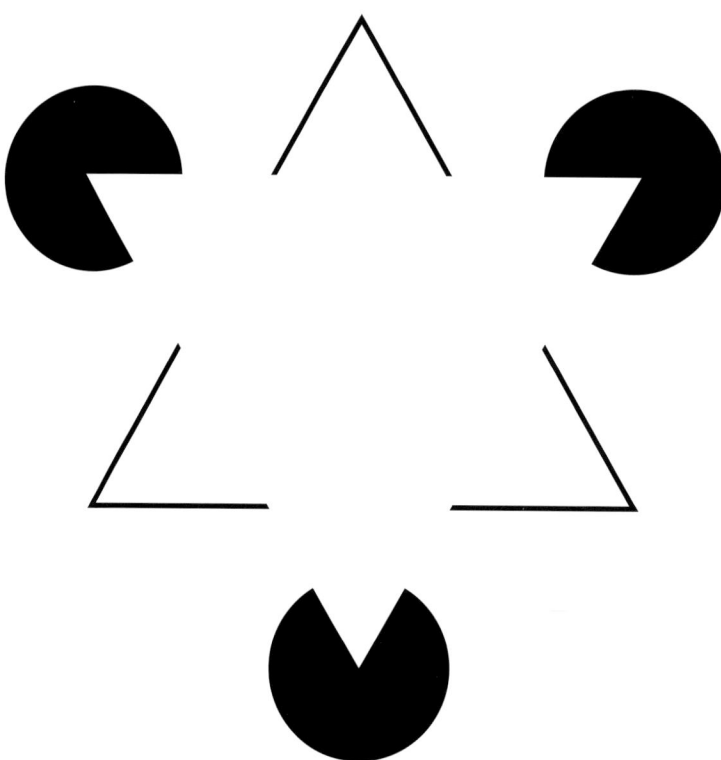

Auf dem von Gaetano Kanisza entwickelten „Kanisza-Dreieck" ist deutlich ein weißes Dreieck zu sehen, das faktisch jedoch nicht angelegt ist.

KONTRASTTÄUSCHUNGEN

1870 stieß der deutsche Physiologe Ludimar Hermann durch Zufall auf eine optische Täuschung, die bereits 1844 durch den schottischen Physiker Sir David Brewster beschrieben worden war. Sie zeigt ein schwarz-weißes, symmetrisch angelegtes Gitter, bei dessen Betrachtung an den Kreuzungsstellen der weißen Linien verwaschene, graue Punkte auftauchen. Fixiert man hingegen einen solchen Punkt und rückt ihn damit in den Mittelpunkt des Sehfeldes, so verschwindet er. Dieses Gitter, das als Hermann-Gitter bekannt wurde, funktioniert, wie folgende Illustration zeigt, auch in farblichen Varianten, nur dass beispielsweise in der roten Variante graue durch blassrote Punkte ersetzt werden.

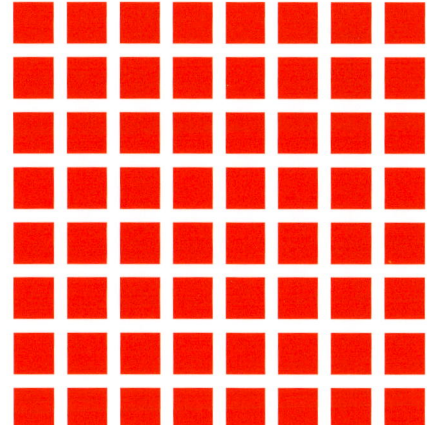

Hermann-Gitter. 1870 beschrieb
der deutsche Physiologe Ludimar
Hermann die Kontrasttäuschung, die
einem ursprünglich schwarz-weißen
Gitter an den Kreuzungspunkten
entsteht. Wie man sieht, funktioniert
diese Wahrnehmungstäuschung
jedoch auch mit Farben.

Eine plausible wissenschaftliche Erklärung für diese Wahrnehmungstäuschung ließ lange auf sich warten, doch in den 1960er-Jahren glaubte man, diese mit dem Phänomen der lateralen Hemmung gefunden zu haben. Die Ganglienzellen in der *Retina*, deren Nervenfortsätze den Sehnerv bilden, erhalten visuelle Signale aus einem kreisförmigen Areal der Netzhaut – dem rezeptiven Feld. Verkürzt ausgedrückt, werden die visuellen Informationen über die Kreuzungspunkte des Gitters deshalb falsch berechnet, weil die Ganglienzellen durch die Peripherie des rezeptiven Feldes (vier weiße Bahnen) gehemmt werden und infolgedessen ein zu schwaches Helligkeitssignal an das Gehirn senden, das wir wiederum als graue beziehungsweise blassrote Punkte wahrnehmen.

Die Theorie der lateralen Hemmung galt auch noch zur Jahrtausendwende als maßgebliche Erklärung des Hermanns-Gitters. 2004 veröffentlichte der Ungar János Geier eine andere Variante des Hermann-Gitters – und legte mit einem Schlag die Schwächen der bisherigen Erklärung offen.

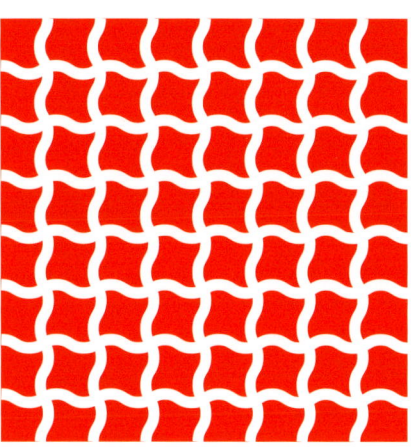

In der von János Geier entworfe-
nen Variante des Hermann-Gitters
erscheinen keine Farbfelder in den
Kreuzungspunkten der geschlängelten
Linien.

Folgt man der bisher gültigen Erklärung über die Wahrnehmungsfehler beim Betrachten des Hermann-Gitters, so müssten wir auch bei der durch János Geier entwickelten Variante des Gitters blassrote Punkte im Kreuzungsbereich der weißen Linien sehen. Dies ist jedoch nicht der Fall. Die Lücken der bisherigen Theorie sind damit offensichtlich. Was bislang fehlt, ist eine neue Erklärung. Doch eines scheint klar: Die entscheidende Korrektur der Wahrnehmungstäuschung muss im primären visuellen Cortex stattfinden, denn allein dort existieren Neuronen, die auf die Unterschiede zwischen geraden und geschwungenen Linien ansprechen.

FARBTÄUSCHUNGEN

Sehen ist, wie sich gezeigt hat, nicht allein die Summe visueller Reize. Unser Gehirn benutzt das visuelle Gedächtnis, um die plausibelste und stimmigste Lösung aus einem breiten Angebot an Möglichkeiten zu finden. Im Bereich der Farbtäuschung lässt sich eindrucksvoll zeigen, wie sehr unser Gehirn auf Erfahrungen zurückgreift. Im Falle des Simultan-Helligkeitskontrasts berücksichtigt unser Gehirn, dass reflektierende Flächen, die im Schatten liegen, dunkler wirken als Flächen, die direktem Lichteinfall ausgesetzt sind. Die Erfahrung lehrt uns, dass zwei Flächen mit identischen Farbwerten, die parallel präsentiert werden, trotzdem anders aussehen können, und zwar dann, wenn unterschiedlicher Lichteinfall jeweils andere Reflexionseigenschaften mit sich bringt. Der umgekehrte Fall gilt natürlich ebenso. Und auf diesem Phänomen basieren zahlreiche optische Illusionen zum Thema Simultan-Helligkeitskontrast (siehe Illustration).

Auch wenn es kaum zu glauben ist: Die Farben der oberen und unteren Fläche sind absolut identisch. Der Beweis lässt sich schnell erbringen, wenn der mittlere Bereich, der unserem Gehirn Licht- und Schattensituationen simuliert, abgedeckt wird. Doch selbst wenn wir um diese beeindruckende Illusion wissen: Sobald der mittlere Bereich wieder zu sehen ist, erscheinen die beiden Flächen um mehrere Farbtöne voneinander abzuweichen.

GEOMETRISCH-OPTISCHE TÄUSCHUNGEN

Messfehler gehören zu den optischen Illusionen, die uns selbst dann noch immer wieder unterlaufen, wenn wir die „richtige Antwort" längst kennen. Der deutsche Psychiater und Soziologe Franz Carl Müller-Lyer bemerkte Ende des 19. Jahrhunderts, dass die Wahrnehmung der Länge einer gerade gezogenen Linie durch Hinzufügen von Pfeilspitzen beeinflussbar ist.

Die Wahrnehmungsfehler, die dem Gehirn dabei unterlaufen, sind nicht unbeträchtlich: Die vermeintliche Abweichung, die man zwischen zwei faktisch identisch langen Linien zu sehen glaubt, liegt bei etwa 30 Prozent. Dasselbe Phänomen ist im Übrigen zu beobachten, wenn man Versuchspersonen darum bittet, Linien mit nach innen und außen gekehrten Pfeilspitzen zu ertasten.

Eine Erklärung für die optische Täuschung ist, dass die Linien durch Hinzufügen von Pfeilspitzen nicht mehr in einem zweidimensionalen Kontext wahrgenommen werden, sondern in eine dreidimensionale Umgebung über-

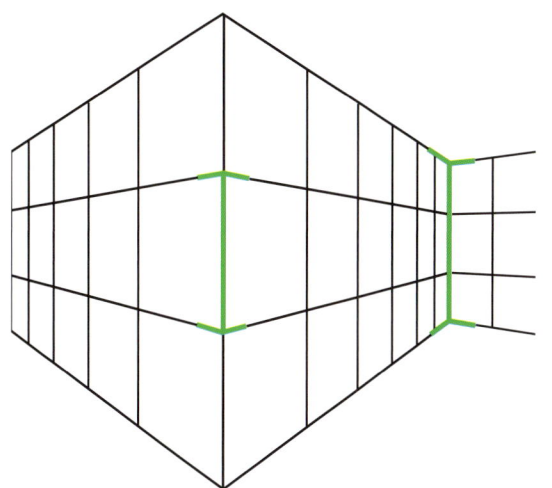

tragen werden. Und in der räumlichen Welt weisen nach innen führende Winkel meist auf nah gelegene Objekte hin, während nach außen schweifende Winkel zum Beispiel mit der Ecke eines Raums assoziiert werden, die sich weiter weg befindet (siehe Illustration oben). Unser Gehirn weiß zwar, dass die Linien gleich lang sind, doch da es die hintere Linie einem entfernteren Objekt zuordnet, nimmt es eine automatische Anpassung vor, die in diesem Falle allerdings zu einer Fehleinschätzung führt.

Beide farbig markierten Linien besitzen die selbe Länge.

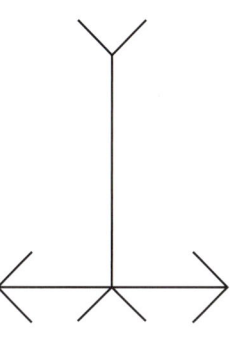

Eine geringfügige Abwandlung der Müller-Lyer-Täuschung kann die Wahrnehmungstäuschung sogar noch verstärken (siehe Illustration unten). Hier verbindet sich der Winkeleffekt mit der „Horizontal-Vertikal-Täuschung", nach der vertikale Ausdehnungen grundsätzlich länger eingeschätzt werden als horizontale. Bei der vorliegenden Illustration irritiert es, dass die beiden Linien tatsächlich dieselbe Länge haben. Es gibt zahlreiche Erklärungsansätze für diesen Wahrnehmungsfehler. Viele Forscher sehen darin ein Relikt der Evolution: Da der mit der Erde verhaftete Mensch Entfernungen am Boden deutlich einfacher zurücklegen kann als Aufstiege an Bergen etc., lässt uns das Gehirn vertikale Einheiten als grundsätzlich größer wahrnehmen als horizontale – eine Art Selbstschutzprogramm.

KIPPBILDER – DAS PHÄNOMEN MULTISTABILER WAHRNEHMUNG

Unsere Wahrnehmung ist nicht nur kontextabhängig und subjektiv; sie erweist sich zuweilen auch als instabil. Dieses Phänomen, das sich Kipp- und Vexierbilder zu Eigen machen, tritt auf, wenn Formen oder Bilder mehrere Varianten einer Interpretation zulassen. Eines der ältesten und bekanntesten Kippbilder ist der erstmals

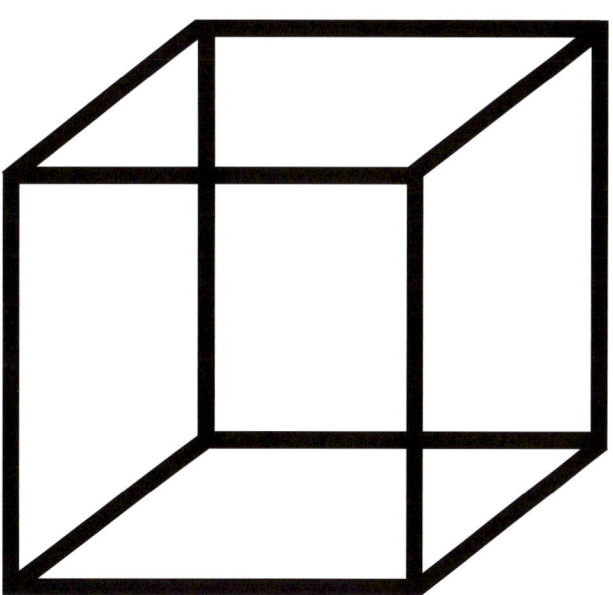

1832 durch Louis Albert Necker veröffentlichte „Necker-Würfel" (siehe Illustration links). Die zweidimensionale Zeichnung erzeugt den Eindruck eines dreidimensionalen, transparenten Würfels, der allerdings in der Festlegung der Perspektive mehrdeutig ist: Welche Fläche die Vorder- und welche die Rückseite bildet ist variabel und so gerät unser Gehirn in der Verarbeitung der visuellen Reize in Widerstreit hinsichtlich der Frage, welches das „sinnvollste" Ergebnis ist. Dieser Widerstreit führt dazu, dass wir in unserer Wahrnehmung zwischen zwei Blickwinkeln hin und her springen.

Der Necker-Würfel. Da ein eindeutiger Anhaltspunkt zur Bestimmung der Tiefe des Bildes fehlt, gibt es zwei schlüssige Interpretationen des Würfels – und unser Gehirn springt zwischen diesen beiden Varianten hin und her.

GEDÄCHTNIS UND ERINNERUNG

Dass sich das Wissen der Menschheit alle zwei bis vier Jahre verdoppelt, ist ein bekannter und viel zitierter Satz zum Thema Informationsflut im digitalen Zeitalter. 2,5 Trillionen Daten, die Tag für Tag zusätzlich gespeichert werden, scheinen diese These zu untermauern. Doch neue Daten bringen nicht automatisch neue Erkenntnisse mit sich, geschweige denn einen Zugewinn an relevantem Wissen. Die größte Herausforderung besteht heute darin, aus einem scheinbar unbegrenzten Datenpool relevante von irrelevanten Informationen zu trennen, und das in möglichst kurzer Zeit.

Dies entspricht ungefähr der Aufgabe, die unser Gehirn in jeder Sekunde unseres Daseins erfüllt: Es muss unaufhörlich Millionen Reize aufnehmen, filtern und an die höheren Hirnzentren weiterleiten, damit wir sie bewusst erleben können, und eine Selektion im Hinblick auf die Frage vornehmen, was unserem Kurz- oder Langzeitgedächtnis zugeführt werden soll und was nicht. Und dabei geht es um weit mehr als das Speichern von Fakten, die uns daran erinnern, wann Freunde Geburtstag haben, wie wir den Weg zum Schwimmbad finden oder wo der Haustürschlüssel liegt.

Gänzlich ohne Gedächtnis und Erinnerung zu sein, würde bedeuten, sich ohne Gefühl für Vergangenheit und Zukunft und ohne vertraute Personen in einer unbekannten Welt zu bewegen, in der Gegenstände und Orte keine Bedeutung haben, da sie mit keinen Emotionen verknüpft werden können (siehe Kasten Seite 234). Es würde bedeuten, ohne Sprache und bekannte Kommunikationsmuster zu leben und unfähig zu sein, ein stabiles Ich mit der Fähigkeit zur Selbstreflexion zu entwickeln. Vor diesem Hintergrund scheint der programmatische Titel „Wir sind Erinnerung" für ein Werk des in Harvard lehrenden Gedächtnisforschers Daniel L. Schacter durchaus angemessen.

Mit der Bedeutung – und den Unzulänglichkeiten – des Gedächtnisses haben sich bereits antike Gelehrte auseinandergesetzt. In den letzten 2500 Jahren wurden dank intensiver Forschung, bildgebender Verfahren und der Untersuchung von Menschen mit gedächtnisspezifischen Erkrankungen wertvolle Erkenntnisse über die Funktions- und Arbeitsweise unseres Gedächtnisses gesammelt. Längst sind nicht alle Fragen beantwortet, doch am Anfang steht die Erkenntnis, dass der Mensch nicht nur über ein einzelnes Gedächtnis, sondern über ein verzweigtes Netz mehrerer Informationsspeichersysteme verfügt.

Wenngleich die „Erfindung" des Feuers in der Entwicklung des Menschen eine entscheidende Wegmarke darstellt, ist heute wohl kaum mehr jemand in der Lage, ohne technische Hilfsmittel selbst ein Feuer zu entzünden. Mit dem enormen Wissenszuwachs und der sich zusehends beschleunigenden technischen Entwicklung wird es zukünftig wichtiger denn je, die entsprechend neuen Werkzeuge bedienen zu können.

GEFANGEN IM AUGENBLICK – DER FALL CLIVE WEARING

Im Frühjahr 1985 klagt der damals 46-jährige Clive Wearing, Dirigent und Produzent für Alte Musik, über anhaltende Kopfschmerzen und Bewusstseinsstörungen, die Wochen anhalten und ihn schließlich ins Krankenhaus bringen. Die Diagnose: Ein Herpes-Simplex-1-Virus hat eine Enzephalitis, eine Entzündung des Gehirns, verursacht, die bereits so weit fortgeschritten ist, dass Schläfen- und Frontallappen des Gehirns sowie der *Hippocampus* irreparabel geschädigt sind. Clive Wearing übersteht diese lebensbedrohliche Krankheit, doch seitdem lebt er nahezu ohne jegliche Erinnerung: Jede Information, jede einzelne Wahrnehmung erlischt nach Sekunden unwiederbringlich. Die Tagebuchaufzeichnungen des Briten bezeugen auf erschütternde Weise das unendliche Chaos, in das ein Mensch gestürzt wird, wenn er durch eine Amnesie im Augenblick gefangen ist: Im Abstand

Clive und Deborah Wearing.

weniger Minuten überkommt ihn das Gefühl, endlich aus einer tiefen Bewusstlosigkeit zu erwachen, doch der gegenwärtige Augenblick bedeutet nichts als eine nahezu unendliche Leere, ohne Anhaltspunkte, ohne Erinnerung, ohne Vergangenheit oder Zukunft.

Was diesen dramatischen Fall für Gedächtnisforscher so interessant macht, ist der Umstand, dass es Bereiche gibt, die der Amnesie nicht zum Opfer gefallen sind: Clive Wearing hat keinerlei Einschränkungen in sprachlicher Hinsicht; er kann lesen und schreiben und alltägliche Routinehandlungen vornehmen. Darüber hinaus gibt es in seinem Leben zwei zusätzliche Ankerpunkte: Der eine ist seine Ehefrau – der einzige Mensch, den Wearing von Beginn seiner Krankheit an als vertraute Person wahrgenommen hat – und der andere ist die Musik: Der Brite hat nie seine Fähigkeit eingebüßt, virtuos Klavier zu spielen. Hier liegt einer der überzeugendsten Beweise dafür, dass es unterschiedliche Gedächtnisformen gibt, die jeweils anders gespeichert und abgerufen werden.

DAS GEDÄCHTNIS KENNT VIELE FORMEN

„Wo waren wir gerade stehen geblieben?" – Diese Frage nach einer Unterbrechung eines kaum begonnenen Gesprächs kann, sofern kein inhaltlicher Anschluss gefunden wird, durchaus peinlich sein, vermittelt das Nicht-Erinnern-Können doch zugleich den Eindruck, als hätte das Gespräch schon nach wenigen Augenblicken keinen Erinnerungswert. Dabei ist das, was in solchen Momenten passiert, kein Ausdruck von mangelndem Interesse, sondern ein natürlicher und obendrein „gesunder" Vorgang in unserem Gehirn. Häufig lässt sich das Thema des Gesprächs durch kurzes Nachdenken rekapitulieren oder wird durch ein bestimmtes Stichwort wieder präsent.

Anders verhält es sich mit willkürlichen Zahlenreihen wie Konto- oder Telefonnummern, die wir aufschnappen und schnell notieren. Schon kurze Augenblicke der Ablenkung reichen aus, damit diese Zahlen unwiederbringlich verloren sind und sich selbst durch intensives Nachdenken nicht wieder ins Bewusstsein bringen lassen. Wie kommt es, dass wir 25 Jahre nach der letzten Latein-Unterrichtsstunde noch immer mühelos Substantive deklinieren können, aber selbst nach viermaligem Nachschlagen noch immer keine sinnvolle Definition des Begriffs „Heuristik" geben können?

Diese Beispiele zeigen: Gedächtnisleistungen sind sehr komplex und vielfältig. Neben einer zeitlichen Komponente, die eine Einteilung in ein Kurzzeit- oder besser Arbeitsgedächtnis und ein Langzeitgedächtnis mit sich bringt, variieren Gedächtnisleistungen ebenso im Hinblick auf die Art gespeicherter Inhalte und ihre Anwendung. Auf dieser Grundlage lässt sich eine Einteilung in ein implizites beziehungsweise nicht-deklaratives Gedächtnis vornehmen, das unter anderem Fertigkeiten berücksichtigt, die wir anwenden, ohne sie uns bewusst zu machen, und in ein explizites Gedächtnis, das zum Beispiel persönliche Erinnerungen, aber auch Faktenwissen umfasst.

Unser Kurzzeit- oder Arbeitsgedächtnis hat nur begrenzte Speicherkapazität und muss – einer Schultafel gleich – in regelmäßigen Abständen bereinigt werden.

Kurzzeit- oder Arbeitsgedächtnis: Ob Zeitunglesen, Nachrichtenhören oder Rechenaufgabenlösen – die bewusste Verarbeitung von Informationen wäre ohne unser Arbeitsgedächtnis nicht denkbar. Es hält als Zwischenspeicher neu eingehende Informationen gerade so lange für uns bereit, dass wir inhaltlichen Anschluss finden und Schlussfolgerungen ziehen können, also zum Beispiel den Sinnzusammenhang zwischen dem Anfang und Ende eines gelesenen Satzes herstellen oder eine im Radio gehörte Servicenummer notieren können. Nach dieser kurzen Bereitstellungsphase gehen die aufgenommenen Informationen entweder verloren, indem sie wie auf einer Festplatte von neuen Informationen überschrieben werden, oder sie werden einer langfristigen Speicherung zugeführt.

Wie jeder aus eigener Erfahrung weiß, ist unser Arbeitsgedächtnis in seiner Kapazität nicht nur äußerst begrenzt (siehe Kasten Seite 236), sondern zudem sehr fragil und störanfällig. Es genügt meist eine winzige Ablenkung, damit die gerade nachgeschlagene Steuernummer noch vor dem Übertrag in das Formular der Vergessenheit anheimfällt. Unser Arbeitsgedächtnis ist dann am zuverlässigsten, wenn wir uns in einer möglichst ablenkungsarmen Umgebung befinden.

GEORGE A. MILLER UND DIE MAGISCHE 7

Die Einführung der IBAN ist im Millerschen Sinne eine Katastrophe: Der amerikanische Psychologe George A. Miller legte 1956 eine wegweisende Arbeit mit dem Titel „The Magical Number Seven, Plus or Minus Two" vor, der zufolge Menschen nur über ein begrenztes Arbeitsgedächtnis verfügen, das 7 plus/minus 2 sogenannter „chunks" umfasst. Unter „chunks" versteht er Informations- beziehungsweise Bedeutungseinheiten, die unterschiedliche Mengen an Daten enthalten können; so kann eine einzelne Einheit beispielsweise 8 Buchstaben umfassen, die ein Wort ergeben, oder eben nur eine Ziffer.

Der Millersche Aufsatz hat seit Erscheinen zahlreiche Kritiker auf den Plan gerufen, die die magische 7 in Zweifel ziehen. Unabhängig von einigen, sicherlich berechtigten Relativierungen bleibt es jedoch bei der Feststellung, dass Testpersonen, die sich eine Serie von Zufallsziffern merken sollen oder auf ihr visuell-räumliches Gedächtnis getestet werden, überraschend oft im Bereich von 6 bis 8 Treffern liegen und damit der Millerschen These Recht geben. Eine 22-stellige IBAN im Kurzzeitgedächtnis zu speichern, um eine Onlineüberweisung vorzunehmen, darf uns also zu Recht überfordern, zumal das 7-plus/minus-2-Handicap eine natürliche Grenze darstellt, die sich auch durch Training nicht verbessern lässt.

George A. Miller (1920–2012)

Langzeitgedächtnis: Im Gegensatz zu der äußerst begrenzten Kapazität des Arbeitsgedächtnisses verfügt unser Langzeitgedächtnis über einen praktisch unendlichen Speicher. Informationen, die als relevant eingestuft und dem Langzeitgedächtnis zugeführt werden, erreichen mit der *Amygdala* und dem *Hippocampus* zwei entscheidende Bausteine des limbischen Systems. Hier werden Informationen mit bereits gespeicherten Inhalten abgeglichen, bewertet, emotional eingefärbt und – sofern sie als bedeutsam genug eingestuft werden – in jene Areale der Großhirnrinde geleitet, in denen sie auch primär wahrgenommen werden, das heißt, unsere Erinnerungen an bestimmte Geräusche oder Musik liegen im auditiven Cortex, während unser Sprachgedächtnis in den Sprachzentren angesiedelt ist. Grundsätzlich können die Informationen, die es bis hierhin geschafft haben, jahrzehntelang gespeichert werden. Doch Erinnerung bleibt ebenso auf dieser Ebene ein dynamischer Prozess: Gedächtnisspuren verblassen mit der Zeit, sofern sie nicht konsolidiert werden, und neue und alte Gedächtnisinhalte hemmen oder verdrängen sich gegenseitig.

Ein Teil der Inhalte, die im Langzeitgedächtnis gespeichert werden, treten uns auch in dem Moment, wo wir sie wieder abrufen oder einsetzen, nicht wirklich ins Bewusstsein. Fähigkeiten wie Fahrradfahren, Klavierspielen oder das blinde Beherrschen einer Computertastatur sind Beispiele hierfür. In der Lernphase der Tastaturaneignung machen wir uns noch jede einzelne Bewegung bewusst: Der linke Zeigefinger liegt auf dem F, der rechte auf dem J.

*Bilder und Fotografien sind
fester Bestandteil unserer
„Gedächtniskultur", ein Versuch,
den Augenblick festzuhalten,
um sich zu späterer Zeit wieder
daran zu erinnern.
Porträt dreier Brüdern von
Otto Scholderer (1834–1902).*

Von hier aus erarbeiten wir uns Schritt für Schritt die Fähigkeit, die gesamte Tastatur mit 10 Fingern zu bedienen, ohne dass wir uns mit den Augen die Lage der einzelnen Buchstaben und Zahlen vergegenwärtigen müssen – auf diese Weise entsteht ein automatisierter und vom Bewusstsein losgelöster Vorgang, den wir nicht wieder verlernen, den wir aber auch kaum einer anderen Person erklären können: Die meisten Menschen, die blind tippen können, sind nicht in der Lage, die Verteilung der einzelnen Buchstaben auf der Tastatur zu benennen, da dieses Wissen bereits so sehr verinnerlicht ist, dass es nicht mehr bewusst gemacht werden kann. Derart automatisierte Handlungsabläufe werden dem impliziten beziehungsweise nicht-deklarativen Gedächtnis zugeordnet. Es umfasst darüber hinaus individuelle Verhaltensweisen, die wir uns angeeignet haben, ohne uns dessen bewusst zu sein und die uns als Gewohnheiten oder schlimmstenfalls als Marotten zugeschrieben werden.

Mit dem expliziten oder deklarativen Gedächtnis verhält es sich anders. Seine Inhalte können mit Worten beschrieben werden und sind entsprechend von Bewusstsein begleitet. Die unterste Ebene des deklarativen Gedächtnisses stellt das perzeptuelle Gedächtnis dar, das gewissermaßen noch eine Brücke zu unbewussten Gedächtnisfunktionen schlägt. Es ermöglicht uns, Gegenstände und Personen selbst dann zuzuordnen, wenn sie von dem eigentlich vertrauten Muster abweichen: So können wir Äpfel selbst dann erkennen, wenn sie eine ungewöhnliche Form aufweisen, oder uns in einer Umgebung zurechtfinden, obwohl ganz andere Lichtverhältnisse herrschen (Tag/Nacht). All dies ist möglich, weil unser Gehirn in der Lage ist, neue visuelle Reize mit bestehenden Wahrnehmungsmustern abzugleichen.

Wenn uns das Faktengedächtnis – auch semantisches Gedächtnis genannt – im Stich lässt, empfinden wir das meist als mehr oder minder peinliche Wissenslücke: Wie heißt noch gleich die Hauptstadt von Moldawien? Wer ist amtierender Gesundheitsminister? Wie berechne ich das Volumen einer Kugel? Bei allen diesen Inhalten handelt es sich um unpersönliches Faktenwissen, das weitgehend unabhängig von anderen Informationen gespeichert wird und in der Summe oftmals dafür ausschlaggebend ist, ob wir einer Person eine gute oder schlechte Allgemeinbildung bescheinigen.

Bezieht sich das semantische Gedächtnis auf die Frage, was oder wie viel wir *wissen*, so umfasst unser episodisches beziehungsweise autobiografisches Gedächtnis all jene Inhalte, an die wir uns *erinnern*. Es liegt auf der Hand, dass diese Gedächtnisform ein maßgeblicher Bestandteil dessen ist, was unser Selbstbild und unsere Identität ausmacht. Die Inhalte haben im Gegensatz zum Faktenwissen einen Raum- und Zeitbezug und sind in den meisten Fällen mit Emotionen verbunden. Und sie zeigen sich gegenüber Störungen und Manipulationen äußerst empfänglich – ein Umstand, der dann sehr deutlich zu Tage tritt, wenn sich beispielsweise zwei Geschwister an eine gemeinsam erlebte Situation ihrer Kindheit erinnern und zwei völlig unterschiedliche Versionen derselben Szene liefern (siehe Kasten rechts). Vieles spricht dafür, dass das autobiografische Gedächtnis eine Fähigkeit ist, die allein den Menschen auszeichnet. Ab dem vierten bis fünften Lebensjahr entwickeln sich diese in den Stirnlappen aktivierten Gedächtnisinhalte; hier liegt zugleich der Grund dafür, dass wir uns an Begebenheiten aus allerfrühster Kindheit meist nicht erinnern können.

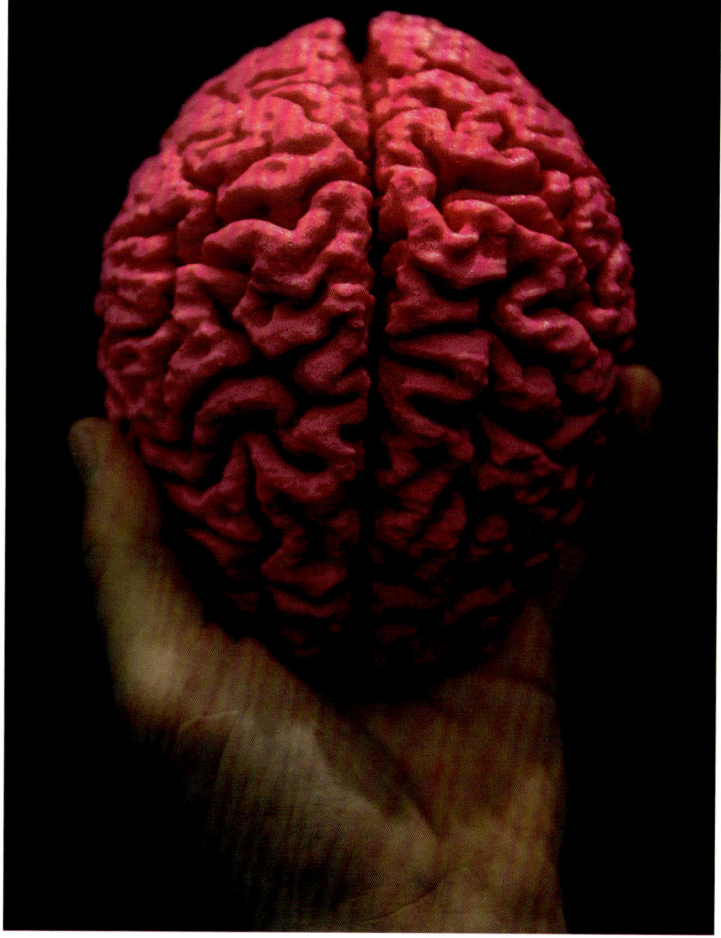

Das 3D-Modell eines Gehirns ist trotz seiner abweichenden Farbigkeit für jedermann erkennbar.

DIE INSTABILITÄT AUTOBIOGRAFISCHER ERINNERUNGEN

„Liebe macht blind" ist eine alte Weisheit, die manch einer aus eigener Erfahrung bestätigen kann. Wie sich zeigt, ist jedoch nicht nur die Wahrnehmung dessen, was in der Gegenwart passiert, anfällig für Eintrübungen, sondern auch unsere Erinnerung an das, was sich in unserem Leben zugetragen hat. Weniger das Vergessen von Begebenheiten ist der interessante Aspekt, sondern die Veränderung unserer Erinnerungen. Es hat zuweilen den Anschein, als würden Erinnerungsschnipsel in unserem Gehirn neu gemischt, anders zusammengesetzt, erweitert oder um elementare Bausteine reduziert. Das Resultat sind falsche Erinnerungen, die uns selbst jedoch als feststehende Wahrheiten erscheinen.

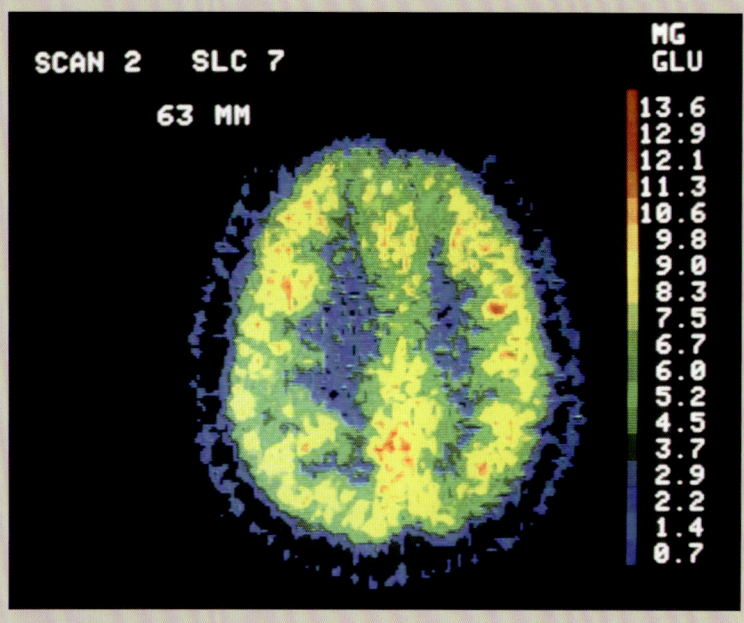

PET (Positronenemissions-Tomografie) eines gesunden Gehirns.

Es gibt mehrere Auslöser und Stationen für falsche Erinnerungen: Fehler können bereits bei der Speicherung auftreten, wenn die Informationen vom Kurzzeit- ins Langzeitgedächtnis übertragen werden. Hierbei übernimmt der *Hippocampus* die Rolle eines Architekten, der sich bei der Errichtung des Gedankengebäudes nicht strikt an den Bauplan hält, sondern bereits vorhandene Bauelemente mit neuen Elementen vermischt oder unplanmäßige Ausschmückungen vornimmt und damit ein Konstrukt erschafft, das schlüssig und sinnvoll erscheint, doch mit dem ursprünglichen Plan nicht unbedingt viel zu tun hat. Und selbst nach ihrer Speicherung sind Erinnerungen nicht vor Manipulationen geschützt. Personen, die wir als höhere Autoritäten im Zusammenhang mit einer bestimmten Erinnerung wahrnehmen – zum Beispiel Eltern oder ältere Geschwister in der Schilderung vergangener Urlaubserlebnisse – können Erinnerungen implantieren, die wir von tatsächlich erlebten Begebenheiten nicht unterscheiden können.

Es gibt mittlerweile zahlreiche Untersuchungen, die die Unzuverlässigkeit unseres autobiografischen Gedächtnisses belegen. Testpersonen glauben sich beispielsweise nach einem entsprechenden Hinweis eines Familienmitglieds an außergewöhnliche Ereignisse wie eine Ballonfahrt erinnern zu können oder erkennen bei der Betrachtung eines Fotos aus der eigenen Kindheit nicht, dass sie durch Fotoretusche an einen Ort verlegt wurden, den sie faktisch nicht besucht haben. Vielmehr versuchen die Probanden, aus dem Bild möglichst viele Informationen und inhaltliche Anknüpfungspunkte zu sammeln, auf deren Grundlage sie eine falsche Kindheitserinnerung zum Besten geben, die sie für wirklich halten.

Der Aspekt manipulierbarer oder implantierter Erinnerungen ist im Hinblick auf Zeugenbefragungen von besonderer Bedeutung: Nicht nur bei Kindern und Jugendlichen, sondern auch bei Erwachsenen zeigt sich, wie sehr suggestive Fragestellungen zur Verfälschung von Erinnerungen und damit Zeugenaussagen beitragen.

NEURONENFEUER UND LANGZEITPOTENZIERUNG – WIE UNSER GEDÄCHTNIS FUNKTIONIERT

Unser Gedächtnis mit einer unendlich großen Festplatte zu vergleichen, auf der Informationen in unterschiedlichen Ordnern gespeichert und bei Bedarf abgerufen werden, ist zwar naheliegend, trifft die Realität jedoch nicht. Ein wesentlicher Unterschied besteht darin, dass Erinnerungen im Gegensatz zu gespeicherten Datensätzen nicht ruhen: Informationen können im Laufe der Zeit umgeschrieben, erweitert oder gelöscht und mit neuen Inputs verbunden werden. Die Ablage der Daten, sprich unsere Erinnerungen, stellt sich als ein immerwährender Umbau- und Veränderungsprozess auf der kleinsten Ebene des Gehirns dar: den Neuronen.

Die kurzzeitige, nur wenige Sekunden umfassende Speicherung von Informationen kann man sich wie folgt vorstellen: Lesen wir beispielsweise eine gedruckte Zeile in einer Zeitung, erreichen die visuellen Reize unser Gehirn in Form von elektrischen Spannungsimpulsen, die von einem Neuron auf das andere übertragen werden. Die Information wird wie bei einer Telefonkette weitergetragen und erreicht, nachdem das letzte in der Kette befindliche Neuron aktiviert wurde, wieder den Ausgangspunkt. Damit der Wissensinhalt für wenige Augenblicke präsent bleibt, bedarf es einer unaufhörlichen neuronalen Aktivität, die sich über einen längeren Zeitraum nicht aufrechterhalten ließe und damit als Mechanismus zur Speicherung von Langzeiterinnerungen auszuschließen ist. Hierfür treten zusätzliche Prozesse in Kraft, die in erster Linie in einer Veränderung der Kontaktstellen der Neuronen, die wir als Synapsen kennen, bestehen. An den Synapsen findet die Reizüberragung zwischen zwei Nervenzellen statt, indem die Senderzelle Botenstoffe in den synaptischen Spalt ausschüttet, die sich am Rezeptor der Empfängerzelle anlagern und dort wiederum ein Aktionspotential auslösen. Die Synapsen können einerseits geschwächt oder gar beseitigt werden, sie können andererseits aber auch verstärkt oder neu geschaffen werden. Alle diese Vorgänge treten nicht nur in den sich noch entwickelnden Gehirnen von Kindern und Jugendlichen auf, sondern sind ein immerwährender Prozess, der das Erinnern und Lernen ebenso wie das Vergessen kennzeichnet.

Die dauerhafte Speicherung von Informationen ist an einen Prozess gekoppelt, den man als Langzeitpotenzierung (LTP) bezeichnet. Der amerikanische Psychologie-Professor Donald Hebb veröffentlichte zu diesem Vorgang, den er selbst wissenschaftlich nie nachweisen konnte, bereits Ende der 1940er-Jahre eine Theorie, die sich in einem einfachen Satz zusammenfassen lässt: „What fires together, wires together" (Was zusammen feuert, verbindet sich). Vorgeführt an einem konkreten Beispiel, bedeutet dies: Möchten wir uns eine neue Telefonnummer merken, werden immer dann, wenn wir uns die Zahlenkombination vergegenwärtigen, dieselben Schaltkreise aus miteinander verbundenen Neuronen aktiviert. Zu Beginn besteht zwischen den einzelnen Stationen dieses Schaltkreises gewissermaßen nur ein kleiner Pfad, der jedoch – je öfter wir die Zahlenkombination wiederholen – immer breiter wird und den Informationstransport zwischen den beiden Kontaktstellen von Mal zu Mal erleichtert. Auf Zellebene entspricht die Verbesserung und Ausweitung des Pfades einer Verstärkung der Synapsen zum Beispiel durch die Aktivierung eines zusätzlichen Rezeptors (NMDA-Rezeptor), der wiederum die Freisetzung von Proteinen in Gang setzt. Diese lagern sich an der Synapse an und sorgen dafür, dass die Neuronen innerhalb des Netzwerks zukünftig empfindlicher aufeinander reagieren. Die moderne Wissenschaft kann damit das bestätigen, was Donald Hebb bereits in den 1940er-Jahren vermutete: Neuronen, die in Folge eines Reizes gemeinsam „feuern", verbessern ihre Verbindung, indem sie die Synapsen stärken, und sind damit schneller aktivierbar.

Dieser Prozess kann intensiviert werden, indem Kontaktstellen nicht nur verändert, sondern gänzlich neu eingerichtet werden. Damit werden nicht nur die grundsätzliche Kapazität für Informationsspeicherung erhöht, sondern Erinnerungen zugleich stabilisiert.

*„Die Erinnerung ist das einzige Paradies,
aus dem wir nicht vertrieben werden können."*

Jean Paul (1763–1825)

GEDÄCHTNISKUNST

Wenn einmal im Jahr im Rahmen der World Memory Championship zum Zehnkampf aufgerufen wird, geht es um Höchstleistungen, die allerdings nicht wie beim athletischen Zehnkampf im sportlichen, sondern im kognitiven Bereich liegen. Innerhalb von 3 Tagen treten die „Gedächtnissportler" in zehn Wettkämpfen gegeneinander an, die auf das semantische Gedächtnis oder Faktengedächtnis abzielen. Es gilt, eine möglichst hohe Anzahl an Wörtern, Zahlen oder abstrakten Bildern in der richtigen Reihenfolge in das Gedächtnis zu überführen und nach einem vorgegebenen Zeitraum wieder abzurufen. Die Rekorde, die in den einzelnen Disziplinen aufgestellt werden, haben durchaus Potenzial, allen Normalbegabten den Eindruck zu vermitteln, sie hätten das sprichwörtliche Gedächtnis eines Goldfischs: 1080 binäre Ziffern oder über 130 fiktive historische Daten werden nach 5 Minuten Einprägezeit korrekt wiedergegeben oder 492 abstrakte Bilder nach 15 Minuten Einprägezeit in der richtigen Reihenfolge rekapituliert.

*„Von der Gedächtniskunst"
(Mnemotechnik mithilfe von
Bildern links, rechts Bücherweisheit).
Holzschnitt des Petrarcameisters
(tätig 1. Drittel des 16. Jh.) aus der
deutschen Übersetzung Francesco
Petrarcas „Von der Artzney bayder
Glueck" (De remediis utriusque
fortunae), Augsburg 1532.*

*Kolorierter Kupferstich (um 1470)
mit der Darstellung eines Engels
als mnemotechnische Figur. Acht
kleine Symbole verweisen auf die
die ersten acht Kapitel des
Matthäusevangeliums.*

Von derartigen Rekorden sind die meisten Menschen ungefähr so weit entfernt wie von einer Goldmedaille im athletischen Zehnkampf. Doch es gibt Grund zur Zuversicht: Jeder ist in der Lage, mittels relativ einfacher Techniken sein semantisches Gedächtnis merklich zu verbessern. Mit der Entwicklung einer „Ars memoriae" oder Mnemotechnik beschäftigten sich bereits Gelehrte im antiken Griechenland und Rom. Eine der ältesten und zugleich effektivsten Lerntechniken ist die Loci-Methode. Sie beruht auf der Idee, dass wir uns Merkinhalte sehr viel besser einprägen können, wenn wir sie anschaulich machen und mit vertrauten Dingen oder Orten verknüpfen. Ein Beispiel: Wir möchten uns die Namen und die Abfolge der acht Planeten merken und wählen das Wohnzimmer als Ort, an dem wir die Begriffe mental ablegen. Wir betreten in unserer Fantasie das Zimmer und gehen auf eine Kommode zu, auf der die Münchner Zeitung „*Merkur*" liegt. Darüber hängt in einem Rahmen die Pilgerurkunde für die Begehung des Jakobswegs mitsamt der Jacobsmuschel als Emblem, die uns wiederum an eine *Venus*muschel denken lässt. Ein Stück weiter steht eine Zimmerpflanze, die lange nicht mehr gegossen wurde, sodass die *Erde* ganz trocken ist. Auf dem Sofa daneben liegt das Papier eines Schokoladenriegels, der uns an *Mars* denken lässt usw.

Für Anfänger ist die Loci-Methode zunächst zeitaufwendiger, sie erweist sich jedoch gegenüber anderen Lerntechniken nicht nur als ausgesprochen zuverlässig, sondern ermöglicht zudem auf einfache Weise die Beibehaltung der richtigen Reihenfolge von Merkinhalten. Nicht zuletzt lässt sich mit ein bisschen Übung die Anzahl der Posten, die sicher gespeichert und abgerufen werden, auf ein beachtliches Maß steigern. Wie weit das gehen kann, zeigen Gedächtnisakrobaten wie Johannes Mallow, dem Gedächtnisweltmeister von 2012: Er hat Routen für sich entwickelt, die mehrere Tausend „Ankerpunkte" umfassen, die erfolgreich mit Gedächtnisinhalten verknüpft werden.

Neben der Loci-Technik ist die Einbindung von Begriffen in möglichst fantasiereiche Geschichten eine andere Methode zur Verbesserung des Erinnerungsvermögens. Darüber hinaus gibt es natürlich Eselsbrücken, die zugleich Einblick in die Arbeitsweise unseres Gedächtnisses geben: Fällt uns ein bestimmter Name nicht ein, hilft es oftmals, in Gedanken das Alphabet durchzugehen. Beim Anfangsbuchstaben des Namens stoppen wir intuitiv und können damit gewissermaßen die Tür aufstoßen, die uns Zugang zur gesamten Information gewährt. Bezogen auf das Beispiel mit der Planetenfolge gibt uns der Merksatz „Mein Vater Erklärt Mir Jeden Sonntag Unseren

Nachthimmel" die jeweiligen Anfangsbuchstaben der Planeten vor, die wir auf dieser Grundlage meist mühelos rekapitulieren können: Merkur, Venus, Erde, Mars, Jupiter, Saturn, Uranus und Neptun.

Unabhängig von diesen Methoden und Hilfestellungen gelten einige grundsätzliche Regeln, die eine Verbesserung der Gedächtnisleistung begünstigen. Wenn wir uns etwas merken möchten, müssen wir dafür sorgen, dass ein Wissensinhalt oder Eindruck überhaupt erst in unser Gedächtnis überführt wird, das heißt, den neuen Informationen muss genügend Aufmerksamkeit entgegengebracht werden. Das gilt für die Aufnahme ebenso wie für die Konsolidierung der Informationen durch wiederholte Abrufe. Nicht zuletzt lassen sich Gedächtnisinhalte nur dann zuverlässig speichern, wenn wir bestimmte Schlafphasen erreichen, in denen der Körper zur Ruhe kommt, während unser Gehirn die Zeit nutzt, um die am Tage aufgenommenen Informationen im Gedächtnis zu verankern.

DIE BEDEUTUNG DES SCHLAFS FÜR UNSERE ERINNERUNG

Das Geschichtsbuch unter das Kopfkissen zu legen und am nächsten Morgen mit all dem gesammelten Wissen im Kopf aufzuwachen, gehört zum Traum von Millionen Schülern, der allerdings schnell ausgeträumt ist. Um das Lernen führt kein Weg herum, und dennoch spielt Schlaf bei der Verarbeitung von Wissen eine zentrale Rolle. Jüngste Untersuchungen, die dem Zusammenhang von Schlaf und Gedächtnis auf den Grund gehen, belegen zweierlei: Wir können Wissensinhalte besser rekapitulieren, wenn wir ausgeschlafen sind. Und: Wir erinnern uns besser an die Inhalte, wenn wir im Vorfeld wissen, dass wir sie abrufen müssen. Letzteres spricht dafür, dass im Schlaf Informationen weiterhin nach den Kategorien wichtig/unwichtig sortiert werden.

Zahlreiche Untersuchungen mit bildgebenden Verfahren belegen, dass in der Nacht dieselben neuronalen Erregungsmuster ablaufen, die sich auch bei dem am Tage stattfindenden Lernprozess zeigen. Ganz offensichtlich dient der Schlaf der Konsolidierung von Informationen, ein Vorgang, den man sich wie folgt vorstellen kann:

Nachfolgende Doppelseite:
Die durchschnittliche Schlafdauer
liegt bei einem Erwachsenen
zwischen 6 und 9,5 Stunden.

Über die Bedeutung des Schlafes
war man sich wohl schon in der
Antike bewusst. In der griechischen
Mythologie war Hypnos, der Gott
des Schlafes, einer der mächtigsten
Gottheiten, denn er besaß die
Macht, nicht nur Mensch und Tier,
sondern auch seinesgleichen in
Tiefschlaf zu versetzen. Sein
Bruder war übrigens der Tod.
Dieser römische Bronzekopf aus dem
1./2. Jahrhundert n. Chr. wurde ver-
mutlich nach einem griechischen
Original aus dem vierten vorchristli-
chen Jahrhundert geschaffen.

„Das Gedächtnis wäre uns zu nichts nütze,
wenn es unnachsichtig treu wäre."

Paul Valéry (1871–1945)

Vor allem in Zeiten, in denen viele neue Informationen aufgenommen werden, entstehen Gedächtnisspuren, die noch ausgesprochen fragil sind. Im Schlaf werden die Erregungsmuster erneut aktiviert, durch den *Hippocampus* als reaktivierte Information erkannt und an die Großhirnrinde zur langfristigen Speicherung geleitet. Mit der Überführung neuer Inhalte in das Langzeitgedächtnis vollzieht sich zugleich eine Verknüpfung mit alten Inhalten. Diesem Umstand ist es im Übrigen zu verdanken, dass wir zuweilen nach einer Schlafphase den berühmten Geistesblitz haben oder endlich eine mathematische Herleitung erbringen, die uns tags zuvor noch unmöglich erschien.

Interessanterweise zeigt sich bei diesem Vorgang, dass unterschiedliche Gedächtnisformen unterschiedliche Schlafphasen benötigen: Wer das Klavierspielen erlernen oder die Computertastatur blind beherrschen möchte, ist bei der Konsolidierung dieser Fähigkeiten auf REM-Phasen angewiesen, also die Phasen, die wir als Traumschlaf kennen. Das Lernen für eine Prüfung, die Aneignung einer Fremdsprache – also alles, was mit Faktenwissen zu tun hat – benötigt Tiefschlafphasen, die etwa 20 Prozent unseres Schlafs ausmachen.

VOM SEGEN UND FLUCH DES VERGESSENS

So vielschichtig die Prozesse des Erinnerns sind, so vielseitig sind die Formen des Vergessens. Angefangen bei kleinen Vergesslichkeiten des Alltags über Blackouts, die in Stresssituationen zum vorübergehenden Verlust des angeeigneten Wissens führen können, bis hin zu Amnesie und Demenz – immer empfinden wir das Nicht-Erinnern-Können als ein Defizit unseres Gehirns. Dabei ist die Fähigkeit, zu vergessen, eine der elementaren Grundfunktionen unseres Gedächtnisses.

Wie wichtig und segensreich das Vergessen sein kann, lässt sich an Personen wie Jill Price erkennen. Die in Gedächtnis- und Intelligenztest durchschnittlich abschneidende Amerikanerin verfügt über ein „absolutes" autobiografisches Gedächtnis. Sie kann sich detailliert an jedes Ereignis seit ihrem 8. Lebensjahr erinnern, mit dem sie persönliche Erlebnisse verbindet. Auf ein mehrere Jahrzehnte zurückliegendes Datum angesprochen, findet sie sich augenblicklich auch emotional in einer bestimmten Situation wieder – zum Beispiel das gemeinsame Frühstück mit der Familie in der Küche – und kann von dort aus den kompletten Tag rekapitulieren. Was hat sie gegessen und welche Kleidung trug sie? Worüber hat die Familie gesprochen und wie hat sie sich gefühlt?

Jill Price ist für Gedächtnisforscher deshalb so interessant, weil sie zum einen als ein Mensch, der selbst kleinste Details aus 40 Lebensjahren unauslöschlich gespeichert hat, einen Beweis für die scheinbar unendliche

Regelmäßiger Schlafmangel kann zu Beeinträchtigung der geistigen und körperlichen Leistungsfähigkeit führen. Reizbarkeit, Unruhe, Niedergeschlagenheit und allgemeine Erschöpfung sind dabei die häufigsten Auswirkungen.

247

Speicherkapazität des Gehirns liefert. Zum anderen widerspricht die Masse banaler Aspekte in ihren Erinnerungen (Welche Farbe hatte das Kleid? Was wurde gegessen?) allen üblichen Selektionsmechanismen des Gehirns bei der Verarbeitung von Informationen. Normalerweise haben nur die Informationen dauerhaft eine Chance, in unserem Gedächtnis zu bleiben, die für uns eine besondere Bedeutung haben, emotional stark besetzt sind oder regelmäßig abgerufen werden. Wie quälend es sein kann, wenn diese Mechanismen versagen, zeigt der Fall Jill Price: Unaufhörlich stürmen Erinnerungen auf sie ein – ein endloser Film aus wahllos zusammengeschnittenen Bildern und Szenen aus ihrem Leben, zu denen die Amerikanerin auch keinen emotionalen Abstand findet.

Bis heute konnte nicht eindeutig nachgewiesen werden, wie sich das Vergessen in unserem Gehirn tatsächlich abspielt. Ein Teil der Neurowissenschaftler vertritt die These, dass sich nicht das Erinnern, sondern ebenso das Vergessen an den Synapsen abspielt: Sich nicht zu erinnern, bedeutet, dass die Langzeitpotenzierung, also die Verstärkung der Synapsen, einer Langzeitdepression weicht, wodurch die Synapsen geschwächt oder vollständig eliminiert werden. Die Folge: Die Gedächtnisspur verblasst zunächst oder verschwindet schließlich ganz. Untersuchungen aus der jüngeren Vergangenheit können diese Annahme auf anderer molekularer Ebene bestätigen: Werden die Verbindungen innerhalb eines Schaltkreises von Neuronen nicht mehr aktiviert, das heißt, ein bestimmter Gedächtnisinhalt wie beispielsweise eine Telefonnummer nicht mehr abgerufen, so bilden sich Dornenfortsätze auf den Nervenzellen zurück, die eine Neubildung zusätzlicher Synapsen zwischen Neuronen erst ermöglichen. Es gilt jedoch zu berücksichtigen, dass nicht allein der Zeitfaktor oder die Frage, wie oft ein Gedächtnisinhalt abgerufen wurde, ausschlaggebend für das Bewahren von Informationen ist. Viele Erinnerungen verblassen nie, selbst dann nicht, wenn sie über Jahre oder Jahrzehnte nicht aktiviert wurden: Ein einziger Reiz – ein Stichwort, ein Geruch oder eine Melodie – reicht, damit scheinbar stillgelegte Synapsen unmittelbar wieder aktiv werden und die Erinnerung augenblicklich wieder präsent ist.

Eine andere Theorie des Vergessens, die sogenannte Inferenztheorie, beruht auf der Überlegung, dass sich neue Eindrücke in verschiedener Weise auf bereits vorhandene Gedächtnisinhalte auswirken: Informationen können entweder überschrieben werden oder der Zugriff auf Erinnerungen wird erschwert. Letzterer Aspekt steht im Mittelpunkt derjenigen Gedächtnisforscher, die grundsätzlich anzweifeln, dass Informationen verloren gehen; ihrer Ansicht nach ist Vergessen nichts anderes als die Unfähigkeit, eine Erinnerung aufzurufen, obwohl sie noch gespeichert ist.

Auch wenn die exakten Vorgänge im Gehirn, die den Prozess des Vergessens ausmachen, bislang nicht entschlüsselt werden konnten, gilt eines als gesichert: Nicht nur das Erinnern, sondern ebenso das Vergessen beruht auf einer grundlegenden Eigenschaft des zentralen Nervensystems, die in der Flexibilität des neuronalen Netzwerks liegt. Die Verstärkung, Schwächung und Neuorganisation der Verschaltungen zwischen Nervenzellen ermöglicht überhaupt erst die Aufnahme neuer Informationen, die dann zu Gedächtnisinhalten werden können. Doch wie es scheint, sind die zellulären Ressourcen (insbesondere Proteine), die eine Stärkung der Synapsen und damit die Langzeitsicherung von Informationen ermöglichen, begrenzt. Um Verschaltungen innerhalb eines Neuronenverbands zu verbessern, also Synapsen zu verstärken oder neu anzulegen, müssen im Gegenzug andere, einstmals gestärkte Synapsen geschwächt werden. Nur indem irrelevante Wissensinhalte stillgelegt oder ausgeblendet werden, ist unser Gedächtnis in der Lage, neue Erinnerungen anzulegen. Vor diesem Hintergrund sollte das Vergessen nicht als eine Fehlfunktion betrachtet werden, sondern als ein aktiver und obendrein gesunder Prozess unseres Gehirns. Eine Ausnahme stellen zweifelsohne Formen des Vergessens dar, die auf Erkrankungen wie Demenz (siehe Kasten) oder Unfällen beruhen, die eine vorübergehende oder langanhaltende Amnesie mit sich bringen.

DEMENZ – EINE GEISSEL DES ALTERS

Erinnerungen in einem unumkehrbaren Prozess systematisch zu verlieren, gehört zu einer der dramatischsten Erkrankungen überhaupt, die Betroffene wie Angehörige gleichermaßen vor eine Zerreißprobe stellt. Wie alle gegenwärtigen Statistiken übereinstimmend aufzeigen, werden sich aufgrund des demografischen Wandels in Zukunft immer mehr Menschen mit dieser Herausforderung auseinandersetzen müssen, denn die Rate der durch Krankheiten verursachten Formen des Vergessens steigt unaufhörlich.

Derzeit leben in Deutschland 1,4 Millionen Menschen, die an Demenz erkrankt sind. Die *dementia* – übersetzt „ohne Verstand", „ohne Geist" – umfasst rund 50 unterschiedliche Krankheitsformen, die sich oft, aber nicht immer durch einen zunehmenden Verlust der Gedächtnisleistungen bemerkbar machen. Dies kennzeichnet insbesondere die Alzheimer-Krankheit, die zwei Drittel aller Demenzen ausmacht. Hierbei verklumpen unter anderem die in Nervenzellhüllen enthaltenen Eiweißfragmente (Beta-Amyloid) zu sogenannten Plaques, die sich in der grauen Hirnsubstanz ablagern. In der Folge sterben Nervenzellen ab, die Gehirnmasse schrumpft um bis zu 20 Prozent und bestimmte Neurotransmitter werden nicht mehr in ausreichender Menge ausgeschüttet, was insbesondere Störungen der Informationsverarbeitung und damit Gedächtnisverluste nach sich zieht. Bis heute ist kein Medikament gefunden, das Alzheimer heilt. Alle Anwendungsmöglichkeiten beschränken sich zurzeit auf eine Verlangsamung des Krankheitsverlaufs.

Die mit der Positronenemissions-Tomografie (PET) erstellte Abbildung zeigt die Gegenüberstellung zweier Gehirne: im gesunden Zustand (links) und mit Alzheimer-Krankheit (rechts). Gezeigt wird der Zucker(Glukose)-Stoffwechsel des Gehirns. Hierfür wird ein radioaktiv markiertes Zuckermolekül injiziert und dann in der Untersuchung die Anreicherung des Zuckers im Gehirn ermittelt. Bereiche mit hohem Stoffwechsel stellen sich rot, orange bis gelb dar, während sich Bereiche mit niedrigem Stoffwechsel grün bis blau zeigen.

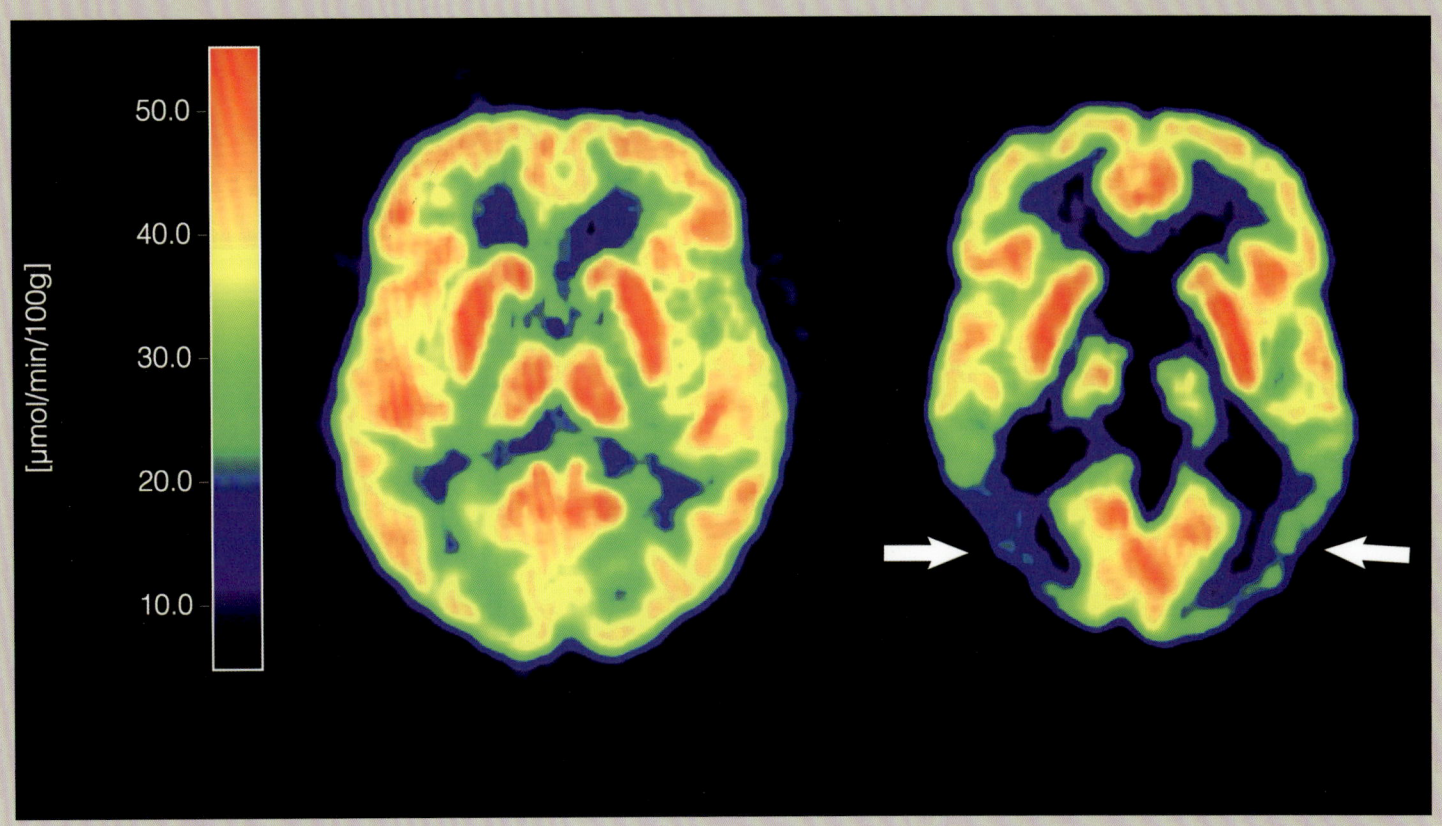

BEWUSSTSEIN UND SELBSTBESTIMMUNG

Was ist der Mensch? Was zeichnet ihn gegenüber anderen Lebewesen aus? – Seit Jahrtausenden ringen Laien und Gelehrte gleichermaßen mit diesen und ähnlichen Fragen. Wo lange Zeit kein Zweifel herrschte, dass der Mensch die Speerspitze der Evolution bildet und damit allen anderen Lebensformen gegenüber als überlegen anzusehen sei, konzentrierte sich die Suche auf entsprechende Alleinstellungsmerkmale des *Homo sapiens*, die nicht lange auf sich Warten ließen. Sprache, Erinnerung, Verstand, Bewusstsein, Intelligenz, die Fähigkeit zu lernen und Werkzeuge zu benutzen – all dies, so der weitgehende Konsens, kennzeichnet allein den Menschen und stellt ihn damit über alle anderen Lebewesen.

Es ist kein Geheimnis, dass sich diese These als unhaltbar erwiesen hat. In unzähligen Untersuchungen mit Tieren wurden und werden Erkenntnisse gesammelt, die nichts Geringeres als die Entthronung des Menschen bedeuten, solange er Verstand und kognitive Fähigkeiten alleine für sich in Anspruch nimmt. Tiere nutzen Werkzeuge, sie fühlen und kommunizieren, sie erinnern sich, planen voraus und können kreative Lösungen finden, sodass Unterschiede zwischen Mensch und Tier nur in gradueller, nicht jedoch in absoluter Hinsicht zu konstatieren sind.

Können beziehungsweise müssen wir zumindest einigen Tierarten auf der Grundlage dieser Fähigkeiten nicht auch ein Bewusstsein zusprechen, das den Menschen zweifelsohne in besonderem Maße auszeichnet? Diese Frage besitzt ausreichend Sprengkraft, um die letzte Bastion des Menschen, die er zu besetzen glaubt – Selbst(Bewusstsein) und Selbstreflexion – zu sprengen. Wenn sich die Alleinstellungsmerkmale des Menschen als Illusion erweisen, gilt es umso mehr, dem Aufruf des Humanisten Michel de Montaigne zu folgen und den Menschen in die „große Gemeinschaft" anderer Lebewesen zurückzuführen, mit allen Konsequenzen, die sich daraus auch im Hinblick auf die Entwicklung neuer ethischer Maßstäbe im Umgang mit höheren Lebewesen ergeben.

Schimpansen gebrauchen nicht nur Werkzeug – sie können auch vorausschauend planen. Zudem gehören sie zu den wenigen Tieren, die ihr eigenes Spiegelbild erkennen.

Die Idee des Dualismus von Körper und Geist formulierte erstmals der griechische Philosoph Platon im 4. vorchristlichen Jahrhundert.

AUF DER SUCHE NACH DEM BEWUSSTSEIN

Wie kann im Gehirn, das sich als ein Netzwerk aus Molekülen und Zellen darstellt, subjektives Erleben entstehen? Welche neuronalen Prozesse werden in Gang gesetzt, damit wir uns unseres Ichs bewusst werden und uns selbst im Kontext einer Außenwelt wahrnehmen? Es liegt auf der Hand, dass sich die Neurowissenschaft auf der Suche nach Antworten auf derartige Fragen zugleich mit grundlegenden Themen der Philosophie auseinandersetzt, die sich vor allem im Leib-Seele-Problem manifestieren, das bereits in der Antike behandelt wurde. Körper und Seele, so die überzeugte Haltung Platons im 4. Jahrhundert vor Christus, existieren unabhängig voneinander. Während die Sinne dem Körper zugeschrieben werden, sind der Seele als wesentliche Elemente die Vernunft, das Denken und Bewusstsein zu eigen. Da die Seele als vollkommen immateriell aufgefasst wird, besteht sie, so Platon, bereits vor unserer Geburt und überdauert ebenso, wenn der Körper stirbt. Auch René Descartes war, als er zwei Jahrtausende später das Leib-Seele-Problem wieder aufgriff, von der Unsterblichkeit der Seele und dem Dualismus von Körper und Geist überzeugt, obgleich er die Möglichkeit eines gegenseitigen Einwirkens einräumte.

Der Dualismus, der bis heute unser Verständnis vom Menschen beeinflusst, indem wir das, was gemeinhin als Seele oder Geist bezeichnet wird, vom Körper abgrenzen, konnte auch im 19. Jahrhundert nicht wirklich erschüttert werden, als der Psychiater Wilhelm Griesinger „Geisteskrankheiten" als Erkrankungen des Gehirns definierte und psychische Funktionen, die unsere Seele ausmachen, „materialisierte", indem er sie im Großhirn zu lokalisieren versuchte. Heute, 150 Jahre später, steht die moderne Neurowissenschaft bei der Suche nach einer Lösung des Leib-

Seele-Problems noch immer vor mehr Fragen als Antworten. Aber eines ist sicher: Der Dualismus aus Körper und Geist beziehungsweise Materie und Bewusstsein ist aus neurowissenschaftlicher Sicht nicht zu halten. Bewusstsein ist im Körper, genauer gesagt im Gehirn, verankert. Jede andere Annahme würde zugleich den Anspruch der Neurowissenschaften, sich dem Thema empirisch zu nähern, ad absurdum führen.

Die erste große Herausforderung in der neurobiologischen Erforschung des Bewusstseins liegt in der Beschreibung dessen, was eigentlich untersucht und im Gehirn lokalisiert werden soll. In einer möglichst allgemeingültigen Definition umfasst Bewusstsein alle Zustände, in denen ein Individuum die umgebende Welt und die eigene Existenz erlebt. Eine solche Definition impliziert zwei wesentliche Aspekte des Bewusstseins: Es ist kein statischer Zustand, sondern wandelbar, und es vollzieht sich auf mehreren Ebenen. Der deutsche Hirnforscher Gerhard Roth nimmt in diesem Zusammenhang eine grundsätzliche Differenzierung in Aktualbewusstsein und Hintergrundbewusstsein vor. Ersteres umfasst neben mentalen Zuständen wie Denken und Erinnern auch Emotionen und das sensorische Erleben, sprich die Fähigkeit, Informationen aus der Außen- und Innenwelt aufzunehmen, zueinander in Beziehung zu setzen und erfahrbar zu machen. Schätzungen gehen davon aus, dass wir im Durchschnitt jede Sekunde Informationen in der Größenordnung von rund 11 Millionen Bits aufnehmen. Nach der Prüfung und Filterung bleiben von dieser unglaublichen Datenmenge lediglich 40 Bits übrig, die tatsächlich unserem Bewusstsein zugeführt werden.

Im Gegensatz zu dem momentbezogenen und entsprechend „wechselhaften" Aktualbewusstsein bildet das Hintergrundbewusstsein einen länger anhaltenden Bewusstseinszustand. Es beschreibt als elementaren Bewusstseinsinhalt das Erleben der eigenen Identität, das als Ich-Bewusstsein bezeichnet wird.

Der amerikanische Psychologe Gordon Gallup entwickelte Ende der 1960er-Jahre mit dem Spiegel- beziehungsweise Klecks-Test einen ebenso einfachen wie beeindruckenden Test zur Untersuchung der Frage, wann sich beim Menschen ein Ich-Bewusstsein entwickelt. Ohne dass sie es merken, wird Kleinkindern ein Klecks aus Farbe oder Creme auf die Stirn gesetzt. Betrachten sie sich nun im Spiegel, versuchen Kinder bis zum Alter von 18 Monaten,

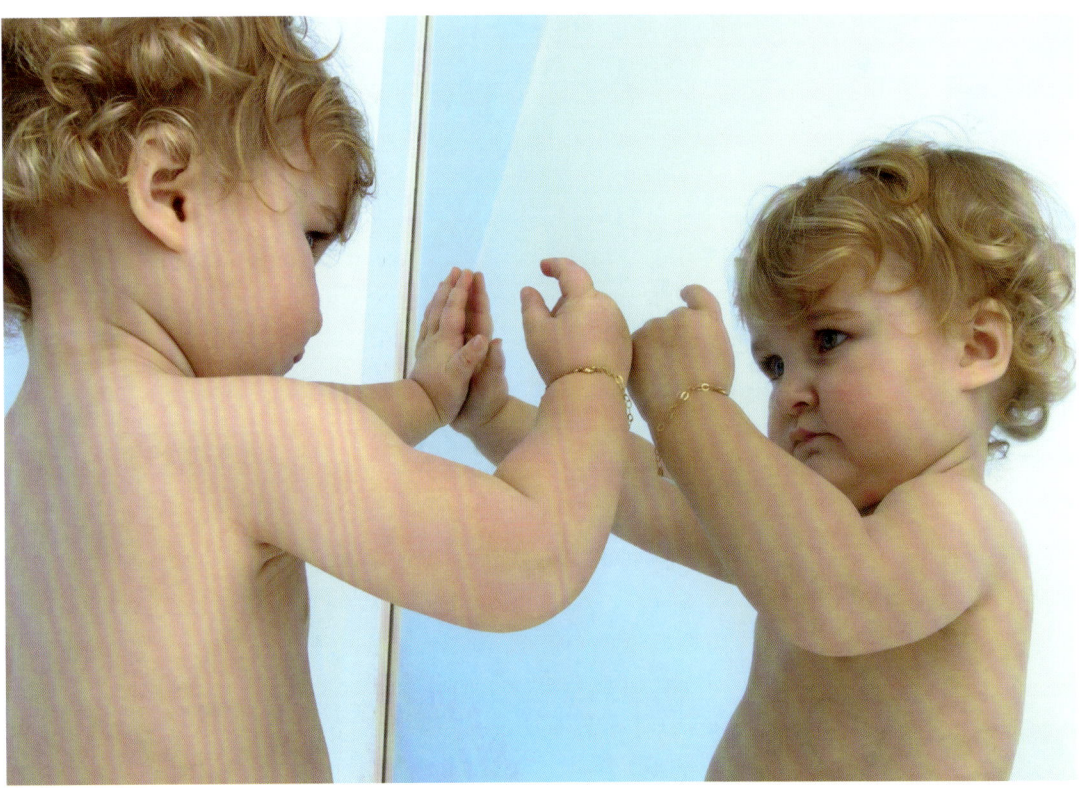

Ab einem Alter von ungefähr 18 Monaten sind Kinder in der Lage, sich selbst im Spiegel zu erkennen.

Die Trennung von Körper und Geist/ Seele bildet die Grundlage fast aller religiösen und pseudoreligiösen Strömungen. Der Glauben, gleich welcher Ausrichtung und Prägung, spiegelt scheinbar ein Grundbedürfnis des Menschen wider, die Geheimnisse des Lebens besser zu verstehen und sich selbst im Weltengefüge zu verorten.

den Klecks aus dem Spiegel wegzuwischen. Erst danach können sie das Wahrgenommene mit sich selbst in Bezug setzen und wischen sich den Fleck von der eigenen Stirn. Diese Reaktion zeigt, dass die Kinder beginnen, sich selbst zu erkennen und ein Ich-Bewusstsein entwickeln.

Von hier ist es jedoch noch ein weiter Weg, bis sich Formen entwickeln, die von einer Selbst-Erkenntnis zeugen. Erst im Alter von etwa drei bis fünf Jahren verfügen Kinder über ein autobiografisches Gedächtnis und sind in der Lage, sich selbst in einen räumlichen und zeitlichen Kontext zu bringen. Sie entwickeln ein Bewusstsein dafür, dass sie Urheber ihrer eigenen Gedanken, Gefühle und Handlungen sind und dass sich diese von anderen Menschen

BEWUSSTSEINSSTÖRUNGEN

„Von der Zwietracht des irrigen und zweifelhaften Gemüts", kolorierter Holzschnitt des soge- nannten Petrarcameisters, tätig im 1. Drittel des 16. Jahrhunderts.

Es gibt vielfältige Auslöser, die zu einer Ich-Störung oder Depersonalisation führen können: Zu ihnen zählen unter anderem Drogen- und Alkoholmissbrauch, massiver Schlafentzug, posttraumatische Belastungsstörungen oder hirnorganische Schäden. Das, was die Betroffenen erleben, reicht von einem Gefühl, die Außenwelt und sich selbst wie durch einen Schleier zu erleben, über Wahrnehmungszustände, in denen die eigenen Gedanken oder der eigene Körper als komplett fremd empfunden wer- den, bis hin zu ausgeprägten Formen der Schizophrenie, bei denen Patienten davon überzeugt sind, von außen gesteuert zu sein.

Dank bildgebender Verfahren konnten einzelne Hirnareale lokalisiert werden, die in erster Linie dann aktiv werden, wenn es um die Verarbeitung von Reizen im Zusammenhang mit dem Ich-Bewusstsein geht. Eine Beobachtung scheint in diesem Zusammenhang von besonderer Bedeutung: Wenn wir beispielsweise eine Bewegung ausführen, sendet das Gehirn einen Befehl nicht nur an die dafür zuständi- ge Region in der Großhirnrinde, sondern zugleich in Areale, die die Bewegung dahingehend überwachen, ob das Ergebnis mit der erwarteten Empfindung über- einstimmt. Es gibt Grund zur Annahme, dass die Ursachen einer Depersonalisation, bei der sich die betroffene Person fremdgesteuert fühlt, in einer Dysfunktion im Zusammenspiel zwischen auslösenden und überwachenden Hirnarealen liegen.

Mittels eines einfachen Versuchs – dem Gummihand-Experiment – kann eine Veränderung des Körpererlebens auf einfache Weise erzeugt werden. Dabei legt die Testperson ihre rechte Hand hinter eine Abdeckung auf den Tisch und blickt auf eine vor ihr befindliche Gummihand, deren vermeintliche Verbindung zum Körper der Testperson mit einem Tuch verdeckt ist. Streicht eine andere Person mit einem Pinsel synchron über die rechte Hand und die Gummihand, ent- steht bei der Testperson nach etwa 2 Minuten das Gefühl, bei der Handattrappe handele es sich um die zum Körper gehörende Hand. Das Gehirn integriert sie in sein Ich-Modell. Dieser Zustand zeigt sich nicht zuletzt daran, dass der Proband dieselbe Menge an Stresshormonen ausschüttet, unabhängig davon, ob der Versuchsleiter andeutet, die echte oder die fremde Hand mit Nadeln zu traktieren.

unterscheiden. Und sie eignen sich eine Kompetenz an, die in der Psychologie als Theory of Mind bezeichnet wird und eine Kernkompetenz im sozialen Miteinander darstellt: Sie können sich in andere Menschen hineinversetzen und Vermutungen über deren Bewusstseinsvorgänge anstellen.

Was das Ich-Bewusstsein zu einem höchstspannenden Forschungsgegenstand macht, ist der Umstand, dass jeder Mensch – vorausgesetzt er leidet nicht unter den Folgen einer Verletzung oder Erkrankung entsprechender Hirnstrukturen (siehe Kasten links) – über ein Ich-Gefühl verfügt, umgekehrt jedoch renommierte Bewusstseins- und Neurophilosophen den Standpunkt vertreten, dass es sich hierbei um ein Konstrukt unseres Gehirns handelt, das als solches nicht der Realität entspricht, sondern nur als Fiktion besteht. Es kann kaum verwundern, dass sich Vertreter dieser Ich-Illusion mit dem Vorwurf konfrontiert sehen, das Selbst-Gefühl komplett entwerten zu wollen – mit allen Konsequenzen, die sich daraus auch auf Aspekte wie Selbstbestimmung und Eigenverantwortung ergeben.

SELBSTBESTIMMUNG UND FREIER WILLE AUF DEM PRÜFSTAND

Als Stanley Milgram 1961 erstmals ein von ihm entwickeltes Experiment zur Erforschung des Gehorsamkeitsverhaltens durchführte, das weltweit als Milgram-Experiment Berühmtheit erlangte, und die erschreckenden Ergebnisse dieser Untersuchung publizierte, ging ein Aufschrei durch die Öffentlichkeit. Die Bereitschaft der in dem Versuch als Lehrer eingesetzten Probanden, sich der Autorität des Versuchsleiters zu beugen und „Schüler" bei falschen oder ausbleibenden Antworten mit vermeintlichen Stromschlägen wachsender Stärke zu bestrafen, erschütterte alle, die das Experiment zur Kenntnis nahmen: Mehr als 60 Prozent der Probanden zeigten sich bereit, bis zum Ende der Stromskala zu gehen und dem in einem anderen Raum untergebrachten Schüler Stromschläge von 450 Volt zu verabreichen, obwohl dieser bereits unter den vorherigen Stromschlägen wimmerte und schrie.

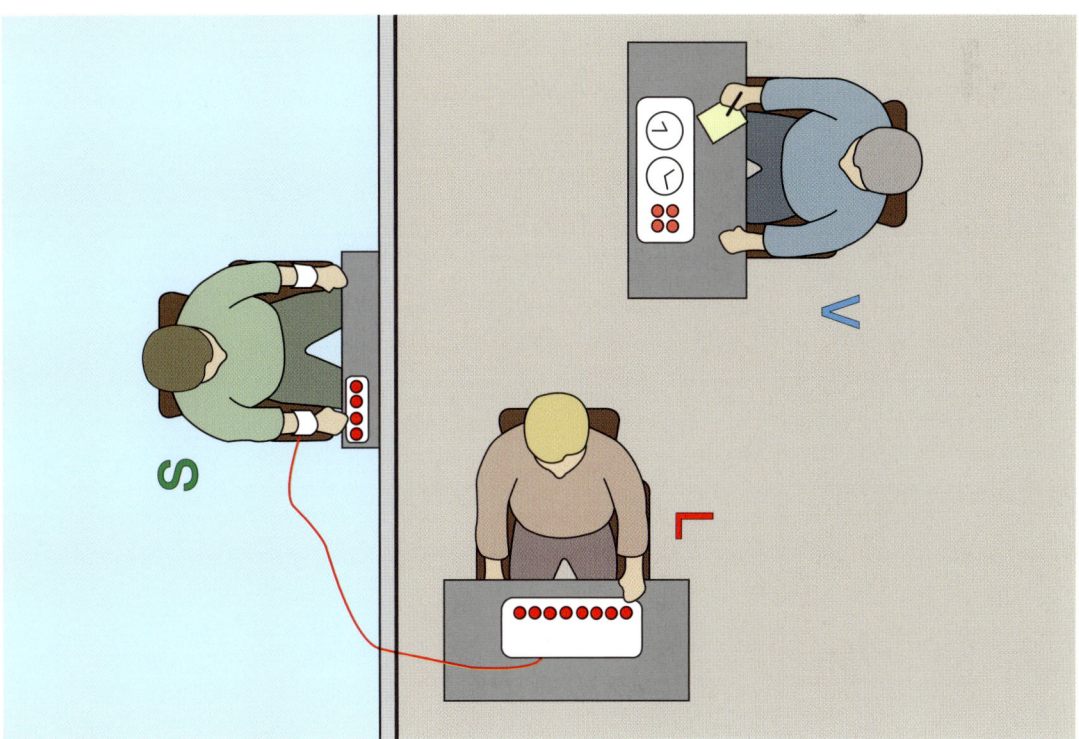

Illustrierter Versuchsaufbau des Milgram-Experiments: Der Proband wird als Lehrer (L) vom Versuchsleiter (V) aufgefordert, einen Schüler (S) bei falschen oder ausbleibenden Antworten mit Stromstößen zu bestrafen.

„Die Autonomie des Willens ist das alleinige Prinzip aller moralischen Gesetze und der ihnen gemäßen Pflichten [...]. Also drückt das moralische Gesetz nichts anders aus, als die Autonomie der reinen praktischen Vernunft, d.i. die Freiheit, und diese ist selbst die formale Bedingung aller Maximen, unter der sie allein mit den obersten praktischen Gesetzen zusammenstimmen können."

Immanuel Kant (1724 – 1804)

Das Milgram-Experiment ist auf allen Kontinenten der Welt im Originalaufbau oder in Varianten wiederholt worden – mit ähnlichen Ergebnissen. Was Probanden, die den Versuch trotz autoritärer Ansagen des Versuchsleiters abbrachen, von solchen unterscheidet, die vermeintlich schädliche oder gar tödliche Stromschläge verabreichten, ist oftmals eine unterschiedliche Beurteilung ihrer Eigenverantwortung. „Ja-Sager" begründeten ihr Verhalten nicht selten damit, dass sie die Verantwortung nicht bei sich, sondern dem Versuchsleiter sahen, während sich Verweigerer für ihr Handeln verantwortlich fühlten.

Die Einschätzung der Eigenverantwortung ist untrennbar mit anderen Aspekten verbunden, die darüber entscheiden, ob wir unser Tun als selbstbestimmt und frei empfinden. Grundsätzlich gilt: Wenn wir eigenmächtig und freiwillig, ohne dass jemand Druck auf uns ausübt, eine Entscheidung auf der Grundlage unserer Überzeugungen treffen und Handlungsalternativen zur Verfügung stehen, kann man von einer Willensentscheidung sprechen, die von Eigenverantwortung getragen ist und für die wir in der überwiegenden Anzahl der Fälle auch bereit sind, einzustehen.

Die Prinzipien der Selbstbestimmung und Eigenverantwortung kennzeichnen nicht nur das Handeln des Individuums: Sie sind zugleich die Grundpfeiler unserer sozialen Ordnung und bilden das Fundament unseres Rechtssystems, das auf „freie, verantwortliche, sittliche Selbstbestimmung" angelegt ist. Nur wenn wir die wirklichen Akteure in unseren Entscheidungsprozessen sind und sich unsere Handlungen aus freiwilligen und selbstbestimmten Willensakten ableiten, können wir für unser Tun auch zur Rechenschaft gezogen werden. Äußere Umstände mögen freie Entscheidungen blockieren oder gar verhindern, doch lange Zeit bestand ein weitgehender Konsens dahingehend, dass Willensfreiheit grundsätzlich möglich sei und den Menschen maßgeblich auszeichne.

Doch dann trat Benjamin Libet in Erscheinung. Der amerikanische Neurobiologe veröffentlichte 1983 die Ergebnisse einer Reihe von Experimenten zum Thema Willensfreiheit. Hierbei wurden Probanden gebeten, mehrfach hintereinander eine einfache Bewegung der rechten Hand auszuführen, wobei sie den Zeitpunkt der Handlung selbst bestimmen konnten. Den Moment ihres Entschlusses sollten sie sich anhand eines Ziffernblatts merken, auf dem ein roter Punkt mit einer Geschwindigkeit von 2,5 Sekunden pro Umdrehung rotierte. Libet zeichnete zeitgleich sowohl die muskuläre als auch die neuronale Aktivität auf. Wie sich zeigte, lagen zwischen dem Entschluss und der Ausführung der Bewegung rund 0,2 Sekunden – kein überraschendes Ergebnis angesichts der notwendigen Impulsweiterleitung vom Gehirn zur Hand und einer entsprechenden motorischen Reaktion.

Ganz anders verhielt es sich mit dem sogenannten Bereitschaftspotenzial, das im Vorfeld einer Bewegung im EEG sichtbar wird und diese gewissermaßen ankündigt. Der zeitliche Ablauf schien prognostizierbar: Auf den bewussten Willensakt, also die Entscheidung zur Bewegung, folgt das Bereitschaftspotenzial als Einleitung der

Eine Person handelt dann frei, wenn sie eine Handlung will und auch anders handeln könnte, wenn sie anders handeln wollte. Dies ist vereinfacht die Kernposition des Kompatibilismus, wie ihn Vertreter wie der englische Mathematiker und Philosoph Thomas Hobbes (1588–1679) vertreten.

Handlung auf neuronaler Ebene, während die Ausführung der Bewegung den Abschluss bildet. Zur großen Verwunderung des gesamten Untersuchungsteams zeigte sich das Bereitschafspotenzial im EEG jedoch durchschnittlich 0,3 Sekunden, bevor den Probanden ihr Entschluss zur Bewegung bewusst wurde. Libet konnte angesichts der Ergebnisse, die eine komplette Umkehrung des Ursache-Wirkungs-Prinzips darstellten, nur eine einzige Schlussfolgerung ziehen: Das Gehirn leitet Handlungen ein, noch bevor wir uns der Intention einer solchen Handlung überhaupt bewusst sind.

Ist der freie Wille also nur eine Illusion? – Es kann nicht verwundern, dass Benjamin Libets Forschungsergebnisse, die eine solche Vermutung nahelegen, nicht nur in der Fachwelt, sondern auch im Feuilleton enorm hohe Wellen schlugen. Den freien Willen auf den Prüfstand zu stellen, bedeutet zugleich, ein grundlegendes Selbstverständnis des Menschen in Frage zu stellen, denn wir wollen Urheber unserer Entschlüsse und damit Verursacher unserer Handlungen sein und nicht in dem Gefühl leben, fremdbestimmt zu agieren.

Diejenigen Neurowissenschaftler, die den sogenannten Inkompatibilismus und damit eine grundsätzliche Unvereinbarkeit von Freiheit und Determinismus vertreten, sehen sich indes in ihren Annahmen bestätigt. Da ihrer

„Das erweiterte Bewusstsein ist die Intuition!"

Joseph Beuys (1921 – 1986)

Ansicht nach alles, was passiert, dem Ursache-Wirkungs-Prinzip folgt, lässt sich zumindest theoretisch für jedes System die zukünftige Abfolge von Ereignissen voraussagen, sofern alle Randbedingungen bekannt sind. Jede Entscheidung muss vor diesem Hintergrund als einzig mögliche und vorhersagbare Antwort auf vorangegangene neuronale Aktionspotenziale angesehen werden. Ein derart strenger Determinismus verbietet die Idee, dass es innerhalb des Systems Gehirn so etwas wie Willensfreiheit geben könnte, die nicht kausal herzuleiten ist, aber dennoch Einfluss auf zukünftige Ereignisse hat.

Seit der Veröffentlichung des Libets-Experiments hat es zahlreiche Kritiker gegeben, die sowohl methodische als auch interpretatorische Einwände erheben. Die Diskussion frei von Ideologie zu halten, scheint angesichts der Sprengkraft des Themas kaum möglich. Tatsache ist: Auch in naher Zukunft wird sich das Problem der Willensfreiheit auf rein empirischer Ebene nicht klären lassen. Doch es sind durchaus Ansätze denkbar, die eine Brücke zwischen Determinismus und Willensfreiheit schlagen. Unsere Entscheidungen mögen durch Abläufe in unserem Gehirn determiniert sein, doch unser Gehirn existiert nicht losgelöst von uns selbst. Das zeigt sich bereits in der Wahrnehmung ebenso wie beim Speichern und Abrufen von Informationen: Immer beeinflussen Erfahrungen, Gefühle und Erwartungen diese Prozesse, von denen wir nur allzu oft annehmen, sie seien objektiv und frei von persönlichen „Einfärbungen".

Nicht anders verhält es sich bei Entscheidungen: Ein Großteil unserer bewussten Entscheidungen ist auf ein bestimmtes Ziel gerichtet und dieses ist zugleich Ausdruck des eigenen Selbstbildes und der Persönlichkeit. Unser Wille – beziehungsweise alle neuronalen Prozesse, die diesem vorgeschaltet sind – kann nicht getrennt werden von Empfindungen, Wünschen, Zielen und moralischen Überzeugungen, die den Handlungsrahmen festlegen, in dem wir uns bewegen. Darüber hinaus sollte in der Diskussion um die Willensfreiheit ein weiterer Aspekt nicht unberücksichtigt bleiben: Unser Bewusstsein spielt bei einem Großteil unserer Entscheidungen sowieso nur eine untergeordnete Rolle. In diesem Sinne kann die Parole von Joseph Beuys – „Das erweiterte Bewusstsein ist die Intuition!" – durchaus richtungsweisend sein. Das heißt jedoch nicht, dass diese Prozesse zufällig oder gar wahllos stattfänden. Auch sie folgen einer Logik, die ihrerseits auf Erfahrungen und emotionalen beziehungsweise moralischen Bewertungen beruht. Wenn wir uns dennoch als uneingeschränkte Urheber unserer Entscheidungen sehen, liegt es daran, dass wir im Nachhinein Gründe ersinnen, die unser Tun als Resultat bewusster Prozesse erscheinen lassen.

Es gibt keinen Grund, sich von einer möglichen Beschränkung der Willensfreiheit auf Grundlage des Libets-Experiments beunruhigen zu lassen, denn auch wenn neuronale Aktivitätsmuster einer bewussten Entscheidung vorangehen, sind diese doch innerhalb der Grenzen unseres Gehirns angesiedelt, das niemals von dem Ich des Trägers zu trennen ist. Wir haben keinen Grund, uns als fremdbestimmt zu fühlen, und noch weniger Grund besteht zur Annahme, dass wir die Verantwortung für unser Tun ablegen könnten.

Ist die Vorstellung eines selbstbestimmten Individuums lediglich eine Illusion, die uns unser Gehirn vorgaukelt? Und ist der freie Wille nur das Produkt neuronaler Prozesse, die ihre ganz eigenen Ziele verfolgen?

GEFÜHLE UND
VERHALTEN

„Man kann den Affen aus dem Urwald nehmen, aber nicht den Urwald aus dem Affen. Dies gilt auch für uns zweibeinige Affen."

Frans de Waal (1948)*

Bis vor wenigen Jahrzehnten waren die menschlichen Gefühle das Metier der Dichter und Musiker, allenfalls beschäftigte sich noch die Philosophie mit ihnen. Obwohl die Natur über Jahrmillionen hinweg die unterschiedlichsten Gefühle wie Angst, Wut, Trauer, Ungeduld, Enttäuschung, Hass, Rache, Eifersucht, Lust, Neugierde, Begeisterung, Liebe, Zärtlichkeit, Stolz, Vergebung und Freude in uns Menschen formte, beachteten die Naturwissenschaften sie nur am Rande, während ihr Hauptaugenmerk auf dem Verstand des Menschen, seinem Geist, seiner Intelligenz, seinen komplexen kognitiven Fähigkeiten lag. Als Basis für das menschliche und zwischenmenschliche Verhalten sollte der Verstand dienen, Gefühle galten dazu nur bedingt als geeignet: Beispielsweise war Liebe in der Ehe zwar wünschenswert, aber nicht zwingend notwendig; Mitleid war in Grenzen gut, übermäßiges Mitleid und zu große Mildtätigkeit galten dagegen als schädlich, etwa im Hinblick auf gesellschaftliche Strukturen. Mit seiner berühmt gewordenen Formel „Cogito ergo sum", „Ich denke, also bin ich", brachte René Descartes die Vorstellung vom Verstandeswesen Mensch bereits im 17. Jahrhundert auf den Punkt.

Erst seit dem 20. Jahrhundert weicht diese Vorstellung auf – zum einen steht die (westliche) Gesellschaft Gefühlen nun weitaus offener gegenüber, zum anderen beschäftigt sich zunehmend auch die Wissenschaft mit ihnen. Psychologen, Mediziner, Biologen und Hirnforscher nehmen sich verstärkt des Themas an und kommen zu dem Schluss: Ohne Gefühle sind wir weder als soziale Wesen lebensfähig, noch ist unser Verstand, unser Denken in irgendeiner Weise von unseren Gefühlen unabhängig. Und damit sind die Gefühle wiederum maßgeblich an unserem Handeln und Verhalten beteiligt. Das gilt für ganz archaisch erscheinende Gefühle wie den Juckreiz, dem wir durch Kratzen nachgeben, oder der Furcht im Dunkeln bis hin zu hochkomplexen, auch kulturell geprägten Gefühlen wie der Liebe.

Extreme desespoir.
Eusserste Verzweifflung

Colere meslee de Crainte.
Zorn mit Forcht vermischt.

Kupferstich des 19. Jahrhunderts mit der – zugegebenermaßen recht eigenwilligen – Darstellung verschiedener Gemütszustände: äußerste Verzweiflung (links), Zorn, mit Furcht vermischt (rechts).

OHNE SIE SIND WIR NICHTS – GEFÜHLE

Wenn wir nachts in einer zwielichtigen Gegend durch eine dunkle Gasse gehen und hinter uns Schritte hören, beschleicht uns ein ungutes Gefühl. Körperlicher Ausdruck dessen sind unter anderem Herzklopfen, schweißnasse Hände, schnelleres Atmen; unsere Wahrnehmung wird geschärft, unser Reaktionsvermögen erhöht sich. Das diffus-ungute Gefühl signalisiert unserem Körper, unserem Unterbewusstsein und unserem Verstand: „Die Situation ist gefährlich!", und wappnet uns zum Beispiel durch das Ausschütten von Adrenalin für eine angemessene Reaktion. Fight or flight, kämpfen oder flüchten, heißt eine natürliche, uns angeborene Taktik in solchen Situationen. In Sekundenschnelle gilt es abzuwägen, welches der sicherste Plan ist. Wir stellen uns auf diesen ein, indem wir beispielsweise nach dem Pfefferspray greifen, einen Fluchtweg suchen etc.

Entpuppt sich der vermeintliche Angreifer als eine Frau mit Kinderwagen, die uns freundlich anlächelt, so weicht das negative Gefühl von Unwohlsein und Angst einem positiven der Erleichterung. Der Körper fährt seine Funktionen wieder auf Normalmaß zurück und wir setzen unseren Weg fort, wahrscheinlich aber in dem Bemühen, die dunkle Gasse und die zwielichtige Gegend möglichst rasch hinter uns zu lassen.

Es ist der grundlegendste Nutzen unserer Gefühle: Sie weisen uns auf sichere und unsichere Situationen hin bzw. darauf, ob etwas unseren Zielen und Motivationen nützlich ist oder ihnen schadet. Positive Gefühle signalisieren sichere, vorteilhafte Zustände; negative Gefühle verweisen auf Gefahr bzw. bedenkliche Situationen und mögliche Fehler.

Solche Gefühle sind nicht nur uns Menschen zu eigen: Sie lassen sich bei allen Wirbeltieren beobachten. Tiere zeigen in Gefahrensituationen beispielsweise Angst oder Aggression und reagieren je nach Situation mit Kampf,

Die meisten Menschen wird
allein schon beim Anblick des
unteren Bildes ein ungutes
Gefühl beschleichen, wenngleich
die Wahrscheinlichkeit, auf dem
überaus freundlich und einladend
wirkenden Platz auf dem oberen
Bild Opfer einer Straftat zu werden,
ungleich größer ist.

Flucht oder Unterwerfung. In sicheren Situationen reagieren auch Tiere etwa mit Freude, Aufregung oder mit Ruhe, indem sie schlafen. Spielen ist ebenfalls eine natürliche Reaktion auf ein positives Gefühl: Lebewesen – tierische wie menschliche – spielen ausschließlich in Situationen, in denen sie sich gut und sicher fühlen.

Gefühle sind uns Menschen angeboren und bereits früh in unserer Evolution manifestiert: Sie zeigen unsere Animalität, bekunden, dass wir ein Produkt der Natur sind, den Tieren zugeordnet. Auch daraus ergibt sich, dass Körper und Gefühle in Wechselwirkung zueinander stehen, dass sie eine gewisse Einheit bilden. Wie aber steht es um die Wirkung des Gefühls auf unseren Verstand?

DIE UNTERSCHIEDLICHEN ARTEN VON GEFÜHLEN

Das Wort Gefühl wird im deutschen Sprachgebrauch in sehr unterschiedlichen Zusammenhängen verwendet, trägt je nach Situation eine andere Bedeutung. Die Psychologie unterscheidet daher zwischen den nicht-affektiven Gefühlen, zu denen etwa die Müdigkeit, aber auch das Ballgefühl im Fußball oder das Taktgefühl in der Musik gehören, und den affektiven Gefühlen. Die nicht-affektiven Gefühle werden im Folgenden nicht weiter betrachtet, denn im Zusammenhang zwischen Gefühl und Denken sind die affektiven Gefühle von weitaus größerer Bedeutung. Affekt bedeutet in diesem Kontext die Bewertung, die Valenz des Gefühls, ob es positiv oder negativ ist, gut oder schlecht, angenehm oder unangenehm. Es geht also nicht um ein Gefühl, das eine sogenannte Affekthandlung – beispielsweise den „Mord im Affekt", einen Mord aus einer unbeherrschten Situation heraus – zur Folge hat, sondern um die Beurteilung von Gefühlen. Den affektiven Gefühlen zugeordnet sind einerseits die Emotionen, andererseits die Stimmungen.

Als Emotionen werden alle starken, auf einen Gegenstand, eine Situation oder eine Person gerichteten Gefühle zusammengefasst. Zum Beispiel: Ärger über etwas, Liebe zu einem Menschen oder Zorn auf jemanden, Angst vor etwas. Als Grund für eine Emotion wird ein Objekt oder eine Person angesehen: „Ich freue mich, weil du nach Hause kommst." Emotionen haben damit einen eindeutigen informativen Charakter, sie geben recht klar darüber Auskunft, wie wir eine Situation bewerten dürfen. „Ich freue mich, weil du nach Hause kommst." = Die Situation ist gut.

Stimmungen sind dagegen diffuser. Ihre Ursache ist uns häufig unbekannt, es handelt sich eher um Hintergrundgefühle, die schwächer sind als Emotionen, dafür aber länger andauern. Man ist zum Beispiel guter oder schlechter Laune, ohne einen Grund nennen zu können. Stimmungen sind häufig eine Folge von Emotionen: Wenn man sich beispielsweise am Morgen in der U-Bahn über einen unverschämten Fahrgast ärgert, ist diese Emotion nach einer Weile vergessen, sie rückt in den Hintergrund. Man bleibt aber mürrischer Stimmung, ohne diesen Zustand auf das morgendliche Erlebnis zu beziehen. Auch Stimmungen besitzen einen informativen Wert. Doch er ist, anders als jener der Emotionen, wesentlich weniger eindeutig und kann sich durchaus als falsch erweisen. Die schlechte Stimmung nach dem morgendlichen Ärger wird sich etwa auf die Beurteilung der eigenen oder fremden Arbeit auswirken – die wird generell weniger wohlwollend betrachtet als mit guter oder neutraler Laune, selbst dann, wenn sie brillant ist.

GEFÜHLE UND DENKEN

Welche Wirkung hat physische Wärme auf das Wohlbefinden und das Denken eines Menschen? Das wollten Forscher der Universitäten von Colorado und Yale herausfinden und drückten an einem kühlen Tag Frauen vor Beginn eines Versuchs, noch während die Personalien aufgenommen wurden, einen Becher Kaffee in die Hand. Die eine Hälfte bekam heißen Kaffee, die andere Eiskaffee. Im Anschluss sollten die Frauen eine Person beurteilen. Die Probandinnen, die den heißen Kaffee hielten, waren durchweg milder in ihrem Urteil und brachten der Person gegenüber mehr Mitgefühl auf als jene, die den eiskalten Kaffee hielten.

Unterschiedliche Gesichtsausdrücke König Henri IV. von Frankreich (1553–1610) aus dem epoche-machenden Werk „Physiognomische Fragmente zur Beförderung der Menschenkenntnis und Menschenliebe" von Johann Caspar Lavater (1741–1801). Lavater verficht die zu seiner Zeit viel diskutierte These, dass das Wesen eines Menschen aus seinen Gesichtszügen ableitbar sei.

*Nachfolgende Doppelseite:
Trotz, Ärger oder Freude: Kinder zeigen ihre Gefühle viel unvermittelbarer als Erwachsene*

In einem zweiten Versuch sollte der Lohn für die Teilnahme an dem Versuch ein Geschenk sein – für sich selbst oder einen Freund. Die Probandinnen mit kalten Händen wählten meist etwas für sich aus, die mit warmen in der Regel für eine andere Person.

Es gibt ungezählte Tests und Untersuchungen, ob und wenn ja, wie sich Gefühle auf unser Denken auswirken und sie alle sind recht eindeutig: Negative Stimmungen und Emotionen bedingen ein anderes Denken und eine andere Wahrnehmung als positive, sie haben einen Einfluss darauf, wie der Mensch mit einer Information umgeht, wie er sie verarbeitet. Das hängt unter anderem mit der ursprünglichen Funktion unserer Gefühle zusammen: Ein negatives Gefühl sollte uns vor Problemen oder Gefahr warnen. Die Reaktion muss demnach exakt sein, ein Fehler, eine Unachtsamkeit könnte in gefahrvollen Situationen tödlich enden. Wenn wir schlechter Stimmung sind, denken und arbeiten wir daher zum Beispiel detailversessener. Wir sind hochkonzentriert, wir sind strenger – mit uns und anderen – und kommen meist langsamer voran; die Ergebnisse aber sind profund und bleiben oft über einen längeren Zeitraum im Gedächtnis.

Anders, wenn positive Gefühle im Spiel sind: Es ist die Stimmung, wie sie Kreativität und Fantasie erfordern. Das positive Gefühl suggeriert uns Sicherheit, die Wahrnehmung ist auf schöne Dinge und Situationen ausgelegt. Der Verliebte sieht die Welt beispielsweise durch die „rosarote Brille", vergisst oder ignoriert die unangenehmen fremden oder eigenen Fehler. In guter Stimmung sind wir zum Spielen aufgelegt, sie fördert ein schöpferisches Denken. Das ist wesentlich breiter angelegt, konzeptorientiert, raumgreifend, global. Gleichzeitig wird aber auch vermehrt auf übergeordnete Schemata und Stereotype zurückgegriffen, was Personen in guter Stimmung dazu verleitet, zu Vorurteilen zu neigen.

ERINNERUNG UND URTEIL

Was für die aktuelle Wahrnehmung und das aktuelle Denken zutrifft, hat ebenso Auswirkungen auf die Vergangenheit, die Erinnerung.

Wir tragen unsere Vergangenheit mit uns herum, heißt es. Ein Geruch oder ein Lied beispielsweise genügen manchmal und wir fühlen uns in unsere Kindheit zurückversetzt, fühlen unbeschwerte Sommertage oder sonntägliche Langeweile, erinnern uns an unsere missglückte Ehe oder an die Hochzeit. Es ist der Stimmung des Augenblicks geschuldet, wie wir die Vergangenheit wahrnehmen. Zum einen erinnern wir Inhalte der Vergangenheit leichter, die der momentanen Stimmung entsprechen: An einem fröhlich-ausgelassenen Sommertag mit Picknick und Radtour erinnern wir uns eher an die Sommerferien im Zeltlager als an die Beerdigung der Lieblingstante, die vielleicht nur wenige Wochen nach dem Zeltlager stattfand. Es handelt sich um eine stimmungskongruente Erinnerung.

Zum anderen hängt Erinnerung stark von den Umständen, der exakten Situation des Augenblicks ab, in der die Erinnerung abgerufen wird. Erlerntes beispielsweise erinnert man besser, wenn die Stimmung dieselbe wie am Lerntag ist, wenn aber auch die Umgebung ähnlich oder gleich ist. Wenn wir uns in eben jener Stimmung, in der wir als Kind Mozarts Türkischen Marsch übten, an ein Klavier gleichen Typs setzen, können wir das damals Erlernte besser abrufen, wir spielen das Stück besser als in gänzlich anderer Stimmung an einem fremden Klavier. Diese Erinnerung nennt sich vom Stimmungszustand abhängige Erinnerung. Sie nutzen beispielsweise Kriminalpsychologen, wenn sie Opfer eines Verbrechens an den Tatort zurückführen, ähnliche Stimmungen zu erzeugen versuchen wie während des Verbrechens, um so Hinweise auf den Tathergang und damit den Täter zu erhalten.

Daneben werden Urteile bzw. Beurteilungen von Personen und Situationen abhängig von der augenblicklichen Stimmung gefällt: Wie das Wärmeexperiment zeigt, fallen Urteile in positiver Stimmung positiv, in negativer Stimmung negativ aus. Es handelt sich um stimmungskongruente Urteile.

DER EINFLUSS UNSERES DENKENS AUF DIE GEFÜHLE

So sehr unsere Gefühle unser Denken beeinflussen, gänzlich ausgeliefert sind wir ihnen nicht: Auch unser Denken kann Einfluss auf unsere Gefühle haben. Das ist gut so, denn die Gefühle haben sich im Verlauf der Menschheitsgeschichte nicht in demselben Tempo entwickelt wie unsere Umwelt: Manche früheren Gefahren wie Raubtiere spielen in unserem heutigen Leben keinerlei Rolle mehr, neue wie etwa der Straßenverkehr sind hinzugekommen. Manche Situationen, die in früheren Zeiten gefährlich waren, sind heute absolut sicher. Verreisen wir in andere Länder, sind wir wiederum mit anderen, neuen Gefahren konfrontiert oder gar mit solchen, die schon vor Urzeiten das menschliche Leben bedrohten. Wir sind darauf angewiesen, unsere Gefühle mithilfe unserer Gedanken zu bewerten, um die tatsächliche Gefahr oder Sicherheit einzuschätzen. Ein gutes Beispiel dafür bietet die Ausstellung „in orbit" des Künstlers Tomás Saraceno. In 25 Metern Höhe schwebt eine mehrschichtige begehbare Stahlnetzskulptur, auseinandergehalten von luftgefüllten Kugeln. Die Skulptur wird ständig gewartet, ihre Sicherheit ist TÜV-geprüft – und dennoch haben wir ein mulmiges Gefühl, wenn wir das schwankende Konstrukt betreten. Erst unser Verstand, der die Sicherheitsmaßnahmen bewerten und für ausreichend erklären kann, bewirkt, dass wir das Netz überhaupt betreten. Wären wir allein auf unsere Gefühle angewiesen, täten wir das nicht.

Aus dieser Bewertung unserer Gefühle ergibt sich unter anderem ein kultureller Unterschied der Gefühlswelt. Sind unsere Emotionen zwar in vielerlei Hinsicht angeboren und global gültig – was sich beispielsweise in ihren

„In orbit", Stahlnetzskulptur des Künstlers Tomás Saraceno. Bei der Frage, ob wir diese wackelige Installation in schwindelerregender Höhe betreten, obsiegt wahrscheinlich der Verstand über das Gefühl der Unsicherheit. Leiden wir allerdings unter Höhenangst, mögen die Gefühle Oberhand behalten und wir betreten die Konstruktion, trotz aller vernunftmäßigen Unbedenklichkeit, vermutlich dennoch nicht.

Ausdrucksformen wie Lächeln, Stirnrunzeln etc. äußert – so wird ihre kognitive Bewertung auch durch die Kultur beeinflusst. Ekel ist dafür ein Beispiel: In westlichen Kulturen kommen Fleisch und Fisch von verschiedenen Haus- und Wildtieren auf den Esstisch, Insekten gehören nicht auf den Speiseplan. Entsprechend löste bis vor wenigen Jahren der in zahlreichen asiatischen Ländern übliche Verzehr von Insekten wie Heuschrecken, Maden, Spinnen in westlichen Kulturen Ekel aus. Seit westliche Trendköche das Getier für sich entdeckt haben, weicht dieses Gefühl der Abscheu nach und nach auf, wird zumindest im entsprechenden Ausland oder in schicken westlichen Trendrestaurants vorsichtig probiert. Ein gebratener Hund auf hiesigen Restauranttellern – wie es in China, Korea oder Indonesien

KÖRPER – GEFÜHL:
EINE WECHSELBEZIEHUNG

„Er trägt den Kopf ganz schön hoch" heißt es, wenn jemand stolz oder hochmütig ist. Als „aufrechter Mensch" wird derjenige bezeichnet, der Mut hat und für seine Ideale einsteht. Dagegen hat der Feigling „kein Rückgrat". Viele unserer Gefühle werden intuitiv mit der Körperhaltung umschrieben und es ist allgemein bekannt, dass unsere Körperhaltung unsere Stimmung widerspiegelt und das, was wir selbst von uns halten: Wir lassen die Schultern hängen und gehen gebückt, wenn wir bedrückt sind, sinken in uns zusammen, wenn uns etwas peinlich ist, wenn wir uns schämen, und wir richten uns auf, wenn wir stolz auf uns sind. Wir laufen beschwingt und frei, wenn wir glücklich sind, und schleichen langsam und verhalten durch die Straßen, wenn Trauer und Schmerz uns bedrückt.

Aber wie sieht es umgekehrt aus, kann vielleicht auch unsere Körperhaltung die Gefühle steuern? Eine Reihe von Test sollte Psychologen Auskunft über mögliche Wechselwirkungen zwischen Körper und Geist geben und brachten erstaunliche Ergebnisse ans Tageslicht.

Die amerikanischen Forscher Carolyn Gotay von der Universität Calgary und John Riskind von der A&M Universität Texas untersuchten beispielsweise, wie sich die Haltung auf die Emotionen und Motivation auswirkt: Während sie noch auf ihren Einsatz warteten, wurden Testpersonen gebeten, vorab an einem kleinen weiteren Test über Muskelreaktionen teilzunehmen. Die Hälfte der Versuchspersonen musste dazu 8 Minuten lang in gekrümmter Körperhaltung verharren, die andere Hälfte in gerader. Anschließend wurden sie ihrem eigentlichen Test zugeführt, der sich angeblich mit dem räumlichen Denken beschäftigt, in Wirklichkeit aber die Motivation und die Frustrationsgrenze der Probanden testen wollte. Dazu wurden ihnen Puzzle vorgelegt, die unlösbar waren. Wie lange würden die Probanden ein Puzzle zu lösen versuchen, bevor sie frustriert zum nächsten gingen? Die Versuchspersonen, die gekrümmt gesessen hatten, gaben im Schnitt bereits nach 10 Puzzleteilchen auf, die in gerade Haltung verharrt hatten erst nach 17 Teilchen. Die Frustrationsgrenze war durch die gekrümmte Haltung deutlich früher erreicht, Depression und Entmutigung waren die Folge.

üblich ist – würde aber nach wie vor helle Empörung und Ekel hervorrufen. Hund fällt in der westlichen Welt mittlerweile unter ein Nahrungstabu, obwohl er noch bis ins 20. Jahrhundert hinein auch hierzulande verspeist wurde.

Wenn einerseits Gefühle ohne die Beteiligung unserer kognitiven Fähigkeiten, über die bloße Wahrnehmung von Reizen, ausgelöst werden können, kann das Denken andererseits unsere Emotionen und Stimmungen verändern und die Art des Gefühls beeinflussen. Im Übrigen gelingt dies selbst mit ganz mechanischen Tricks: Studien beweisen, dass sich die schlechte Stimmung eines Menschen allein dadurch aufhellen lässt, dass er eine Weile lang mechanisch lächelt. Obwohl dieses Lächeln das Gefühl nur simuliert.

Zurückzuführen ist dies unter anderem auf hormonelle Veränderungen im Körper, fanden Wissenschaftler der Columbia Universität in New York heraus. Sie ließen Testpersonen entweder für eine Minute eine offene, ausladende Haltung einnehmen oder eine mit verschränkten Händen oder Armen. Vor und nach dem Versuch wurde das Blut der Versuchspersonen untersucht und es zeigte sich, dass die offene Position bei Frauen wie Männern den Testosteronspiegel im Blut steigen ließ, stattdessen sank der Kortisolspiegel ab. Die geschlossene Position hatte die umgekehrte Wirkung. Testosteron fördert Durchsetzungsvermögen und Ausdauer, Kortisol dämpft das Immunsystem und schwächt damit die Abwehrkräfte.

Es lohnt also, häufiger auf die Haltung zu achten: Sie sollte aufrecht, aber locker sein.

Als erster Bildhauer seit der Antike schuf Michelangelo (1475–1564) wieder nackte, freistehende Plastiken. Das Original seines lässig-selbstbewussten Davids mit der Schleuder über der Schulter befindet sich in der Kunstakademie, die Kopie vor dem Rathaus von Florenz, der Stelle, für die der David ursprünglich geschaffen wurde.

ICH SEHE WAS – SOZIALE WAHRNEHMUNG

Wir benötigen gerade einmal 100 Millisekunden, um uns über einen uns völlig fremden Menschen ein Urteil zu bilden. Nach noch kürzerer Zeit, nämlich nach nur 40 Millisekunden, steht für uns bereits fest, ob unser Gegenüber vertrauenswürdig oder feindselig und aggressiv ist. Und dieses erste Urteil verändert sich in der Regel nicht einschneidend, wenn wir mehr Zeit haben, es zu fällen. Wir werden dann meist nur sicherer und überzeugter von unserer Einschätzung. Stimmt es also, wenn der Volksmund meint: „Der erste Eindruck zählt"? Nur bedingt, denn wir fällen unser Urteil aufgrund einer Vielzahl erster Wahrnehmungen, die häufig nichts mit der Persönlichkeit eines Menschen zu tun haben. Wir interpretieren einiges falsch, registrieren manches nicht oder ignorieren es bewusst oder unterbewusst. Und schließlich beeinflussen persönliche Erfahrungen, Wünsche oder Befindlichkeiten sowie kulturelle Einflüsse unser Urteil stark.

SYMPATHIE UND KOMPETENZ – DER ERSTE EINDRUCK ENTSCHEIDET

Täglich treffen wir auf neue Menschen, die wir beurteilen müssen. Wir müssen überlegen, ob der Automechaniker vertrauenserweckend ist und seine Leistung korrekt abrechnet, ob uns der neue Kollege sympathisch und wohlgesonnen ist, ob die Kassiererin an Supermarktkasse A schneller ist als die Kollegin an Kasse B. Wir treffen diese Urteile augenblicklich und wie oft wir mit diesem Urteil falsch liegen, wird uns zumindest an der Supermarktkasse ständig vor Augen geführt. Wir stellen in diesem Fall allerdings nicht unsere Urteilsfähigkeit in Frage, sondern verbuchen das Anstehen an der „falschen Kasse" eher unter Pech. Dabei sind es sehr wohl die Kriterien, die wir in Bezug auf solche sozialen Wahrnehmungen – also den Prozess, wie eine Person eine andere Person beurteilt und einordnet – überprüfen sollten.

Der Mensch erwägt in den ersten Millisekunden eines Kennenlernens zwei Aspekte, nämlich ob das Gegenüber sympathisch oder unsympathisch ist und ob es über Autorität und Kompetenz verfügt. Dazu werden die äußere Erscheinung ebenso herangezogen wie gegebenenfalls Verhalten, Äußerungen und die nonverbale Kommunikation. Doch es ist in den ersten Millisekunden hauptsächlich das äußere Erscheinungsbild, das bei der ersten Einschätzung einer Person zum Tragen kommt, und zwar unter folgenden Gesichtspunkten: physische Attraktivität, Ähnlichkeit zur eigenen Person, Vertrautheit sowie die Verknüpfung der Person mit etwas Positivem.

Würden Sie zu diesem jungen Mann ins Auto steigen? Wie die Entscheidung darüber auch ausfällt, sie dauert weniger als eine Sekunde …

Attraktivität scheint in beinahe jeder Hinsicht einen Vertrauensvorschuss zu gewährleisten. Den sogenannten Beauty-is-good-Effekt machen sich folglich vor allem Werber zunutze.

Psychologische Untersuchungen aus aller Welt haben gerade in Hinblick auf die Attraktivität einer Person heraus-gefunden, dass sie ein elementares Kriterium zur Beurteilung des Charakters, der Fähigkeiten und Eigenschaften eines Menschen ist. *Beauty-is-good*-Effekt nennen das die Psychologen und bewiesen, dass attraktive Menschen als intelligenter, sozial kompetenter, freundlicher, beliebter und gesünder wahrgenommen werden und dadurch in allen Lebensbereichen deutlich besser bewertet werden. Selbst Kinder und Verbrecher sind davon nicht ausgenom-men: Erstere erhalten deutlich mehr Aufmerksamkeit von Eltern und Umwelt und sowohl Kinder als auch Verbrecher werden für ein Vergehen wesentlich weniger hart und häufig bestraft, wenn sie hübsch sind, als unattraktive Kinder und Verbrecher bei gleichen Vergehen. Mit guten Leistungsbeurteilungen und Aufstiegschancen im Beruf, der Wahl in Ämter, Hilfsbereitschaft und Kooperation können attraktive Menschen eher rechnen als unattraktive.

Dieses positive Gefühl attraktiven Menschen gegenüber ist zudem interkulturell und bereits im Säuglingsalter beobachtbar. Interessant in diesem Zusammenhang ist, dass Kinder wie Erwachsene noch stärker auf Unattraktivität reagieren: In Tests zeigten Versuchspersonen, dass sie Hässlichkeit/Unattraktivität weitaus häufiger mit Ungesellig-keit, Unfreundlichkeit, Dummheit und Egoismus gleichsetzen als Intelligenz und Freundlichkeit mit Schönheit.

Neben der Attraktivität beeinflusst unsere Bewertung einer fremden Person unmittelbar die Ähnlichkeit mit uns selbst (*similar-to-me*-Effekt) bzw. Vertrautheit (*familiarity*). Menschen, die uns ähnlich sind (und sei es nur in Bezug auf den Namen oder das Geburtsdatum) oder die zumindest etwas Vertrautes haben, schätzen wir als sympathischer, intelligenter und freundlicher ein als uns völlig unvertraute. Das wird verstärkt durch Attribute, die wir mit etwas Positivem verbinden: Wenn wir unter den Methoden des Sportlehrers in der Schule gelitten haben und den Mathe-matiklehrer als gerechten Menschen wahrnahmen, ist uns der Sportlehrer im Erwachsenenalter auf einer Party per se unsympathischer als der Mathematiklehrer, den wir im gleichen Rahmen kennenlernen.

Diese Kriterien werden in Bezug auf die Kompetenz, den Status und die Autorität durch gesellschaftliche Status-symbole aller Art verstärkt. Der Effekt, dass „Kleider Leute machen", ist keine neue Erkenntnis: Literaten wie Wilhelm Hauff „Das Märchen vom falschen Prinzen", Gottfried Keller „Kleider machen Leute", Thomas Mann „Bekenntnisse des Hochstaplers Felix Krull" haben das Motiv ebenso aufgenommen wie Komponisten, etwa Carl Millöcker mit „Der Bettelstudent", und Filmemacher wie Jean Negulesco mit „Wie angelt man sich einen Millionär", John Landis mit „Die Glücksritter" oder Steven Spielberg „Catch me if you can". Kleidung kann aus dem armen Studenten einen Fürsten oder Prinzen machen, aus Hochstaplern einen Marquis oder wie im Fall des realen Hochstaplers Frank Abagnale einen Pan-Am-Piloten, Rechtsanwalt und Arzt. Kleidung kann aber auch den echten Millionär zum Bettler degradieren.

Es sind Statussymbole, die uns Kompetenz und Autorität suggerieren (sofern sie in Zusammenhang mit der vermutetem Kompetenz stehen), und darüber hinaus die Statur eines Menschen bzw. dessen Körpergröße. Die Wahrnehmung der Körpergröße ist von sozialen Aspekten und beruflichem Erfolg beeinflusst: Studentische Probanden hatten die Aufgabe, die Körpergröße verschiedener Personen zu schätzen, deren akademischer Grad (vom Studenten bis zum Professor) ihnen mitgeteilt wurde. Je höher die Person innerhalb der akademischen Hierarchie stand, desto größer wurde seine Statur wahrgenommen. Zwischen dem Studenten und dem Professor lagen diesen Schätzungen zufolge mehr als 6 Zentimeter Größenunterschied, obwohl alle Personen in der Realität gleich groß waren. Eine nordamerikanische Studie untersuchte darüber hinaus den Einfluss der Körpergröße auf den Arbeitgeber bei der Auswahl seiner Mitarbeiter. Das Ergebnis: Haben Arbeitgeber die Wahl zwischen einem 168 Zentimeter und einem 190 Zentimeter großen Bewerber, entscheiden 72 Prozent zu Gunsten des größeren – meist unabhängig von dessen Kompetenzen. Darüber hinaus erhalten größere Arbeitnehmer mehr Gehalt als kleine – in Deutschland im Jahr 2004 im Durchschnitt rund 0,6 Prozent mehr, in den USA ist dieser Wert höher.

Kleider machen Leute:
Leonardo di Caprio in der Rolle
des Hochstaplers Frank Abagnale
in Steven Spielbergs „Catch me
if you can".

Zuletzt ist die nonverbale Kommunikation ein Kriterium, über das Menschen ihr Gegenüber einschätzen: Mimik, Gestik, Körperhaltung und der Gesichtsausdruck sind elementar für die Bewertung, insbesondere Blickkontakt und Berührungen kommen jedoch eine besondere Bedeutung zu. Kompetenz, Glaubwürdigkeit und Mut werden einem offenen, geraden Blick zugesprochen, aber auch Dominanz. Wer den Blick schnell abwendet, dem Blick des Gegenübers nicht standhält, wird als nervös, ängstlich und von sich wenig überzeugt eingeschätzt. Wer seinen Gesprächspartner dagegen niederstarrt ist dominant, von sich überzeugt, herrschsüchtig. Es zeigt sich, dass nonverbale Kommunikation fein nuanciert stattfinden muss, um den gewünschten Effekt zu erzielen. Wer zu aufgerichtet, zu gerade geht, wirkt steif statt vertrauenswürdig, wer den Blickkontakt zu lange hält, wirkt unsympathisch statt offen, wer in falschen Situationen lächelt, ebenfalls. Ist die nonverbale Kommunikation zu schwach und undeutlich ausgedrückt, wirkt der Mensch dagegen allgemein schwächlich.

Berührungen müssen in diesem Zusammenhang klug abgewogen werden: Generell trägt eine leichte Berührung maßgeblich zum Wohlbefinden des Gegenübers, zur Kooperation und Hilfsbereitschaft bei – vorausgesetzt, die Berührung ist der Situation angemessen und wird von einer Person ausgeführt, die grundsätzlich als sympathisch empfunden wird. Berührungen unsympathischer Personen bewirken Abscheu und Unbehagen.

DIE BEWERTUNG DES VERHALTENS ANDERER

Beurteilen wir Menschen also nur nach Äußerlichkeiten, ihrer Schönheit und den Statussymbolen? Niemand würde das gern zugeben, obwohl es zu einem Großteil zutreffend ist. Darüber hinaus zieht unser (Unter-)Bewusstsein das Verhalten der anderen bei der Bewertung zu Rate.

Zunächst assoziieren wir unsere Beobachtung mit der Person: Wir beobachten beispielsweise für kurze Zeit ein Fußballspiel und in diesem Moment schießt ein Spieler ein Tor. Wir assoziieren: Diese Person ist ein guter Fußballspieler. Doch ist diese Annahme korrekt? Eine solche Assoziation bezieht sich nicht unbedingt auf die Realität, sondern ist unsere individuelle, momentane Wahrnehmung. Sie kann insofern zweifelhaft sein, weil sie Verzerrungen unterworfen ist. Um die Fähigkeiten des Spielers treffend einschätzen zu können, benötigen wir mehr Informationen.

Daher bildet sich der Mensch im Alltag Kausalzusammenhänge, indem er versucht, die persönlichen Dispositionen und Fähigkeiten seiner Mitmenschen zu ergründen. Zur Beurteilung eines Charakters oder Verhaltens wird versucht, die Ursachen der Beobachtungen zu analysieren und in internale oder externale zu unterscheiden. Als internale Ursachen eines Verhaltens werden solche bezeichnet, die in der Verantwortung der Person selbst begründet liegen, in ihrer persönlichen Einstellung, ihrem Charakter, ihren individuellen Fähigkeiten. Diese können stabil (die Person ist einfach ein guter Fußballspieler) oder variabel (heute hat sie ein gutes Ballgefühl) sein.

Die externalen Ursachen beziehen sich auf Umstände, die nicht von der zu beurteilenden Person abhängig sind; auch sie können stabil oder variabel sein. Ist der Torwart der gegnerischen Mannschaft beispielsweise generell schlecht, fällt das Toreschießen leichter. Das Tor ist dann nicht auf die Fähigkeiten des Fußballspielers zurückzuführen, sondern hat eine stabil externale Ursache: den schlechten Torwart der Gegner. Ist dieser nicht schlecht, sondern war nur eine Minute lang unaufmerksam, handelt es sich um eine variable externale Ursache für das Tor.

Wie aber entscheidet der Beobachter, ob internale oder externale Ursachen für ein Verhalten vorliegen?

Drei Kriterien werden für diese Entscheidung zu Rate gezogen: Distinktheit, Konsensus und Konsistenz. Die Distinktheit gibt Auskunft darüber, in welchem Ausmaß ein Handelnder unter ähnlichen Umständen reagiert, ob das Verhalten also spezifisch für diese Situation ist: Schießt der Spieler beispielsweise in jedem Spiel ein Tor, so ist die Distinktheit niedrig, ein Zeichen für eine internale Verhaltensursache. Der Konsensus beschreibt das Ausmaß, wie andere Menschen sich in gleicher Situation verhalten. Ein niedriger Konsensus ist Hinweis auf eine internale Ursache: Während andere Fußballer kein Tor bei diesem Torwart schießen, kann der beobachtete Spieler einen Treffer landen: Sein Können ist die Ursache für das Tor. Die Konsistenz schließlich ist das Ausmaß, wie sich das Verhalten des Handelnden über die Zeit hinweg in gleichen Situation verhält. Trifft der Beispielspieler regelmäßig das Tor, ist die Konsistenz also hoch, so ist er ein guter Spieler, der Grund für das Tor ist internal. Da selten alle Kriterien bekannt sind oder sie bewusst oder unbewusst ignoriert werden, weil die Motivation fehlt, sich ein vollständiges Bild zu machen, können sich schnell fehlerhafte Beurteilungen ergeben. Doch nicht allein das führt zu mangelhaften Urteilen. Der Mensch ist stets versucht, dem Verhalten eines anderen Menschen unmittelbar bestimmte Charak-

Statussymbole und Attraktivität sind nicht loslösbar aus dem sozialen, kulturellen und vor allem zeitlichen Kontext. Was Menschen früherer Epochen als „schön" oder nachahmenswert empfanden, mag uns heute zum Teil verwundern. Umgekehrt wäre es freilich nicht anders. Sowohl Leonardos „Dame mit dem Hermelin" (um 1489/90) als auch „Die Gesandten" von Hans Holbein d. J. (1533) stellen ganz im Stil der Renaissance die selbstbewusste, individuelle Persönlichkeit in den Vordergrund. Die beiden reich eingekleideten, wohlgenährten Botschafter am Hofe des englischen Königs Heinrich VIII. trumpfen darüber hinaus mit Attributen der Bildung (Musikinstrumente und astronomische Geräte) auf, Leonardos Frauenbildnis zeigt sich mit der modischen Haartracht ihrer Zeit.

Wie wir Dinge bewerten, hängt
maßgeblich von unserer individuellen
Sozialisation und unserem kulturellen
Hintergrund ab.
Das Tätowieren ist schon lange kein
Alleinstellungsmerkmal urbaner
Subkultur. Und doch liegt auch hier
die Schönheit bekanntlich im Auge
des Betrachters (links).

Ein junger Mann aus dem Stamm der
Wodaabe hat sich für die Geerewol-
Zeremonie geschmückt, bei der sich
die weiblichen Stammesmitglieder
ihre herausgeputzten Liebhaber
unter den Männern des Stammes
aussuchen können (rechts).

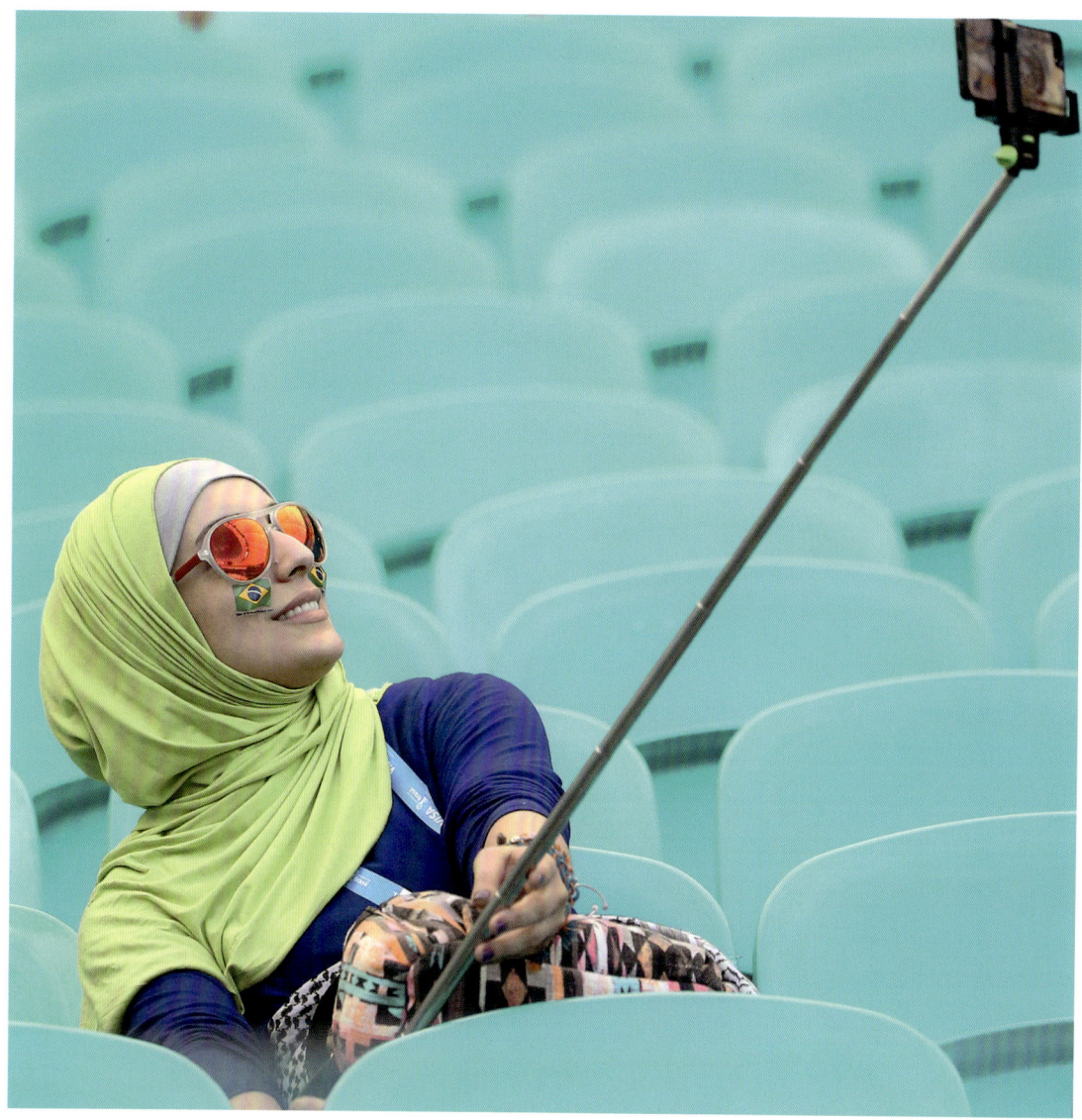

tereigenschaften oder Fähigkeiten zuzuordnen. Es ist verhältnismäßig einfach, zu beurteilen, ob jemand ein guter Fußballspieler ist oder nicht. Ob ein Dieb aber stiehlt, weil er einen schlechten Charakter hat, hungrig ist oder als Kind seine Eltern verloren hat, ist weniger leicht nachzuvollziehen. Beobachten wir einen Menschen beim Stehlen, ist er ein Dieb, folglich ein schlechter Mensch. Erwischen wir ihn anschließend beim Lügen, schließen wir daraus, dass dieses seinem „schlechten" Charakter entspricht, das Verhalten angeboren ist.

Was möglicherweise außer Acht gelassen wird, ist die Tatsache, dass das Verhalten der beobachteten Person nicht persönlichkeitsbezogen, sondern in der Situation verankert ist – das heißt, dass wir den für uns ermittelten Dispositionen mehr Gewicht zuschreiben als der Situation in Bezug auf die Handlung. Eventuell gab es für Diebstahl und Lüge verzeihliche, vielleicht sogar ehrenwerte Gründe, die dem einfachen Beobachter nicht bekannt waren. Diese Verzerrung wird in der Sozialpsychologie als *correspondence bias*, Korrespondenzverzerrung, bezeichnet. Die Situation, in der ein Mensch handelt, nicht zu bedenken, ihre Bedeutung nur falsch zu werten oder sie bewusst zu ignorieren, weil man das Verhalten als notwendigen Teil seiner Persönlichkeit ansieht oder aber die Motivation fehlt, sich mit der Situation der zu beurteilenden Person näher zu befassen, gilt als Variante dieser Korrespondenzverzerrung.

„Jedermann wird zugestehen, dass der Mensch ein soziales Wesen ist. Wir sehen es in seiner Abneigung gegen Einsamkeit sowie seinem Wunsch nach Gesellschaft über den Rahmen seiner Familie hinaus."

Charles Darwin (1809–1882)

Nicht unwesentlich wirkt sich die Situation des Beobachters auf das Urteil bzw. dessen Verzerrung aus. Der Blickwinkel auf die zu beurteilende Person trägt maßgeblich zu ihrer Wahrnehmung bei: Ist der Blick direkt auf die zu beurteilende Person gerichtet, fällt das Urteil über sie anders aus, als wenn sie zum Beispiel nur aus dem Augenwinkel zu beobachten ist. Äußerliche Auffälligkeiten beeinflussen die soziale Wahrnehmung und damit die Objektivität des Urteils ebenfalls: Ein Farbiger in einer Gruppe von Weißen, ein Weißer in einer Gruppe von Farbigen, ein Punker zwischen „Spießern" oder ein „Spießer" unter Punkern und dieselben Personen jeweils in einer Gruppe, in der sie nicht auffallen – obwohl sie in Tests wortwörtlich dieselben Äußerungen machten und dasselbe Verhalten zeigten, wurden sie von Beobachtern jeweils anders beurteilt, abhängig davon, ob sie aus der Gruppe hervorstachen oder in ihr untergingen.

PERSÖNLICHE EINFLÜSSE AUF DIE SOZIALE WAHRNEHMUNG

Wie Menschen Dinge bewerten, hängt immer auch von ihrer persönlichen Sozialisation, von den Erfahrungen, der Kultur, der individuellen Disposition ab. Dies gilt ebenso für die soziale Wahrnehmung, und hier vom ersten Moment an. Es ist die Tendenz des Menschen, den ersten Eindruck von anderen als Realität anzusehen und diesen *first impression error* nur sehr selten zu revidieren. Zumal dann, wenn ein besonderes Merkmal so stark hervorsticht bzw. den Betrachter so sehr beeinflusst, dass dieses eine Merkmal alle anderen überstrahlt. Dieser Effekt wird als Halo-Effekt bezeichnet.

Doch die gesamte, individuelle und kulturelle Lebenserfahrung spielt in diesem Zusammenhang eine Rolle: Wir nehmen Frauen anders wahr als Männer, Kinder anders als Erwachsene, Minderheiten anders als Mehrheiten. Die soziale Wahrnehmung des Menschen ist in höchstem Maße selektiv, wird durch den Kontext, durch Bedürfnisse und Konzepte gelenkt. Häufig spielen Erwartungen oder Vorstellungen bei der Einschätzung des Gegenübers eine ebenso große Rolle wie tatsächliche Fakten – und manifestieren sich auf diese Weise immer stärker. Was mit unseren Erwartungen zusammenpasst, nehmen wir schneller wahr, gewichten wir stärker und glauben wir unmittelbar.

All diese Faktoren führen dazu, dass ein Urteil über eine andere Person, zumal ein schnelles, in kurzer Zeit gefälltes Urteil, selten objektiv ist. Andererseits aber ist der Mensch in der Lage, seine Urteile zu objektivieren, indem er hinterfragt, wie er zu einem Urteil gelangt und beispielsweise Assoziationen, die er normalerweise zu bestimmten Verhaltensweisen und Merkmalen hat, aktiv zu durchbrechen und allzu starren Stereotypen entgegenzuwirken.

ICH BIN MEHR, ALS DU SIEHST – VORURTEILE

„Blind-Auditions" heißen bei der Castingshow „The Voice of Germany" bzw. deren internationalen Pendants die Shows, in denen die Kandidaten den Juroren vorsingen, ohne dass Letztere Erstere sehen können. Es ist der Versuch, alle Vorurteile abzustreifen und die Stimme selbst – unabhängig von Miniröcken und durchsichtigen Oberteilen, unbeholfenen Tanzschritten, ein paar Speckröllchen zu viel oder einer dicken Hornbrille – zu beurteilen.

Was bei „The Voice" der Unterhaltung dient, wird in internationalen Orchestern zunehmend zum Alltag, um den eigenen Vorurteilen und der daraus folgenden Diskriminierung von Musikern und insbesondere Musikerinnen entgegenzuwirken. Wie schwierig dies ist, zeigt der Fall der amerikanischen Posaunistin Abbie Conant, geradezu ein Paradebeispiel für Vorurteile und Diskriminierung im Orchesterbetrieb:

Im Jahr 1980 wurde die Posaunistin zur Blind-Audition vor den Münchner Philharmonikern eingeladen. Zwar war das Anschreiben an Herrn Abbie Conant gerichtet, doch die Musikerin sah darin lediglich einen Schreibfehler. Damals war das Verfahren des Blindvorspielens noch nicht üblich, doch sollte der Sohn eines bekannten Musikers daran teilnehmen und man wollte ihn nicht bevorzugen. Abbie Conant spielte und nachdem der damalige Chefdirigent Sergiu Celibidache, einer der mit Sicherheit größten Dirigenten seiner Zeit, ihr Spiel hörte, soll er gerufen haben „Das ist er!". Er schickte die übrigen Teilnehmer nach Hause und wollte Conant zum Soloposaunisten machen – bis zu dem Moment, als sie hinter dem Wandschirm hervortrat und sich als Frau entpuppte. Gegen seinen Wunsch wurde die Musikerin zunächst eingestellt, doch eineinhalb Jahre später meinte der Maestro: „Wir brauchen einen Mann für die Soloposaune" und degradierte Conant zur stellvertretenden „Posaune" mit entsprechend weniger Gehalt. Conant zog vor Gericht. Plötzlich argumentierte die Stadt München, Conants Arbeitgeber: Eine Frau bringe die physischen Anforderungen nicht mit, Conant müsse zu häufig atmen, immer an den Stellen, an denen dies musikalisch unpassend sei. Jahrelang prozessierte die Posaunistin, absolvierte Lungentests und Vorspiele, bis sie ihre Solistinnenstelle zurückbekam – eine Reihe von Expertisen in der Tasche, die sie für die Soloposaunistenparts der internationalen Spitzenorchester geradezu prädestinierte. Dennoch wurde das Gehalt ihrer Solistenstelle nicht wieder angepasst, sie verdiente rund 350 Mark weniger im Monat als ihre männlichen Kollegen. Conant klagte erneut und bekam ein weiteres Mal Recht.

Cooler Retro-Look oder spießiger Kitsch? Um sich ein aussagekräftiges Urteil zu bilden, reicht der fokussierte Blick in der Regel nicht aus.

Stereotype helfen uns, Ordnung ins vermeintliche Chaos zu bringen. Daraus resultierende Vorurteile erweisen sich allerdings viel zu häufig als wahre Fehlurteile.

Wie kann es passieren, dass ein Dirigent vom Format Celibidaches eine „Posaune", die allen Anforderungen seines Orchesters gerecht wird und in einem blinden Test auch all seine Erwartungen erfüllte, ablehnt, weil sie eine Frau ist? Wie kommt es zu solchen Vorurteilen, wodurch werden sie gefördert und wie lassen sie sich ausschalten?

Unsere soziale Wahrnehmung basiert fast immer auf vorgefertigten Meinungen. Wir bilden uns ein erstes Urteil, sobald wir einen Menschen nur wahrnehmen. Die Wahrnehmung der Attraktivität, des Verhaltens – zunächst sind dies alles kleine Vorurteile, wir ordnen Menschen ein, generalisieren und kategorisieren ihr Verhalten, ihre vermeintlichen Charaktereigenschaften. Eine Vorgehensweise, auf die wir angewiesen sind, um Informationen schnell verarbeiten zu können, die als grobe Orientierung für unser Leben zunächst unentbehrlich ist – solange sie nicht starre Überzeugungen hervorruft, resistent gegen Veränderungen und jede Überprüfung. Bezieht sich diese erste Einschätzung auf eine einzelne Person, wird dieses noch nicht als Vorurteil, sondern eher als Fehlurteil bezeichnet. (Beispiel: Diese Frau kann nicht Auto fahren.) Verknüpfen wir solche Einschätzungen jedoch generell mit fremden, zumal mit leicht erkennbaren Gruppen (denen wir nicht selbst angehören), bilden sich Vorurteile (Beispiel: Frauen können nicht Auto fahren).

Solche Vorurteile entstehen auf der Grundlage sogenannter Stereotype. Stereotype sind eine Möglichkeit, „der großen, blühenden, summenden Unordnung der Wirklichkeit eine Ordnung unterzuschieben", führte Walter Lippmann, Schriftsteller und Medienkritiker, diesen Begriff im Jahr 1922 ein. Letztendlich aber bringen sie keine Ordnung, sie stellen lediglich Ansichten über Gruppen und deren Mitglieder auf, die von Nicht-Angehörigen dieser Gruppe sozial geteilt werden. Diese Ansichten können positiv sein, sind aber in der Regel negativ. Stereotype und das Wissen um sie stellen noch keine Vorurteile dar, aber sie bilden deren Fundament. Was zum Vorurteil fehlt, ist ein wichtiger Aspekt: die Empfindung, dass diese Ansichten ganz oder zumindest in Teilen stimmen. Folgt diesem Empfinden ein entsprechendes Handeln oder Worte, die sich auf ebenjene Stereotype beziehen, sprechen wir von Diskriminierung. Weit verbreitet sind Vorurteile und Diskriminierungen in Bezug auf Rasse und Geschlecht, das Alter und das Äußere, die Religion und nicht zuletzt den sozialen Status.

Warum aber entstehen Vorurteile? Die Stereotypenentstehung ist für uns bis zu einem gewissen Grad notwendig, um Informationen aus unserer Umwelt überhaupt verarbeiten zu können. Die Vorurteile selbst und die meist folgenden Diskriminierungen aber Entstehen aus einer anderen Motivation heraus: Sie dienen der Steigerung unseres Selbstwertgefühls, damit wir selbst gut dastehen. Zu diesem Zweck wird die eigene – oft überaus bedeutungslose –

Gruppe aufgewertet und als differenzierte, sublime Gruppe wahrgenommen, während die Fremdgruppe als homogene Einheit angesehen wird. Es ist diese vermeintliche Homogenität, die unsere Vorurteile überhaupt wirksam werden lässt, weil wir nun – meist wider unser besseres Wissen – sagen können: In dieser fremden Gruppe sind alle gleich, während wir in unserer Gruppe über verschiedene Charaktere, Fähigkeiten, Verhaltensweisen etc. verfügen. Damit sucht der Mensch sein positives Selbstkonzept (innerhalb seiner Gruppe) zu stärken. Je stärker er sich in seiner sozialen Identität, in seinem persönlichen Selbstwertgefühl, oder jener der gesamten Gruppe, wiederum bedroht fühlt, desto stärker werden die Vorurteile. Das kann so weit führen, dass die Fremdgruppe zum Sündenbock für all jenes wird, was der eigenen Person oder der Gruppe misslingt, obwohl die Fremdgruppe in keiner Weise daran Schuld trägt. Tatsächlich aber ist diese vermeintliche Bedrohung keine notwendige Voraussetzung für Vorurteile: Es genügt, sich einer Gruppe zugehörig zu fühlen, um die Fremdgruppe zu kategorisieren. Mit den Folgen der entsprechenden Diskriminierungen.

Dennoch sind Vorurteile und damit Diskriminierung kein vorgeschriebenes unabänderliches Muss des menschlichen (Sozial-)Lebens. Die Stereotypenentstehung lässt sich nicht vermeiden, doch daraus müssen keine Vorurteile entstehen, schon gar nicht tief verwurzelte, die ein entsprechendes Verhalten nach sich ziehen.

Zwei Maßnahmen gelten als die wichtigsten, um Vorurteile zu unterbinden bzw. bestehende aufzulösen: Das Wissen um die eigenen Vorurteile und der Wunsch, sie auszuschalten, sowie der vermehrte Kontakt mit der Fremdgruppe – je häufiger dies geschieht, desto leichter verschwinden die Vorurteile.

Sind Vorurteile hingegen erst einmal verinnerlicht, ist es schwer, sie wieder loszuwerden. Denn sie werden automatisch zur Informationsverarbeitung hinzugezogen – und bestätigen sich so ständig selbst. Wenn man denkt, Frauen könnten schlecht Auto fahren, bestätigt jede schlecht Auto fahrende Frau dieses Vorurteil, während ein Mann, den man beim schlechten Autofahren beobachtet, allerhöchstens als Einzelfall wahrgenommen wird. Darüber hinaus kann das Denken in Vorurteilen diese sogar Wirklichkeit werden lassen: Versuche zeigten, dass Opfer von Vorurteilen tatsächlich den Erwartungen bezüglich des Vorurteils entsprechen, wenn sie fürchten, dass das Vorurteil auch Grundlage ihrer Beurteilung ist: Männer, die beispielsweise um das Vorurteil wissen, dass ihr Geschlecht angeblich weniger sprachbegabt ist, schnitten dann in Sprachtests schlechter ab, wenn sie ihr Geschlecht angeben mussten. Ähnliches wurde bei Frauen in naturwissenschaftlichen Tests beobachtet. Es handelt sich um die klassische *self-fulfilling prophecy*.

Es grenzt daher schon beinahe an ein Wunder, dass die Posaunistin Abbie Conant sich von den Vorbehalten Sergiu Celibidaches gegenüber einer Posaune spielenden Frau und den daraus folgenden Diskriminierungen nicht beeinflussen ließ und sich massiv dagegen wehrte. Die Blind-Auditions zumindest sind an internationalen Orchestern inzwischen durchaus üblicher und ließen den Frauenanteil zumindest in US-amerikanischen Orchestern in den vergangenen 20 Jahren von 5 auf 36 Prozent ansteigen. Die Orchester im deutschsprachigen Raum müssen da teils noch massiv aufholen.

Hierzulande aber werden sich Arbeitgeber ihrer Vorurteile zunehmend bewusst und beginnen, ihre Mitarbeiter nach demselben Prinzip auszuwählen. In verschiedenen Städten und Gemeinden werden Mitarbeiter mittels anonymisierten Bewerbungen gesucht und die Vorauswahlen zu Vorstellungsgesprächen ohne Kenntnis von Alter, Geschlecht, Rasse, Religion oder der Vorgeschichte des Bewerbers getroffen. Allein der Qualifikation des Bewerbers wird Beachtung geschenkt. Und siehe da: Mit einem Mal finden 56-Jährige, Hartz-IV-Empfänger, Mütter, Muslime etc. wieder Arbeit und werden ins Berufs- und damit soziale Leben reintegriert. Und das hilft wiederum, Vorurteile effektiv abzubauen.

Vorurteile werden heute meist per se als negativ empfunden, dabei spielen positive Vorurteile durchaus eine wichtige Rolle, beispielsweise in der Wirtschaft, wenn bestimmte Marken oder Produkte mit konkreten (positiven) Eigenschaften verbunden werden.

ICH UND DIE ANDEREN – VON GRUPPEN UND SOZIALEM EINFLUSS

Es ist keine kulturelle Errungenschaft unserer Spezies, in sozialen Gruppen zu leben. Der Mensch zählt biologisch zu den Primaten und ist wie seine nächsten Verwandten, Schimpansen und Gorillas, biologisch an das Leben in Gruppen angepasst und auf deren Sozialität angewiesen. Aus evolutionärer Sicht musste der Nutzen für das Individuum, sich einer Gruppe anzuschließen, also größer sein als die individuellen Kosten.

Für urgeschichtliche Zeiten liegt dieser Nutzen recht klar auf der Hand: Der Schutz vor Feinden gehört dazu, da man in der Gruppe zwar leichter aufgespürt wird, aber auch bessere Verteidigungsstrategien entwickeln kann und stärker ist; ein effizienterer Nahrungserwerb ist ein anderer Grund für das Gruppenleben. Darüber hinaus macht es die langwierige Aufzucht der Kinder insbesondere für Frauen notwendig, Allianzen zu bilden, um in Zeiten von Geburt und Kinderbetreuung Schutz und Nahrung durch die Gruppe zu erlangen. Dem standen ohne Fragen von Anfang an Kosten gegenüber, beispielsweise Nahrungskonkurrenz und Konkurrenz um Sexualpartner, die zu Auseinandersetzungen führen konnten. Um Aggressionsverhalten und schwerere Konflikte zu vermeiden, sind bei nicht-menschlichen Primaten ebenso wie beim Menschen Konfliktvermeidungsstrategien zu beobachten, zu deren einfachsten das soziale Grooming zählt. Dieses soziale Grooming, Allogrooming, also die gegenseitige Fellpflege (beim Menschen heute eher Körperberührung wie Umarmungen, Streicheln etc.) gehört zum eindeutigen biologischen Erbe aller sozialen Lebewesen, dessen Ausbleiben beim Menschen nach wie vor zu schweren psychischen Störungen führen kann. Gleichwohl waren die ökologischen Kosten des Gruppenlebens hoch, denn ein soziales Wesen ist ständigen Interessenskonflikten ausgesetzt. Entsprechend musste der individuelle Nutzen des Gruppenlebens diese Kosten deutlich übersteigen, damit sich diese Lebensform biologisch bis in die heutige Zeit durchsetzen konnte.

An dieser Kosten-Nutzen-Bilanz hat sich nach wie vor wenig geändert, auch wenn sich die Rahmenbedingungen unseres (Gruppen-)Lebens gewandelt haben: Der Mensch kann nicht allein leben, er interagiert mit anderen Personen und ist in Gruppen eingegliedert. Diese Gruppen haben an Vielfalt gewonnen: Waren es in urgeschichtlichen Zeiten vermutlich in erster Linie Familien und Sippen, später Stämme, die die eigene Gruppe verkörperten, so

Wir sind von Natur aus gesellig und schließen uns nur allzu gern einer Gruppe an.

gehören die meisten Menschen heute einer Vielzahl von Gruppen an, die sich wiederum zu Gemeinschaften und Gesellschaften zusammenschließen und sich ebenfalls durch einen Großteil über Gruppenmerkmale definieren lassen. Die familiäre Gruppe der Urzeit weitete sich zu einer Unmenge anderer sozialer Gruppen aus: von der Familie über Teams und Arbeitsgruppen in Beruf, Schule und Universität, Clubs, Vereinen, Kirchen- und Jugendgruppen bis hin zu Freundeskreisen, Cliquen, Gangs oder den Gruppen in virtuellen sozialen Netzwerken. Diese Gruppen wiederum sind Teil bestimmter übergeordneter Gemeinschaften und Gesellschaften wie etwa Staaten, Kulturen etc. Auch diese funktionieren in Hinblick auf bestimmte Faktoren – beispielsweise bezüglich Vorurteilen und Normen – wie Gruppen.

Nach wie vor zieht der Mensch aus diesen Gruppen jeweils einen Nutzen und der ist wie in der Vorgeschichte höher einzuschätzen als die materiellen oder ideellen Kosten der Gruppenzugehörigkeit. Wenn man bedenkt, dass beispielsweise jedes Mitglied des Rocker- und Motorradclubs Hells Angels Deutschland im Monat 400 Euro zahlt und einmalig die Kutte für 2500 Euro und ein Motorrad erstehen muss, so sind allein die materiellen Kosten für die bloße Zugehörigkeit zu der Gruppe enorm. Hinzu kommen wöchentliche Treffen, die zeitlich zu Buche schlagen.

Wie unsere nächsten Verwandten sind auch wir auf soziale Gruppen, einen sozialen Verband angewiesen. Die gegenseitige „Fellpflege", das Grooming, ist essenziell für unser Dasein.

Der Nutzen muss also beinahe gigantische Ausmaße annehmen, damit er die hohen Kosten einer Hells-Angels-Mitgliedschaft ausgleicht. Ähnlich sieht es bei den Rotariern aus, die im Vergleich zu den Hells Angels zwar einen beinahe geringen Jahresbeitrag von einigen hundert Euro erheben, dafür aber ein recht großes zeitliches Engagement erwarten. Womit können solch hohe Kosten aufgewogen werden?

Elementarster Nutzen einer Gruppe ist das schlichte biologische Bedürfnis nach Kontakt mit Gleichartigen, ein direktes Erbe unserer Primatennatur. Darüber hinaus dienen dem Menschen Gruppen einerseits in psychologischer Hinsicht, indem er sich selbst über diese Gruppe definiert, seinen Status, seine soziale Identität durch diese erwirbt bzw. manifestiert, sein Selbstwertgefühl erhöht und die Gruppe ihn zudem die Welt verstehen lässt. Andererseits haben Gruppen meist einen ganz konkreten Nutzen: Durch sie lassen sich beispielsweise Aufgaben bewältigen, die ein Mensch allein nicht erledigen könnte, aus denen aber alle gemeinsam zum Beispiel finanzielle Vorteile ziehen. Andere Gruppen vermitteln Sicherheit und Schutz oder verleihen Macht. Die Zugehörigkeit zu einer bestimmten Gruppe erleichtert dem Individuum die Befriedigung seiner Bedürfnisse, seien es nun materielle Güter, Hilfeleistungen der Gruppenmitglieder untereinander oder psychologische „Besitztümer" wie Freundschaft, Liebe oder Bestätigung.

Eine Gruppe unterscheidet sich von bloßen Menschenansammlungen oder Menschenmassen (sogenannten Aggregaten) durch verschiedene Kriterien: Es muss sich um mindestens zwei Personen (Dyade, Zweiergruppe) handeln, die gemeinsame Ziele oder Interessen vertreten, zwischen denen ein Wir-Gefühl herrscht, die sich also gegenüber anderen eindeutig abgrenzen, und die dadurch – bei mehr als zwei Mitgliedern – von Außenstehenden als Gruppe wahrgenommen werden. Zudem müssen diese Faktoren von relativer zeitlicher Dauerhaftigkeit sein, dürfen also nicht nur wenige Augenblicke Bestand haben, und es ist eine gewisse Interaktion zwischen den Gruppenmitgliedern notwendig; welche Formen die aber annimmt, hängt von der Gruppengröße ab. Während Interaktion in Kleingruppe bis etwa 20 Mitglieder problemlos durch Kommunikation zu erreichen ist, ist dies für größere Gruppen nicht mehr unbedingt realistisch. Dass jedoch auch in Großgruppen eine gewisse Interaktion stattfinden kann, zeigen Fußballfans im Stadion: Mittels Fangesängen und -rufen interagieren sie miteinander, demonstrieren ihre Zugehörigkeit zu ihrer sozialen Gruppe.

GRUPPENSTRUKTUREN

Es war ein beispielloses sozialpsychologisches Experiment in Bezug auf die Strukturen und ihre Funktionsweise innerhalb sozialer Gruppen: das Stanford-Gefängnis-Experiment von 1971. Eigentlich sollte Philip Zimbardo, Sozialpsychologe an der Universität von Stanford, die Ursachen für Konflikte zwischen Wärtern und Insassen in US-amerikanischen Gefängnissen untersuchen. Im Keller seines Universitätsinstituts richtete er daraufhin Gefängniszellen ein, suchte über Annoncen 18 Studenten, die als Testpersonen an einem 14-tägigen Experiment teilnehmen wollten, prüfte sie eingehend auf ihre psychische Stabilität und teilte ihnen anschließend mittels Losverfahren ihre neuen Rollen zu: Die eine Hälfte wurde zu Gefängniswärtern, die andere Hälfte zu Insassen ernannt. Um das Experiment realistisch zu gestalten, wurden die Häftlinge zuhause von echten Polizisten verhaftet, in Handschellen abgeführt und auch im Gefängnis allen üblichen Prozeduren unterworfen: Fingerabdrücke wurden abgenommen, Fotos aufgenommen, aber die Häftlinge wurden auch recht demütigenden Körperuntersuchungen unterzogen, bevor ihnen die Gefängnisregeln mitgeteilt und sie in ihrer Zelle eingeschlossen wurden. Soweit die Versuchsanordnung. Das Ergebnis: Das Experiment (das übrigens im Jahr 2001 von Oliver Hirschbiegel unter anderem mit Moritz Bleibtreu und Christian Berkel verfilmt wurde) musste nach nur sechs Tagen abgebrochen werden. In dieser Zeit waren die Teilneh-

Klare Zuständigkeiten und Arbeits-
teilung erleichtern es einer Gruppe,
zu funktionieren. Jedem Mitglied
fällt dabei eine konkrete Rolle zu.
Dies trifft gleichermaßen für
komplexe Gruppen wie Nationen
oder auch Kleinstgruppen zu,
die sich oftmals nur aufgrund
gleicher Interessen und (womöglich)
soziokulturellem Hintergrund
zusammengefunden haben.

mer des Experiments – insbesondere die Wärter – völlig in ihren Rollen aufgegangen. Insassen, die gegen die Regeln verstießen bzw. die bereits am zweiten Tag wegen unmenschlicher Behandlung eine Rebellion anzettelten, wurden schikaniert, verhöhnt, gedemütigt, eingeschüchtert und bestraft, auch mit Gewalt, was zuvor ausdrücklich verboten worden war. Dagegen erhielten die drei „Gefangenen", die sich nicht an der Rebellion beteiligt hatten, Privilegien – und wurden von den anderen Häftlingen als Informanten gemieden. Zuletzt glaubten vor allem die Häftlinge tatsächlich, sie seien inhaftiert, und waren „sowohl als Gruppe als auch als Individuen am Boden zerstört". (Zur ausführlichen Vorgehensweise und zu den Ergebnissen: www.prisonexp.org/deutsch.)

Erstaunlich war überdies: Die wissenschaftlichen Mitarbeiter, Zimbardo selbst sowie die Freunde und Angehörigen der Insassen hatten sich ebenfalls an die Rollen gewöhnt, benahmen sich, als sei das Stanford-Gefängnis eine echte Haftanstalt. Erst eine Doktorandin Zimbardos, die nach sechs Tagen Interviews mit den Insassen führen sollte und die Ausmaße, die das Stanford-Gefängnis-Experiment angenommen hatte, von außen betrachtete, stoppte den Versuch.

Innerhalb von nur sechs Tagen hatte die Untersuchung gezeigt, welche Strukturen in Gruppen auftreten und welche Formen sie annehmen können – innerhalb der eigenen und zwischen zwei verschiedenen Gruppen.

ROLLE UND STATUS

Jedes Individuum übernimmt als Mitglied einer Gruppe eine bestimmte Funktion, eine Rolle, die all jene Verhaltensweisen und Verhaltensmuster in sich vereint, die von ihm innerhalb der Gruppe erwartet werden, und die auf die Verhaltensweisen beziehungsweise Rollen der anderen Gruppenmitglieder abgestimmt ist. Es handelt sich innerhalb der Gruppe um bestimmte Plätze, die vorgegeben sind, also zunächst nicht an ein Individuum gekoppelt sind, sondern dieses überdauern. Solange er die Verhaltenserwartungen erfüllt, steht es dem Inhaber der Rolle frei, diese nach eigenem Gutdünken auszugestalten. Der Rollen sind die Gruppenmitglieder nicht unbedingt gewahr: Wenn in einem Büro jemand die Rolle des „Mädchens für alles" oder des „Vermittlers" übernimmt, werden sich die Gruppenmitglieder dieser Rollen erst in den Momenten bewusst, in dem der Inhaber dieser Rolle seine Kompetenzen und Befugnisse eindeutig übertritt oder aber seine Rolle nicht mehr wahrnimmt, wenn er also gegen seine Rolle verstößt. Während rollenkonformes Verhalten entweder belohnt und positiv bewertet oder ignoriert und als gegeben hingenommen wird, werden Abweichungen oder Verstöße von der Gruppe mit Irritation aufgenommen und meist sanktioniert.

Jede Rolle aber beinhaltet einen gewissen Verhaltensspielraum, in dem keine Sanktionen gefürchtet werden müssen. Der Einzelne kann mit seiner Rolle sehr verbunden sein und in ihr Erfüllung finden und sich ohne sie minderwertig fühlen, oder er distanziert sich in gewissem Maße von ihr, erfüllt sie nur zum Teil oder spielt gar mit ihr. Je mehr jemand seine ihm zugewiesene Rolle annimmt, desto besser erfüllt er die Erwartungen der Gruppe an ihn.

Die Teilnehmer des Stanford-Prison-Experiments und hier insbesondere die Gefängniswärter zeigten die ganze Bandbreite an Möglichkeiten, wie die ihnen jeweils zugewiesene Rolle er- und ausgefüllt werden kann. Zimbardo zufolge gab es drei Typen von Gefängniswärtern: 1. die strengen, aber gerechten, die sich an die Regeln des Gefängnisses hielten und das auch von den Gefangenen erwarteten; 2. die guten, freundlichen, die die Gefangenen nicht bestraften und ihnen teilweise halfen; 3. die Gefängniswärter, die Gefallen an ihrer Rolle und der damit verbundenen Macht gefunden hatten, sie willkürlich ausnutzten und die Gefangenen demütigten und misshandelten, sobald sich Gelegenheit dazu bot. Ein unterschiedliches Verhalten, das sich nicht durch die zuvor erfolgten Persönlichkeitstests hatte vorhersehen lassen, sondern das ein typisches Phänomen bzw. Problem von Gruppen, insbesondere uniformierter Gruppen widerspiegelt: Mit Uniformen und mit verspiegelten Sonnenbrillen, hinter denen ihre Augen und damit Gefühle nicht sichtbar waren, ausgestattet, konnten die Wärter in ihrer Gruppe verschwinden, waren für die

Männer und Frauen übernehmen in den meisten Gesellschaften auch heute noch unterschiedliche Aufgaben. Die Ausprägung dieser Rollenverteilung (und des Rollenverständnisses) hängt dabei maßgeblich von der jeweiligen Gesellschaft ab. In manchen Gesellschaften sind beide theoretisch weitgehend gleichgestellt, in anderen sieht das öffentliche Leben eine strikte Trennung von Mann und Frau vor – was in der Regel immer mit einer gesellschaftlichen und rechtlichen Benachteiligung der Frauen einhergeht.

Häftlinge, aber auch für ihre „Kollegen" anonyme Personen. Diese Anonymität kann zur sogenannten Deindividuation führen, in der ein Individuum, „versteckt" in seiner Gruppe, Handlungen ausübt, die er alleine niemals ausführen würde. Solche Verhaltensweisen weichen meist von der gesellschaftlichen Norm ab. Anonymisiert in der Gruppe kann die Verhaltenskontrolle des Individuums geschwächt sein, sein Verantwortungsgefühl abnehmen und es steigt die Wahrscheinlichkeit, dass es gegen gesellschaftliche Normen und Gesetze handelt. Das Individuum verliert sich in seiner Gruppenrolle.

Es sind diese Deindividuationen innerhalb von Gruppen, dieser Verlust der normalen Verhaltenskontrolle und des Verantwortungsbewusstseins, der Verlust der normativen Urteilskraft und des Selbst, die zu Völkermorden wie denen im Dritten Reich, in Ruanda oder im Kosovo führten, die amerikanische Soldaten im iranischen Abu Ghraib-Gefängnis Häftlinge foltern und demütigen oder deutsche Soldaten in Afghanistan mit menschlichen Totenschädeln posieren ließen. Und diese Deindividuation steigt, je größer die Gruppe und je anonymisierter ihre Individuen sind.

Möglicherweise unabhängig von der Rolle eines Gruppenmitglieds ist sein Status, seine sozial bewertete Stellung innerhalb der Gruppe. Der soziale Status kennzeichnet die Wertschätzung von Seiten der anderen oder aber das eigene Wertbewusstsein in Bezug auf die anderen. Damit weist der soziale Status jedem Individuum innerhalb einer Gruppe (und in der Gesellschaft) einen Rangordnungsplatz zu. Die Soziologie unterscheidet in diesem Zusammenhang zwischen angeborenem und erworbenem Status. Zu Ersterem zählt beispielsweise der Geschlechtsstatus (Frau und Mann), aber auch die ethnische Herkunft oder die Abstammung, ob man beispielsweise als Kind eines Arbeiters, Arztes oder Angehörigen des Hochadels geboren wird. Der erworbene Status bezieht sich etwa auf Bildung, beruflichen Erfolg, sportliches Können oder kriminelles Verhalten. Häufig gehen angeborener und erworbener Status Hand in Hand, doch das ist nicht zwingend notwendig. Ebenso wenig, wie die Bewertung des Status durch die Gruppe auf objektiven Fähigkeiten beruhen muss, denn der Status begründet sich auf die Erwartungen der Gruppe, die einer Person beispielsweise aufgrund seiner Herkunft, seiner Bildung oder einfach aufgrund von Statussymbolen wie Autos, Kleidung etc., entgegengebracht werden. Das hat zur Folge, dass Verhalten, Einstellungen, Werte von Personen mit einem hohen Status als wahrer, besser gewertet werden als diejenigen von Personen mit einem niedrigen Status. Im Hinblick auf den angeborenen wie den erworbenen Status führt dies zu ständigen Fehleinschätzungen, beweist doch ein hoher Status nicht notwendigerweise eine hohe Kompetenz.

NORMEN

Anders als die Rollen innerhalb von Gruppen sind die Normen für alle Mitglieder einer Gruppe identisch. Normen sind die Regeln einer Gruppe, nach denen sich ausnahmslos alle Gruppenmitglieder zu richten, nach denen sie zu handeln haben – und zwar innerhalb der Gruppe und mit Bezug auf die Außenwelt. Art und Ziel der Gruppe bestimmen die sozialen Normen, aber auch die Einstellungen und Werte, die die Mitglieder vertreten müssen – und zwar grundsätzlich unabhängig ihrer ihnen zugewiesenen Rolle.

Inwiefern die Gruppenmitglieder sich streng an die vorgeschriebenen Normen halten, ist von zwei Faktoren abhängig: Zum einen von der Schwere der Konsequenzen, wie zum Beispiel Sanktionen, die die Gruppe bei Zuwiderhandeln gegen die Normen verhängt, zum anderen von der Bedeutung der Gruppe für das Individuum, wie dringend er ein Mitglied dieser Gruppe sein möchte.

In der Regel beziehen sich Normen auf sozial akzeptierte Einstellungen und Verhaltensweisen, die von übergeordneten Gruppen/Gemeinschaften der „Gesellschaft" geteilt werden, also geltendem Recht und den die dominierende Kultur entsprechenden Regeln, aber auch Regeln aus dem jeweiligen spezifischen Bereich, beispielsweise

Nachfolgende Doppelseiten: Menschen handeln und verhalten sich in Gruppen anders als alleine, sei es bei den Sanfermines in Pamplona oder beim gemeinsamen Public Viewing unter freiem Himmel.

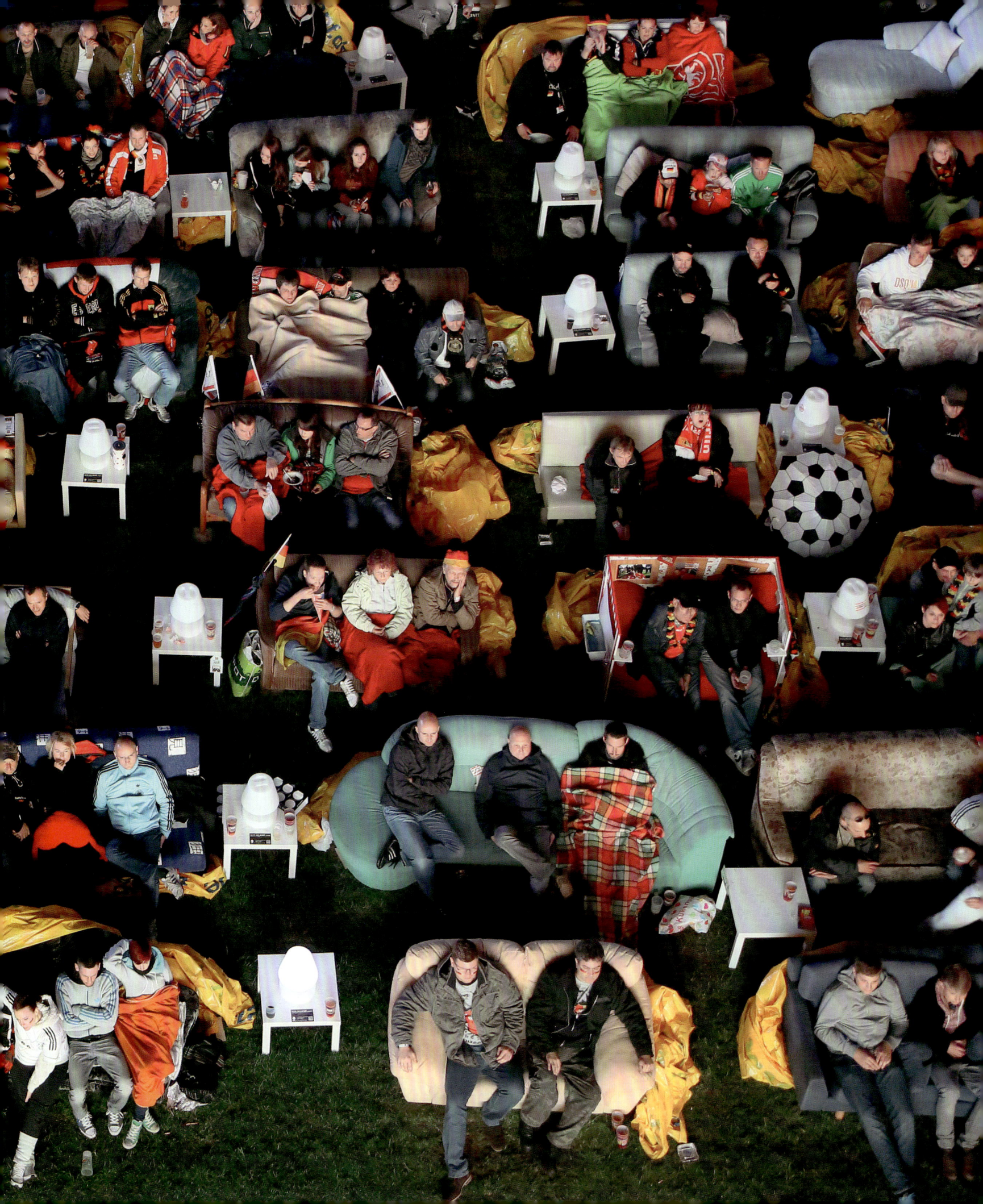

der sportlichen Fairness in einem Fußballverein. Darüber hinaus existieren Gruppen, die es sich gerade zur Aufgabe gemacht haben, gegenüber der dominierenden Kultur unterschiedliche und differenzierte Normen und Werte zu vertreten. Das gilt zum Beispiel für Rockergruppen wie Hells Angels oder Bandidos, die allem Anschein nach der organisierten Kriminalität nahestehen, oder Hooligan-Gruppen, die Gewalt als probates Mittel der Kommunikation ansehen und einsetzen. Im Umkehrschluss heißt das, dass Gruppenmitglieder, die sich stark mit der Gruppe identifizieren, auch Gruppennormen — wie Gewalteinsatz — akzeptieren, die in der dominierenden Gesellschaft nicht toleriert werden und die die Mitglieder zu einem Verhalten verleiten, das sie außerhalb dieser Gruppe vielleicht abgelehnt hätten. Die Wärter des Stanford-Gefängnisses sind dafür wiederum ein Beispiel: Sie demütigten und drangsalierten die Häftlinge, in der Realität ihre eigenen Kommilitonen, weil sich diese Methoden schon nach kurzer Zeit als Gruppennorm etablieren konnten. Im Hörsaal hätten sie denselben Kommilitonen gegenüber ein gänzlich anderes Verhalten an den Tag gelegt.

Wie in Bezug auf die Gruppenrollen kann es auch hinsichtlich der Normen zur Deindividuation der Gruppenmitglieder kommen. Die Kleidung, das ganze äußere Erscheinungsbild, ist beispielsweise den Normen zugeordnet. Ob nun Anwälte in schwarzen Anzügen oder vor Gericht in schwarzer Robe auftreten, Soldaten und Polizisten Uniform tragen, Ärzte im weißen Kittel oder die Hells Angels in Kutte erscheinen — immer entspricht dieses Erscheinungsbild der Gruppennorm, weist die Träger der jeweiligen Gruppe zu. Das verstärkt einerseits das Gruppenzugehörigkeitsgefühl gegenüber Gruppenfremden, andererseits anonymisiert es den Träger vor sich selbst und vor Außenstehenden. Die Wahrscheinlichkeit, dass man sich dann außerhalb der Gruppe an die Regeln/Normen der Gruppe hält, steigt dadurch, zumal dann, wenn die Außenstehenden mit den Gruppennormen vertraut sind und ein entsprechendes Verhalten erwarten. Mit steigender Gruppengröße nimmt dieses Phänomen der Deindividuation stetig zu.

Doch nicht nur das Verhalten der Gruppe und die Werte werden durch die Gruppennormen gesteuert, auch die Leistungsbereitschaft wird klar durch die Gruppe bestimmt. Ist der Leistungsdruck innerhalb der Gruppe groß, wie es beispielsweise an Eliteschulen und noch stärker -universitäten zu beobachten ist, dann steigt die Leistung jedes Einzelnen, denn er möchte nicht aus dem Rahmen fallen oder gar der Gruppe schaden, denn das könnte Sanktionen für ihn bedeuten. Ist dagegen nur ein geringer Leistungsdruck innerhalb der Gruppe vorhanden, so erbringt das einzelne Mitglied meist eher schwache Leistungen, denn die sogenannten „Streber" müssen mit dem Ausschluss aus der Gruppe rechnen.

KOHÄSION

Zuletzt ist das Zusammengehörigkeitsgefühl, die Kohäsion, ein wichtiges Strukturmerkmal jeder Gruppe. Sie ist die Kraft, die Mitglieder dazu veranlasst, in der Gruppe zu bleiben. Bei starker Kohäsion fühlen sich die Mitglieder der Gruppe vermehrt verpflichtet, den Normen zu entsprechen, zumal dann, wenn die Gruppe für die Mitglieder sehr attraktiv ist, sie also nicht mit der schlimmsten Sanktion, dem Gruppenausschluss für nicht normatives Verhalten bestraft werden möchten.

ARTEN DER EINFLUSSNAHMEN

Diversity heißt seit Jahren das Schlagwort in Managerkreisen, man möchte Vielfalt in den Unternehmen sehen. Frauen und Männer, unterschiedliche Nationalitäten und Religionen, verschiedenartige Einstellungen und Kompetenzen — das alles wird offiziell von vielen Unternehmen für ihre Mitarbeiterzusammensetzung gewünscht. Doch das

Gemeinsame Werte und Interessen sind die Grundlage für das soziale Zusammenleben innerhalb einer Gruppe.

wirft Probleme auf, die die wenigsten Unternehmen anzugehen bereit sind. Es ist das Problem, dass der Mensch ein Gruppenwesen ist, in denen Heterogenität nur bis zu einem gewissen Grad erwünscht ist. Um in Gruppen Vielfalt durchzusetzen, muss diese fast immer aufgezwungen werden, mittels Gesetzen und Quoten, die der dominierenden Mehrheit keine andere Wahl lässt, als die Minderheit zu akzeptieren. Denn der soziale Einfluss der Mehrheit ist enorm; ihm zu widerstehen und Anderes, Fremdes zuzulassen, fällt dem Individuum schwer. Der Biologe und Hirnforscher Gerhard Roth beschreibt diese Probleme so: „Aber genauso elementar ist für uns Affen, die wir ja sind, das Geliebtwerden durch die Gruppe. Nichts ist schlimmer für einen Affen, als von seiner Gruppe abgelehnt zu werden. Das führt zum Selbstmord, zu schwerer Depression. Und die Sehnsucht nach Anerkennung (...) das ist ein genauso primäres Bedürfnis. (...) Und wir Affen zittern immer vor dem möglichen Verlust dieser Anerkennung. Das ist das Schlimmste, was uns passieren kann." Geliebt und anerkannt aber werden zunächst einmal diejenigen Personen, die anderen Menschen, in Gruppen oder auch innerhalb einer bloßen Ansammlung von Menschen, ähnlich sind, die vertraut wirken. Wenn wir Menschen dann als sympathischer wahrnehmen, wenn sie uns ähnlich sind und diese ersten Eindrücke nur schwer revidiert werden, wenn wir gleichzeitig in Gruppen für alle Mitglieder gültige Normen aufstellen, deren Nichteinhaltung sogar Sanktionen nach sich ziehen kann, dann liegt es nahe, dass der Mensch einen Hang zu Konformität, zu Angepasstheit innerhalb seiner Gruppe, seiner Gesellschaft, seiner Kultur hat. Um beliebt zu sein oder einfach nicht negativ aufzufallen, passen sich Menschen – häufig sogar gegen ihre eigenen Überzeugungen und Meinungen und sowohl innerhalb von Gruppen als auch bloßer Menschenansammlungen – anderen Menschen an. Sie ändern bewusst ihre Einstellungen, wenn sie mit den anders gearteten Meinungen einer größeren Menge konfrontiert werden. Auch dazu gibt es zahllose Tests, der bekannteste ist wahrscheinlich der von Solomon Asch aus dem Jahr 1951. Mehreren Versuchsteilnehmern wurde die Aufgabe zugeteilt, aus drei gezeigten Linien die Linie auszuwählen, die der Länge einer Referenzlinie entsprach. Die Längenunterschiede der einzelnen Linien waren dabei so deutlich, dass die Fehlerquote in Kontrollgruppen, die ihre Einschätzungen geheim und schriftlich abgaben, unter 5 Prozent lag. In den Experimentgruppen sah das anders aus: Sie bestand in erster Linie aus Vertrauten Aschs, die klare Anweisungen hatte, wie sie die Linienlänge zu beurteilen hatten. Nur eine Versuchsperson pro Gruppe war uneingeweiht und glaubte sich in einer Gruppe neutraler Versuchsteilnehmer.

Von insgesamt 18 öffentlich geäußerten Schätzungen sollten die Vertrauten des Experimentleiters sechs richtig beantworten, um glaubwürdig zu erscheinen. Bei den übrigen 12 Schätzungen gaben sie falsche Antworten, und zwar einmütig. Es stellte sich heraus, dass die echten Versuchsteilnehmer auf diese Mehrheitsmeinung sofort reagierten und sich in 75 Prozent der Fälle – entgegen ihrer mit Sicherheit eindeutigen Überzeugung – der Mehrheitsmeinung anschlossen.

Zwei Arten von sozialem Einfluss unterscheidet die Wissenschaft: den informativen und den normativen Einfluss. Der informative Einfluss entspringt der Neigung des Menschen, in Meinungen, Verhalten und Werten möglichst den sozialen Normen zu entsprechen. Insofern informiert sich das Individuum in uneindeutigen Situationen beispielsweise durch Beobachtung, wie sich die Menge verhält, was sie sagt und tut, und nimmt dieselbe Haltung an. Wer beispielsweise zum ersten Mal in seinem Leben in einem noblen Restaurant essen geht, wird beobachten, wie sich die anderen Gäste benehmen, wie laut sie reden, was und wie sie trinken und essen und sich dem angleichen. Wahrscheinlich liegt man damit richtig, weil zumindest ein Teil der Gäste mit den Gepflogenheiten eines solchen Restaurants vertraut ist, möglicherweise sind aber gerade an diesem Abend erstmals nur unerfahrene Gäste im Lokal und verhalten sich völlig unpassend. Es ist das Prinzip der sozialen Bewährtheit, nach dem die neuen Gäste handeln, indem sie sich in uneindeutigen Situationen der – womöglich falschen – Meinung, dem Verhalten der Mehrheit anschließen, die wiederum damit informativen Einfluss nimmt.

Im Falle des Asch-Experimentes war es jedoch nicht der informative, sondern der normative Einfluss, der den Großteil der echten Versuchsteilnehmer dazu bewog, ihre korrekte Meinung wissentlich gegen eine falsche einzutauschen. Es ist die Angst, aus der Reihe zu tanzen, aufzufallen und vielleicht sogar verlacht oder angefeindet zu werden, weil man seine eigene Meinung vertritt. Mit anderen Worten, es sind die möglichen Sanktionen der Gruppe, der Mehrheit, die den Menschen dazu bewegen, sich gruppenkonform zu verhalten und zu äußern.

Im Gegensatz zum informativen Einfluss, der meist auch die Änderung der inneren Einstellung zur Folge hat, ist dies beim normativen Einfluss häufig nicht der Fall. Die Personen in Aschs Versuch glaubten nicht wirklich daran, dass ihr eigener Eindruck sie täuschte. Sie schlossen sich der Meinung an, weil sie sich nicht blamieren, sie nicht auffallen wollten, weil sie die Ablehnung ihrer Person durch die Mehrheit fürchteten.

Man warf Solomon Asch nach der Veröffentlichung seines Versuchs vor, der Test wäre mit desinteressierten Studenten ausgeführt worden, weshalb dieses Ergebnis nicht relevant sei. Und in manchen Teilen ist diese Kritik berechtigt, denn Menschen verhalten sich – obwohl sie generell stark zum mehrheitskonformen Handeln neigen – unter anderen Bedingungen durchaus weniger konform. Das beginnt bereits, wenn das falsche Urteil nicht ganz so einmütig gefällt wird, wenn nur noch ein anderes Mitglied der Gruppe sich gegen die Mehrheitsmeinung stellt

In der Gemeinschaft Gleichgesinnter
fühlen wir uns stark, sicher und
geborgen – ganz so wie unsere
nahen Verwandten.

oder wenn die Gruppe sehr klein ist. Daneben ist die Konformität abhängig davon, wie wichtig einem einerseits die Anerkennung der jeweiligen Gruppe ist (wir gehen wesentlich seltener konform, wenn uns die Gruppe, die Mehrheit nicht interessiert), und wie wichtig uns andererseits eine korrekte Antwort ist. Geht es um ein Thema, das uns persönlich am Herzen liegt, oder um die eigene Reputation, vertreten wir unsere Meinung stärker. Das wiederum führt dazu, dass es ebenso als Minderheit möglich ist, sozialen Einfluss auf eine Mehrheit auszuüben, auch wenn dies wesentlich schwieriger ist.

Ein Paradebeispiel dafür, wie eine Ein-Mann-Minderheit die Mehrheit überzeugen kann, ist der Film „Die zwölf Geschworenen" (Originaltitel: 12 Angry Men) aus dem Jahr 1957. Henry Fonda spielt darin den Geschworenen Nummer 8, der als einziger unter den 12 Geschworenen einer Gerichtsverhandlung einen berechtigten Zweifel an der Schuld des Angeklagten hegt und daher keinem Schuldspruch zustimmt. Im Verlauf der langwierigen Beratung entkräftet er nach und nach die mutmaßlichen Beweise für die Schuld der Täters, deckt aber auch die persönlichen Gründe der Mitgeschworenen für deren vorschnellen Schuldspruch auf. Zuletzt erwirkt er einen einmütigen Freispruch, nicht deshalb, weil er sich der Unschuld des Angeklagten sicher ist, sondern weil er an dessen Schuld einen Zweifel hegt – was laut amerikanischem Recht den Geschworenen ausreichen muss, um für „Nicht schuldig" zu stimmen. Der Film zeigt – neben hervorragenden Beispielen zum Rollen- und Gruppenverhalten und zur Gruppendynamik –, dass gute Argumente und Standhaftigkeit in Bezug auf die Argumente und eine konsistente Argumentation notwendig sind, wenn man eine Mehrheit überzeugen möchte. Darüber hinaus begannen in dem Film, nachdem Fonda den einen ersten Überläufer gewonnen hatte, die anderen über die Möglichkeit nachzudenken, dass Fonda Recht haben könnte; je größer im Anschluss die Minderheit wurde, desto schneller schlossen sich weitere Mehrheitsmitglieder der Minderheitenmeinung an, bis diese zur Mehrheitsmeinung wurde. Eine reale Darstellung des sozialen Einflusses von Minderheiten: Je schneller Überläufer überzeugt werden können, desto eher denken andere Angehörige der Mehrheit über die Argumente der Minderheit nach.

Die Größe der Mehrheit dagegen spielt nicht unbedingt eine Rolle, machen doch immer wieder selbst einzelne Personen – wie Mahatma Gandhi oder Martin Luther King – einen Einfluss auf große Mehrheiten erfolgreich geltend.

Neben dieser meist unbeabsichtigten Einflussnahme von Menschen oder Gruppen auf andere ist es zudem möglich, absichtlich Einfluss zu nehmen, beispielsweise, indem man mittels Autorität Druck auf den anderen ausübt, indem man an das Pflichtgefühl eines anderen appelliert oder einfach indem man Charme und Sympathie für sein Anliegen nutzt. Solche Strategien nennen sich Judostrategien, hat der Einflussnehmer denjenigen, auf den er Einfluss übt, doch „fest im Griff", um ihn anschließend „auf die Matte zu werfen", mit anderen Worten, ihn für seine Zwecke nutzen kann. Solche Judostrategien funktionieren eher in kleinen Gruppen wie Dyaden und Triaden als in großen Menschenansammlungen. In diesem Zusammenhang fanden Forscher der Stanford-Universität heraus, dass innerhalb von Kleinstgruppen (insbesondere Dyaden und Triaden) die Konsistenz der Argumente nicht notwendig ist. Anders als bisher angenommen, kann in solchen Kleinstgruppen ein Meinungswechsel einer Person sogar Vertrauen schaffen, denn dieser Person wird teilweise eine besondere Ehrlichkeit unterstellt, und es wird vermutet, sie habe Zugang zu gänzlich neuen Informationsquellen erhalten.

Die beabsichtigte wie die unbeabsichtigte soziale Einflussnahme funktioniert vor allem dann, wenn sich das Gegenüber der Mechanismen des sozialen Einflusses nicht bewusst ist. Zahlreiche Test bewiesen auch, dass sozialer Einfluss kaum gelingt, wenn der andere um dessen Wirkmechanismen weiß und nicht beeinflusst werden möchte.

Sich aufeinander verlassen zu können ist ein grundlegender Baustein der sozialen Gruppe – und das Zugehörigkeitsgefühl schafft Vertrauen in sich selbst und die Gruppe.

„Die Schöpfung ist niemals vollendet.
Sie hat zwar einmal angefangen, aber sie wird niemals aufhören.
Sie ist immer geschäftig, mehr Auftritte der Natur, neue Dinge
und neue Welten hervorzubringen."

Immanuel Kant (1724 – 1804)

LITERATURAUSWAHL

Anderhuber, Friedrich u.a.: Waldeyer. Anatomie des Menschen. 2012.

Asendorpf, Jens B.: Psychologie der Persönlichkeit. 2007.

Behrends, Jan C. u.a.: Physiologie. Stuttgart 2012.

Bierhoff, Hans-Werner: Psychologie prosozialen Verhaltens. Warum wir anderen helfen. 2010.

Bowles, Samuel & Herbert Gintis: A kooperative species. Human reciprocity and its evolution. 2011.

Calladine, Chris R., Horace R. Drew, Ben F. Luisi & Andrew A. Travers: DNA. Das Molekül und seine Funktionsweise. 2006.

Carter, Rita: Gehirn und Geist. Eine Entdeckungsreise ins Innere unserer Köpfe. Heidelberg 2012.

Clauss, Wolfgang & Cornelia Clauss: Humanbiologie kompakt. Heidelberg 2009.

Costa, Rebecca: Kollaps oder Evolution? Wie wir den Untergang unserer Welt verhindern können. 2012.

De Waal, Frans: Der Affe in uns. Warum wir sind, wie wir sind. 2005.

Edelman, Gerald M.: Das Licht des Geistes. Wie Bewusstsein entsteht. Düsseldorf/Zürich 2004.

Everett, Daniel: Die größte Erfindung der Menschheit. Was mich meine Jahre am Amazonas über das Leben der Sprache gelehrt haben. 2013.

Facchini, Fiorenzi: Die Ursprünge der Menschheit. 2006.

Freundner-Hagestedt, Stephanie: Den menschlichen Körper verstehen. Anatomie und Physiologie für Pflegeberufe. Haan-Gruiten 2008.

Gazzaniga, Michael: Die Ich-Illusion. München 2012.

Gehart, Rosemarie: Anatomie und Physiologie verstehen. Lehr- und Arbeitsbuch. München 2009.

Geyer, Christian: Hirnforschung und Willensfreiheit. Zur Deutung der neuesten Experimente. Berlin 2004.

Gladwell, Malcom: Blink! Die Macht des Moments. 2005.

Greenfield, Susan A.: Reiseführer Gehirn. Heidelberg 2003.

Griffin, Angela M. & Judith H. Langlois: Stereotype Directionality and Attractiveness Stereotyping: Is Beauty Good or is Ugly Bad? 2006.

Gruppe, Gisela, Kerrin Christiansen, Inge Schröder & Ursula Wittwer-Backofen: Anthropologie. Ein einführendes Lehrbuch. 2012.

Harris, Marvin: Menschen. Wie wir wurden, was wir sind. 1997.

Hofmann, Albert: LSD. Mein Sorgenkind. Stuttgart 2012.

Joas, Hans (Hg.) Lehrbuch der Soziologie. 2007.

Jonas, Klaus, Wolfgang Stroebe & M. R. C. Hewstone: Sozialpsychologie. 2007.

Junker, Tomas: Die Evolution des Menschen. 2008.

Kean, Sam: Doppelhelix hält besser. Erstaunliches aus der Welt der Genetik. 2013.

Kegel, Bernhard: Epigenetik. Wie Erfahrungen vererbt werden. 2011.

Knippers, Rolf: Eine kurze Geschichte der Genetik. 2012.

Madeja, Michael: Das kleine Buch vom Gehirn. Reiseführer in ein unbekanntes Land. München 2010.

Martini, Frederic H. u.a.: Anatomie. Kompaktlehrbuch. 2012.

Mauthe, Jürgen-H.: Informationsgesellschaft und Psyche. 2002.

Metzinger, Thomas: Der Ego-Tunnel. Eine neue Philosophie des Selbst. München 2014.

Miller, George A.: The Magical Number Seven, Plus or Minus Two: Some Limits on Our Capacity for Processing Information. In: Psychological Review, 63, 1956.

Mutschler, Ernst u.a.: Anatomie, Physiologie, Pathophysiologie des Menschen. Stuttgart 2007.

Newen, Albert: Das Verhältnis von Mensch und Tier, in: Spektrum der Wissenschaft. 4/2011, S. 70–75.

Newen, Albert: Philosophie des Geistes. München 2013.

Oehler, Jochen (Hg.): Evolution, Natur und Kultur. Beiträge zu unserem heutigen Menschenbild. 2010.

Pinel, John P. J.: Biopsychologie. München 2012.

Podbregar, Nadja & Dieter Lohmann: Im Fokus: Genetik. Dem Bauplan des Lebens auf der Spur. 2013.

Podbregar, Nadja & Dieter Lohmann: Neurowissen. Träumen, Denken, Fühlen – Rätsel Gehirn. Heidelberg 2012.

Rammsayer, Thomas & Hannelore Weber: Differentielle Psychologie – Persönlichkeitstheorien. 2010.

Reichert, Heinrich: Neurobiologie. Stuttgart 2000.

Reichholf, Josef H.: Das Rätsel der Menschwerdung. Die Entstehung des Menschen im Wechselspiel der Natur. 2011.

Reichholf, Josef H.: Warum die Menschen sesshaft wurden. Das größte Rätsel unserer Geschichte. 2010.

Roth, Gerhard: Aus Sicht des Gehirns. Frankfurt a. M. 2003.

Roth, Gerhard: Fühlen, Denken, Handeln. Wie das Gehirn unser Verhalten steuert. Frankfurt a. M. 2003.

Roth, Gerhard: Persönlichkeit, Entscheidung und Verhalten. Warum es so schwierig ist, sich und andere zu ändern. 2007.

Roth, Gerhard: Wie einzigartig ist der Mensch? Die lange Evolution der Gehirne und des Geistes. 2011.

Schacter, Daniel L.: Wir sind Erinnerung. Gedächtnis und Persönlichkeit. Reinbek 2001.

Schoppmeyer, Maria-Anna: Anatomie und Physiologie. 2012.

Schünke, Michael u.a.: Prometheus. Lernatlas der Anatomie. Stuttgart 2005.

Schwegler, Johann & Runhild Lucius: Der Mensch. Anatomie und Physiologie. 2011.

Schwietring, Thomas: Was ist Gesellschaft? Einführung in die soziologischen Grundbegriffe. 2011.

Sennett, Richard: Zusammenarbeit. Was unsere Gesellschaft zusammenhält. 2012.

Sentker, Andreas & Frank Wigger (Hg.): Schaltstelle Gehirn. Denken, Erkennen, Handeln. Heidelberg 2009.

Seung, Sebastian: Das Konnektom. Erklärt der Schaltplan des Gehirns unser Ich? Heidelberg 2013.

Speckmann, E.-J. & W. Wittkowski: Handbuch Anatomie. Bau und Funktion des menschlichen Körpers. München 2012.

Spornitz, Udo M.: Anatomie und Physiologie. Lehrbuch und Atlas für Pflege- und Gesundheitsfachberufe. 2010.

Stöhr, Manfred: Der Mensch ist mehr als sein Gehirn. Hirnforschung und Geistesfreiheit. Petersberg 2012.

Tress, Wolfgang & Rudolf Heinz (Hg.): Willensfreiheit zwischen Philosophie, Psychoanalyse und Neurobiologie. Göttingen 2007.

Voland, Eckart: Soziobiologie. Die Evolution von Kooperation und Konkurrenz. 2013.

Werth, Lioba & Jennifer Mayer: Sozialpsychologie. 2008.

Wuketits, Franz M.: Der freie Wille. Die Evolution einer Illusion. Stuttgart 2007.

Zervos-Kopp, Jürgen: Anatomie, Biologie und Physiologie. Stuttgart 2013.

REGISTER

Die *kursiven* Seitenzahlen verweisen
auf die Abbildungen.

BILDNACHWEIS

ARCHIV FACKELTRÄGER VERLAG

Seite 77, 78, 79 o., 92, 96, 100, 147, 148, 151, 173, 174, 179, 181, 187, 195, 202

FOTOLIA.COM

Seite 105 (© koya979), 267 o. (© frenk58)

MAURITIUS – DIE BILDAGENTUR, MITTENWALD

U2/Vorsatz (Phototake), Vorsatz/Seite 1 (Alamy), 2-3 (Phototake), 4-5 (imagebroker/Hans Blossey), 6 (Flirt), 12 (Alamy), 14 (Ikon Images), 25 (imageBROKER/Ottfried Schreiter), 26 (Alamy), 34-35 (Alamy), 37 (Mint Images Ltd.), 38 (Alamy), 40 (SuperStock), 43 (United Archives), 48-49 (Alamy), 51 (Alamy), 53 (Alamy), 61 (Alamy), 62 (SuperStock), 63 (age), 64-65 (imageBROKER/Bettina Strenske), 67 u. (Alamy), 68 l. (Alamy), 68 r. (Alamy), 79 u. (United Archives), 80 (Glass-house), 81 (imageBROKER/Frank Bienewald), 82 (moodboard plus), 84 (Alamy), 86 (Robert Gruber), 87 (John Warburton-Lee), 88 (imageBROKER/White Star / Monica Gumm), 89 (imageBROKER / Klaus-Werner Friedrich), 97 (Alamy), 99 (Alamy), 101 (Anja Peek), 102 (Alamy), 108 (Science Source), 111-112 (Alamy), 116 (Phototake), 120 (Phototake) 122 (Phototake), 123 (Phototake), 124-125 (Alamy), 126 (Phototake), 127 (Phototake), 132 (Cusp), 134 (ès collection), 140 (Photo Researchers), 142-143 (Science Source), 164-165 (Ikon Images), 167 (Phototake), 171 (United Archives), 175 (JT Vintage), 182 (Alamy), 186 (Boris Kumicak), 190 (Alamy), 192 (Science Faction), 194 (imageBROKER/mirafoto), 196-197 (Alamy), 198-199 (Alamy), 200 (age), 204 (Phototake), 207 (Science Source), 214 (dieKleinert), 216 l. (United Archives), 216 r. (United Archives), 217 (almy), 224-225 (SuperStock), 234 (Alamy), 239 (Science Faction), 243 (United Archives), 253 (Orédia), 255 Alamy), 275 (Photononstop), 276 (SuperStock), 278 (urbanlip), 294 (imageBROKER/Michael Weber), 296 o. (Alamy), 289 (ès collection), 307 o. (Robert Harding), 317 (imageBROKER/Christian Reister), 336/Nachsatz (Westend61)

NATURE PICTURE LIBRARY, BRISTOL

Seite 20 r. (Paul D. Stewart), 21 (Adrian Davies), 22 (Paul D. Stewart), 24 o. (Paul D. Stewart), 59 u. (Anup Shah), 250 (Anup Shah); 307 u. (Ben Cranke)

PICTURE-ALLIANCE, FRANKFURT AM MAIN

Seite 10 (Mint Images), 6-17 (fStop), 18 (empics), 20 l. (akg-images), 27 (dpa), 28 (United Archives/TopFoto), 29 (© Bruce Coleman/Photoshot), 30-31 (WILDLIFE), 33 (dpa-Report), 36 (Wissen Media Verlag), 39 (dpa), 41 (dpa-Report), 42 (dpa), 44 (akg-images), 46 (dpa), 47 (dpa), 50 (Prisma Archivo), 52 (dpa), 54 (dpa-Report), 55 (dpa), 56 (Luisa Ricciarini/Leemage), 59 o. (dpa), 60 (MAXPPP), 66 (dpa), 67 o. (IMAGNO/Gerhard Trumler), 69 (dpa), 70-71 (© Jean Bernard/Leemage), 72 (RelaXimages), 74 (akg-images), 75 o. (Everett Collection), 75 u. (akg-images), 90 (IMAGNO/Austrian Archives), 93 (All Canada Photos), 94-95 (ASSOCIATED PRESS), 98 (AP Photo), 104 l. (chrom-orange), 104 r. (Bildagentur-online/Saurer), 106 (Everett Collection), 107 (Bildagentur-online/Tetra), 109 (© Norbert Lange/OKAPIA), 110 (blickwinkel/P. Frischknecht), 114 (blickwinkel/S. Ziese), 119 (dieKLEINERT.de/Wolfgang Privit), 128 (Design Pics), 130 (© Manfred P. Kage/OKAPIA), 131 (dieKLEINERT.de/Wolfgang Privit), 136-137 (Science Photo Library), 138 (Science Photo Library), 139 (Phototake), 45 (Photoshot), 146 (akg-images/Cameraphoto), 150 (dpa Bilderdienste), 152-153 (ZB), 154 (BSIP/CAVALLINI JAMES), 156-157 (United Archives/TopFoto), 158-159 (akg-